COURS RAISONNÉ

ET PRATIQUE

D'AGRICULTURE

ET DE CHIMIE AGRICOLE.

IMPR. DE HAUMAN ET C°. — DELTOMBE, GÉRANT.
Rue du Nord, n° 8.

COURS RAISONNÉ

ET PRATIQUE

D'AGRICULTURE

ET

DE CHIMIE AGRICOLE

PAR

M. J. Scheidweiler,

PROFESSEUR A L'ÉCOLE VÉTÉRINAIRE ET D'AGRICULTURE DE L'ÉTAT,

A CUREGHEM-LEZ-BRUXELLES,

MEMBRE DE PLUSIEURS SOCIÉTÉS SAVANTES, ETC., ETC.

Omnium rerum ex quibus aliquid acquiritur, nihil est agriculturâ melius, nihil uberius, nihil dulcius, nihil homine libero dignius.   CICERO, *de Off*. L. I, n° 151.

De toutes les professions qui peuvent enrichir, l'agriculture est la meilleure, la plus féconde, la plus douce, la plus digne d'un homme libre.

TOME SECOND.

BRUXELLES.

SOCIÉTÉ BELGE DE LIBRAIRIE

HAUMAN ET Cᵉ.

—

1845

COURS RAISONNÉ

ET PRATIQUE

D'AGRICULTURE

ET

DE CHIMIE AGRICOLE.

CHAPITRE PREMIER.

DES INSTRUMENTS AGRICOLES.

§ Ier.

L'on entend par instruments agricoles, les machines et les outils employés à la culture du sol.

On distingue ces instruments en deux classes : ceux qui sont mis en mouvement par les bêtes de trait et ceux que les hommes mettent en œuvre de leurs propres mains.

Outre les instruments spécialement destinés à la culture du sol, le cultivateur doit en avoir encore d'autres destinés à l'ensemencement, à la culture des plantes, au transport des produits agricoles, au battage et au nettoiement des grains, à la préparation des fourrages, des produits du laitage, etc.

Les uns enfin ne conviennent guère que pour la petite culture, pour celle des jardins, les autres ne sont en usage que dans les grandes exploitations.

Nous nous occuperons d'abord des instruments destinés à la culture du sol en grand, savoir :

1. La charrue et le buttoir.

2. Les scarificateurs, les extirpateurs et les cultivateurs.

3. La herse.

4. Le rouleau.

Le premier et le plus important de tous les instruments aratoires, c'est sans contredit la charrue.

On distingue la charrue en charrue simple ou araire, et en charrue composée ou à avant-train.

Le but de cet instrument est de diviser, d'ameublir, de renverser la terre et d'amener à la surface une nouvelle couche prise dans la profondeur de la raie. De cette manière, le résultat du labour opéré par la charrue est, ou devrait être le renouvellement complet de la surface du terrain.

Une bonne charrue doit, en commençant le labour du côté droit du champ, séparer et détacher une bande de terre, la soulever et la renverser du côté opposé. La bonté d'une charrue consiste donc à remplir cet objet de la manière la plus parfaite. En général, il importe peu qu'une charrue soit très-légère, car des charrues très-légères, outre qu'elles sont peu durables, et surtout qu'elles ont une marche peu régulière, ne ménagent pas beaucoup plus la force du bétail qu'une charrue plus pesante ; de plus, il a été démontré que la force nécessaire pour tirer une charrue en avant est en raison directe de la résistance que lui oppose la terre, et que cette résistance est plus facile à vaincre lorsque les proportions des diverses parties qui composent la charrue se trouvent dans une harmonie convenable, que par la force brute de la bête de trait.

Lorsqu'une charrue est bien construite, on peut raisonnablement s'attendre à ce qu'elle remplisse parfaitement son but ; ce qui cependant n'arrive pas toujours, soit parce que la plupart de ces instruments présentent des défauts dans leur construction, soit parce qu'il est impossible d'inventer une charrue qui marche également bien dans toutes les espèces de terrains.

On peut en général exiger d'une bonne charrue qu'elle réponde aux conditions suivantes :

1. Il faut qu'elle exige le moins de force de traction possible pour être mise en mouvement.

2. Il faut qu'elle remplisse son but, sans trop dépendre de l'action du laboureur ; qu'elle ne dévie pas trop de la ligne droite, qu'elle reste constamment à la profondeur voulue, et qu'elle détache et retourne les tranches d'une manière égale et parfaite.

3. Qu'elle soit aussi simple que possible ; qu'elle ne soit pas trop compliquée, et qu'elle n'ait aucune partie inutile ou superflue.

4. Il faut qu'elle ne soit pas trop coûteuse, qu'elle soit durable, ou qu'elle n'exige pas de fréquentes réparations.

5. Il faut qu'elle puisse être reglée sans peine, de manière à détacher des tranches de la largeur et de la profondeur convenables.

§ II.

Les parties dont une charrue se compose, se distinguent en agissantes ou nécessaires, et en passives ou qui ne le sont pas.

Les premières sont les suivantes :

1. Le coutre.
2. Le soc.
3. Le versoir ou l'oreille.
4. Le sep.
5. La gorge.
6. L'age ou la flèche.
7. Le manche.
8. Le régulateur.

Les cinq premières parties font dans leur ensemble ce que l'on appelle le corps de la charrue ; les autres sont parties accessoires servant à régler la marche de la charrue.

Les parties passives de la charrue sont celles qui ne sont pas indispensables, elles forment ordinairement l'avant-train.

Comme chacune des parties actives de la charrue est indispensable à l'exécution d'un bon labour, nous en donnerons une description détaillée.

a) Le coutre ou couteau.

C'est une espèce de couteau adapté en avant du soc à la flèche de la charrue. Il est destiné :

1° A couper les racines qui se trouvent dans le sol;

2° A trancher verticalement la terre qui doit être renversée;

3° A ouvrir le passage à la partie de la charrue qui suit ;

4° A maintenir la charrue dans une disposition toujours égale.

Le coutre doit toujours être aligné directement avec la charrue, et sa pointe, surtout, ne point se diriger vers le côté non labouré, ce qui augmenterait le frottement et empêcherait la tranche d'être parfaitement coupée.

Le coutre se compose de deux parties : de la lame et de la poignée. La lame du coutre doit être tranchante, mais son dos est plus épais, et cette épaisseur se règle ordinairement d'après la nature du terrain qu'on a à labourer. La forme de la lame est souvent variée : quelquefois on lui donne une forme courbe, d'autres la font parfaitement droite ; dans quelques charrues enfin, comme par exemple dans celle de Small, les coutres sont coudés au bas de leur poignée. Il paraît cependant que lorsqu'on a soin de donner au coutre une position convenable, la forme droite est préférable. Comme le coutre essuie un frottement considérable, il est nécessaire que le tranchant en soit acéré. Il convient encore de porter son attention sur la largeur du coutre. Un coutre étroit et à dos très-épais, serait peu propre à vaincre la résistance que lui offre un sol compacte; dans ce cas, il faudrait donc en augmenter la largeur, qui pourrait même être de 3 à 4 pouces.

Les cultivateurs varient encore dans la position qu'ils donnent au coutre. Plusieurs le placent perpendiculairement; mais on conçoit que dans cette position le coutre tranchera moins facilement la terre et les racines que si on lui donnait une direction oblique. Dans la plupart des charrues on avance la pointe du coutre de manière qu'elle se trouve exactement au-dessus de l'extrémité du soc. Cette manière de placer le coutre, quoique généralement adoptée, présente cependant l'inconvénient que le point de résistance tombe en même temps sur le coutre et le soc, d'où résulte une augmentation du frottement, tandis que si le coutre était placé plus en arrière, il n'aurait à couper qu'une terre déjà remuée par le soc qui le devance.

La poignée du coutre est ordinairement arrêtée dans un trou qui est au milieu de l'age ; de cette manière cependant la pointe du coutre ne peut pas se trouver en ligne droite avec celle du soc, ce qui pourtant est indispensable pour faire un bon travail. Pour remédier à ce défaut, qui est d'un grand inconvénient dans les labours profonds et ceux des terres fortes , on est obligé de fixer la poignée du coutre au moyen de coins pour lui donner la direction nécessaire ; d'autres, pour obtenir ce but, emploient les coutres coudés comme il a été dit ci-dessus ; d'autres, enfin, arrêtent le coutre au côté gauche de l'age , et cette manière nous semble la plus convenable.

Dans quelques contrées, on a retranché le coutre que l'on remplace par la gorge ou par cette partie du soc qui le termine du côté gauche, et qui est alignée dans son côté vertical avec le côté gauche du corps de la charrue. Mais ce retranchement, comme le fait observer M. de Thaër , ne peut avoir lieu que dans les terrains légers, débarrassés de pierres et de racines, et où l'on ne donne que des labours superficiels. Dans des terrains d'une nature opposée et pour des labours profonds, une charrue sans coutre ferait un ouvrage très-mauvais , et elle donnerait beaucoup de peine tant aux bêtes de trait qu'au laboureur lui-même.

§ III.

B. *Le Soc.*

Cette partie de la charrue est une des plus essentielles ; elle sépare la tranche du sol horizontalement. Un soc bien conformé doit non-seulement trancher la terre, mais déjà commencer à soulever la tranche, et la conduire au versoir, sur une surface unie, oblique et non interrompue.

Le soc aussi se compose de deux parties : de l'aile et de la douille.

L'aile est la partie qui tranche et qui forme la pointe extrême de la charrue ; la douille est celle par le moyen de laquelle le le soc est assujetti au corps de la charrue. L'aile a le plus souvent la forme d'un triangle. Du côté de la terre non remuée elle est alignée avec le coutre et le corps de la charrue ; du côté opposé elle est tranchante et ordinairement acérée. Comme on fait souvent le soc trop étroit, il en résulte une augmentation de frottement, outre qu'une partie de la terre n'est pas retournée. M. de Thaër conseille en conséquence de donner au soc une largeur à peu près égale à celle que doit avoir la tranche de terre, c'est-à-dire, si celle-ci a une largeur de neuf pouces, le soc doit en avoir huit. Dans les charrues écossaises le soc a ordinairement une largeur moyenne de sept pouces.

La douille est la partie du soc, au moyen de laquelle celui-ci est fixé au corps de la charrue. Elle doit être chassée exactement au pied de la jambe et ne point être attachée par des clous ou des crampons.

§ IV.

C. *Le versoir ou l'oreille.*

C'est la partie la plus essentielle de la charrue, la partie caractéristique qui distingue cet instrument de tous les autres.

Le versoir est destiné à soulever la tranche qui a été séparée du sol par l'action du coutre et du soc, la faire tourner sur elle-même et la renverser à la place du sillon précédent.

Le point essentiel, dans cette partie de la charrue, c'est sa forme. La tranche de terre, qui a été coupée par le soc, appuie d'abord sur celui-ci même et puis sur le versoir, ce qui augmente non-seulement le frottement, mais ralentit aussi la marche de la charrue, d'autant plus que la planche, dont le versoir est formé, est étroite et longue. Il faut donc, pour parer à cet inconvénient, donner au versoir une forme et une disposition telles que la tranche soit renversée de la manière la plus prompte, la plus complète et la plus facile que possible, c'est-à-dire, il faut éviter que tout le poids de la tranche ne pèse trop longtemps sur le versoir. On obtient ce résultat avec un versoir contourné, dont la courbure fait que la tranche, en passant du soc au versoir, tourne sur son axe, et, entraînée du côté opposé par son propre poids, est renversée aussi complétement que cela est nécessaire. Avec un versoir non contourné ou droit, ce renversement n'est pas possible, parce qu'un versoir de ce genre, au lieu de retourner la terre, ne fait que la pousser de côté. Ceux donc qui pensent que les charrues à versoir roide renversent mieux ou aussi bien la terre que les charrues à versoir contourné, ont été trompés par l'apparence, car ces charrues tracent ordinairement des sillons plus larges; la tranche, qui y est moins serrée, se brise en poussière, ce qui fait que la surface d'un terrain labouré avec une pareille charrue présente un aspect plus uni et plus égal, tandis que les autres charrues coupent les tranches et les adaptent symétriquement les unes contre les autres, de sorte que la surface est toujours plus ou moins sillonnée suivant la largeur des tranches et la nature du terrain.

Les versoirs sont quelquefois trop longs, dans d'autres charrues ils sont trop étroits.

Les premiers, et surtout lorsque la courbe n'est pas bien tenue, présentent l'inconvénient que la tranche y appuie trop longtemps, ce qui augmente le frottement. Les charrues dont le versoir est trop étroit, marchent lestement, et font un bon ouvrage en apparence; mais le fait est que la terre qui se trouve au fond du sillon n'est pas remuée, et rarement il arrive que les racines des plantes vivaces soient coupées; aussi il en résulte de faibles récoltes et un sol infecté de mauvaises herbes.

§ V.

d) Le sep est formé d'une seule pièce, mais on y distingue deux parties : l'antérieure, appelée la pointe, celle où le sep s'unit au soc; et la postérieure, qu'on appelle talon. Sur le devant, la gorge y est introduite dans une mortaise, et sur le derrière le manche l'est de la même manière. Le sep est ordinairement de bois, garni de bandes de fer en dessous et du côté gauche qui frotte contre la terre non remuée. Souvent aussi on le fait tout entier de fer coulé ou forgé, mais il importe peu si le sep est de fer ou de bois, pourvu que les côtés de dessous et celui de la gauche soient unis et forment ensemble un angle droit, afin que le frottement soit diminué autant que possible.

La longueur du sep a souvent été modifiée. Ordinairement sa partie postérieure ou le talon est parallèle à la partie postérieure du versoir. Lorsque le sep est très-long, le frottement en doit être augmenté; s'il est très-court, la régularité de la marche de la charrue devrait, ce semble, en souffrir, quoique j'en aie vu qui avaient le sep très-court, et dont la marche et le travail ne laissaient cependant rien à désirer. Ce n'est donc pas de la longueur du sep que dépend la régularité de la marche d'une charrue, mais bien de l'ensemble de ses parties. Dans la charrue belge, par exemple, où le manche est adapté au sep, celui-ci doit être long; dans les charrues écossaises, au contraire, où les manches font un corps avec l'age, le sep est très-court, et néanmoins les unes et les autres font un bon labour. Au reste, les opinions des agronomes diffèrent encore beaucoup sur ce sujet. Nous y reviendrons plus bas.

§ VI.

e) La gorge, appelée aussi quelquefois le montant, est cette pièce par le moyen de laquelle la partie inférieure de la charrue est réunie à l'age. Elle forme la partie antérieure du corps de la charrue. Un léger examen d'une charrue fait voir que la gorge n'est pas destinée à coopérer au labour de la terre, mais qu'elle sert seulement à assembler les diverses parties de la charrue. Souvent on lui donne une position verticale, mais dans les bonnes charrues elle incline avec sa partie supérieure en arrière, ce qui donne à la charrue plus de solidité. Ordinairement la gorge est recouverte sur le devant par le versoir et le coutre qui la préservent ainsi du frottement de la terre, et ce n'est que quand le versoir ne la recouvre pas, qu'on lui applique une bande de fer.

§ VII.

f) L'age, dit aussi flèche ou perche, est cette partie par le moyen de laquelle le corps de la charrue reçoit le mouvement de progression qui le fait avancer en terre, et qui remplace la ligne de trait qu'il est impossible d'attacher au corps même de la charrue. Cette définition de l'age doit en quelque sorte être modifiée à l'égard de quelques charrues perfectionnées où les traits ne sont pas attachés au bout de l'age, mais bien à sa partie postérieure ou à la gorge même. Dans les charrues, où la ligne de trait est attachée au bout de l'age, il importe de donner à cette pièce une longueur et une élévation convenables ; s'il est trop relevé, le soc a trop de disposition à entrer en terre ; dans le cas contraire, le soc a de la tendance à en sortir.

Quant à la longueur qu'il convient de donner à l'age, on peut admettre en principe, que, plus il est long dans les charrues simples, plus la marche de celles-ci est vétilleuse, et plus il doit être épais et fort.

Dans les charrues où les traits sont attachés à la partie postérieure de l'age ou à la gorge, qui ont un sep très-court et presque sans talon, la force nécessaire pour les mettre en mouvement est de beaucoup diminuée, ce qui les rend propres à être traînées par des vaches ou des chevaux de petite taille.

Dans les charrues à avant-train ou à roues, l'age est ordinairement très-long, trop long même, comme le fait observer M. de Thaër. Il repose sur une espèce de levier qui peut être rapproché ou éloigné du corps de la charrue à volonté. Dans le premier cas, la pointe du soc est relevée; dans le second, au contraire, elle est rabaissée. Nous donnerons ci-dessous la description de l'avant-train.

§ VIII.

g) Les manches. Les charrues ont un ou deux manches ; dans le dernier cas, le manche principal ou celui de la gauche se trouve en ligne droite avec l'age, il est le plus fort et forme souvent avec ce dernier un seul corps. Le manche de la droite n'est pas absolument nécessaire dans une bonne charrue, parce que le laboureur doit toujours avoir la main droite libre pour déblayer les racines et la terre qui s'attachent au-devant de la charrue, et parce qu'il n'est pas possible d'exercer toujours avec les deux bras une pression égale sur les deux manches ; si donc, comme cela arrive chaque fois, la pression diminue sur l'un des deux manches, la marche de la charrue deviendra d'autant plus inégale, que la construction en sera plus imparfaite. Selon Thaër, le manche droit deviendrait utile lorsqu'il s'agirait de vaincre promptement les obstacles que la charrue rencontre dans le sol, ou de la maintenir dans l'équilibre dans le cas où la terre qui, pesant sur le versoir, pourrait facilement faire incliner la charrue du côté gauche, par conséquent rendre les tranches inégales ; mais on conçoit que dans une charrue parfaitement construite cet inconvénient ne peut guère arriver. Le seul cas où le manche droit me semble être de quelque utilité, c'est lorsqu'après avoir tourné à l'extrémité de la raie pour commencer un nouveau sillon, on veut remettre promptement la charrue en place.

Dans la plupart des charrues écossaises il y a deux manches, de force égale, et attachés à la flèche par leur base.

La longueur des manches varie selon la force de la charrue ; cependant, des manches trop courts deviendraient incommodes pour le laboureur dans le cas où il aurait besoin d'y appuyer pour rétablir la régularité dans la marche de la charrue.

§ IX.

h) Le régulateur, dit aussi étrier, peigne, crémaillière, se trouve toujours à l'extrémité de l'age. L'usage du régulateur a pour but de régler la charrue de manière à donner aux sillons la largeur et la profondeur convenables.

Les régulateurs aussi, comme la plupart des autres parties de la charrue, ont subi de fréquentes modifications; les simples cependant sont les meilleurs. Les plus ordinaires se composent 1° d'une tige verticale, qui se place dans la mortaise pratiquée à l'extrémité antérieure de l'age et fixée plus ou moins haut, au moyen du boulon qui la traverse, selon qu'on veut faire un labour plus ou moins profond, et 2° d'une branche horizontale qu'on appelle le peigne et qui forme avec la tige verticale un angle droit. Au moyen des dents de cette pièce, le point central des traits est transporté à volonté, soit à droite soit à gauche. Le régulateur est toujours en fer.

§ X.

DE L'AVANT-TRAIN.

Les diverses parties que nous venons de décrire composent une charrue complète ; mais dans un grand nombre de pays on y ajoute une autre partie tout à fait distincte, séparée du corps de la charrue, qu'on désigne sous le nom d'avant-train.

Cette addition à la charrue simple a été imaginée dans le but d'en faciliter et d'en régulariser la marche dans les terrains irréguliers, inégaux et remplis de pierres. Mais comme cette invention est d'une date très-ancienne, elle n'a pu avoir été conçue que dans le but de corriger les défauts des charrues imparfaites. Car, en effet, si l'on sépare l'avant-train d'une de ces charrues, il n'en restera qu'un instrument impropre à opérer un bon labour.

Beaucoup de personnes donnent la préférence aux charrues à avant-train, dans la persuasion surtout qu'il est plus facile de donner à celles-ci une marche ferme et régulière, avantage que les charrues simples perdent souvent par le mouvement qu'elles éprouvent à l'extrémité de leur age ; mais en rapprochant le point d'attache plus en arrière, plus près du corps de la charrue, on obtient bien plus facilement et à beaucoup moins de frais ce but, que lorsque l'on ajoutait à la charrue un avant-train. Voici comment les déviations de cet instrument se corrigent d'après Thaër (*Principes raisonnés d'Agriculture*, t. III, p. 53). Avec la plus légère pression le laboureur peut faire tirer la charrue à sa gauche, et ainsi prendre une tranche plus large, ou, la tournant vers la droite, lui donner de la disposition à sortir du sol ; en levant un peu les manches, la faire entrer plus profondément en terre, ou, en les baissant, l'empêcher d'entrer aussi avant, et la faire sortir. Mais lorsque la surface du sol est uniforme, il n'a pas besoin de ces précautions, il suffit qu'il laisse la charrue suivre sa marche naturelle.

L'avant-train, tel qu'il est en usage en Belgique, en Prusse et dans d'autres pays, se compose des pièces suivantes :

1° De deux roues. Elles sont de bois ou de fer. Dans le premier cas, on met sur le contour extérieur des bandes de tôle pour rendre leur assemblage plus solide ; elles sont ordinairement d'une égale grandeur et ont un diamètre de 20 à 22 pouces.

2° D'un paturon, pièce de bois plus ou moins haute, plus ou moins large ; elle reçoit l'essieu de fer qui passe dans les moyeux des roues.

3° D'un collet. Cette partie est destinée à recevoir et à maintenir l'age à diverses hauteurs pour régler la profondeur du labour.

4° D'une sellette. Elle s'élève sur le paturon, c'est la partie sur laquelle porte l'age.

5° D'un têtard. Il se compose de deux branches qui se continuent en arrière parallèlement au paturon, et sont terminées sur le devant par un porte-palonnier.

Dans quelques avant-trains on voit encore un timon qui est attaché au paturon au moyen d'un boulon à écrou, mais le plus souvent le têtard est simplement terminé par le porte-palonnier.

L'avant-train est remplacé dans certaines charrues par une espèce de jambe qui se termine par une petite roue ou par un sabot. Si, comme cela a lieu dans la charrue belge, cette jambe est destinée à empêcher un trop grand abaissement accidentel de la pointe de l'age, on ne peut pas la considérer comme un avant-train ; mais si dans l'action, les charrues prennent un appui continu sur cette partie, elles rentrent dans la classe des charrues à avant-train. Dans la plupart des charrues perfectionnées, on ne fait plus usage de cette jambe, qui, dans les terrains inégaux, présente l'inconvénient de faire sortir de terre la pointe du soc, chaque fois qu'il monterait sur une pierre ou élévation.

§ XI.

Si l'on considère que l'usage des charrues à avant-train est encore répandu dans beaucoup de pays du continent, on ne peut s'empêcher de demander en quoi consistent les avantages de cet instrument, qui le font préférer à la charrue simple, bien plus facile à tenir, bien moins coûteuse et qui retourne beaucoup mieux la terre? Il serait difficile de répondre d'une manière satisfaisante à cette question, à moins qu'on ne fût prévenu en faveur de la première ; en effet, les roues, comme on sait, ne peuvent nullement contribuer à alléger la charge ni la marche, car les charrues sans avant-train marchent au moins avec la même facilité ; et d'ailleurs, lorsqu'une charrue à avant-train a été bien réglée, l'extrémité de l'age ne repose qu'accidentellement sur la sellette de l'avant-train, à moins qu'une tendance vicieuse ne l'entraîne en terre, mais alors la résistance que la charrue oppose aux bêtes est très-grande.

On pense ordinairement que ces charrues sont plus propres pour déchaumer un terrain inégal, pierreux et rempli de racines, ou pour défricher un terrain inculte ; mais l'expérience a prouvé le contraire, puisqu'on rompt des terrains de ce genre au moyen des charrues simples avec une force de trait beaucoup moins grande que cela n'est possible avec une charrue à roues. Les charrues à roues présentent encore un autre inconvénient qu'il importe de signaler : dans les terrains inégaux, montueux, les charrues à roues agissent, comme s'exprime M. de Thaër, à faux, et tracent des sillons d'une profondeur inégale ; en effet, lorsqu'elles montent sur une élévation, leur avant-train se trouve plus élevé que le corps de la charrue, par conséquent la pointe du soc est soulevée, il ne coupe plus qu'une tranche de peu d'épaisseur, si même il ne sort tout à fait de terre. Si , au contraire, la charrue va en descendant, l'avant-train se trouve plus bas que le corps de la charrue ; alors le soc plonge en terre et pénètre trop avant. On ne peut absolument remédier à cela qu'en réglant la charrue d'une manière différente , toutes les fois que la superficie du sol varie d'inclinaison : les peines que le laboureur se donnerait pour prévenir cet inconvénient de quelque autre manière, seraient absolument inutiles. Ces inconvénients se font surtout remarquer, lorsqu'on laboure en sillons élevés , circonstance où ces charrues deviennent presque inutiles.

On sait aussi quelle peine le laboureur a pour faire entrer la charrue à roues dans un sol tenace et fortement desséché , tandis que les charrues simples doivent pénétrer dans les terres les plus dures, pourvu qu'on en soulève tant soit peu les manches et que la force motrice soit suffisante.

§ XII.

DES DIVERS CHANGEMENTS ET AMÉLIORATIONS QU'ON A APPORTÉS AUX DIFFÉRENTES PARTIES DE LA CHARRUE.

La charrue, comme l'instrument le plus utile le plus indispensable dans la culture du sol, a subi de nombreux changements et améliorations, non-seulement dans son ensemble, mais aussi dans ses diverses parties. Nous allons en indiquer les plus remarquables, c'est-à-dire ceux qui ont eu le plus d'influence sur les progrès de l'agriculture , sans toutefois vouloir donner une histoire complète de cet instrument.

a) Le coutre, comme on le pense ordinairement , a pour usage d'ouvrir le passage à la partie de la charrue qui le suit, et surtout d'empêcher que celle à une seule oreille ne tire vers la droite. Pour obtenir d'autant plus facilement le premier de ces deux objets , il est placé un peu en avant, de manière que sa pointe dépasse celle du soc. Des agronomes distingués ayant remarqué que la forme et la position laissaient toujours quelque chose à désirer, avaient cherché à modifier l'une et l'autre. Comme nous l'avons vu plus haut, c'était tantôt la lame du coutre, tantôt sa poignée à laquelle on donnait une forme différente ; mais comme l'on conservait toujours son ancienne position, c'est-à-dire verticale, ces changements étaient de peu d'importance. Dans la suite on a donné au coutre une position oblique, c'est-à-dire avec la pointe inclinée en avant, et comme en même temps on faisait la lame droite, le frottement était sensiblement diminué. Enfin, se basant sur le principe : 1° que le centre de la résistance qu'éprouve le soc dans son action est dans le plan de la face supérieure du soc, parallèle à la ligne du mouvement en passant toujours par le tranchant ; 2° que cette résistance augmente avec les obstacles ; 3° que la pointe du coutre placée parallèlement à celle du soc, doit être considérée plutôt comme un obstacle à l'action de ce dernier que comme un avantage ; 4° enfin qu'un bon soc, pour agir, n'a pas besoin que le coutre lui ouvre le passage, M. d'Omalius a placé ce dernier en arrière du soc, comme la place la plus propre qu'on puisse lui donner, pour faire les fonctions auxquelles il est destiné.

b) Le soc était le plus souvent trop étroit, de là résultait que le versoir devait trancher la terre à la place du soc, ce qui augmentait le frottement et exigeait pour la mise en action de la charrue une augmentation considérable de la force motrice. Dans d'autres charrues, le soc était attaché au versoir avec des clous ; méthode vicieuse qui entrave la marche de la charrue surtout dans les terres fortes.

La figure et l'épaisseur doivent être modifiées suivant la nature du terrain dans laquelle la charrue doit fonctionner : dans les terres sablonneuses et remplies de pierres on fait le soc plus obtus et plus épais, parce qu'une aile tranchante y serait bientôt émoussée ; dans les terres fortes on le rend plus pointu et plus tranchant pour l'y faire entrer avec plus de facilité.

Dans les anciennes charrues la partie tranchante du soc forme une ligne continue avec le bord inférieur du versoir ; dans les charrues écossaises perfectionnées, dans celle de Small et d'autres, elle est au contraire proéminente, afin de couper la tranche avec plus de facilité, et comme toutes ces charrues marchent plus facilement, ce changement doit être considéré comme un véritable perfectionnement.

Le soc est presque toujours en fer battu, et acéré à la pointe et au côté tranchant. En Angleterre on en a aussi qui sont en fonte, mais ces derniers cassent facilement par le choc des pierres ou dans un sol trop résistant. Cependant l'on en rencontre quelquefois qui résistent à tous les évènements et ceux-là durent très-longtemps.

Dans certaines localités on fait doubler les socs avec de la fonte de fer ; ils résistent alors plus longtemps à l'action des terres pierreuses.

Quelques agronomes vantent les socs bombés, qui ont l'avantage de briser la tranche de la terre en la soulevant.

c) Le versoir. Les anciens versoirs étaient roides et plats ou quelquefois légèrement bombés. Dans la plupart des charrues le versoir est fixe ; dans quelques-unes, et surtout celles à avant-train est mobile, de manière à pouvoir être fixé à volonté à droite ou à gauche. Il y a aussi des versoirs en bois doublés d'une plaque de tôle, et d'autres de fer coulé. Ces derniers sont, sous tous les rapports, les meilleurs et les moins coûteux, et, quoi qu'on en dise, ils ne retiennent pas la terre à leur surface, lorsqu'ils ont été polis par le travail. Enfin nous devons encore mentionner les versoirs à charnière, ainsi nommés parce qu'ils sont attachés au soc au moyen d'une charnière, de manière à pouvoir tenir à volonté la raie plus large ou plus étroite.

Dans certains cantons, en Belgique, l'on ajoute au versoir une pièce, qu'on nomme *allonge-versoir*, qui consiste en une petite planche de bois dur, de 4 pouces de large et de deux pieds de long, terminée par un manche qu'un aide tient de la main gauche, en cheminant sur le guéret. Cet instrument, employé dans les labours profonds, et lorsqu'on passe deux fois dans la raie, empêche la terre d'y retomber, et l'étend en couche mince sur le guéret.

Nous avons déjà fait observer que le principal objet dans les perfectionnements des charrues doit toujours se porter sur la diminution de la résistance, et comme cette résistance réside surtout dans le soc et dans le versoir, celui-ci a dû naturellement attirer l'attention spéciale des agronomes. Pour obtenir le but désiré, les uns, comme par exemple Arbuttnot et le président Jefferson, se sont livrés à des recherches géométriques pour trouver les points où la résistance commence et où elle cesse. D'autres en faisant l'application des principes établis par ces géomètres, ont produit des versoirs, qui, d'après l'état actuel de nos connaissances, ne laissent rien à désirer.

En général, la courbure du versoir doit être telle que la tranche, après avoir quitté le soc, soit retournée et renversée aussitôt.

Une dernière amélioration qu'on a apportée aux charrues simples, et qui tient le milieu entre le versoir, le coutre et le soc, est une pièce nommée *avant-soc*. Il fait à la fois les fonctions de ces trois pièces. C'est une espèce de petit versoir contourné, pointu et tranchant sur le bord. On le place entre le coutre et le versoir, quelquefois il remplace le coutre ; il déchaume et décroûte la surface, renverse dans le dernier sillon tracé les mottes et les mauvaises herbes, qui ensuite sont recouvertes par le versoir principal.

d) Le sep est cette partie inférieure de la charrue qui glisse au fond du sillon. Comme le frottement augmente en proportion de la longueur du sep, depuis longtemps on a cherché à le rendre plus court, ce qui cependant ne pouvait se faire facilement, sans nuire à la régularité de la marche de la charrue. Pour parer à cet inconvénient on a placé l'attache des traits plus en arrière près du centre de la charrue ; il existe même en Belgique une charrue de nouvelle invention, dont l'inventeur est trop modeste pour se faire valoir, où les traits sont attachés à la gorge même : cette charrue marche très-régulièrement, est facile à tenir, et fait un bon labour. M. de Dombasle, dans son Mémoire sur la théorie de la charrue, dit en parlant du point d'attache des charrues simples : « Il est vrai que, dans quelques charrues de cette espèce, la chaîne du tirage se trouve fixée sur une partie de l'age beaucoup plus rapprochée du corps de la charrue ; mais alors cette chaîne est maintenue dans une position fixe, par un régulateur placé à l'extrémité antérieure de l'age ; le point d'attache existe réellement sur le régulateur, puisque la partie de la chaîne qui se trouve en arrière de ce régulateur, ne pouvant changer de position à l'égard des parties inflexibles de la charrue, doit être considérée comme inflexible elle-même. » Nous pensons cependant qu'ici M. de Dombasle se trompe, et sans vouloir entrer dans des démonstrations mathématiques, nous faisons seulement observer que l'expérience a constaté, que dans une charrue simple où le point d'attache se trouve à l'extrémité de l'age, on ne peut pas faire le sep plus court, sans en rendre la marche incertaine et irrégulière, tandis que dans une charrue, où la chaîne du tirage est fixée sur la partie postérieure de l'age ou à la gorge, on peut diminuer la moitié de la longueur du sep, non-seulement sans danger pour la régularité de sa marche, mais en la rendant encore beaucoup plus facile.

D'après ce qui a été dit, le sep est en bois dur ; dans certaines charrues cependant, comme dans les écossaises et anglaises, il est en fer coulé, ce qui est un véritable perfectionnement sous tous les rapports.

Dans certains cantons de l'Angleterre, et dernièrement en Belgique, on a adapté au talon du sep une au deux roulettes très-basses, sur l'essieu desquelles il est porté. Les essais qui ont été faits en Angleterre aussi bien qu'à la ferme expérimentale de l'école d'agriculture, à Bruxelles, ont constaté que dans les terres fortes, ces roulettes, au lieu de rendre la marche du sep plus aisée, s'encrassaient et nuisaient au mouvement au lieu d'y servir. M. Delstanche, mécanicien belge, a apporté à quelques-unes de ses charrues une modification qui a pour but de rendre leur action plus efficace ; elle consiste dans une espèce de soc ou trident adapté au talon du sep. Cet arrière-soc remue la terre qui a été foulée par le glissement du sep.

e) La gorge. Les principaux perfectionnements qu'a subis cette pièce, consistent dans sa disposition. Anciennement elle était verticale, actuellement on lui donne une inclinaison de 80 ou 85 degrés en arrière. Ordinairement la gorge est en bois; c'est dans les charrues anglaises, écossaises et les meilleures charrues belges qu'elle est en fer; le bout supérieur de la gorge qui dépasse ordinairement la mortaise pratiquée dans l'age, y est solidement chevillé ou enchassé, ce qui contribue beaucoup à maintenir la solidité de l'age.

f) L'age, dit aussi flèche, perche et haie. Cette partie de la charrue se trouvait souvent trop longue ; alors le soc avait trop de disposition à entrer en terre, et si elle était trop courte, le soc en sortait trop facilement. Il fallait donc trouver le milieu pour maintenir la charrue dans la disposition horizontale. C'est sur ce point principal qu'ont porté la plupart des modifications de cette pièce. Il est vrai qu'il n'est pas possible de la placer dans les charrues simples à une oreille, de manière à ce que le soc ne tire un peu à la droite, mais on prévient cet inconvénient en attachant les traits au dernier trou du côté droit du régulateur.

g) Les manches qui servent principalement à rendre à la charrue immédiatement sa position primitive, lorsqu'un obstacle quelconque l'a fait dévier de sa ligne, sont adaptés à l'age de la plupart des charrues, surtout à celles qui ont un long sep et par conséquent, les traits attachés à l'extrémité de l'age. Les manches ont été placés diversement dans les charrues simples suivant que le sep en a été modifié ; de l'extrémité postérieure de l'age, où ils se trouvaient d'abord, on les a mis au montant, placé derrière la gorge, et avec la suppression de celui-ci on les a adaptés au sep même. En effet, comme il n'est point nécessaire que dans la charrue simple le laboureur exerce une aussi forte pression sur les manches que dans la charrue à roues, les manches étant adaptés au soc, ou au moins très-près de cette pièce, on peut, par leur moyen, lui rendre plus facilement sa précédente position et résister à toutes les déviations de la charrue.

h) Le régulateur. Nous avons donné plus haut la description d'un régulateur ordinaire et très-simple. Diverses modifications apportées à cette pièce l'ont insensiblement transformée en avant-train. Car ne sont-ce pas de véritables avant-trains que tous ces régulateurs montés sur une roue qui elle-même supporte l'age. Au reste, ils ne sont d'une utilité réelle que lorsque la charrue elle-même est d'une construction vicieuse.

§ XIII.

DES CHARRUES LES PLUS REMARQUABLES PAR LEUR PERFECTIONNEMENT.

A. *Charrues françaises.* — **AA.** *Charrues à un soc.*

Nous les citerons dans le même ordre qu'elles sont mentionnées dans le *Cours complet d'Agriculture*, vol. VI. Thaër, *Description des instruments aratoires*. Boitard, *Description des instruments d'agriculture*, etc.

Charrue-Guillaume avec avant-train. Elle est d'une conduite facile : elle tient bien la raie. Son labour est parfaitement retourné. Enrayée à 5 pouces de profondeur, prenant 8 pouces de raie, dans un terrain égal, et tirée par des hommes sans secousse, on a pu juger, que la charrue de Brie, qui a servi d'instrument de comparaison, exigeait 390 kilogrammes pour marcher, tandis que celle de Guillaume n'en demandait que 200. Ainsi elle demande 190 kilogrammes de force de moins.

Cette charrue se distingue principalement en ce que son point de tirage est rapproché de celui de la résistance, et c'est précisément la raison pourquoi il faut moins d'emploi de force pour la mettre en mouvement.

Guillaume a aussi perfectionné l'araire ou la charrue simple. L'on y remarque le versoir perfectionné et la ligne du tirage fixée le plus près possible du point de la résistance. En conséquence cette charrue dépense beaucoup moins de force qu'avec le tirage ordinaire.

Charrue-Dombasle. Cette charrue n'est qu'une modification de la charrue ou araire belge. Elle se distingue par la chaîne du régulateur, qui présente une maille allongée qu'on engage dans une des dentures de la branche horizontale du régulateur, le crochet d'attelage placé en avant, et la partie postérieure de la chaîne qui se fixe en arrière du régulateur, sur le crochet placé sous l'age, ce qui est essentiel. Dans la description de sa charrue M. de Dombasle insiste pour que le tirage s'opère sur le crochet placé sous l'age, et jamais sur le régulateur, en quoi nous sommes parfaitement d'accord avec ce savant. D'après les expériences de M. Pictet, cette charrue en traçant une raie de 6 pouces de profondeur sur 12 pouces de largeur, dépense une force de 208 kilogrammes (charrue de Brie 390). On reproche à cette charrue le peu de hauteur de son versoir qui fait que lorsqu'on pique à 7 ou 8 pouces, il retombe de la terre remuée par-dessus le versoir dans la raie. Mais quelle que soit la profondeur, la charrue marche toujours à plan.

Charrue de M. de Schwerz. C'est encore une imitation de la charrue belge. Elle fait facilement un travail également bon, quelle que soit la profondeur ; elle est facile à conduire, et une fois dans la raie à la profondeur et largeur convenables, elle va pour ainsi dire seule.

On reproche à cette charrue, 1° que le coutre est placé trop en avant du soc, permettant ainsi aux pierres et aux mottes de racines de s'engager dans l'angle que la partie inférieure du coutre forme avec la pointe du soc ;

2° Que la surface concave formée par le soc et le versoir présente à l'endroit où ils se réunissent une dépression trop marquée, si l'on en juge par cette circonstance, que la terre, pour peu qu'elle ne soit pas très-sèche, s'attache en cet endroit, tandis que le reste du versoir demeure lisse. Ce qui indique que sa courbe est loin d'être parfaite.

3° Enfin, un troisième défaut, c'est le peu de hauteur et de longueur du versoir, d'où il résulte qu'au delà de 6 pouces de profondeur, les mottes retombent souvent dans la raie, etc., etc.

Cette charrue dépense également une force de 208 kilogr.

La charrue-Machet, qui est aussi une imitation de l'araire belge, se distingue principalement par la courbe parfaite de son versoir et par une plaque de fer battu qui va de la gorge à l'étançon (jambe ou montant en Belgique), et double la pièce qu'on nomme *muraille* ou tellière, laquelle est mortaisée dans le sep et l'age ; cette plaque a principalement pour but d'empêcher le frottement de la terre dure contre la jambe ou l'étançon, frottement qui doit augmenter sensiblement le tirage, puisque l'étançon s'use quand la plaque de fer manque. D'après M. Pictet cette plaque manque à toutes les charrues belges, seulement la charrue de Small en serait pourvue ; mais dans la figure que Boitard donne de cette charrue, cette plaque ne se trouve pas non plus (1).

La charrue-Machet ne dépense qu'une force de 199 kilogr.

La charrue-Grangé est une charrue à avant-train. Le corps de la charrue se compose, comme à l'ordinaire, de trois pièces agissantes, savoir : le coutre, le soc et le versoir ; le reste de l'appareil sert à lier ces pièces entre elles, et à leur transmettre l'action de la force motrice : on y distingue la haie (l'age) qui porte le coutre ; le sep qui porte le soc ; et ensuite le boulon en fer, la broche en bois et le mancheron qui unissent solidement le soc, le sep et la haie ; enfin les chevilles obliques qui servent, avec la patte en fer, à maintenir l'oreille dans une position parfaitement fixe. Deux chaînes servent à lier l'avant-train au corps de charrue.

Les pièces suivantes sont particulières au système de la charrue-Grangé, et constituent principalement l'invention.

Un premier levier sert à soutenir les armons (têtard) quand il n'y a pas de tirage.

(1, M. d'Omalius-Thierry à Anthisnes (Liége), fabrique une charrue perfectionné, pourvue d'une muraille et à soc bombé, qui surtout dans les terres fortes fait un ouvrage supérieur à celui de toutes les charrues de ce genre, que je connaisse.

Un second levier sert à soulever la partie antérieure de la haie et par conséquent à dépiquer la charrue, soit en cas de résistance accidentelle, soit quand le travail est fini. On l'appelle *levier de dépique*.

Enfin un troisième levier transmet la pression sur le manche et de là sur le talon du sep; c'est le levier de pression.

Prenons, dit M. Huzard fils une charrue à avant-train et ajoutons à cette charrue une longue et forte perche de bois attachée, d'une part à l'avant-train, et, d'autre part, au mancheron gauche; le point d'attache antérieur étant fixe, serrons la chaîne de manière que la perche de bois appuie fortement sous l'essieu, et qu'elle fasse baisser l'avant-train. Nous avons alors l'invention-Grangé dans toute sa simplicité. Quoique l'invention de Grangé soit très-ingénieuse on ne peut pas se dissimuler, après avoir exactement étudié cet instrument, que ce n'est autre chose qu'une charrue ordinaire, ayant l'action de son avant-train neutralisée par l'intervention des divers leviers et dont l'araire est restée. Encore cette araire laisse-t-elle beaucoup à désirer, s'il est vrai que le labour de la charrue-Grangé ne présente aucun avantage sur tout autre labour médiocre.

B. *Charrues à plusieurs socs.*

Les charrues à plusieurs et principalement celles à deux socs, sont d'une invention ancienne. Dans les charrues de ce genre, il y a deux socs, deux coutres et deux versoirs; mais la flèche, le manche et les traits sont comme dans les charrues simples. Les socs sont placés, tantôt parallèlement, tantôt sur la même ligne, l'un à la suite de l'autre et assemblés par une espèce de cadre de bois. Les charrues à double soc ont l'avantage de faire autant d'ouvrage que deux autres charrues; un homme seul suffit pour les conduire : elles font autant de tours qu'une charrue simple : elles fonctionnent avec deux chevaux, et ne demandent un troisième que dans les terres fortes ; enfin elles vont partout, dans les terres légères comme dans les terres fortes.

M. Delstanche, à Marbais, en fabrique qui se distinguent par leur simplicité, par la facilité avec laquelle elles se laissent conduire et par la bonté de leur travail.

Les charrues à plus de deux socs ne doivent pas faire, ce semble, de bon ouvrage ; car il est déjà difficile de régler deux socs de manière à ce que leur ouvrage soit parfaitement semblable.

M. Guillaume a construit une charrue à quatre socs, qu'il présente comme propre à différentes cultures, et à donner de petits labours à la terre ; mais nous sommes persuadé qu'au moyen d'un simple ou double binoir, ce but est plus facile à obtenir.

§ XIV.

B. *Charrues anglaises, écossaises et américaines.*

Les plus remarquables des charrues anglaises ont été jusqu'à présent celles de Small ; sa charrue légère est celle dont on fait le plus d'usage. Elle se distingue par sa légèreté qui l'a fait adopter dans beaucoup de provinces d'Allemagne. Son coutre est droit et fortement incliné en avant ; le soc très-long et pointu ; le sep long comme dans la charrue belge ; le versoir d'une courbure parfaite ; l'age a une longueur de 11 pieds 9 pouces ; deux manches sont adaptés à la partie postérieure de l'age et à l'étançon ; le point d'attache est placé sous l'age un peu avant le versoir.

La charrue américaine perfectionnée à avant-train, se distingue par sa légèreté et convient pour toutes les espèces de terrain. Le corps et la flèche sont d'une seule pièce et en fonte. L'un et l'autre sont fortifiés par des nervures qui règnent dans le sens où la solidité est de rigueur. Le bout antérieur de la haie porte un régulateur vertical taillé en crémaillère, pour fixer à la hauteur convenable la bride d'attelage.

Les mancherons en bois sont fixés par deux boulons sur le derrière de la haie, qui est prolongée à cet effet.

Le soc est en fonte, ou en fer forgé aciéré, suivant que le terrain est exempt de pierres ou non. Cette charrue n'a pas de sep, c'est pour cela que le soc se fixe avec deux boulons contre la partie antérieure du versoir. Il y a des versoirs qui portent eux-mêmes leur coutre.

Au talon de la charrue, entre le corps et le versoir, est placée une roue. Un décrottoir la tient constamment propre. Un écrou permet de monter et de descendre à volonté cette roue.

Cette charrue a aussi un avant-train qui est composé de la manière suivante :

Il est tout en fer, hors le corps d'essieu qui seul est en bois. La roue de droite qui, dans tous les avant-trains roule dans le fond du sillon, est tenue ici plus basse que l'autre, de toute la profondeur de ce même sillon. Cette disposition sert à tenir l'avant-train de niveau. Cette roue a également la faculté de pouvoir être portée plus ou moins en dehors, en faisant glisser son support le long du corps d'essieu où une goupille l'arrête. L'avant-train offre en outre une traverse sur laquelle pose le bout de l'age, où il se trouve pris dans un collet de forme ovale, qui permet toutefois un peu de jeu.

Cette charrue avait d'abord un roue unique, à laquelle M. Coke a substitué l'avant-train que nous venons de décrire, ce qui donne en toute circonstance et dans toutes sortes de terres, 100 livres de tirage de moins que les charrues les plus renommées. Cette légèreté est due à la roue placée au talon qui, soutenant la charrue, transforme son frottement direct contre le fond du sillon, en frottement de la seconde espèce. Construite entièrement en fer, les mancherons exceptés, elle est pour ainsi dire indestructible. Elle diffère des autres charrues en trois points essentiels : 1° par la roue placée au talon; 2° par l'application du soc sur la partie antérieure du versoir, au lieu d'être sur le sep, ce qui le rend plus simple, et par conséquent

plus facile à faire ; 3° par l'avant-train qui, ayant la faculté de
se tenir au niveau, permet de saisir la haie dans un collet assez
juste pour que la charrue se maintienne en position presque
seule. Elle n'a pas le défaut qu'on reproche aux autres charrues,
surtout aux araires, ou même à celles qui ont pour avant-train
une seule roue, d'être vétilleuse ou susceptible, c'est-à-dire, de
sortir trop facilement des raies ou de la terre, à la moindre négligence, ou par un léger obstacle rencontré.

La charrue belge ou de Brabant, qui est le type de presque
toutes les charrues dont nous venons de parler, se distingue de
celles-ci par un sabot qu'elle porte à l'extrémité antérieure de la
flèche. Ce sabot entre et se meut verticalement dans une mortaise
pratiquée dans cette partie de la flèche ; on baisse ou l'on élève ce
sabot, selon le degré d'entrure qu'on veut donner au soc, et
on l'assujettit par un coin. Ce sabot répond à la petite roue ou
aux roues qui se trouvent sous la flèche de quelques charrues
simples d'Angleterre. Cette même charrue, dans quelques provinces de Belgique, où le sol est léger et où on laboure profondément, est d'une plus grande dimension, seulement le versoir y est tenu plus verticalement pour donner à la charrue la
facilité d'entrer plus avant dans la terre.

Une dernière charrue belge, est celle à avant-train, qu'on
appelle *grande charrue wallonne,* qui, quelque peu modifiée, est
aussi en usage dans quelques cantons des Flandres. Elle exige
un attelage de 3 à 4 chevaux, selon la qualité du sol.

§ XV.

LE BINOIR OU BINOT.

Le binot est un instrument qui ressemble, en quelque façon,
à une charrue simple à double versoir ; mais il se distingue de
celle-ci en deux points essentiels, savoir : 1° par l'absence du
coutre, et 2° par les versoirs qui sont plats ou roides. On peut le

disposer à labourer à différentes profondeurs, mais dans les cas où l'on emploie cet instrument un labour profond n'est nullement nécessaire.

Dans plusieurs provinces de Belgique où le binot est en usage, on l'emploie dans les cas suivants :

1° Pour donner le premier labour soit en automne, soit en hiver, soit au printemps;

2° Pour déchaumer le sol;

3° Lorsque le sol est très-sale, on emploie le binot pour le nettoyer complétement.

En effet, cet instrument, et la chose est facile à comprendre, élève le sol en petits billons, au moyen de quoi le chiendent, le laitron, les chardons et les autres racines sont coupés et exposés aux gelées d'hiver et aux sécheresses du printemps; et lorsque la terre est desséchée, ce qui arrive promptement lorsqu'elle est ainsi élevée, ces racines sont ramassées à la herse. Les racines qui ont été ainsi amassées, sont, ou brûlées, ou mises en tas avec de la chaux, ce qui vaut encore mieux, pour être converties en compost.

L'auteur de l'article *Binot*, dans le *Cours complet d'agriculture*, volume IV, page 40, dit de cet instrument : « Un autre « avantage de cet instrument est que son emploi est moins coû- « teux que celui de la charrue. Non-seulement une seule culture, « avec cet instrument, équivaut à deux labours, mais le binot « cultive une plus grande étendue de terre dans un temps donné « avec le même attelage. » Nous voulons bien croire que le binot soit d'une grande utilité dans les cas précités plus haut, le binot peut même remplacer un second labour après le premier qui doit toujours être profond, mais dans les terrains forts où il est indispensable que la terre ait été plusieurs fois parfaitement retournée, le binot ne ferait qu'un mauvais ouvrage. Le binot présente encore l'inconvénient de ne pas remuer la terre dans toute la largeur du sillon, mais, au contraire, de laisser entre chaque raie une côte, qu'à la vérité il recouvre de terre meuble. M. de Thaër ajoute encore : « Tous les cultivateurs du

Mecklembourg conviennent que le binoir n'est pas propre à toutes sortes d'ouvrages, et que, surtout pour rompre les terrains qui ont été laissés en pâturage, et même pour déchaumer les champs qui ont rapporté des grains, toute autre charrue doit avoir la préférence. En revanche, il est excellent pour les labours qui doivent suivre et même pour le labour des semailles, lorsqu'on doit semer à sillons ouverts. Mais pour cette dernière opération l'on emploie un binoir à avant-train, et l'on fait marcher la bête de trait dans la raie, pour l'empêcher d'enfoncer ses pieds dans la terre labourée. En Angleterre on emploie des binots à coutre distinct. En Belgique on a aussi perfectionné cet instrument : on en a retranché le coutre, mais en revanche le soc en est bombé et très-long, de manière qu'il remue singulièrement la terre ; au moyen d'une roue qui se trouve sous le bout antérieur de l'age et qu'on peut à volonté remonter et descendre, on donne à la raie la profondeur convenable. Nous avons essayé un de ces binots, perfectionnés par M. Delstanche, et l'essai qui avait pour but de déterrer des pommes de terres, a parfaitement réussi.

§ XVI.

LE BUTTOIR.

Cet instrument est une espèce de charrue légère, à deux versoirs, qu'on emploie dans la grande culture pour butter les récoltes en lignes. Il se distingue du binot par son soc qui est plus court et par ses versoirs qui sont mobiles, de manière à pouvoir butter à volonté dans les raies larges et étroites. Comme le binoir, le buttoir ne retourne pas la terre, mais la remue seulement et la place près du pied des plantes. Cet instrument a été diversement perfectionné par les Anglais et par les Belges ; nous parlerons de ces perfectionnements à l'article suivant.

§ XVII.

LES CULTIVATEURS.

Ces instruments ont pour objet de donner aux terres la culture nécessaire, dans l'intervalle compris entre l'ensemencement et la récolte. Ces instruments sont en grand nombre et portent différents noms selon l'usage spécial auquel ils sont destinés. Il devient donc nécessaire de les soumettre à une sorte de classification pour éviter la confusion dans laquelle plusieurs agronomes ont été entraînés.

Nous parlerons d'abord des cultivateurs proprement dits, d'après la signification primitive attachée à ce mot par son inventeur, M. de Chateauvieux. A la figure de cet instrument, que nous avons sous les yeux, on reconnaît une charrue simple à avant-train, sans versoir, mais avec un soc large, très-aplati : son manche est un peu recourbé et tranchant en avant, pour tenir lieu de coutre. Cet instrument est destiné à remuer la terre dans la culture en raies ; il ne renverse point la terre, puisqu'elle retombe à la même place, après avoir été soulevée par le soc ; il la divise cependant et l'ameublit assez bien, en l'entretenant légère et friable ; les racines des plantes qu'on cultive peuvent donc aisément la pénétrer et s'étendre, pour trouver les sucs qui sont propres à leur végétation. C'est donc une véritable houe à cheval dans le sens des Anglais, et non un cultivateur. Le même agronome a imaginé un autre instrument qui se distingue du précédent, par un coutre placé en avant du soc, et une oreille de forme légèrement convexe en dehors. Pour concevoir cet instrument, il faut se ressouvenir de la description que nous avons donnée du binoir ; en ôtant à celui-ci une de ses deux oreilles (1), il restera un binoir ou cultivateur simple, ce

______

(1) Pour nommer chaque chose par son juste nom, nous appellons *versoir*, la pièce contournée d'une charrue qui retourne et renverse exactement la terre, et *oreille*, la pièce droite qui déplace la terre, remuée par le soc, sans la retourner et la renverser.

qui revient au même, car dans l'appréciation d'un instrument,
c'est moins aux petites différences dans la forme des pièces qui
le composent qu'il faut faire attention, qu'au principe d'après
lequel il est construit. Le prétendu cultivateur de M. de Chateauvieux n'est donc rien autre chose qu'un binoir à une seule
oreille ; peu importe que le soc, l'oreille, le coutre, les manches, l'age, etc., aient une forme différente de celle des mêmes
pièces qui se trouvent dans le binoir et la charrue même, ce
n'est jamais que le même instrument sous une forme différente.
Il en est de même du *cultivateur à oreilles fixes*, qui a été
inventé par M. Yvart. La circonstance que l'on a donné tout à
la fois à cet instrument les noms de *cultivateur*, de *houe à cheval* et de *buttoir*, prouve que ce n'est point un cultivateur,
dans la vraie acception du mot, mais un buttoir, car il sert à
chausser ou butter les plantes cultivées en rayons. Pour nous,
nous entendons par cultivateur, s'il existe aujourd'hui des
instruments auxquels seuls ce nom convient, *un instrument
à un soc sans versoir qui remue la terre seulement sans la dépla-
cer*; mais dans ce sens le cultivateur n'est qu'une houe à
cheval.

§ XVIII.

LES HOUES A CHEVAL.

On appelle, quoique improprement, houe à cheval, un instrument dont la pièce caractéristique est une houe ou soc plat,
triangluaire ou à tranchant droit, maintenu par une tige plate
et également tranchante sur le devant. Le plus souvent, la houe
à cheval n'a qu'un seul soc, mais on en voit aussi à 3, 5, 7 et
même 9 socs, qui sont placés de front. Cet instrument a été
perfectionné en Belgique par M. Delstanche. Cet habile mécanicien en a exposé deux, dont l'un était garni de trois socs,
l'autre de cinq et disposés en ligne oblique. Cette disposition des

socs donne à ces instruments une grande facilité à remuer la terre et à couper ou déraciner les mauvaises herbes.

Les houes à cheval sont tantôt simples, tantôt à avant-train, qui cependant ne consiste qu'en une seule roue qui marche dans la raie. On voit aussi des houes à cheval qui montrent des coutres, qu'on place dans l'intervalle des houes, pour couper le terrain, comme, par exemple, dans l'enlèvement du gazon. Mais alors c'est un instrument mixte, qui a les caractères de la houe à cheval et du scarificateur.

Nous ne pouvons omettre ici l'instrument construit par M. Delstanche, que nous avons déjà eu l'occasion de citer, sous le nom d'*arrache-betterave*, dont la forme générale est celle d'une houe à cheval simple à une seule houe.

Cette houe, d'une construction très-simple, est d'une utilité inappréciable dans la culture de la betterave. Le soc qui est triangulaire et large de 6 pouces à sa partie postérieure, pénètre jusqu'à 6 à 8 pouces au-dessous de la superficie du sol, passe en avançant, et sans les entamer, sous les racines de la betterave, et les soulève d'une manière complète.

§ XIX.

LE RATISSOIR A CHEVAL.

La houe à cheval, lorsque cet instrument est bien construit, imite plus ou moins parfaitement l'ouvrage de la houe à main (*rasette* en wallon), c'est-à-dire, elle remue la terre, brise une partie des mottes et détruit les mauvaises herbes. Le ratissoir à cheval, qui est originairement une invention anglaise, fait un ouvrage moins profond, par conséquent moins efficace. Il diffère aussi essentiellement de la première par la forme de sa pièce caractéristique. Au lieu d'une houe ou de socs, un fer droit de plusieurs pieds de longueur, avec une lame et un dos ajustés obliquement sur un monture, agit sur le sol, comme la lame d'un rabot, en tranchant la terre horizontalement à un ou plusieurs pouces au-dessous de sa superficie, et en la divisant.

En Angleterre et en Écosse on se sert du ratissoir à cheval pour donner, d'abord après la moisson, une culture au terrain où l'on a récolté des fèves, afin que le sol ne s'infecte point de mauvaises herbes, jusqu'au moment où il peut être labouré pour être ensemencé en froment. Au moyen du ratissoir, on peut aussi, en très-peu de temps, régaler et préparer le sol pour une arrière-récolte de raves, de spergule ou de sarrasin, etc., parce que souvent la terre est encore assez meuble à une certaine profondeur, et que sa superficie seulement a besoin d'être divisée et pulvérisée.

On voit par là que le ratissoir à cheval n'est propre que pour les terrains légers, meubles et en bonne culture, et que dans le cas où le sol serait dur, rempli de mottes de terre, de pierres et de mauvaises herbes vivaces, la houe à cheval et surtout les extirpateurs et les scarificateurs que nous décrivons ci-après seraient d'un usage préférable.

§ XX.

L'EXTIRPATEUR.

Nous avons parlé dans le premier volume de cet ouvrage, de la grande utilité de ce précieux instrument pour les labours de printemps et l'ameublement des jachères, etc. C'est pour cela que nous nous bornons à en donner la description d'après un modèle de l'*extirpateur de Dombasle* que nous avons sous les yeux. A l'extrémité de l'age se trouve un régulateur semblable à celui des charrues simples. La roulette qui est placée sous l'age doit être élevée de manière à ne pas porter pendant la marche ; elle ne sert de point d'appui que dans les tournées, et comme pivot. L'extirpateur pose sur cinq pieds terminés par un soc horizontal, triangulaire ; ces cinq pieds sont ajustés aux traverses du châssis, deux en avant et trois en arrière. Deux mancherons servent à maintenir l'instrument dans la ligne droite, ce qui cependant n'est guère nécessaire, car un extirpateur bien construit et bien réglé doit marcher seul, et l'on ne se sert des mancherons que pour remettre l'instrument sur la ligne après la tournée, ou pour rétablir la régularité, ou enfin pour le faire sortir de terre.

On fait aussi des extirpateurs à sept et à onze socs, comme celui de Thaër, mais cette augmentation de socs exigerait un trop fort attelage dans les terres dures et fortes.

Dans les extirpateurs les mieux construits, les tiges, qui supportent les socs, sont fixées sur les traverses au moyen de brides en fer, serrées par des vis et des écrous ; de cette manière, on peut faire varier à volonté la distance des pieds entre eux.

D'après M. de Dombasle, un extirpateur à 5 socs, attelé de trois ou de quatre chevaux, selon la nature et l'état de la terre, cultive au moins 2 hectares par jour. Avec cet attelage, il peut pénétrer de 3 à 5 pouces de profondeur, selon qu'on le désire. Dans les petites cultures on peut employer un extirpateur de 3 socs et à un seul cheval.

§ XXI.

LE SCARIFICATEUR.

Quoiqu'il présente des analogies avec la herse d'un côté, et avec l'extirpateur de l'autre, cet instrument a cependant pour pièces caractéristiques un nombre plus ou moins grand de *coutres* disposés de front et destinés à fendre la terre. On en fait avec ou sans manches. L'usage de ces manches, dont on attribue l'application à M. Guillaume, permet de diriger l'instrument. D'après ce mécanicien, cet instrument est utile : 1° pour la culture des luzernes, où il se trouve une quantité de mauvaises herbes assez grande pour nuire à la plante ; il les détruit entièrement. On peut en faire pénétrer les dents dans la terre à la profondeur qu'on juge nécessaire.

2° L'extirpateur n'est pas moins avantageux à tous les cultivateurs qui sont dans l'habitude de labourer une partie de leurs terres avant ou pendant l'hiver, pour les ensemencer d'avoine au mois de mars. Il arrive que la plus grande partie de ces terres ne conservent plus, au moment de la semaille, de traces de leur ancien labour, traces que les dégels et les pluies ont fait disparaître ; aussi ces herses ordinaires, à dents de fer, deviennent-elles insuffisantes pour l'opération à laquelle on les emploie. En effet, armées d'une grande quantité de dents fixées sous diverses formes à quelques morceaux de bois réunis, ces herses ne peuvent entrer assez profondément dans la terre. L'extirpateur a bien la forme d'une herse ; mais il réunit beaucoup plus d'avantages, parce que les dents étant toutes montées sur une seule pièce de bois, on peut du premier coup les faire entrer dans la terre à la profondeur voulue, tandis qu'avec les herses ordinaires, on est obligé de recommencer à plusieurs reprises pour obtenir le même résultat.

Cette définition que nous donne M. Guillaume de l'action de son instrument est la seule qui puisse convenir au scarificateur, tel que nous le concevons ; car la plupart des instruments qu'on qualifie du nom de scarificateurs ne sont en réalité que des houes à cheval, ou des extirpateurs qui produisent un effet tout à fait différent de celui du véritable scarificateur.

§ XXII.

CULTIVATEURS COMPOSÉS.

Le premier qui eut l'idée de construire un instrument pouvant servir à volonté, soit comme houe à cheval, soit comme extirpateur, soit comme scarificateur, fut l'Écossais Béatson. Le but de cet agronome était, comme on sait, de remplacer par des cultures multipliées du sol, les engrais et les jachères. **Nous ne nous occuperons pas du mérite d'un système qui, depuis longtemps déjà, a été apprécié à sa juste valeur. Nous faisons seulement observer que la première idée de Beatson a donné lieu à l'invention de plusieurs instruments de ce genre qui, étant très-propres à favoriser le progrès de l'agriculture, méritent que nous en fassions une mention spéciale.**

a) Une charrue-buttoir, combinée avec une houe à cheval, couteaux obliques, et avec une houe à cheval à socs transposables.

b) Une houe à cheval à charnière, s'ajustant à volonté, et sans retard, savoir : 1° en houe à cheval ou plutôt en ratissoir, à 5 lames obliques, pour ratisser entre les récoltes en lignes ; 2° en houe à cheval à socs transposables, pour biner profondément entre les récoltes ; 3° en charrue ou plutôt en buttoir, double oreille, pour butter les récoltes en lignes.

c) Une houe à cheval à tiroir, s'ajustant à volonté et sur-le-champ, savoir : 1° en houe à cheval à socs transposables, pour biner profondément entre les lignes de récoltes ; 2° en scarificateur ou petite herse à roulettes, pour scarifier un sol trop encroûté entre les lignes de plantes ; 3° en buttoir à double oreille, pour butter les lignes de plantes.

d) Un scarificateur ou herse à roulettes à 7 dents, s'ajustant à volonté, et à l'instant, en extirpateur à 5 pieds.

M. d'Omalius, inventeur de ces instruments, a employé dans les scarificateurs, des dents qui, selon nous, font un ouvrage moins parfait que les coutres, qui déchirent mieux la croûte du sol et les racines des mauvaises herbes.

Nous terminerons cet article, en mentionnant encore les charrues à saignées, qui sont spécialement appropriées à cet usage.

Plusieurs de ces instruments offrent une grande ressemblance avec les charrues ordinaires ; d'autres n'ont qu'un soc sans versoir ni coutre.

Parmi les premiers nous citerons l'instrument dont parle M. de Thaër dans sa Description d'instruments d'agriculture. Cette charrue, dit l'auteur, ouvre une rigole très-régulière et dont les côtés forment un angle droit avec le fond. Elle détache une bande de terre de 6 pouces de largeur et de 3 à 6 pouces d'épaisseur ; elle la soulève, et, au moyen de son versoir très-écarté, elle la repousse assez loin pour n'exiger aucun travail ultérieur. On voit qu'elle est aussi très-convenable pour ouvrir les rigoles nécessaires à l'irrigation des prairies, et que, par son moyen, on épargne beaucoup de travail.

Cette charrue est composée d'un double coutre, formant corps avec le soc ; le premier de ces deux coutres, celui qui est placé en avant, est fort long, s'élève presque à la hauteur de la flèche, et s'appuie contre le versoir. Le second est isolé, et n'a que la moitié du précédent. Tandis que la terre est coupée horizontalement par le soc, et fendue verticalement par les deux coutres, elle s'élève sur le plan incliné antérieur du sep, et elle est rejetée sur le côté par le versoir. Sur le devant de la flèche est adapté une roue, qui peut être élevée ou abaissée selon l'entrure à donner au soc.

Parmi les seconds de ces genres d'instruments, le *mineur* et la charrue-taupe sont ceux dont on fait le plus d'usage.

Le mineur a été inventé en Angleterre par M. Eccleston. C'est une espèce de soc de charrue, fixé à un age très-fort, sans versoir, et qui est tiré par 4 chevaux et plus au fond d'un sillon ouvert par une charrue ordinaire. Elle pénètre dans la terre inférieure sans la retourner, et ameublit à 8 ou 10 pouces de profondeur de plus que la première charrue n'avait pénétré. Cette opération rend le sous-sol poreux et perméable pour plusieurs années. Mais cette pratique n'est applicable que dans les terres fortes.

La charrue-taupe a été inventée en Angleterre par M. Adam Scott ; elle porte ce nom à cause de la faculté qu'elle a de fouiller assez avant dans le sol.

Elle est composée d'une flèche traversée par un montant en fer qui fait l'office de coutre, et qui porte à son extrémité inférieure une pièce de bois ronde, un peu conique, et taillée en biseau à sa partie antérieure. On la hausse ou on la baisse à volonté, au moyen d'une cheville qui traverse l'age; et on forme ainsi des trous souterrains plus ou moins profonds. Elle est précédée d'une roulette en fer, qui sert à couper les racines des plantes, et à faciliter le passage du montant. L'age porte à sa partie antérieure une petite roue qu'on peut élever ou baisser, selon la profondeur à donner aux trous ou tranchées qu'on veut pratiquer sous terre.

Dans la charrue-taupe perfectionnée, le soc qui doit former les trous souterrains est cylindrique, pointu et en fonte.

La charrue-taupe est employée pour le même but et dans les mêmes terrains que l'instrument précédent.

§ XXIII.

LA HERSE.

Cet instrument mérite sa place après la charrue et les autres instruments qui lui sont analogues. Son usage est de diviser et d'ameublir la terre amenée à la superficie par la charrue, de la purger du chiendent et autres racines d'herbes vivaces, de répartir et d'enterrer la semence et de rompre la superficie durcie du sol. Les herses ont des formes variées et sont plus ou moins pesantes, suivant que la nature et l'état du terrain l'exigent.

Les herses ne sont point d'une construction aussi compliquée que les charrues, mais quelle que soit la forme qu'on leur donne, il est indispensable que dans la disposition des dents l'on observe certaines règles dont on ne peut pas s'écarter sans manquer au but qu'on se propose.

Comme dans l'usage de la herse on se propose deux buts principaux, celui d'arracher et d'amasser les herbes parasites, et celui d'enterrer la semence et de pulvériser la terre, la forme des dents réclame une partie de notre attention. En effet, dans le premier cas il suffirait de leur donner la forme d'un coin ou d'un coutre de charrue ; il n'en est pas de même dans le second cas : la herse a de plus grands efforts à soutenir ; les mouvements latéraux, les heurts fréquents contre les mottes, les inégalités du terrain, exigent dans les dents une plus grande solidité, et cette solidité, on l'acquiert en leur donnant une forme quadrangulaire ou triangulaire, de manière toutefois que la diagonale du carré ou la ligne du sommet à la base se trouve dans la même direction que la ligne de trait. Les dents rondes sont les moins efficaces. Quant à la disposition et au nombre des dents, l'expérience a prouvé qu'il ne convient pas de les rapprocher trop les unes des autres, car alors il devient difficile à la herse d'éviter les obstacles accidentels qui se trouvent parsemés dans le sol ; relativement au nombre, on peut admettre en principe que, plus le nombre des dents est grand, plus difficilement la herse entre dans le sol ; mais il faut aussi se garder d'en mettre trop peu, pour ne pas en diminuer l'effet.

Les dents y sont ou perpendiculaires ou inclinées avec la pointe en avant, et lorsqu'elles sont en fer, on les fait quelquefois courbées en avant en forme de coutre. Le plus souvent elles sont de la même longueur, mais on voit aussi des herses triangulaires dont les dents sont plus courtes à l'angle antérieur, où les traits sont attachés, et qui vont en grandissant à chaque traverse, de sorte que celles de derrière sont les plus longues ; cependant, si l'on considère que la ligne oblique des traits imprime à la partie antérieure de la herse une tendance continuelle à sortir de terre, il serait préférable peut-être de faire les dents plus longues à l'angle antérieur et les autres successivement plus courtes.

Les dents de la herse doivent être fixées solidement ; sans cela, elles fonctionneraient mal et pourraient causer la malveillance ou la cupidité si elles étaient en fer.

Une bonne herse doit avoir les qualités suivantes :

1° Il faut que les dents ne soient pas trop rapprochées les unes des autres pour que la terre ne s'amasse pas dans leurs intervalles ;

2° Que les dents soient à une égale distance, afin que les raies qu'elles tracent dans le sol soient d'une égale distance les unes des autres;

3° Il faut que les dents soient placées de manière que chacune fasse sa raie particulière, et qu'ainsi la raie de l'une ne soit pas confondue avec celle de l'autre.

Comme cette dernière condition n'est pas toujours bien observée, surtout dans les grandes herses carrées, on cherche à diminuer ce défaut en attachant les traits, non au milieu de la traverse antérieure de la herse, mais un peu de côté ; mais on conçoit que de cette manière la herse ne peut pas faire un ouvrage régulier, et qu'on est obligé, pour réparer le mal, de revenir à la place qui n'a pas été bien hersée, ce qui, non-seulement augmente le travail, mais expose les graines, si le hersage a lieu après l'ensemencement, à être trop profondément enterrées.

En général, il est très-essentiel de bien observer le mode d'attache dans l'emploi de la herse.

Quelquefois on attache les traits à la pointe. Ces herses, surtout lorsqu'elles ont des dents très-longues ou courbées en avant, ont un mouvement sinueux et de sautillement, qui contribue beaucoup à briser les mottes.

Nous citerons encore un mode d'attache imaginé par M. de Dombasle et qui est aussi en usage en Écosse, surtout lorsque dans les labours en billons il convient mieux de joindre de petites herses ensemble que de se servir d'une grande herse roide. Voici comment M. de Dombasle explique son mode d'attache : « Au lieu d'opérer le tirage par un chaîne simple, attachée soit au milieu, soit à un des angles de la herse, je fais usage d'une chaîne lâche, attachée par ses deux bouts aux deux angles de la herse, et j'accroche la volée de chevaux, non pas au milieu de cette chaîne, mais un peu sur le côté, de manière à donner à la herse l'obliquité qui lui est nécessaire pour que ses dents occupent également toute la surface du terrain. On conçoit que le point de tirage doit varier selon l'inclinaison du sol, à droite ou à gauche, et aussi selon le plus ou le moins de résistance qu'éprouve l'instrument ; car dans ces divers cas la partie postérieure de la herse tend à se jeter d'un côté ou de l'autre. En changeant le point de tirage, c'est-à-dire en accrochant la volée d'un ou de deux chaînons plus à droite ou plus à gauche, on force la herse à suivre une direction uniforme. »

Pour donner à la herse un plus haut degré d'entrure, on la tourne de manière que les dents marchent la pointe en avant ; mais pour empêcher qu'alors le derrière de la herse ne se soulève, on le charge d'une ou de plusieurs grosses pierres. Établie ainsi, la herse produit un effet considérable, mais elle exige aussi un très-fort tirage, c'est pour cela que nous pensons que dans les cas où un profond hersage est nécessaire, l'emploi du scarificateur est plus utile.

Dans certains cas on ne demande que de donner un hersage superficiel, soit pour couvrir la semence, soit pour égaliser un terrain meuble et en bonne culture ; en retournant la herse, c'est-à-dire en la faisant marcher de manière que les dents soient inclinées en arrière, on obtient aisément ce but.

On voit souvent des herses d'une grandeur extraordinaire et d'un poids énorme ; ces herses, qu'on appelle aussi brise-mottes, exigent pour être mises en mouvement un très-fort attelage, sans produire cependant un effet plus efficace que les scarificateurs et les houes à cheval qui demandent moins de force de traction.

Quelquefois on emploie pour enterrer les petites graines une espèce de petites herses légères, garnies de dents fines et très-nombreuses. On réunit ordinairement plusieurs de ces herses ensemble, et alors elles produisent un excellent effet, surtout dans les terrains légers et sablonneux.

§ XXIV.

LE TRAÎNEAU.

Le traîneau est un instrument, ou plutôt un cadre formé de plusieurs planches rattachées avec des traverses. Après qu'on a hersé, il sert à casser davantage les mottes, à aplanir et fermer la terre, ce qui est surtout nécessaire quand on veut semer le lin.

Une autre espèce de traîneau se compose d'un tissu grillé, en perches de chêne. Quelques cultivateurs s'en servent dans les terres fortes, après avoir hersé, pour séparer encore mieux la terre, et arracher le chiendent et les éteules, qu'on amasse enfin avec la herse.

Une troisième espèce de traîneau est une claie de branchages, sur laquelle on met des gazons ou quelque autre chose de lourd. On la traîne par le champ lorsqu'on a semé du lin ; et pour resserrer la semence dans la terre, on y repasse encore le premier traîneau. (Van Alebroeck, *Agriculture des Flandres,* page 87.)

Dans le Brabant, et surtout aux environs de Bruxelles, on se sert, dans le même but, d'une espèce de traîneau de 4 pieds de longueur et de 3 de largeur, composé de planches qu'on a assemblées avec des lattes placées en travers. Ce traîneau est le plus simple et en même temps le moins coûteux.

§ XXV.

LE BRISE-MOTTES.

Avant de nous occuper du rouleau proprement dit, et pour ne pas confondre des instruments dont ni les effets ni l'action sont les mêmes, nous décrirons ceux qui, pour ainsi dire, forment un groupe intermédiaire entre les herses et les rouleaux.

Les rouleaux brise-mottes ont pour pièces caractéristiques soit des petits coins en fer, soit des fers circulaires tranchants et devenant *brusquement beaucoup plus épais vers le dos*, ceux-ci n'étant en réalité qu'un assemblage de petits coins disposés en cercle.

Ces rouleaux, qu'on appelle aussi rouleaux à pointes, se composent d'un rouleau ordinaire en bois dans lequel sont fixés de petits coins en fer.

Les instruments de ce genre ne sont utiles que dans les terrains très-secs et où l'on a laissé passer le moment favorable pour herser avec succès. Si le sol contient encore de l'humidité, la terre s'attache et se serre si fortement entre les pointes, qu'elle en rend l'action nulle.

M. de Dombasle a inventé un instrument qui, quoique bien différent quant à la forme, produit cependant le même effet; mais il a l'avantage sur le premier, que la terre ne s'attache pas aux fers circulaires.

Cet instrument, à qui l'inventeur a donné le nom impropre de *rouleau-squelette*, est en fonte, fort pesant et formé de côtes ou arêtes en fer circulaires et tranchantes, fixées sur un cylindre ou noyau, de sorte qu'il agit à la fois en coupant les mottes et en les écrasant.

En Belgique, M. Delstanche a construit des brise-mottes à fers circulaires, formés de deux cylindres ajustés dans le même cadre, et dont les côtes de l'un passent dans les intervalles de l'autre, de manière que les mottes, même les plus petites, ne peuvent échapper à l'action de l'instrument.

Ce double brise-mottes, quoique perfectionné, présentait cependant un défaut, c'est que le dos des arêtes n'était pas assez épais, de manière que les mottes étaient plutôt coupées par petits morceaux qu'écrasées.

En Angleterre, on a construit un double brise-mottes à pointes, dont les cylindres sont assez rapprochés pour que les dents de l'un passent dans les intervalles des dents de l'autre, de manière à les dégorger de la terre humide qui peut s'y attacher ; mais il est permis de douter que ce décrottement se fasse à l'aide de ces dents, aussi facilement qu'on veut le faire croire.

§ XXVI.

LE ROULEAU.

Le rouleau est un instrument destiné à régaler et à affermir le sol, ou à briser les mottes qui ont échappé à l'action de la charrue et de la herse. La pièce qui caractérise le rouleau c'est le *cylindre*.

Le rouleau est un cylindre d'un bois dur et pesant, quelquefois de pierre ou de fonte de fer, tournant dans un cadre ou à l'extrémité d'un brancard, qu'on fait traîner par des animaux. La longueur ordinaire qu'on donne aux rouleaux est de 5 pieds en Angleterre et en Écosse, et de 6 à 9 pieds dans les autres pays ; quant à leur diamètre, il est d'un pied jusqu'à 25 pouces et plus ; mais il convient de remarquer que, plus le diamètre en est grand et la longueur petite, plus l'action du rouleau est forte. Dans les rouleaux trop longs, la force de pression est portée sur un trop grand nombre de points de la surface du sol pour qu'ils puissent produire un très-grand effet.

Les rouleaux cylindriques sont les plus ordinaires ; mais on a aussi des rouleaux hexagones et octogones. Ces derniers produisent beaucoup plus d'effet, parce que leurs angles agissent comme des coins, mais ils exigent aussi une force de trait beaucoup plus grande.

Les rouleaux à cannelures ont été rejetés par tous ceux qui les ont essayés ; car, quelque temps qu'il fasse, ces cannelures se remplissent toujours de terre, et l'instrument, plus coûteux d'ailleurs, ne fait alors aucun effet différent de celui du rouleau cylindrique.

Les Anglais ont imaginé un rouleau à deux cylindres dont les axes sont juxtaposés sur la même ligne. Ce rouleau est déjà aussi très-répandu en Écosse ; l'on en voit aussi en Belgique. M. Sinclair et M. Low, professeurs à Édimbourg, vantent beaucoup ce rouleau qui ne fatigue pas autant l'attelage que si les deux cylindres n'en formaient qu'un seul. Chacun des deux cylindres a un mouvement de rotation indépendant de celui de l'autre ; il est très-utile dans la culture des jeunes prairies et dans les terrains qui offrent des inégalités. En Belgique, on a apporté dernièrement un perfectionnement notable aux rouleaux, et qui consiste en une espèce de décrottoir attaché au cadre dans lequel le rouleau se meut, de manière qu'on peut, toutes les fois qu'il est nécessaire, détacher la terre qui aurait empâté le rouleau.

§ XXVII.

LES SEMOIRS.

Les semoirs sont des instruments de grande culture , par le moyen desquels on répand les semences soit d'une manière égale sur la surface du sol , soit dans les petites raies que trace le même instrument ; mais comme dans les semailles à la volée, les semences se laissent répandre aussi promptement et aussi également à la main qu'à la machine, c'est pour les cultures en lignes seulement qu'on se sert de semoirs. Dans la construction de ces instruments , on a suivi divers principes ; de là ce grand nombre de semoirs , dont cependant aucun n'a répondu jusqu'à présent à ce qu'on avait droit d'en attendre.

Il y a des semoirs à cheval et à bras ou à brouette. Un des plus anciens du premier genre est le *semoir-Duket.* Cet instrument, selon le témoignage de M. de Thaër, ne sème pas seulement en lignes, mais privé de ses entonnoirs , il peut aussi très-bien servir pour semer à la volée. Il répand alors la graine beaucoup plus également que le meilleur semeur n'est en état de le faire à la main.

Un autre semoir, mais plus simple que celui de Duket, a été inventé par M. Cooke. Celui dont M. de Thaër est l'inventeur participe de l'un et de l'autre.

Le semoir de Grignon sert à l'ensemencement des graines fines. La graine est placée dans des lanternes percées de trous, que l'on peut rétrécir à volonté au moyen d'un cercle en fer qui les entoure, et qui se serre avec des écrous. Ces lanternes sont traversées par un axe en fer, sur le côté duquel est un engrenage qui est mu par le moyen d'une des grandes roues du bâti. De cette manière, la chute de la graine étant en rapport direct avec le mouvement plus ou moins rapide de l'instrument, la semence se répand toujours également. La graine tombe de la lanterne dans un entonnoir supérieur qui l'embrasse, et de là elle est naturellement conduite dans un entonnoir inférieur, d'où elle glisse dans la jambe creuse d'un pied de biche qui lui a tracé un sillon. Derrière ces deux pieds sont placées quatre dents de herse qui recouvrent la semence.

Ce semoir, comme on le voit, sème deux lignes à la fois. Pour conserver toujours la même distance, on place sur le devant un marqueur sur le train duquel le cheval passe au retour. Ce semoir a été dans la suite perfectionné. Un pignon à dents a remplacé la corde qui transmettait le mouvement des roues à l'axe; la herse de derrière a été remplacée par des dents attachées aux pieds rayonneurs, et beaucoup plus mobiles que l'ancienne herse; l'auget a été modifié, afin de rendre la prise certaine jusqu'à la dernière graine. Ces changements ont rendu l'instrument aussi sûr dans ses résultats que facile dans sa conduite; le mouvement est imprimé directement par les roues, de manière que la prise et le jet de la graine sont toujours en rapport avec la lenteur ou la rapidité de la marche; l'instrument cesse de semer en élevant l'arc et le pignon au moyen d'un levier à crochet. Enfin il est conduit aux champs ou en est ramené aussi aisément qu'une petite voiture légère. (*Cours complet d'Agriculture*, vol. XVII, page 102.)

Les semoirs à brouette sont construits à peu près sur les mêmes principes ; ils ont reçu ce nom parce qu'ils sont conduits en effet comme une brouette, au moyen de deux mancherons entre lesquels se place le conducteur. On en a qui sont destinés aux grosses graines, d'autres aux graines fines ; d'autres qui ont été améliorés, comme ceux de M. d'Omalius, sèment des graines de toutes espèces.

Une précaution importante, dans l'emploi de ces instruments, est de nettoyer parfaitement les graines ; sans cette précaution, il arrivera souvent que le semoir fonctionnera mal.

Avant de faire connaître au lecteur les avantages et les inconvénients qui résultent de l'emploi de ces instruments, nous ferons encore mention d'un semoir qui a été inventé en Allemagne, et qui, par la perfection de son travail, mérite à un haut degré l'attention des cultivateurs et de ceux qui s'occupent de la mécanique agricole.

Le semoir, dont il s'agit, a été inventé par M. d'Ugazy, à Vienne, en Autriche. Nous rapportons ce qui en a été dit dans le *Journal universel d'Agriculture*, vol. XV, page 73.

1° Ce semoir, attaché derrière une charrue ordinaire, peut être employé pour semer des graines de toute espèce, telles que : froment, épeautre, seigle, orge, avoine, blé noir, pois, lentilles, vesces, pois chiches, millet, colza, navette, betterave, féverolles, fèves, maïs, etc.

2° Il répand ces graines avec la plus grande régularité, soit à la volée, sur la surface du sol ; soit, au moyen d'un léger changement, dans le creux des raies, et les recouvre en même temps d'un à deux pouces de terre.

3° Il détermine d'une manière précise la quantité nécessaire de graine pour ensemencer un espace de terrain donné.

4° On peut le mettre en mouvement et l'arrêter à volonté sans la moindre perte de temps.

5° On l'emploie avec le même avantage dans les terres légères et dans les terres fortes ; dans celles qui contiennent encore du long fumier, ou qui sont remplies de mottes de terre et de pierres.

6° Son mécanisme enfin est aussi simple que solide, et aucunement sujet aux dérangements ordinaires à ces instruments. L'ouvrier le plus ignorant est en état de le conduire.

Nous déclarons donc que cette machine à semer, qui a déjà été essayée dans la plupart des États de l'Allemagne, et sur le mérite de laquelle les opinions des agronomes sont unanimes, a l'avantage sur tous les semoirs connus jusqu'à présent.

§ XXVIII.

ARGUMENTS CONTRE ET POUR LE SYSTÈME DE CULTURE AU SEMOIR.

Depuis l'introduction des cultures en lignes et l'invention des semoirs, les agronomes ont longuement discuté la question de savoir s'il est plus convenable et plus profitable de cultiver les céréales à la volée, ou par la culture en lignes, au semoir; et, comme c'est un point sur lequel il existe encore une grande diversité d'opinions, nous allons rapporter ce qui a été dit à cet égard, par l'auteur de l'article *Semoir* dans le *Cours complet d'Agriculture*, t. XVII, p. 96, persuadé que nous ne saurions pas nous exprimer avec plus de clarté.

Les arguments qu'on présente contre le système de culture au semoir, dit cet agronome, sont :

1° Qu'il ne paraît pas être profitable dans les petites exploitations, à cause du prix élevé des machines nécessaires pour exécuter les diverses opérations des semailles, binages, etc.;

2° Que ces opérations doivent souvent entraîner des retards incompatibles avec la célérité qu'exigent les semailles d'automne ou de printemps, dans une exploitation étendue, et surtout dans les saisons pluvieuses et dans les sols humides, quoique cet inconvénient soit peu considérable dans les saisons et dans les sols secs;

3° Que les semoirs n'exécutent pas un bon travail dans les sols trop pierreux, où les coutres ne peuvent pas s'enfoncer à une profondeur suffisante, ce qui est cause que le grain n'est pas assez recouvert pour produire une récolte abondante ;

4° Qu'il ne convient pas aux terres en pente rapide ;

5° Enfin, que les grains sont plus sujets à être couchés par les vents, et que la moisson est plus tardive dans les champs semés au semoir que dans ceux qui sont ensemencés à la volée, et que, en conséquence, cette méthode convient moins à un climat septentrional et sujet aux vents violents.

Dans l'opinion d'un grand nombre d'agriculteurs les plus distingués, l'introduction de la culture au semoir doit être considérée comme une des plus importantes améliorations modernes, et il serait à désirer que cette méthode fût adoptée généralement. On la recommande principalement, d'après les motifs suivants :

1° On dit que la semaille à la volée est un moyen moins parfait et moins économique que l'emploi du semoir, attendu que la semence ne peut ni être déposée dans le sol avec la même exactitude, sous le rapport de la profondeur, de la régularité, ou de la proportion, ni être placée de manière à permettre les opérations qui facilitent la végétation dans le cours de la croissance de la plante ;

2° Que, dans les sols légers, l'emploi du semoir a l'avantage de donner aux plantes une *bonne tenue* dans la terre, et de donner à toutes les semences la même profondeur dans le sol, ce qui empêche que les gelées ne déracinent les plantes au printemps, ou que les vents ne découvrent les racines, lorsque la tige s'élève ou lorsque l'épi se remplit ;

3° Qu'au moyen de l'emploi perfectionné du semoir, on économise beaucoup d'engrais, en diminuant la quantité nécessaire, et en augmentant son efficacité, parce qu'on le place en contact immédiat avec les plantes ; et qu'une récolte abondante de grains semés en lignes, dans laquelle les mauvaises herbes sont complétement détruites, laisse la terre en beaucoup meilleur état que la même récolte semée à la volée, et qui a reçu une plus grande quantité d'engrais, mais qui est infestée de mauvaises herbes ;

4° Que ce procédé permet de nettoyer le sol, même pendant que la récolte est sur pied ; de détruire complétement les herbes annuelles, et d'arrêter la croissance des herbes vivaces ; enfin, d'empêcher que les mauvaises herbes, en général, ne soient nuisibles à la récolte ;

5° Que si la récolte n'est pas bien binée, mais qu'on se contente d'arracher les mauvaises herbes à la main, les pieds des sarcleurs feront moins de dommage, en passant entre les lignes, qu'en marchant sur les plantes, comme cela est inévitable dans une semaille à la volée ;

6° Qu'on remarque les effets les plus avantageux dans la croissance du grain, lorsque la houe à cheval y a passé ;

7° Que la culture au semoir est particulièrement appropriée aux sols de qualité inférieure, et met les produits presqu'au niveau de ceux des sols fertiles ;

8° Que la pulvérisation du sol, entre les lignes du froment semé en automne, est très-avantageuse au trèfle qu'on sème au printemps, et que l'admission de l'air entre les lignes des plantes est utile, non-seulement à la récolte du grain, mais aussi à la prairie artificielle semée avec lui ;

9° Que les récoltes de céréales semées en lignes sont moins sujettes à se verser dans les saisons humides, parce que leur paille est plus forte, et qu'elles sont beaucoup moins sujettes à d'autres accidents, et, en particulier, aux maladies auxquelles le froment est malheureusement exposé ;

10° Que les frais de moisson d'une récolte semée en lignes sont toujours moins considérables que ceux d'une récolte semée à la volée, attendu que, dans le premier cas, trois moissonneurs font autant d'ouvrage que quatre dans le second ;

11° Que les récoltes semées en lignes ont une croissance plus égale, et que les produits sont en général de meilleure qualité ;

12° Enfin, que la semaille en lignes est utile pour diminuer les ravages des vers et autres insectes. Le binage du printemps peut aider à les détruire, ou à arrêter leurs progrès, par l'effet du piétinement des ouvriers et du mouvement donné à la terre. Le piétinement peut être utile aussi, comme préservatif de la *rouille!*

Parmi les autres avantages, dit sir John Sinclair, la culture en lignes aurait celui de rapporter sur les autres branches de l'industrie agricole, les habitudes de soins et de propreté qu'elle rend nécessaires ; tandis que les semailles à la volée favorisent les pratiques de paresse et de négligence, qui dominent encore trop généralement dans l'économie agricole. Il y a tout lieu de croire que ce système deviendrait bientôt général, s'il était une fois admis, comme maxime démontrée ; que la culture des grains en lignes est supérieure à l'ancienne, de même que cela est demontré pour la culture des turneps ; mais les renseignements que nous avons donnés ci-dessus ne laissent pas de doute sur ce point. Si les cultivateurs en étaient bien convaincus, ils se procureraient bientôt les instruments nécessaires pour exécuter ce procédé, et ils apporteraient une attention particulière à préparer et à nettoyer leurs terres. Il pourrait bien y avoir encore quelques exceptions comme dans des argiles très-tenaces, dans des saisons très-défavorables ; mais ces exceptions deviendraient de jour en jour plus rares, comme on le remarque pour la culture des tur neps en lignes. Nous verrions alors nos champs cultivés avec la même régularité et la même propreté que nos jardins, et ils deviendraient tout aussi productifs.

Au total, le système de culture en lignes est d'une telle importance, qu'on doit en provoquer l'adoption générale partout où cela est praticable. On devrait répandre partout des modèles ou des dessins des machines les meilleures et les plus simples, ainsi que des instructions sur leur emploi, et encourager libéralement ceux qui, par des expériences soignées, prouveraient l'utilité du système, et les profits qu'on peut en tirer, dans des cantons où cette méthode est inconnue ou peu pratiquée Par l'extension de la culture en lignes , les sols de qualité inférieure deviendraient presque aussi productifs que ceux qui sont naturellement fertiles.

Dans beaucoup de cas aussi , par l'introduction de ce système, on pourrait supprimer la jachère absolue là où on la pratique sans nécessité ; et , par ces moyens , on répandrait sur toute la surface du pays une source de richesse solide et permanente.

Pour terminer cet article important, nous croyons à propos de présenter ici une courte notice des procédés pratiqués dans la culture en lignes sur les domaines de M. Coke , célèbre agronome anglais. Il employait d'abord le semoir de M. Cooke , qui, tiré par un seul cheval, sème six lignes à la fois et un hectare en deux heures et demie. Il sème son froment en lignes, à 9 pouces de distance , et son orge à 6 pouces 3/4. Il emploie 2 hectolitres 64 litres d'orge par hectare et 5 hectolitres 28 litres d'avoine par hectare. Quant au froment , la quantité moyenne qu'il préfère est de 3 hectolitres 52 litres par hectare. En employant une aussi grande quantité de semence , il devient inutile de butter les plantes pour favoriser le tallement. Dans les sols riches , il a pour usage de diriger les lignes du nord au sud , parce que les rayons du soleil , lorsqu'il est à sa plus grande élévation , frappant directement entre les lignes des plantes , exercent un puissant effet pour fortifier la paille , et sont un excellent auxiliaire pour prévenir la rouille. Mais, dans les sols pauvres , les lignes doivent être dirigées de l'est à l'ouest , si la nature du terrain le permet. On emploie une fois , au printemps la herse , et ensuite on bine deux fois à la main , en détruisant les mauvaises herbes , mais sans butter ou accumuler la terre contre les plantes. L'abondance des récoltes qu'on obtient par cette méthode , principalement en orge et en avoine, même sur des sols pauvres , est une chose à peine croyable , outre que les produits eux-mêmes sont quelquefois de qualité supérieure.

§ XXIX.

INSTRUMENTS A COUPER LES RÉCOLTES.

La faulx ou faux est le plus ancien et le plus répandu des instruments dont on se serve pour couper l'herbe, les fourrages et les blés. Elle consiste en une grande lame d'acier, large de 3 à 4 pouces, un peu courbée et emmanchée au bout d'un bâton dont le milieu est muni d'une main en bois. On distingue à la lame plusieurs parties, savoir : le dos ou l'arête qui sert à fortifier la faux sur toute sa longueur; le tranchant et le couart, c'est-à-dire la base ou la partie la plus large de la faux. Le manche est ordinairement muni d'une manette ou main, et le plus souvent à son extrémité d'une traverse ou béquille. La faux, telle que nous venons de la décrire, sert à couper l'herbe des prairies et les fourrages courts; mais lorsqu'elle est destinée à couper les céréales on fait une addition au manche, et cette addition consiste en un morceau de bois léger haut d'un pied environ qu'on implante à l'extrémité du manche où la lame est fixée ; de ce morceau de bois partent quatre baguettes également de bois léger auxquelles on a donné la même courbure et la même direction que celle de la faux et qui s'étendent aux deux tiers de sa longueur. Sans cette addition, les tiges des blés tomberaient par terre en tous sens, au lieu que ces baguettes les rassemblent et les couchent exactement les unes à côté des autres, de manière que la ramasseuse qui doit former les gerbes a très-peu de peine à les réunir.

Dans une grande partie de la Belgique on ne donne pas cette addition à la faux, et le ramasseur perd beaucoup de temps à assembler les tiges en gerbes.

Dans beaucoup de localités ainsi qu'en Écosse, on emploie une faux à court manche; l'ouvrier tient de la main gauche un crochet qui lui sert à soutenir et à placer les tiges à mesure qu'il les coupe, et cette méthode nous paraît à la fois moins fatigante et plus expéditive. La faux à court manche nommée aussi *sape*, est presque généralement en usage dans les Flandres, dans le Hainaut, et convient principalement pour couper les grains versés.

Dans quelques contrées de la Belgique on se sert d'une faux dont le manche courbé se termine en béquille que le faucheur place sous son bras droit. Vers le milieu de la longueur du manche sont une manette et une courroie que l'on passe autour du poignet; mais cette faux est un peu difficile à manier pour celui qui n'y est pas habitué.

L'usage de la faux exige encore quelques pièces nécessaires qui, quoique généralement connues, méritent cependant qu'on en fasse mention. Ce sont les suivantes : Une ceinture en cuir, utile pour mettre à la portée de la main du faucheur, la pierre dont il se sert pour aiguiser le tranchant de sa faux. A la ceinture est suspendue une espèce de coupe appelée *coffin*, de bois ou de cuir, de fer-blanc ou d'une corne de vache, propre à recevoir l'eau nécessaire au repassage de la faux ; quelquefois l'on y met la pierre elle-même.

Une enclume portative pour battre les lames des faux, toutes les fois que le taillant est devenu trop épais, ou qu'il offre des brèches. Un marteau pour battre le tranchant des lames et les rendre plus minces et plus acérées.

Les lames des faux ne sont pas toujours d'une dureté égale sur le tranchant, ce qui provient du mélange inégal du fer avec l'acier, peut-être aussi d'une trempe vicieuse ou de l'acier même. Avant de se servir de la faux il faut rechercher ces défectuosités ; à cet effet, on se sert d'une petite lime, que l'on promène sur le tranchant ; là où elle mord le plus facilement, l'acier est le plus mou, et il faut remarquer ces places, ou mieux encore ne pas acheter une pareille faux.

Quelquefois tout le tranchant d'une faux est ou trop mou ou trop dur. Dans le premier cas, et lorsqu'il s'agira de rétablir le tranchant de la faux, on mouillera avec de l'eau froide la faux entière ou les endroits mous seulement, ainsi que le marteau et l'enclume, et on bat jusqu'à ce que le tranchant soit rétabli; si au contraire la faux est trop dure, on bat à sec; dans ce dernier cas, les coups secs adoucissent la trempe, et dans le premier l'eau froide, qu'il faut souvent renouveler, rend la trempe plus dure.

La *faucille* est un instrument qui sert comme la faux à couper les blés et quelques autres récoltes qu'on ne veut pas faire arracher avec les racines. Elle consiste en une lame d'acier courbée en demi-cercle, dont la base est emmanchée dans un manche de bois. Le plus souvent la lame de la faucille est finement dentée en scie, souvent aussi elle est seulement coupante, et alors on l'aiguise avec une pierre à aiguiser.

Dans la Prusse rhénane (duché du Bas-Rhin), on se sert d'une espèce de faucille à lame très-large et courte, dont le tranchant est droit et le dos légèrement courbé; on emploie cette faucille seulement pour couper l'herbe des prairies et des pelouses.

§ XXX.

INSTRUMENTS DE TRANSPORT.

On entend par instruments de transport ceux qui servent à transporter des récoltes, des engrais, fumiers, etc., etc. Ils sont mis en mouvement soit à bras d'homme, soit par la force des animaux. Ces derniers instruments se distinguent en charrettes ou tombereaux à deux roues, et en chariots à quatre roues.

La grandeur et la solidité des voitures se règlent d'après leur destination et l'état des chemins qu'elles doivent parcourir; on a des voitures à un, deux, trois, quatre et six chevaux; cependant une voiture rurale ne devrait jamais avoir un attelage de plus de deux chevaux, et encore ces animaux devraient-ils, pour pouvoir faire usage de toutes leurs forces, être attelés de front et nullement l'un devant l'autre.

Il faut que les chevaux soient attelés de manière à faire porter le tirage uniquement sur les épaules où réside la principale force de l'animal, chose qu'on obtient facilement au moyen de la ventrière flamande, qui, maintenant les traits dans la direction d'un angle droit avec le collier et l'épaule du cheval, empêche le collier de remonter, quelque grands que soient les efforts de l'animal, et lui laisse toujours la respiration libre.

Quant aux bœufs de trait, chez lesquels la principale force ne réside pas dans l'épaule mais bien dans le cou, il est vicieux de les faire tirer au moyen d'un collier; c'est au contraire le joug qui convient le mieux pour ces animaux. Afin qu'ils ne soient pas gênés pendant le tirage, et pour que l'animal puisse faire usage de toutes les forces dont il est susceptible, il faut que le joug soit placé devant le front où on le fixe au moyen d'une courroie qu'on lie autour des cornes. Toutes les autres espèces de jougs qui, le plus souvent, reposent sur la nuque de l'animal, ou ceux qui sont très-longs et qui se placent sur la nuque de deux bœufs, gênent non-seulement ces animaux dans leurs mouvements, mais causent encore une grande déperdition de force. Tous les jougs en usage en France, dans les contrées situées sur le bord de la Moselle, appartiennent à cette classe, et doivent être rejetés; le meilleur joug pour les bœufs est celui qui est en usage dans le grand-duché du Bas-Rhin.

Il faut encore que les traits soient attachés le plus près possible de l'essieu.

Pour pouvoir tourner plus facilement avec les chariots, on fait ordinairement les roues de devant plus petites que celles de derrière. Cette diminution du diamètre des roues de devant exige cependant une plus grande dépense de force, soit à cause du plus grand frottement des moyeux sur l'essieu, soit à cause de la plus grande difficulté qu'éprouve le tirage en rencontrant des obstacles. C'est pour ces raisons que l'on devrait faire les roues de devant aussi hautes que possible, ou les placer un peu en avant du corps du chariot où elles ont une moindre charge à supporter.

Des roues trop basses sont en général à rejeter, comme exigeant une trop grande force de traction.

Les charrettes à un cheval, sont, suivant quelques-uns, plus faciles à tirer, parce que le cheval porte une partie de la charge tandis qu'il traîne l'autre, ou en d'autres termes, parce que la force de traction est plus également répartie sur tout le corps de l'animal. Mais pour ne pas trop fatiguer le cheval, pour ne pas le gêner dans ses mouvements, il faut que le poids de la charrette ne porte sur l'animal que dans de justes proportions, et c'est dans ce cas seulement qu'il est possible de transporter sur des charrettes des charges relativement plus fortes que sur des chariots ; sans cela, et surtout lorsque les chemins sont mauvais, le cheval souffrira beaucoup, et par la charge qui pèse sur lui, et par l'embarras de sa position entre les branches de la fourche.

Les charrettes à deux ou plusieurs chevaux présentent un inconvénient d'un autre genre ; car lorsque les chevaux ne sont pas bien dressés, ou qu'ils sont de force et de tempéraments différents, il arrive souvent qu'ils ne tirent pas tous à la fois, et toute la charge retombe alors sur le timonier, si ceux de devant ne tirent pas, ou sur ceux-ci, si les chevaux de derrière ne font aucun effort de traction. Cependant ce sont les derniers qui, d'ordinaire, ont le plus de fatigue à supporter.

La construction la plus convenable pour les charrettes et les tombereaux est celle qui permet de les décharger sans avoir besoin de dételer les animaux. Mais ce ne sont que les tombereaux proprement dits, qui se trouvent dans ce cas, car pour décharger les charrettes il faut, ou qu'on dételle l'attelage, ou que les ouvriers montent dessus pour les décharger.

Les charrettes les plus convenablement construites sont celles qui sont en usage dans les Flandres. Le docteur Low, dans sa Culture pratique de l'Écosse, donne à la quatrième planche, figure XLII, le dessin d'une charrette écossaise qui présente beaucoup d'analogie avec celles de la Flandre.

Aux environs des grandes villes en Belgique, la construction des charrettes destinées au transport de charges considérables, diffère de celles qui sont en usage à la campagne, par une espèce de panier de la longueur du corps de la charrette, et qui est suspendu en dessous par des chaînes. Sur une pareille charrette à panier on charge le double de ce qu'on peut charger sur une voiture ordinaire. Cette méthode a en outre l'avantage que la plus grande partie de la charge pèse sur l'essieu, et que le véhicule a une marche plus ferme.

§ XXXI.

INSTRUMENTS A BATTRE LES GRAINS.

On entend par battage, l'action de séparer les grains de leurs épis ou les grains de leurs capsules ou siliques.

L'instrument dont on se sert le plus ordinairement pour battre les grains est le *fléau*.

Le fléau se compose de deux bâtons attachés l'un au bout de l'autre par des courroies. Dans un bon fléau le manche doit être long et pas trop gros ; le fléau au contraire est plus court, gros et d'un bois léger. Ceux dont le manche est aussi long que le bois qui frappe la paille, ou dont le fléau est plus long que le manche, n'ont pas assez de force, et ne sont en usage que dans les pays où l'agriculture n'a pas encore fait de progrès. Pourtant, ce n'est pas la force du coup qui, jusqu'à un certain point, fait sortir le grain de l'épi ; le contre-coup et le soubresaut y contribuent beaucoup plus. C'est pour cela que lorsque plusieurs batteurs battent ensemble, ils frappent l'un après l'autre, afin que le fléau qui tombe trouve la paille soulevée par le coup qui a précédé.

Quoique le fléau soit dans les mains d'un habile batteur un instrument d'une grande efficacité, il faut cependant de l'habitude pour bien exécuter le battage et pour ne pas laisser la moitié des grains dans l'épi. Pour qu'une gerbe soit complétement battue, il faut qu'elle passe huit fois sous le fléau, c'est-à-dire deux fois avant d'être déliée, quatre fois après l'avoir été, et deux fois lorsque la paille en est mêlée. Cependant on se dispense de donner les deux dernières façons lorsque la paille est destinée à être vendue. Comme le battage au fléau est une opération très-longue, et qui exige une forte dépense, sans parler de la fatigue qu'il occasionne au batteur, plusieurs ont imaginé des machines propres non-seulement à détacher le grain de l'épi, mais aussi à diminuer la durée du travail et les frais qu'il entraîne.

§ XXXII.

MACHINES A BATTRE L S GRAINS.

Le nombre de ces machines est très-grand ; plusieurs sont d'une construction ingénieuse et assez simple, d'autres au contraire sont très-compliquées ; toutes pêchent toujours, comme s'exprime l'abbé Rosier, par un point essentiel, celui de donner un coup sec, sous lequel la paille n'éprouve aucun soubresaut.

On classe les machines à battre les grains : 1° en fléaux mécaniques, et 2° en machines à battre proprement dites.

Les premières ont toujours un nombre plus ou moins grand de fléaux, et sont mises en mouvement au moyen d'une manivelle et d'un engrenage, qui fait tourner un essieu auquel sont attachés les fléaux. Ce mouvement fait lever et baisser les fléaux, et ces fléaux, en tombant à plat sur les gerbes qu'on place dessous, opèrent l'égrenage.

Les machines à battre, proprement dites, sont le plus souvent mises en mouvement par la force des animaux.

Les plus anciennes machines à battre les grains ont été inventées dans les contrées du nord de l'Europe où la rareté des bras rend leur prix élevé, et où par conséquent la nécessité impérieuse a conduit à des inventions que notre industrie refuse encore de s'approprier, parce que cette nécessité n'existe pas chez nous.

L'Écosse qui, sous le rapport de la population, se trouve à peu près dans les mêmes conditions que le Danemark et la Suède, a aussi inventé des machines de ce genre dont une surtout mérite une mention particulière; c'est celle de Meikle qui l'emporte sur tous les autres, et qui non-seulement s'est répandue dans une grande partie de l'Europe, mais dont l'usage s'est même maintenu jusqu'à nos jours. Il est vrai qu'à différentes époques on a apporté des changements à quelques-unes des pièces de cette machine; mais quant aux parties essentielles, et surtout pour ce qui regarde les principes de la construction, ces instruments sont encore tels qu'ils étaient en sortant des mains de l'inventeur. C'est donc à André Meikle qu'appartient le mérite d'avoir établi, sur une base toute nouvelle, cette ingénieuse machine à battre les blés, qui est en usage dans les meilleures exploitations de l'Écosse. Cette machine se compose de deux cylindres parallèles, tous deux cannelés, ou l'un cannelé et l'autre uni, qui tournent en sens contraire, et qu'on nomme *cylindres alimentaires :* en avant de ces cylindres se trouve une table inclinée sur laquelle on étale la gerbe, les épis en avant. La paille s'engrène dans ces cylindres comme les métaux dans les laminoirs; et au moment où les épis en sortent, ils sont frappés par des traverses en bois garnies de fer, rangées sur un cylindre ou tambour tournant, qu'on nomme *cylindre batteur;* au-dessous de ce cylindre est un contre-batteur fixe, formé de plusieurs traverses en bois rangées sur un segment cylindrique concave à jour, qui embrasse environ la quatrième partie du cylindre batteur. Par l'effet de ces traverses, le grain et la paille séparés des épis, sont enlevés par des râteaux et tombent sur un grillage cylindrique, à travers lequel passe le blé séparé de la paille, tandis que la longue paille est également enlevée du grillage par les râteaux, glisse sur un plan incliné, et se projette sur un plancher.

Cette machine remplit deux objets distincts : 1° elle égrène

les épis et nettoye le blé par une suite d'opérations qui se succèdent sans interruption ; 2° au moyen de cet instrument la
paille froissée et brisée par l'action des cylindres, devient plus
nourrissante, d'une mastication plus facile, et plus propre à s'im-
biber promptement des matières qui la convertissent en fumier.
Mais précisément parce que la paille battue par la machine n'est
ni rangée ni peignée et qu'en outre elle est brisée et écrasée,
elle n'est pas propre pour la vente au marché. Outre cet inconvénient, l'usage des machines à battre en présente encore un
autre qui n'est pas moins grave, c'est qu'il nécessite l'emploi
d'une force motrice, dont tous les cultivateurs et surtout les
petits fermiers ne peuvent pas disposer. Le batteur de Meikle,
par exemple, exige pour son service, au moins quatre chevaux
et six personnes, tandis que les plus petites machines de ce
genre fonctionnent avec deux chevaux seulement, quoique toujours avec le même nombre de personnes.

A la place de la force des chevaux on peut aussi employer
celle du vent, de l'eau et de la vapeur. Mais le vent ne soufflant
jamais régulièrement, et ayant des interruptions fréquentes, il
ne peut communiquer à la machine un mouvement habituel, de
sorte que les ouvriers sont souvent contraints d'abandonner le
travail, ce qui entraîne une grande perte de temps, et augmente
par conséquent la dépense.

Comme les machines à battre dont nous venons de parler et
celles qu'on a construites d'après les mêmes principes, n'ont été
mises à la portée que des grandes et des moyennes exploitations,
plusieurs mécaniciens en ont imaginé de plus simples et moins
coûteuses qui puissent être employées par la petite propriété, et
mises en mouvement par la force des hommes. Telles sont les
machines de MM. Hoffmann de Nancy, Durant-Quintin de Paris,
Léonard de Courcelles, Chaussy de la Moselle ; elles sont mises
en mouvement au moyen de roues ou de manivelles.

Nous ne dirons rien du dépiquage, mode d'égrenage des
grains usité dans le midi de la France et quelques autres pays,

qui consiste à égrener les grains au moyen du piétinement des animaux, ou par des rouleaux cannelés, qu'une bête de trait promène sur les épis disposés en rond.

§ XXXIII.

MACHINES A NETTOYER LES GRAINS OU TARARE.

Cette machine est destinée à nettoyer les grains. De toutes les machines agricoles modernes, le tarare s'est le plus répandu dans les fermes et l'on y a trouvé, dit M. de Dombasle, non-seulement une immense économie dans le travail de main-d'œuvre nécessaire pour nettoyer les grains, mais aussi le moyen d'opérer ce nettoiement avec une bien plus grande perfection qu'il n'est possible de le faire par les procédés employés précédemment. Cette dernière considération, continue le même agronome, est d'une très-haute importance, car les consommateurs et les commerçants deviennent tous les jours plus difficiles sur la qualité des grains qui paraissent sur les marchés, à mesure que l'art de la mouture s'est perfectionné, et que l'on sait mieux apprécier l'influence de la propreté et du classement des grains sur la qualité des farines qui en résultent; aussi remarque-t-on aujourd'hui sur presque tous les marchés, une différence très-considérable dans les prix du froment provenant de récoltes semblables, selon que le grain a été traité avec plus ou moins de perfection dans les granges ou sur les greniers. Il n'est nullement rare que cette différence seule puisse en apporter une de 1 à 2 francs par hectolitre, en faveur de celui auquel un nettoyage plus soigné n'a fait, du reste, éprouver qu'un déchet équivalant à peine à 15 ou 20 centimes par hectolitre, sur la masse de la récolte, et au moyen d'un travail de main-d'œuvre qui a coûté moins que cette somme.

Le travail que les cultivateurs appliquent au nettoiement du grain sur les greniers est donc toujours employé avec un grand profit pour eux ; et il leur importe beaucoup de posséder des machines propres à exécuter cette opération avec autant de perfection qu'il est possible. On a des tarares qui ne sont construits que pour repasser des grains déjà nettoyés plus ou moins grossièrement ; mais les tarares de cette espèce fonctionnent presque toujours mal , et il est impossible d'exécuter avec eux un travail tant soit peu satisfaisant.

On s'est occupé depuis plusieurs années en France et surtout en Belgique, d'un tarare spécialement destiné à l'usage des fermes , en s'efforçant de le rendre le moins coûteux possible , sans nuire à la solidité ni à la perfection du travail qu'il exécute. Le tarare qui nous semble atteindre ce but le plus parfaitement, est celui qui a figuré à la dernière exposition des produits industriels, à Bruxelles , et dont l'auteur est , dit-on , M. Derosne ; il est aussi simple que solide, et nettoie le grain , tel qu'il est immédiatement après le battage, de la manière la plus parfaite.

M. Delstanche a imaginé une machine à nettoyer, qui est aussi simple qu'ingénieuse, et qui tourne d'elle-même ; mais elle ne nettoie pas aussi bien le grain que le tarare de M. Derosne.

Comme les tarares sont tous construits sur le même type , nous rapporterons la description et le mode d'action que M. de Dombasle a donnés des tarares construits à son établissement à Roville :

Le bâti du tarare est surmonté d'une *trémie* de laquelle le grain coule dans *l'auget,* qui fait corps avec le fond de la trémie, en sorte que ce dernier participe au mouvement de va et vient imprimé continuellement à l'auget. La sortie du grain de la trémie se règle par une portière que l'on fixe dans une position convenable, au moyen d'une vis à pression.

Le fond de l'auget est fermé d'une nappe ou passoire en fil de fer qui se change selon l'espèce de grain sur laquelle on opère. Pour le froment, on met deux passoires, afin de faciliter la séparation qui doit s'y opérer. Sur les passoires , le grain se sépare en deux parties, par l'effet de la ventilation : la première, composée du bon grain et de tous les corps d'un volume inférieur, mais pesant, tombe sous la passoire, où elle est reçue par le plan incliné qui porte le crible ; l'autre partie, composée des corps légers ou plus volumineux que les grains de froment, glisse sur la passoire dans toute sa longueur et va tomber en avant, où la ventilation qui s'exerce là dans toute son intensité, la sépare encore en deux parties : l'une composée de la poussière des balles et de tous les corps très-légers, est entraînée en dehors et tombe au-devant du tarare; ce sont les vannures. L'autre partie, formée de corps un peu plus pesants, comme les grains encore enveloppés dans leurs balles, et tout ce que l'on nomme en terme de grange les *otons*, tombe en avant de la passoire, sur une planche inclinée, qui les conduit hors du tarare par une ouverture placée sur le côté, et on les reçoit dans une corbeille qu'on place au-dessous. Le grain reçu en-dessous de la passoire par le crible y est encore divisé en deux parties, au moyen du mouvement d'oscillation qui est imprimé au cadre du crible. Les grains petits et retraits, ainsi que toutes les graines d'un volume inférieur à celui des bons grains, passent au travers du crible, et tombent sous le tarare, où on les reçoit sur un van que l'on y place à cet effet, tandis que le bon grain, coulant le long du crible, vient s'amasser derrière le tarare.

On voit que le grain placé dans la trémie se partage par le jeu de la machine en quatre parties : 1° les *vannures* que l'on jette immédiatement ; 2° les *otons* que l'on rebat au fléau sur l'aire de la grange pour faire sortir les grains qui n'étaient pas encore débarrassés de leurs balles; 3° les *grenottes ou grenailles ;* 4° enfin le bon grain. Mais pour que cette séparation s'opère avec exactitude, il est nécessaire que l'instrument fonctionne régulièrement, ce qui s'obtient au moyen des précautions suivantes : deux hommes doivent être employés au service de la machine, l'un tournant la manivelle, l'autre occupé à emplir la trémie, à enlever les diverses espèces de produits qui sortent du tarare, et surtout à veiller constamment à la régularité du jeu de toutes les parties de la machine, ce qu'il fait en observant la nature des divers produits qui en sortent par chacune des issues.

§ XXXIV.

INSTRUMENTS POUR PRÉPARER LA NOURRITURE DES BESTIAUX.

Dans la plupart des cas, la nourriture destinée aux bestiaux doit être plus ou moins divisée avant qu'il soit convenable de leur en donner. On a des machines propres à couper les racines, et d'autres destinées à hacher la paille. Nous nous occuperons d'abord des premières, nommées aussi *coupe-racines*.

La plus simple est une S ou un X en fer coupant, muni d'une douille dans laquelle se fixe un manche en bois. On fait agir ce couteau en frappant de sa lame les racines qui se trouvent dans une espèce de bac de bois. Ces instruments peuvent suffire pour les petites exploitations ; mais pour les grandes, il en faut de plus expéditifs. Comme la simplicité est un des plus grands mérites d'une machine d'agriculture, les *coupe-racines* les plus simples sont préférables. On en a imaginé plusieurs, presque tous construits sur le même modèle. En France, c'est celui de M. Tessier qui est le plus répandu. Il se compose d'un cylindre armé de lames tranchantes fixes, qui agissent sur les racines qu'on dépose dans une trémie (espèce d'entonnoir) ; le tout est supporté dans un chassis en bois. Le coupe-racines le plus répandu en Écosse, se distingue du premier en ce que la trémie est placée à côté d'un disque vertical qui porte les lames ; les racines sont coupées en tranches minces qui, en passant à travers l'intervalle qui sépare la lame du bois, tombent dans un panier qu'on place du côté opposé.

Les Anglais, à leur tour, ont aussi imaginé de nouveaux coupe-racines, ou perfectionné ceux qui existaient déjà. Le plus remarquable des coupe-racines anglais est celui à levier ; il coupe les racines par morceaux de forme prismatique quadrangulaire. Les racines placées dans une auge dont le fond est en pente, tombent, quand le levier est élevé, contre la rangée verticale de lames minces au grillage tranchant, où le couteau, qu'on fait descendre au moyen d'un levier, les coupe d'abord par tranches, et force ensuite celles-ci à passer à travers les intervalles que laissent entre elles les lames minces.

M. Delstanche (Brabant) a encore simplifié le coupe-racines à levier en le rendant en même temps plus expéditif. Les racines sont placées dans une trémie, d'où elles tombent dans une auge qui a sur le devant un grillage de lames; un morceau de bois quarré qui recule et avance horizontalement, pousse les racines contre les lames et les force, coupées par tranches minces, à passer à travers les intervalles que laissent entre elles les lames. Cette machine est mise en mouvement par une manivelle dont l'action est soutenue par un volant en fer de fonte, qui a la forme d'une croix, et dont l'extrémité des branches se terminent en boule aplatie. Le *coupe-racines Delstanche* est un des plus simples et des plus expéditifs qui me soient connus.

Le *hache-paille*. L'usage de cet instrument est de couper le foin et la paille en morceaux d'une longueur déterminée. L'on sait, par l'expérience, que la paille et les tiges des plantes, lorsqu'elles sont coupées en petits morceaux, sont d'une digestion plus facile, et nourrissent mieux les animaux.

La plus simple de ces machines est le hache-paille allemand. Voici comment s'exprime à son égard M. de Dombasle, un des agronomes les plus distingués de France :

« Le petit hache-paille allemand est si simple dans sa construction et si efficace dans les effets qu'il produit, que lorsqu'on le voit fonctionner entre les mains d'un ouvrier expérimenté, on est tenté de le regarder comme le dernier degré de la perfection ; car il ne semble pas possible de produire un effet plus considérable avec une moindre dépense de force. Ce hache-paille se compose d'une auge horizontale de 4 à 5 pieds de longueur, dans laquelle on place la paille que l'on veut découper; l'ouvrier fait avancer cette paille par saccades vers une des extrémités de l'auge, au moyen d'un petit instrument en forme de râteau qu'il tient de la main gauche; en face de cette extrémité, est placé obliquement le tranchant d'un long couteau ressemblant à une lame de faux, dont l'extrémité supérieure se termine en une poignée que l'ouvrier tient de la main droite, et dont l'autre extrémité est fixée à une bielle qui permet au couteau de suivre un mouvement presque parallèle à son tranchant, en même temps que l'ouvrier l'abaisse pour couper la paille. C'est à ce double mouvement, qui fait agir le tranchant à la fois comme couteau et comme scie, qu'est certainement due la perfection de l'instrument, car c'est cette combinaison des deux mouvements qui permet de couper, à la fois, sans effort, une couche de paille d'une forte épaisseur. Afin de presser la paille dans l'auge, près du point où elle doit être coupée, une planchette la recouvre en cet endroit et un mouvement imprimé à une pédale par le pied de l'ouvrier, presse la planchette sur la paille au moment où commence l'action du couteau, et la relève ensuite pour faciliter l'action du râteau qui fait avancer la paille sous la planchette.

« La seule objection grave, continue M. de Dombasle, qu'on puisse élever contre cet instrument, c'est la difficulté qu'offre sa manœuvre; car les mouvements contrariés qu'il faut faire à la fois des deux mains et du pied, présentent dans l'exécution, des difficultés qui rebutent le plus grand nombre des ouvriers qui tentent de faire usage de ce hache-paille. »

Pour faire disparaître cet inconvénient, M. de Dombasle a placé dans l'auge, près de l'extrémité par où sort la paille, une paire de cylindres cannelés qui, mis en mouvement par le jeu de la bielle, font avancer la paille à chaque coup de couteau. Cependant cette amélioration a été depuis longtemps atteinte d'une manière plus simple; elle consiste en une pièce de bois en forme de bêche, dont la partie supérieure large et aplatie passe par une fente pratiquée près de l'extrémité de l'auge par où sort la paille, le bout opposé qui a la forme d'un manche de bêche, est attachée à la bielle ou à la pédale, qui, à mesure qu'il l'élève ou s'abaisse, imprime un mouvement analogue à la pièce en bois qui soulève la paille et la fait avancer à chaque coup de couteau. Il est vrai que même avec cette modification, l'ouvrier appuie encore avec la main gauche sur la paille ; mais loin d'en être fatigué il repose la partie supérieure de son corps qui est inclinée en avant pendant qu'il coupe.

§ XXXV.

BARATTES OU MACHINES SERVANT A BATTRE LA CRÈME DONT ON FAIT LE BEURRE.

Il y a un grand nombre de ces machines, mais toutes ne remplissent pas également bien leur but. Les barattes les plus convenablement construites se trouvent généralement dans les pays où l'objet principal de l'exploitation est la fabrication du beurre. C'est là que le besoin a appris aux fermiers à se procurer les instruments les plus expéditifs.

La baratte se compose de plusieurs pièces, qu'il importe d'examiner chacune séparément.

Le vaisseau est la pièce qui contient la crème qui doit être battue. Il est formé de douves de chêne, qui doivent être le moins larges possibles et d'une épaisseur convenable ; les douves larges, quoi qu'on en dise, se dérangent presque toujours avec le temps.

Les douves sont assemblées au moyen de cerceaux en bois, en fer ou en cuivre ; ceux-ci doivent être plutôt larges et plats que demi-ronds, semblables à ceux qu'on emploie pour les barriques, car les derniers seront toujours un obstacle à la propreté indispensable dans la fabrication du beurre.

Une troisième pièce qui entre dans la composition de la baratte est son couvercle. Il est toujours mobile, et s'enlève facilement ; quelquefois il est attaché à la baratte au moyen d'une charnière, qui permet de le soulever ou de l'abaisser, pour ouvrir ou refermer la baratte.

Dans l'intérieur de la barrique se trouve un moulinet à quatre ailes, qui touche, à un pouce près, les douves de la barrique; son axe appuie contre la douve du milieu et du fond, et entre dans un gousset pratiqué à cet effet, afin qu'il ne se dérange pas pendant l'opération; à l'autre extrémité de son axe, est adaptée la manivelle, au moyen de laquelle l'homme fait mouvoir le moulinet et communique le mouvement à toute la masse de lait contenue dans la barrique.

La barrique enfin est assujettie soit sur un chevalet solide ou bien sur une espèce d'échelle.

Le vaisseau de la baratte est le plus souvent placé horizontalement, mais quelquefois aussi il est perpendiculaire; alors, au lieu d'un moulinet, il y a un bâton qui traverse le couvercle, et qui est fixé au batte-beurre, espèce de planche arrondie percée de plusieurs trous. Cependant on voit aussi quelquefois des barattes verticales qui sont garnies en dedans d'un moulinet qu'on fait mouvoir au moyen d'une manivelle.

Pour terminer cet article, nous mentionnerons encore une baratte qui, de toutes celles que nous avons citées nous semble la plus perfectionnée, c'est la baratte-Valcourt, que l'auteur a décrite dans les *Annales de l'Agriculture française*, 1829, série 3, volume II, et dont nous avons vu et essayé un modèle perfectionné qui a été fait en Belgique. Cette baratte est un cylindre dont les deux têtes sont en hêtre ou mieux encore en chêne, d'un pouce d'épaisseur, et dont le tour cylindrique est en métal, ordinairement en fer-blanc. On la place dans un cuveau dans lequel on met pendant l'hiver de l'eau plus ou moins chaude, suivant le degré de froid, et qu'on remplit au contraire d'eau fraîche pendant l'été, quand il fait bien chaud. Le fer-blanc, étant un bon conducteur de la chaleur, communique à la crème qui est dans la baratte la température de l'eau du cuveau. Quand la saison est tempérée, on n'a besoin ni d'eau, ni de cuveau, dont l'emploi se borne alors à fixer solidement la baratte. Quand il gèle, l'eau ne doit pas être bouillante ; il suffit qu'on puisse y tenir aisément la main. Plus l'eau sera chaude, plus le beurre prendra vite, mais aussi moins il sera ferme ; toutefois en hiver il a bientôt pris la consistance convenable.

La baratte de M. Valcourt n'a que 10 à 15 pouces de diamètre, sur un peu moins d'un pied de longueur. Une telle *baratte* bat de 2 à 8 livres de beurre.

Le modèle de baratte que nous avons sous les yeux a à peu près 8 pouces de diamètre sur 15 pouces de longueur ; le cylindre est en zinc, ce que nous blâmons beaucoup, parce que ce métal se dissout trop aisément dans le lait aigri ; les deux têtes sont en chêne, de l'épaisseur d'un pouce de France ; celle de derrière est percée d'un trou, qu'on ferme avec un bouchon ; quand on veut se servir de cette baratte, on la place dans le cuveau. Par la partie du cylindre qui est en coulisse, on introduit l'aile placée verticalement, et qui est formée d'une plaque de zinc, d'un pied de longueur et de 8 pouces de largeur percée de trous d'un pouce de diamètre ; on introduit la manivelle par un trou rond pratiqué dans le bois d'une des têtes de la baratte, puis dans le trou carré qui se trouve à chaque extrémité de l'aile, ensuite dans un trou rond qui ne pénètre qu'à demi-bois dans la tête opposée à celle par où on a introduit d'abord la manivelle. On verse par la porte la crème qui ne doit guère dépasser le centre de la baratte ; on met en place le couvercle, dans lequel se trouve ajusté un tuyau ouvert, d'un pouce de longueur et de 9 lignes de diamètre. Ce tuyau ouvert est destiné à permettre à l'air d'entrer et de sortir librement, ce qui accélère beaucoup l'opération.

Le beurre étant battu, on laisse écouler le lait de beurre (lait battu) en tirant le bouchon. Lorsque le lait de beurre est écoulé, on replace le bouchon et on verse sur le beurre de l'eau fraîche ; on donne quelques tours à la manivelle, puis on ôte de nouveau le bouchon et on lâche l'eau et ainsi de suite jusqu'à ce que l'eau en sorte claire.

Après l'opération, on ôte le couvercle, la manivelle ainsi que l'aile de la baratte; on les nettoie d'abord avec du petit lait chaud, ensuite avec de l'eau. Quand on ne se sert pas de la baratte, ces pièces sont toujours mises à part pour sécher.

CHAPITRE II.

PARTIE PRATIQUE ET EXPÉRIMENTALE DE L'AGRICULTURE.

§ XXXVI.

CONSIDÉRATIONS GÉNÉRALES.

Après avoir dans la première partie de cet ouvrage exposé aux yeux du lecteur le noble but de l'agriculture, après avoir passé en revue les différentes branches qui la constituent, telles que la connaissance du sol, les amendements, les engrais, leur action sur les végétaux, les plantes, leurs propriétés et leurs maladies, il nous reste à parler de quelques autres connaissances accessoires qui en forment en quelque sorte le complément, et qui servent de base à l'application pratique des principes développés dans la théorie de la science agricole.

L'agriculteur n'a pas seulement en vue la reproduction des céréales et des plantes utiles, il consacre aussi ses soins à la multiplication des animaux domestiques, à la propagation du bétail, à l'entretien d'une féconde basse-cour, sources intarissables de bien-être et souvent de richesse; mais s'il veut voir ses efforts couronnés de succès, s'il veut se tenir au courant des progrès de la science et les appliquer d'une manière avantageuse, il doit avoir des notions suffisantes d'histoire naturelle et surtout ne pas être étranger à la médecine vétérinaire, afin de pouvoir, dans les cas urgents, administrer les premiers secours, en attendant l'arrivée des gens de l'art.

Dans ce siècle où tout est soumis au calcul, il faut encore que le chef d'une exploitation rurale soit assez au courant des ma-thématiques pour se rendre compte à lui-même de l'état de ses affaires : l'arithmétique, la tenue des livres, la géométrie, sont pour lui des auxiliaires de première nécessité. La mécanique, l'hydraulique, l'hydrostatique et l'architecture peuvent aussi lui être d'un grand secours. L'agriculture enfin, considérée comme objet de commerce, exige encore de celui qui s'y livre, non-seulement des notions d'économie politique et de droit commer-cial, mais aussi des connaissances chimiques et techniques assez étendues pour le mettre à même de donner au sol qu'il cultive toutes les améliorations possibles et d'en tirer la plus grande somme de bénéfices.

L'agriculteur, d'après l'opinion de M. de Thaër (*Principes raisonnés d'Agriculture*, t. XV) doit donc emprunter à toutes ces sciences, les principes nécessaires au perfectionnement de la pro-fession qu'il exerce, et quoique ces sciences ne fassent pas partie positive de son enseignement, il doit néanmoins les avoir dans leur ensemble à sa disposition.

A ces connaissances, il doit encore réunir l'énergie, l'activité, la réflexion et la persévérance ; et comme il n'est peut-être pas d'entreprise qui, autant que la direction d'une ferme, soit ex-posée à des accidents de tous genres, il est indispensable, pour y mener une vie heureuse, que l'homme des champs soit doué d'une grande résignation et de cette tranquillité d'esprit qui fait supporter avec calme tout malheur imprévu, toute espérance déçue, et prendre les dispositions les plus convenables pour y re-médier autant que possible. Si à ces qualités il joint un goût prononcé pour la vie champêtre, et qu'il sache apprécier les beautés de la nature, il y trouvera des distractions et des jouissances qui lui feront regretter moins vivement et oublier peut-être le séjour de la ville.

Un mot maintenant sur le capital et le domaine que réclame une entreprise agricole.

§ XXXVII.

LE CAPITAL.

On appelle *capital* la fortune au moyen de laquelle le cultivateur se met en possession d'un domaine et qu'il place dans son acquisition à intérêt, ou en général, tout bien qui, par l'usage propre ou par la location à d'autres, produit à son propriétaire un revenu ou une rente. Les capitaux placés dans l'agriculture sont de trois sortes : 1, le capital du fonds ; 2, le capital du cheptel ; 3, le capital en circulation. Le capital du fonds est celui par lequel l'agriculteur s'est mis en possession du domaine, ou, en d'autres termes, c'est la valeur du fonds ou du sol, des bâtiments et de toutes les choses adhérentes au sol ; comme aussi les droits attachés au domaine. Ce capital du fonds, cette valeur du domaine, ne demeure pas toujours le même, il est souvent modifié ou par des circonstances extérieures dans ses rapports avec la valeur d'autres choses et de l'argent, ou principalement par des circonstances intérieures et en lui-même. Les modifications de cette dernière espèce sont appelées améliorations ou détériorations. Le capital appliqué à un domaine est augmenté par des améliorations, tout comme il l'est par l'acquisition d'un nouveau fonds.

Il est diminué par toutes sortes d'accidents désastreux, comme incendies, dévastations, inondations, ainsi que par un mode vicieux d'exploitation.

Le capital du cheptel (1) consiste dans la valeur des choses nécessaires au déploiement de l'industrie agricole, et il est employé à leur achat. On l'appelle ordinairement *inventaire*. Sous cette dénomination, on range le bétail permanent de trait et de rente, les instruments d'agriculture, le harnais, etc., etc.

Le capital en circulation ou capital courant avec lequel on paye les ouvriers, les domestiques, les choses nécessaires qu'on doit se procurer, le bétail d'engrais, etc., consiste en la provision d'argent qu'on doit garder en caisse pour cet usage, ou dans les provisions de denrées que l'on conserve pour tirer cet argent.

C'est par ce capital que doit se couvrir la diminution de celui du cheptel, qui, de sa nature, va toujours en se détériorant; et enfin c'est de là que sortent les dépenses faites pour augmenter le capital du fonds, pour l'amélioration du domaine. (Thaër, *loc. cit.*, c. XXXI.)

Ce capital courant est la force motrice de toute l'entreprise; c'est par lui que le travail s'effectue, et c'est ce travail proprement dit, qui donne les produits de l'entreprise agricole. De là vient que, si l'on en excepte les accidents malheureux ou heureux, et en supposant avant tout au gérant les talents et l'assiduité nécessaires, ces produits sont toujours en rapport avec ce capital. Le capital courant, proportionnellement trop restreint, et les difficultés qu'on rencontre pour se le procurer, sont les principaux obstacles à l'amélioration de l'agriculture.

§ XXXVIII.

SUITE DU PRÉCÉDENT.

Le capital du fonds, ou la valeur du domaine, peut être considéré comme une valeur placée à intérêt, sous les plus grandes

---

(1) En Angleterre le capital du cheptel est toujours compris dans le capital en circulation.

garanties ; il doit produire la rente qu'on peut attendre d'un capital placé aussi solidement , c'est-à-dire 4 pour cent.

Le capital du cheptel ou inventaire , qui est exposé à bien plus de dangers que celui du fonds , doit rapporter un intérêt plus élevé , c'est-à-dire 6 pour cent.

Le capital en circulation est exposé aux plus grands risques , il est le moteur de toute l'entreprise , et exige pour son administration une grande attention , et de grandes connaissances. Par cette raison , il doit, ainsi que le capital actif de toute entreprise , rapporter un intérêt élevé , et être porté au moins à 12 pour cent. Car c'est en ceci , comme dit M. de Thaër , que consiste le vrai profit qu'on retire de l'économie.

C'est au moyen des taux d'intérêt de ces trois espèces de capitaux , que l'on peut à peu près estimer le produit de son fonds comme représentant la rente de ces différents capitaux. Mais le capital en circulation donne souvent un produit que l'on n'aperçoit point , parce qu'il n'entre pas directement dans la caisse , mais qu'il est joint immédiatement au capital du fonds , et employé à l'amélioration du domaine. Cela a lieu lorsque au lieu de cultiver des récoltes d'une vente facile , et d'un prix élevé , mais qui épuisent le sol , on en cultive d'autres qui , non-seulement conservent sa fertilité , mais qui encore l'augmentent considérablement en servant à la nourriture du bétail et en produisant ainsi des engrais. C'est ainsi , par exemple , qu'une récolte de froment ou d'orge rapporte à la caisse plus d'argent comptant qu'une récolte de trèfle. Mais la dernière augmentera le capital du fonds , parce que non-seulement elle n'épuise pas le sol , mais ses débris égalent à un tiers de fumure ordinaire , et le fourrage qu'on en retire produit un engrais abondant. Il y a ici , comme on voit , diminution du capital en circulation , au profit du capital du fonds. On ne saurait fixer , d'une manière générale , quelle doit être la proportion de ces capitaux , entre eux. Mais on pourrait admettre en principe : qu'avec de faibles ressources , il vaut toujours mieux réserver le plus possible pour son capital en circulation ; car lorsque ce capital est trop petit, proportionnellement aux deux autres, le cultivateur est trop gêné dans ses entreprises. Cela explique pourquoi souvent de petits cultivateurs font bien leurs affaires, tandis que de plus grands ne réussissent pas, parce que leur capital en circulation est relativement trop resserré.

Cet objet est d'une si grande importance et d'une portée si étendue pour la prospérité d'une exploitation rurale, que nous ne pouvons pas terminer cet article sans reproduire les réflexions que sir John Sinclair, que nous avons déjà eu l'occasion de citer, a faites sur ce sujet :

Il est indispensable, dit le célèbre agronome, pour le succès d'une entreprise agricole, comme pour toute autre branche d'industrie, que celui qui l'entreprend puisse disposer d'un capital suffisant. Lorsque le fermier ne possède qu'un capital inférieur à ses besoins, il ne peut pas tirer de ses travaux le profit qu'il devrait en attendre, parce qu'il est souvent forcé de vendre ses récoltes au-dessous de leur valeur, pour se procurer de l'argent comptant, et que cela l'empêche de faire des achats avantageux, même lorsque les occasions les plus favorables se présentent. Un cultivateur industrieux, frugal et intelligent, qui est exact dans ses payements, et qui, par cette raison, a du crédit, évite beaucoup de difficultés, et a besoin d'un capital moins considérable que tout autre ; mais s'il ne peut se procurer des bestiaux en quantité suffisante pour cultiver ses terres d'une manière convenable, et pour obtenir une suffisante quantité de fumier ; s'il manque d'argent pour l'acquisition des objets nécessaires à sa ferme, il doit, dans les circonstances ordinaires, vivre dans un état de détresse, et d'un travail pénible ; et la première saison défavorable, ou tout autre événement fâcheux, le fera probablement succomber à des fardeaux accumulés. Les fermiers sont trop disposés, en général, à entreprendre l'exploitation des fermes trop considérables pour le capital dont ils peuvent disposer. C'est une grave erreur ; et il en résulte que bien des gens restent pauvres dans une grande ferme, tandis qu'ils auraient pu vivre avec aisance et faire de bonnes affaires dans une ferme moins étendue. Un fermier ne peut se livrer à son entreprise avec sécurité, s'il n'est pas en état de payer les dépenses ordinaires de son exploitation, ou de faire face aux circonstances imprévues. Lorsqu'un fermier, au contraire, prend une exploitation inférieure à son capital, il se met en état de profiter de toutes les occasions favorables pour acheter, lorsque les prix sont bas, et d'attendre, pour vendre, l'augmentation des prix.

Le montant du capital nécessaire varie selon les circonstances ; comme, 1° lorsque le fermier est forcé de faire des dépenses pour la construction ou la réparation de la maison de ferme, ou des bâtiments d'exploitation ; 2° lorsqu'il s'agit de régler la somme que le fermier entrant doit payer à son prédécesseur, pour les pailles ou les fumiers que celui-ci laisse sur les lieux, et autres objets de même nature ; 3° l'état de la ferme, au moment de l'entrée en bail ; s'il faut y faire des dépenses en desséchements, clôtures, irrigations, nivellements de billons, etc.; 4° s'il est nécessaire d'acheter de la chaux, ou d'autres amendements tirés du dehors, et dans quelle proportion ; 5° à quels termes la rente doit être payée relativement à l'entrée en jouissance ; car il arrive quelquefois que, à l'époque où le propriétaire exige le payement de la rente, le fermier ne peut encore compter sur le produit des récoltes qu'elle représente ; 6° enfin, si c'est une ferme en terres arables, une ferme à pâturages, ou une ferme mixte.

§ XXXIX.

DE LA MANIÈRE DE PRENDRE POSSESSION D'UN DOMAINE.

Il y a plusieurs manières par lesquelles on peut entrer en possession d'un domaine : par achat, par le moyen d'un *bail à ferme*, ou par un bail héréditaire.

A. *Prise de possession d'une ferme par achat.*

Lorsqu'on s'est déterminé pour un domaine, on doit avant tout, en fixer la valeur en suivant pour cela des principes généraux. D'après M. de Thaër, on peut rapporter à quatre points principaux les divers éléments dont se compose la valeur d'un domaine : 1° l'étendue du tout et de chacune de ses parties ; 2° la qualité du sol ; 3° la position et les rapports réciproques des appartenances ; 4° les circonstances extérieures au domaine, ou accessoires.

L'étendue ou la contenance d'un domaine est toujours aisément indiquée par les plans qui en existent ou qu'on en fait dresser. D'après les principes que nous avons établis au premier volume de cet ouvrage, sur la classification des terres et sur leurs amendements, tout agriculteur intelligent et instruit sera déterminé dans le choix d'un domaine, bien plus par la bonté du sol que par son étendue. La mauvaise qualité peut très-rarement être compensée par la grande étendue. Un sol incultivable, qui ne peut rembourser les frais de culture, ne sera jamais, quelle que soit son étendue, d'aucune valeur pour le cultivateur. En général, le bon terrain revient toujours à meilleur marché que le mauvais, car dans ce dernier cas il ne faut voir que la place qu'on achète pour y créer un bon terrain ; exactement, comme si l'on achetait une place pour y construire une maison.

La nature et la quantité relative des récoltes sont au nombre des moyens les moins incertains d'apprécier la valeur d'un fonds par la valeur moyenne de ses produits, soit en grains, soit en fourrages, soit en bois.

D'après sa situation, un fonds mauvais a en général moins de valeur, dans une contrée fertile. Cependant cette valeur restera toujours subordonnée au nombre de la population, de manière que dans une contrée très-populeuse un mauvais terrain vaudra

toujours plus que dans une contrée où la population est clair-
semée et par conséquent la main-d'œuvre d'un prix élevé.

Selon qu'un domaine est composé d'un très-grand nombre de
petites pièces de terres enchevêtrées dans les possessions circon-
voisines, ou qu'il est formé d'un seul morceau ; selon même que
la figure qu'il présente dans son ensemble est plus ou moins
régulière, qu'elle approche plus ou moins de la figure ronde, ou
carrée, ou très-allongée, sa valeur, par cela seul, est considéra-
ment modifiée.

La considération de la situation des bâtiments d'exploitation,
par rapport aux diverses parties du domaine, ne doit pas être
négligée ; plus cette situation sera centrale, mieux cela vaudra,
et plus le domaine aura de valeur sous ce rapport.

L'état des chemins d'exploitation et celui des débouchés
influe plus encore sur le prix d'un domaine, que sa situation par rapport aux grands centres de consommation des
produits agricoles. Quant aux qualités physiques et chimiques
du terrain , nous croyons qu'elles nous fournissent les moyens
les plus sûrs pour apprécier un fonds à sa juste valeur. Nous
nous rapportons quant à cela , à ce que nous avons dit relativement à ce sujet, au chapitre *Terres,* volume I de cet ouvrage.

Il est encore une foule d'autres considérations secondaires ,
dont aucune ne doit être négligée , mais qu'il serait difficile de
prévoir et d'indiquer à l'avance.

Pour résumer cet aperçu général, auquel l'espace de cet
ouvrage nous oblige de nous borner , nous rapporterons encore
ce que M. Crud dit à ce sujet, et quels avantages il faut rechercher dans l'acquisition d'un domaine, soit à titre de propriété ,
soit à titre de fermage :

1° Un sol de bonne qualité ; c'est-à-dire , pas trop argileux et
pas trop sablonneux, ni graveleux ; un sol profond, homogène,
d'une culture facile, et qui ne soit pas épuisé ;

2° Une réunion, ou du moins une situation très-rapprochée ,

des diverses parties du domaine, et de bonnes communications entre elles ;

3° Des bâtiments commodes et en bon état ;

4° De bonnes eaux, en suffisance pour la consommation du ménage, des bestiaux, des jardins, et quelque chose au delà, pour les cas d'accidents :

5° Des débouchés suffisants pour l'écoulement des produits ;

6° Une population qui fournisse aux besoins de main-d'œuvre pour la bonne culture des terres, et qui soit, en général, laborieuse et morale ;

7° Peu de probabilités d'être exposé aux maux de la guerre ;

8° Une position qui soit rarement atteinte par la grêle et par les autres accidents de la température ;

9° Un climat qui permette de faire la moisson d'assez bonne heure, pour pouvoir obtenir après elle des secondes récoltes ;

10° Un prix de ferme ou d'achat proportionnément bas. Au reste, si le domaine réunit tous les autres avantages que nous venons de citer, on pourra, sans risque, payer de ce fonds une rente ou un capital un peu plus fort que l'ordinaire.

§ XL.

B. *Prise de possession d'une ferme par le moyen d'un bail à ferme.*

La prise à ferme d'un domaine peut être considérée comme un achat, fait pour un certain nombre d'années.

La recherche et le choix d'un domaine qu'on veut prendre à ferme doivent se faire de la même manière. Mais dans la prise à ferme il est aussi diverses considérations, non-seulement différentes, mais même totalement opposées. Comme dans un bail de courte durée, le fermier ne peut pas compter profiter des améliorations et avances qu'il aurait faites dans le domaine, et qu'il serait à craindre pour le propriétaire qu'à l'expiration du bail à courte durée, la valeur de son fonds ne se trouvât considérablement diminuée ; un bail à courte durée ne peut être avantageux à aucune des deux parties. D'un autre côté, comme les progrès des nations dans la carrière de l'industrie et dans l'augmentation de la population, tendent à faire monter le taux des fermages, et que d'ailleurs pendant une très-longue série d'années les circonstances personnelles ou des temps peuvent subir des modifications qui rendraient une résiliation de bail désirable et même avantageuse pour les deux parties, un bail trop long, comme par exemple de 20 ans et au-dessus, serait gênant, et un bail de 9, 12 et 15 ans préférable. Un bail d'une très-longue durée est particulièrement gênant pour le propriétaire, qui, par là, se trouve souvent dans l'impossibilité de profiter d'une occasion favorable de vendre avantageusement sa propriété.

Dans beaucoup de pays le bail à ferme se règle d'après l'assolement usité dans le pays. Ainsi dans l'assolement triennal, il a une durée de 3 ans ; c'est alors que toutes les terres du domaine ont porté chaque nature de récoltes, et elles ont toutes été en jachères. Mais comme les intempéries des saisons, la fertilité et la stérilité de chacune des terres et le prix des denrées présentent des chances naturelles que le fermier doit épuiser pour pouvoir calculer sur un produit moyen, on juge que ce n'est pas trop que trois rotations pareilles, qui portent la durée du bail à 9 ans. Lorsque l'assolement est de 6 ans, la durée du bail est de 6, 12 ou 18 ans, et ainsi de suite.

Les payements du fermage sont stipulés soit en argent soit en nature, ou en grains, au prix de leur valeur, à un marché désigné. Ce moyen est, suivant M. Pabst (*Agriculture pratique*, vol. II, div. II, pag. 33), le plus sûr pour le preneur, et n'expose pas le bailleur à avoir affaire à un fermier insolvable. Cependant si l'on considère que le prix des grains s'élève quand les récoltes sont généralement mauvaises, qu'il baisse quand elles sont généralement bonnes, et que la hausse dans le premier cas est bien plus forte que la baisse dans le second, il faut avouer qu'il n'y a pas de parité entre la condition du propriétaire et celle du fermier. Si l'on veut donc faire des stipulations basées sur la valeur des grains, il paraîtrait sage de se régler sur une valeur moyenne prise sur les dix ans qui ont précédé ; encore ce sera faire trop beau jeu au propriétaire, si ces dix années ont été dix années de grande consommation et de haut prix, ou au fermier, si ces années ont été des années de calme et de baisse.

Le fermage à moitié ou à participation ne serait, selon quelques agronomes, avantageux, que dans le cas où le fumier, provenu de la paille et des fourrages que le propriétaire a reçus pour sa part, rentrerait dans la ferme. Mais M. de Morogues a démontré que ce genre de fermage, non-seulement est plus compliqué et demande plus de surveillance, mais donne lieu à plus de tromperies que tout autre fermage, quoique selon le même agronome trois causes puissent le rendre nécessaire :

1° L'usage local qui empêcherait les fermiers de vouloir souscrire des baux à d'autres conditions, ou qui, si le bailleur s'en affranchissait, ne lui laisserait qu'à choisir entre l'obligation de recevoir un fermage en argent ou en denrées, insuffisant pour payer le loyer de la terre, et celle de recevoir un homme hors d'état de remplir ses engagements ;

2° La pénurie des fermiers du pays, qui ne sauraient s'acquitter d'un fermage régulier en argent ou en denrées, de la nature spécifiée par le bail, et qui ainsi sont trop pauvres pour ne pas s'arriérer dans les années où les récoltes sont faibles ;

3° Le besoin de changer la culture dans un lieu où elle est mauvaise, et où, à cause de l'incertitude du succès et des risques éventuels, un bon fermier ne veut pas à lui seul entreprendre de courir le risque des essais, ou a besoin des secours que le propriétaire peut lui fournir pour ses entreprises.

Les conditions particulières que l'on stipule dans les contrats de bail sont souvent d'une influence considérable sur la valeur du fonds. Les principales de ces conditions sont : le prix de location ; le droit de sous-louer ; les indemnités pour perte de récoltes ; les indemnités dues par le preneur pour cas d'incendie ; l'époque du commencement des baux ; la prohibition de certaines récoltes ; la prescription du mode de culture, etc.

Le propriétaire, après avoir choisi pour fermier un homme d'un bon caractère, honnête et possédant les connaissances et la fortune nécessaires, agira toujours plus dans son intérêt en accordant à celui-ci des conditions équitables, qu'en affermant sa propriété au premier venu ou à celui qui offrira le plus, et s'il doit, pour se garantir, lui imposer des clauses qu'un honnête homme rejetterait.

§ XLI.

Nous ne nous étendrons pas sur ce qu'on appelle *bail à cheptel*, par lequel on donne à un autre des bestiaux à garder, à nourrir, à soigner, à condition que le preneur profitera de la moitié du croît, et qu'il supportera la moitié des pertes ; ou par lequel chacun des contractants fournit la moitié du bétail, qui demeure commun pour le profit et la perte ; ou enfin par lequel le propriétaire qui donne son domaine à ferme remet à son fermier des bestiaux, à charge par lui de lui en rendre d'une valeur égale à celle de l'estimation à l'expiration de son bail. Des baux de ce genre ne sont avantageux ou même nécessaires que là où les cultivateurs sont pauvres, où la culture est encore arriérée et où l'on se propose d'introduire des améliorations. Mais il en est bien différemment dans les contrées où la culture est très-avancée et où les cultivateurs sont riches ; là, comme le dit M. Holvoet, agronome belge distingué, cette forme de bail transforme le fermier en une sorte d'esclave qui travaille pour un maître, et prélève seulement sur le fruit de son travail de quoi se procurer, ainsi qu'à sa famille, une chétive nourriture. Faisons observer pourtant que si le fermier riche et même celui qui n'est pas tout à fait pauvre ne souscrira jamais, surtout en Belgique, à des conditions quelque peu gênantes pour lui, le fermier pauvre s'estime encore heureux de recevoir un cheptel simple ou à moitié, quand il est laborieux et instruit, parce qu'avec ce cheptel il commence à acquérir de l'aisance et à se créer une petite fortune.

Le bail héréditaire consiste suivant, M. de Thaër (*Principes raisonnés d'Agriculture*, v. I, p. 119), en ce qu'il assure au tenancier une jouissance aussi libre et aussi sûre que la propriété réelle, et au propriétaire direct du sol, sous des conditions convenables, une rente sûre, à l'abri de tous risques et qui ne peut jamais être diminuée. Cependant des baux de ce genre ne sont en général pas recommandables, parce que le propriétaire renonce par là pour toujours à ses droits de propriété. Seulement à l'égard de petites propriétés, appartenant à l'État ou à de grands propriétaires, les avantages du bail héréditaire sont évidents, en ce qu'il leur assure une rente fixe, en même temps qu'on épargne les frais d'administration des biens et d'entretien des bâtiments.

§ XLII.

EXÉCUTION DU BAIL.

Après avoir contracté le bail à ferme, il faut en assurer l'exécution, c'est-à-dire prendre possession du domaine. Ordinairement le nouveau fermier assiste à la reconnaissance des lieux qui se fait à la sortie de l'ancien; mais s'il n'y a pas assisté, le premier soin du propriétaire doit être, dès qu'il est installé, d'y procéder avec lui. On vérifie l'état des bâtiments, des haies, des fossés, des chemins; la quantité de fourrage, de paille, de prairies artificielles laissés par l'ancien fermier; la quantité des terres fumées, etc. Avant de quitter la ferme le propriétaire doit compléter les réparations, s'il y en a à faire, et en assurer l'exécution, afin d'éviter toute discussion désagréable à l'époque de la fin du bail.

CHAPITRE III.

ÉCONOMIE RURALE.

§ XLIII.

D'après **M. de Thaër** on appelle *économie* (c'est-à-dire dans ses rapports avec l'agriculture), la science des proportions les plus avantageuses et de cette direction et application des moyens, par laquelle la reproduction est le plus favorisée ; et d'après le baron de Morogues, l'économie rurale consiste à tirer le meilleur parti possible du sol, en y appliquant de la manière la plus avantageuse tous les moyens d'exploitation dont on dispose.

Le travail.

Quoique les produits que l'on gagne ou que l'on a gagnés dans l'économie rurale, ne puissent pas être regardés comme étant uniquement le résultat du travail, car l'influence des différentes forces de la nature y a aussi une grande part, il n'en est pas moins vrai que le travail est le principal moyen d'obtenir, à l'aide des forces de la nature, la plus grande quantité de produits que le sol puisse donner ; ou, en d'autres termes, sans travail le sol ne produit rien, ce n'est que par le travail qu'il atteint sa valeur. C'est pour cela que le bénéfice d'une exploitation rurale n'est pas toujours en rapport avec l'étendue, ni même avec la qualité des terres qui la composent. La terre, dit M. de Morogues, ne donne de profit qu'à celui qui la cultive convenablement : un bon sol, mal exploité, reste improductif; un terrain ingrat peut devenir bon à force de soins et par l'application des capitaux suffisants. De là résulte que le bénéfice d'une exploitation est en rapport direct de la somme du travail et du capital qu'on y applique. Le travail a son prix, parce que la terre acquiert de la valeur par le travail. Mais ce prix n'étant pas toujours et partout le même, il faut que l'agronome connaisse : 1° les circonstances qui fixent et modifient le prix du travail ; 2° les moyens principaux pour en diminuer le prix autant que cela est possible ; 3° la quantité du travail nécessaire et les moyens de se les procurer.

Le prix du travail en général.

Lorsqu'un ouvrier ne jouit pas lui-même du produit de son travail, mais qu'il l'exécute pour un maître, il en reçoit une récompense dont le prix dépend soit de la valeur que le travail a pour le propriétaire, ou de différentes autres causes qui influent sur la hausse ou sur la baisse du prix du travail, comme par exemple : le prix des denrées ; l'augmentation ou la diminution de la demande de bras ; la disette réelle d'ouvriers causée par des calamités ; la nature du travail, suivant qu'il demande plus ou moins d'habileté, plus ou moins de forces, etc.

a) Le prix des denrées est d'une très-grande influence sur le prix du travail, car il faut nécessairement que l'ouvrier gagne de quoi s'entretenir, lui et ses enfants, et il faut que cet entretien soit de nature à pouvoir maintenir ses forces et sa santé. On voit donc qu'ordinairement le prix du travail est en proportion de celui du pain. Il faut donc qu'il y ait une certaine proportion entre le prix des denrées et le prix du travail ; cette proportion ne peut, selon M. de Thaër et autres agronomes distingués, jamais être interrompue que pour peu de temps et avec désavantage, mais elle reprend d'elle-même bientôt son niveau.

L'ouvrier qui ne gagnerait rien au delà de l'absolu nécessaire, serait bientôt tellement énervé et appauvri qu'il ne pourrait élever ses enfants et leur donner la santé, parce que dans l'entretien d'une famille sont comprises, outre les dépenses qu'exige la nourriture, celles de l'habillement, du chauffage, etc. On voit cependant que la plupart des ouvriers, surtout en Belgique, vivent dans une certaine aisance, soit que beaucoup d'entre eux aient occasion de cultiver une petite pièce de terre, pour la culture de laquelle ils ramassent le fumier sur les routes publiques, soit que leur femme gagne aussi sa journée par un autre genre de travail.

Au reste, on doit supposer que relativement à la proportion du prix du travail à celui des denrées, les effets d'une hausse ou d'une baisse ne se font pas sentir immédiatement, et que dans la fixation de ce prix il ne s'agit que d'une moyenne prise sur un nombre d'années plus ou moins grand, car c'est seulement lorsque les prix des denrées restent pendant longtemps extraordinairement bas ou élevés, qu'ils exercent une influence bien prononcée sur celui du travail. M. de Thaër, afin de maintenir les journaliers dans un état uniforme, conseille au fermier qui a établi sur son domaine le nombre nécessaire de familles d'ouvriers, de leur donner une partie de leur salaire en denrées à un prix fixe ; ou, s'il s'est assuré de leur travail pour tous les temps, de leur diminuer ou augmenter ce salaire, en proportion du prix auquel ces familles achètent ces denrées. Il y a autant de prudence que d'équité dans cette manière d'agir.

§ XLIV.

b) L'augmentation ou la diminution de la demande de bras. Lorsque la demande d'ouvriers augmente, il est naturel que le prix du travail s'élève dans toute la contrée. Cette demande d'ouvriers peut être l'effet de la prospérité de l'industrie en général, ou celui de quelque grande entreprise, comme l'établissement d'un chemin de fer, le creusement d'un canal, etc. Dans le premier cas la hausse du prix du travail, loin d'être nuisible à l'agriculteur, lui est au contraire plutôt avantageuse ; car l'aisance générale, qui est le fruit de l'industrie, occasionne nécessairement une augmentation de consommation, et avec elle la hausse du prix des denrées. Dans le second cas, une hausse subite du prix peut être très-nuisible et mettre le cultivateur dans un grand embarras et lui causer des pertes considérables.

c) Une disette réelle d'ouvriers est ordinairement causée par la guerre, par des épidémies, par la famine ; l'on manque alors réellement de bras pour les travaux les plus nécessaires, ce qui donne aux ouvriers qu'on trouve encore la facilité d'exiger un salaire très-élevé. C'est là un de ces cas fâcheux où le cultivateur est réduit à se plaindre du haut prix des salaires et à suspendre une partie des travaux.

d) Plus un travail exige pour son exécution d'adresse et de forces, et plus la valeur des objets nécessaires à l'exécution est élevée, plus grand est ordinairement le salaire de l'ouvrier. Le conducteur de chevaux reçoit un salaire plus élevé que le gardeur de cochons ; le jardinier est mieux payé que l'homme de peine ou le journalier. Dans le calcul et l'examen du prix du travail, M. de Thaër distingue le prix du salaire, de celui du travail lui-même : « Il est telle contrée, dit-il, où le premier est plus haut que dans une autre, tandis que le second est réellement moins élevé ; car la force, l'activité et l'adresse de l'homme sont variées à l'infini et dépendent beaucoup de la nourriture et du bien-être proportionnel dans lequel il vit. Un ouvrier auquel je donne par jour 12 sous, peut souvent exécuter, en quantité et en bonté, plus du double du travail que j'obtiens d'un autre qui reçoit 6 sous par jour. Ainsi là où il y a des hommes laborieux et plus habiles dans certains ouvrages, le travail est réellement à meilleur marché, quoique le prix des journées soit plus élevé. »

§ XLV.

MOYENS GÉNÉRAUX POUR DIMINUER LE PRIX DES TRAVAUX.

Les moyens qu'on emploie pour diminuer le prix des travaux sont la distribution des travaux et l'usage des machines.

La distribution et la division des travaux demandent une grande attention. Il est des travaux d'agriculture qu'il est plus prudent de commettre à des ouvriers distincts, qui les exécutent lorsqu'ils y sont une fois habitués avec plus de promptitude et beaucoup plus exactement que lorsqu'on les employait à toutes sortes d'ouvrages. L'épargne du temps, dit M. de Thaër, qu'on perd en changeant d'instrument ; la facilité, l'habileté que donne la pratique d'une opération, même aux gens maladroits, méritent bien quelque attention, elles font une différence considérable non-seulement dans l'emploi du temps, mais encore dans la bonté de l'exécution. Il importe que les diverses parties des travaux se lient convenablement les unes aux autres, en sorte que chaque ouvrier ait assez et pas trop à faire, et que l'un ne soit pas obligé d'attendre que l'autre ait fini ; c'est aussi pour cela qu'il faut apprendre à bien connaître le travail et les ouvriers, et à bien calculer les forces et le temps. Il est beaucoup d'ouvrages qui peuvent être exécutés par des femmes et des enfants, tout aussi bien que par des personnes plus fortes, lesquelles coûteraient davantage. Il importe donc de distinguer les travaux qui doivent être exécutés par ces derniers de ceux qui peuvent l'être par les autres.

L'usage des machines n'est pas tout à fait aussi avantageux dans l'agriculture que dans les fabriques ; il en est cependant plusieurs dont l'emploi procure à l'agriculteur des économies considérables. Nous faisons seulement observer que dans le choix de ces instruments, le fermier doit agir avec beaucoup de circonspection et d'intelligence pour ne pas faire des dépenses inutiles. Les houes à cheval, les extirpateurs, les hache-paille, les semoirs, les brise-mottes, les tarares, etc., sont des machines réellement utiles, surtout dans les grandes exploitations; mais il faut savoir distinguer les bonnes des mauvaises, car parmi les machines à battre, par exemple, il n'y en a jusqu'à présent pas une seule, qui soit réellement avantageuse et préférable au fléau. Dans l'acquisition des machines, l'agriculteur doit toujours donner la préférence à celles qui sont les plus simples, et qui soient, s'il est possible, susceptibles de pouvoir servir à plusieurs usages à la fois; comme par exemple les houes à cheval de M. d'Omalius, qui peuvent être employées à plusieurs autres usages encore.

§ XLVI.

NATURE DES TRAVAUX.

Les travaux agricoles s'exécutent soit par la main de l'homme réduit à ses propres forces, soit par l'homme aidé des animaux. De là les travaux d'ouvriers et ceux d'attelage.

Les ouvriers se divisent en valets à domicile et en manouvriers, journaliers, hommes de peine, dont nous payons l'ouvrage par journée ou à la tâche.

On loue les valets principalement pour les travaux qui ne souffrent pas d'interruption et qui exigent une attention constante. Ce sont des domestiques chargés du soin des bestiaux, des chevaux et des travaux du ménage. Ces valets sont nourris à la ferme et reçoivent un salaire fixe, qui consiste en argent ou quelquefois aussi en denrées.

Le capital considérable que le fermier place dans l'achat des bestiaux, et le besoin de les entretenir avec régularité et avec soin, démontrent suffisamment la nécessité de valets constamment présents ou logés à la ferme, quoique le plus souvent les frais d'un pareil valet montent beaucoup plus haut que ceux d'un journalier. Ordinairement on n'emploie qu'un valet ou bouvier sur 15 à 20 vaches, ou une servante sur 10 à 14 vaches lorsque celles-ci sont nourries à l'étable. Une seule personne peut soigner 30 à 40 porcs de tout âge. Pour les vaches en pâturage il faut moins de personnel; une servante suffit pour 25 vaches; un valet pour 4 à 5 chevaux d'attelage.

Dans l'intérieur d'un ménage il ne faut qu'une servante pour dix personnes, à moins qu'elle n'ait à s'occuper d'autres choses.

Nous parlerons plus bas du berger, lorsque nous traiterons des moutons et de la bergerie.

On a plusieurs fois soulevé la question de savoir s'il est plus avantageux d'étendre le nombre des valets au delà du strict nécessaire, et d'employer ceux-ci aux autres ouvrages de la ferme, comme au battage, à la moisson, etc., ou bien si l'on ferait mieux de faire exécuter ces ouvrages par des journaliers? Nous sommes d'avis, comme nous l'avons aussi déjà indiqué ci-dessus, que le plus souvent les frais pour l'entretien et la nourriture des valets de ferme sont très-élevés; et que dans la plupart des cas, ils sont plus avantageusement remplacés par des journaliers sûrs, lorsqu'on peut s'en procurer de tels.

Quant à l'entretien et à la nourriture des domestiques, il faut avoir égard aux localités et aux usages du pays. Tout changement dans les heures des repas ne serait guère profitable, et pourrait même exciter le mécontentement de gens qui d'ordinaire tiennent beaucoup à leurs habitudes.

§ XLVII.

Les ouvriers journaliers ou à la tâche sont les manouvriers de la ferme, et exécutent tous les travaux qu'on ne fait pas exécuter par les valets.

On a calculé qu'en général l'ouvrier à la journée, quoique gagnant moins, rend cependant le travail plus cher à celui qui l'emploie, tandis que les ouvriers à la tâche, tout en gagnant davantage, reviennent en définitive moins cher à leur maître;

outre que l'ouvrage est terminé plus tôt, ils demandent moins de surveillance, et il suffit d'examiner si le travail est bien exécuté. On pourrait donc conseiller, surtout aux propriétaires des grandes exploitations, de faire exécuter les principaux ouvrages, comme par exemple la moisson, le battage, la fenaison, etc., plutôt à la tâche qu'à la journée, d'autant plus que l'ouvrier, en gagnant davantage, peut aussi se nourrir mieux, se procurer quelqu'aisance dans son intérieur, et conserver sa santé et ses forces. A ces réflexions, nous ajouterons les observations suivantes de M. de Thaër : « De cette manière aussi le travail a plus d'attrait pour lui (l'ouvrier à la tâche); il réfléchit au moyen de se le rendre plus facile, il se procure de meilleurs outils et il acquiert de l'habileté dans l'exécution, surtout si à des époques réglées il fait souvent le même ouvrage. »

MM. Pabst et Koppé, célèbres agronomes allemands, sont du même avis, en ce qu'ils pensent que rien n'est plus propre à relever l'état physique et moral de la classe ouvrière que l'institution du travail à la tâche.

Dans certaines contrées l'ouvrage à la tâche est payé partie en argent et partie en denrées. Ce mode de payement est surtout recommandable là où l'écoulement des denrées est difficile; alors une diminution de dépense d'argent comptant ne laisse pas d'être profitable au fermier.

La durée de la journée de travail se fixe d'après l'usage de la contrée et la saison. En hiver elle est de sept à huit heures; au printemps et en automne de neuf à dix, et en été de douze heures.

Dans les contrées où les grandes exploitations forment le plus grand nombre, il importe de s'assurer d'un nombre suffisant de journaliers ou d'ouvriers à la tâche. A cet effet, il est souvent nécessaire d'avoir des habitations pour les familles de ce genre et de les leur louer pour de l'argent ou un certain nombre de journées de travail. Quelquefois on accorde aux journaliers une parcelle de terre et même du fourrage pour une vache.

§ XLVIII.

Pour connaître ce qu'il faut d'ouvriers ou de journaliers à la tâche pour une exploitation rurale, on n'a qu'à supputer le nombre de journées de travail nécessaires pour l'exécution d'un des principaux travaux, comme par exemple la moisson, laquelle s'achève d'ordinaire dans l'espace de 24 à 36 jours : le nombre d'ouvriers qui suffit pour faire la moisson suffira aussi pour l'exécution de tous les autres travaux.

Cependant nous devons faire observer que le nombre d'ouvriers varie naturellement suivant le système de culture qu'on a adopté; ainsi si dans le système triennal avec jachère huit personnes suffisent pour la culture de 60 hectares, il en faudrait presque le double (y compris les valets) pour cultiver la même étendue d'après le système de culture alterne. Suivant M. de Thaër, dont l'excellent ouvrage a servi de base au nôtre, et que nous avons eu plus d'une fois l'occasion de citer, voici le personnel nécessaire pour l'exécution des divers travaux agricoles :

1° Dans les labours avec des bœufs ou des chevaux, un domestique sur un attelage de quatre chevaux.

2° Dans les travaux pour les fumiers ; pour le transport de ceux-ci hors des étables et pour le chargement, il faut un ou deux hommes par attelage, suivant que les chariots de rechange sont plus vite emmenés et ramenés, et que le fumier est plus ou moins compacte. Pour le déchargement, le conducteur de l'attelage suffit presque toujours ; cependant, lorsque plusieurs attelages sont occupés au même charroi, il est souvent avantageux d'employer un homme pour aider à cet ouvrage et en même temps pour veiller à une bonne distribution des tas.

3° Pour épandre le fumier sur le terrain, il est reçu qu'une femme peut le faire en un jour sur un quart d'hectare ; et un homme sur un demi-hectare à peu près. Cela dépend, au reste, de la quantité qu'on en a mis et de l'état du fumier, du soin que l'on met à le diviser autant que possible et à le distribuer avec beaucoup d'égalité. Ce dernier point est si important qu'il ne faut rien y épargner. Souvent il est nécessaire de jeter le fumier pailleux dans le sillon avec le râteau ou le trident ; cette besogne exige une personne pour deux charrues, quelquefois même pour une seule.

4° Pour semer les grains, opération qui se fait ordinairement par le maître-valet, on compte qu'un homme sème par jour de 9 à 10 hectolitres de grains d'hiver et 13 hectolitres de grains d'été. Un semeur habile peut, à la vérité, semer beaucoup plus ; mais si l'on veut juger de l'étendue d'après la quantité de la semence, cela dépend alors du plus ou du moins d'épaisseur qu'on donne aux semailles ; et peut-être a-t-on souvent perdu bien de la semence en semant trop épais, pour avoir voulu mettre en terre beaucoup de grain en un jour. Il faut donc s'arrêter plutôt à l'étendue du terrain ensemencé qu'à la quantité de semence répandue sur le sol, et être content si un homme sème convenablement 3 1/4 à 4 hectares dans la journée.

5° A la moisson l'on compte qu'avec une faux garnie de baguettes pour amasser le blé en même temps qu'on le coupe (engerai), chaque homme fauche et met en javelle 3/4 d'hectares à peu près ; pour râteler, lier et rassembler, on compte un demi-hectare à peu près pour chaque femme. Cependant des gens vigoureux et travaillant avec zèle, peuvent faire un tiers de plus.

Si le champ n'est pas très-éloigné des bâtiments rustiques, et si, au moyen de chariots de rechange, le transport de la récolte peut se faire avec célérité, chaque attelage emploie deux chargeurs et une râteleuse ; dans le cas contraire un homme suffit, parce qu'il a le temps de charger sa voiture pendant le trajet que font les chevaux du champ à la ferme, et *vice versâ.*

Pour décharger à la grange, lorsque le travail est accéléré, il faut deux hommes et deux pour mettre en tas. Si les intervalles d'un charroi à l'autre sont plus grands, souvent deux hommes suffisent.

6° A la fenaison on compte 25 ares par faucheur et autant par faneuse. Lorsque, comme cela arrive souvent, les prés sont très-éloignés, on doit compter moins ; pour le fanage, la température fait une très-grande différence, de sorte que par un très-beau temps on a besoin de moins de gens. Pour faucher le trèfle, lorsque le terrain est bien uni, et que le trèfle n'est pas versé, on peut compter 60 ares et 40 centiares par faux, et comme la manière d'opérer le fanage est très-simple, on peut compter qu'une personne suffit pour un hectare.

Pour charger et décharger, on compte, au pré, le même nombre de personnes, et, au fenil, la moitié de celles employées à la récolte des grains.

7° Pour semer en lignes des raves et d'autres petites graines, un homme en sème par jour, avec le petit semoir, un hectare et 30 ares à peu près ; deux hommes à l'aide d'un cheval, peuvent, en un jour, faire les raies sur 3 hectares et même davantage.

Pour semer des fèves en lignes, il faut, afin d'éviter les longueurs, employer deux personnes ; un homme et un jeune garçon expédient en un jour jusqu'à un hectare et demi, et plus, si l'on travaille avec un semoir perfectionné.

Le travail de sarcler et éclaircir les raves semées en lignes doit être donné à la tâche. Une personne peut sarcler environ 25 ares par jour. Pour arracher et couper la fane il faut quatre ou cinq femmes par 25 ares.

8° Si les domestiques ne suffisent pas pour soigner le bétail et lui donner sa nourriture, surtout si on lui donne beaucoup de paille hachée, on est obligé d'en confier le soin à des journaliers, dont le nombre dépend des circonstances particulières de chaque exploitation.

Pour laver et tondre les bêtes à laine, on compte, pour 1,000 bêtes, de 60 à 70 journées.

On a également besoin de journaliers pour divers ouvrages dans les cours rustiques et le ménage, quand on n'a pas de domestiques en surabondance; outre cela, on doit quelquefois en employer à la place des domestiques.

9° Pour le curage des fossés et des rigoles, pour le rétablissement des clôtures, la réparation des dégâts et des chemins, il faut compter, sur toute l'étendue du terrain, à peu près une journée par 25 ares;

10° Le battage des grains se fait le plus souvent à la tâche, moyennant une part au grain battu, ordinairement la seizième partie.

§ XLIX.

LES ATTELAGES.

Les attelages sont composés de chevaux ou de bœufs. On a longtemps discuté la question de savoir s'il faut donner la préférence aux chevaux ou aux bœufs. Mais cette question n'est pas encore résolue. Voici, du reste, les arguments pour et contre.

Les chevaux méritent la préférence sous les rapports suivants :

Ils font plus d'ouvrage que les bœufs, attendu que quatre bons chevaux en faut autant que six bons bœufs;

Ils vont à tous les travaux agricoles, ils s'accommodent de tous les chemins et de toutes les températures;

Ils exécutent tous les travaux avec plus de vitesse.

Les bœufs ont en leur faveur les avantages suivants :

Ils accomplissent la plus grande partie des travaux agricoles tout aussi bien que les chevaux, et lorsqu'ils sont bien nourris, on peut en attendre presque autant d'ouvrage dans une journée de travail. Ils exécutent, suivant M. de Thaër, les travaux de charrue à certains égards mieux que ne le font les chevaux.

Leur fumier a plus de valeur que celui des chevaux; leurs aliments coûtent moins et leur attirail est à beaucoup meilleur marché.

Ils ne diminuent pas de valeur comme les chevaux ; au contraire, lorsqu'ils sont bien entretenus, ils en acquièrent une plus grande ; tandis que la valeur du cheval se réduit à presque rien. Enfin ils sont assujettis à moins de dangers.

Il paraîtra d'après cela hors de doute que le travail qui peut être convenablement exécuté par des bœufs, ne soit fait par eux à meilleur marché qu'il ne le serait par des chevaux.

Cependant il est bon de remarquer que, lorsqu'on peut occuper les chevaux pendant toute l'année, leur travail ne revient guère plus cher que celui des bœufs ; ceux-ci, d'ailleurs, ne peuvent pas toujours être employés en hiver, et il faut pourtant bien les nourrir.

Dans les petites exploitations, où pendant une grande partie de l'année il n'y a pas d'occupation pour les attelages, les chevaux ne seraient avantageux que lorsque, à côté des travaux champêtres, on aurait l'occasion de les employer à d'autres charrois, ou si l'on trouvait de l'avantage à élever des chevaux.

Pour de pareilles petites exploitations, il n'y a donc de choix qu'entre les bœufs et les vaches. Dans le fait, nous devons conseiller au petit cultivateur de se servir de vaches plutôt que de bœufs ; excepté dans les terres tenaces, elles vont aux mêmes travaux que les bœufs et les exécutent avec plus de vitesse que ceux-ci.

Les avantages de l'emploi des vaches dans les petites exploitations qui ont un sol léger devient surtout évident lorsque le cultivateur, ayant plusieurs vaches de rechange, n'a pas besoin de les fatiguer trop ; la perte en lait sera alors peu considérable, et les frais d'attelage se réduiront à presque rien.

Suivant quelques agronomes, les attelages de vaches produiraient des avantages non moins considérables dans les grandes fermes et dans les moyennes, si on les employait à des ouvrages qui n'exigent pas des forces très-considérables.

En général, nous pensons, avec M. Pabst, que dans la réalité

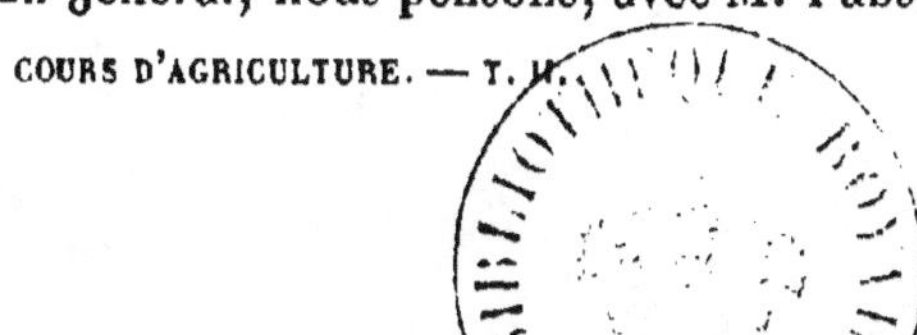

les cas sont bien rares où il serait à conseiller de tenir des bœufs à la place des vache , ou des chevaux au lieu de bœufs.

§ L.

LES HEURES DU TRAVAIL DES ATTELAGES.

L'on admet, en général, qu'un attelage de chevaux bien entretenu travaille , pendant la bonne saison, dix heures par jour, et un attelage de bœufs neuf heures. Au printemps cependant , et pendant la moisson, dans lesquels tombent les labeurs forcés, ils travaillent davantage.

Calcul de la quantité d'attelages nécessaires à une exploitation rurale.

Pour calculer avec sûreté quelle est la quantité d'attelages nécessaires à une exploitation , on met en compte les travaux comme ils se présentent dans chaque saison, et ainsi l'on fixe le nombre des attelages , de manière à avoir la certitude de suffire à tout dans tous les temps. Outre cela, il faut encore avoir pour chaque période un excédant d'un sixième au moins , parce que les travaux peuvent être retardés par le mauvais temps, ou suspendus pendant les jours de fêtes. On divise l'année en quatre périodes d'après les quatre saisons. Le résultat de la période de travail, qui est le plus élevé, sera alors le terme moyen pour le besoin d'attelage de toute l'année.

On comprendra aisément que dans la division de ces périodes, il n'est pas possible d'observer précisément les époques du calendrier ; que plutôt en cela il faut se régler d'après les circonstances climatiques. La période de printemps comprend soixante à quatre-vingt-dix journées de travail, et commence, en Belgique, à dater du 1er mars, et dure jusqu'à la fin de mai ; la période d'été comprend environ quatre-vingt-cinq journées, à dater du 1er juin jusque vers la fin du mois d'août. L'automne agricole, à dater de la fin d'août, comprend quatre-vingts à quatre-vingt-dix journées de travail.

Il faut bien faire remarquer ici que le commencement et la fin de ces périodes ne peuvent pas être exactement précisés à l'égard d'un pays tel que la Belgique, où le temps est si variable. Cependant, comme il est indispensable de savoir au juste quels travaux tombent dans chaque période, et combien d'attelages ils exigent pour leur exécution, il faut adopter une culture qui convienne au climat du pays qu'on habite et au sol que l'on cultive. Pour les terres légères, bien exposées et dans un bon état de culture, le printemps commence en général quinze jours plus tôt que pour les terres glaises, froides, tenaces, et exposées au nord. Là où l'on sème des récoltes de mars, le printemps, à l'égard de celles qui restent le plus longtemps sur pied, commence aussi plus tôt. Au reste, il faut, comme nous l'avons dit dans le premier volume de cet ouvrage à l'égard des semailles, ne pas oublier de les hâter autant que possible, et par exemple ne pas semer au 15 août de l'orge ou du sarrassin, qu'on aurait le temps de semer plus tôt, et cela pour le seul motif que ces récoltes, quoique semées si tard, ont encore le temps de mûrir; n'oublions pas que les récoltes hâtives sont toujours les meilleures. M. de Thaër regarde la période de printemps comme la plus pénible de toutes, et il a raison quand il prétend que tous les travaux de cette saison, une fois terminés en temps convenables, les attelages seront plus que suffisants pour parcourir les autres périodes.

En automne le cultivateur prévoyant cherchera à hâter autant que possible les travaux auxquels une gelée anticipée viendrait mettre fin. Mais cette précaution est moins nécessaire en Belgique, où les premières gelées arrivent rarement avant les premiers jours de janvier.

§ LI.

TRAVAUX DES QUATRE ÉPOQUES.

Travaux d'hiver.

On fait les transports d'engrais pour les récoltes-jachères et de mars ; on continue de rompre quelques chaumes, si la gelée n'y met pas obstacle. Après cela les attelages doivent être occupés à d'autres charrois.

Travaux de printemps.

On donne les labours et hersages nécessaires pour les récoltes-jachères et de printemps, qu'on peut aussi, comme il a été dit au premier volume, remplacer par l'emploi de l'extirpateur. On herse les blés hivernés, et on fait les opérations avec la houe à cheval, destinée à hâter la végétation.

Travaux d'été.

On commence par donner les labours à la jachère pour les grains d'hiver ; on rompt le trèfle et autres prairies artificielles, afin de préparer la terre pour les semailles d'automne. Dans les cultures perfectionnées on transporte aussi de l'engrais sur ces prairies avant de les labourer. On continue, à différents produits, la culture de la houe à cheval ou du buttoir à cheval.

Transport des récoltes des grains et des foins.

Charrier les fumiers destinés aux grains d'hiver et aux arrières-récoltes dans la culture perfectionnée.

Travaux d'automne.

Préparation des terres pour les semailles.

Transport des regains.

Récolte et transport des pommes de terre, des betteraves, des raves, des carottes, etc.

Rompre des chaumes pour les semailles de printemps.

§ LII.

TRAVAUX QU'ON EXÉCUTE AVEC LES ATTELAGES.

1. *Labourer.* Les données sur ce qu'une charrue peut labourer en un jour varient beaucoup. En estimant l'étendue qu'une charrue ou une herse, etc., peut labourer ou herser en un temps donné, il faut peser les circonstances qui ont de l'influence sur l'exécution de ces travaux. La largeur de la tranche au labour en fait une des principales ; la nature et l'état du sol, celui des animaux de l'attelage, hâtent ou retardent l'exécution des travaux. Plus les tranches sont étroites sur une surface donnée, plus d'espace les bêtes de trait ont à parcourir, et *vice versâ*. Le travail qu'une charrue peut ainsi faire en un jour est donc en raison directe de la largeur des tranches ou sillons.

Après cela, il faut considérer l'état et la nature du sol ; s'il est en bon état de culture, léger ou compacte. Dans ce dernier cas, l'animal doit employer une force beaucoup plus grande. L'état des bêtes de trait doit aussi être pris en considération ; des animaux faibles, mal nourris ou malades, sont beaucoup plus vite fatigués et marchent moins vite que ceux qui sont bien portants et bien nourris.

Enfin la construction de la charrue a une influence considérable sur la prompte exécution du labour.

Suivant M. de Thaër, il faut bien distinguer entre ce que les charrues font quelquefois, lorsque, dans un moment d'urgence et par un temps favorable, on les observe avec une attention particulière, et ce qu'on en obtient en moyenne pendant toute l'année. D'après cela, il a admis en principe que, sur ce qu'on appelle *terre à orge,* composée de parties égales d'argile et de sable, on peut, dans l'arrière-automne, labourer d'une manière satisfaisante 50 ares à peu près, et lorsqu'on laboure profondément pour les récoltes racines, seulement 43 ares à peu près. Au printemps, pour les pois, l'avoine et les premières orges, 51 ares environ ; pour les secondes 64 ares, etc. Ce sont là des moyennes qui peuvent être dépassées lorsque le temps est favorable, et au-dessous desquelles on reste lorsque la température n'est pas propice.

Le même agronome pense qu'en général l'on pourra espérer d'une charrue attelée de bons bœufs ou de vaches de rechange, 6 à 7 ares de plus que d'une charrue traînée par des chevaux.

2. *Herser.* Dans le hersage, tout dépend de l'état du sol, des instruments et du soin avec lequel cet ouvrage est exécuté. Lorsqu'il ne s'agit que d'égaliser et non de briser les mottes, on peut herser dans une journée et avec un attelage de quatre chevaux, 5 hectares à peu près, et même davantage si l'on ne herse qu'en long. Mais sur un terrain tenace et rempli de mottes et d'herbes, on doit se contenter de 3 $^1/_2$ hectares avec le même attelage.

Avec un attelage de deux chevaux, on ne herse que 1 $^1/_2$ jusqu'à 2 $^1/_2$ hectares.

3. *Passer le rouleau.* Dans l'exécution de cette opération, on doit prendre en considération la largeur du rouleau. S'il a une largeur de 8 pieds, on peut avec deux chevaux facilement le passer sur 3 à 4 hectares et même davantage.

4. *Les travaux de l'agriculture perfectionnée.* La culture avance plus ou moins suivant la nature du terrain et la distance des raies. Une houe à cheval peut, à l'aide d'un ou de deux hommes et d'un cheval, cultiver 1 $^1/_2$ hectare environ, en passant entre des lignes espacées de 2 pieds.

Un extirpateur à 5 ou 7 socs, attelé de deux chevaux, peut, à l'aide d'un homme, faire en une journée 2 $^1/_2$ hectares environ.

5. *Le transport des engrais.* Ce travail ne peut être évalué avec précision que sur un local donné, parce qu'il dépend beaucoup de l'éloignement des champs, de la bonté des chemins, de

la saison, de la température, etc. L'on admet en général que sur des chemins passables, et à une distance au-dessous d'un quart de lieue, on peut transporter dix à douze chariots ou charrettes de fumier à un, deux ou quatre chevaux; à une distance d'un quart de lieue, 10, et au-dessus; jusqu'à trois quarts de lieue, 5 à 9. Supposé toujours qu'il y ait des chariots de rechange.

6. *Les transports des récoltes.* Ce travail varie également en raison de l'éloignement, mais on y fait ordinairement moins que dans le transport des engrais, parce qu'on commence plus tard, vers les onze heures ou à midi seulement.

A la récolte des foins et regains on compte encore moins, parce qu'on perd beaucoup de temps à charger et à décharger; c'est pour cela qu'on ne peut compter que sur six ou huit charges par jour, lors même que les prés sont assez rapprochés.

La charge pour une bête de trait de bonne qualité dépend le plus souvent de l'état des chemins.

En moyenne on compte sur un attelage d'un cheval sept à douze cents livres par tête.

De deux chevaux six cents à mille livres.

De quatre chevaux cinq à huit cents livres.

7. *Le transport au marché des grains et autres produits.* A une distance de une à deux lieues on compte un demi-jour; de trois à cinq lieues on compte un jour pour aller et revenir; à six lieues et plus on compte un jour pour aller et un pour revenir, etc., etc.

§ LIII.

MANIÈRE DE CALCULER LES FRAIS D'ENTRETIEN D'UN VALET DE FERME, D'UNE SERVANTE, D'UN OUVRIER, ETC.

On ne peut rien dire de général sur les frais d'entretien d'un valet ou d'une servante, à cause des nombreuses variations que les usages des pays et des lieux y apportent. D'après les agronomes les plus distingués de l'Allemagne, les frais d'entretien

d'un valet, d'un fromager, d'un vacher, doivent être égaux à la
valeur de 34 *scheffels* ou 18 hectolitres 56 litres de seigle ; ceux
d'une servante et d'un jeune homme à 28 *scheffels* ou 9 hectolitres 32 litres. En Belgique le salaire est plus élevé.

```
Un maître domestique, par exemple, gagne 70 fl. = 130 fr.
Un valet de ferme ordinaire.  . . . . . 60 fl. = 120  »
Une servante.  . . . . . . . . . .        = 100  »
Un ouvrier journalier 14 sous.  . . .     =  1  » 27 cent.
Une femme à la journ. 10 sous.  . . .     =  »   91  »
Ces deux derniers ne reçoivent pas de nourriture à la ferme.
```

Ce n'est pas seulement le salaire en argent que reçoit le
domestique, mais aussi sa nourriture qu'il faut porter en compte,
si l'on veut savoir au juste ce qu'il coûte en frais d'entretien.
La nourriture doit être d'autant meilleure, que le sol est bon et
fort ; là où le terrain est léger et maigre, l'ouvrier est généralement mal nourri et pauvre.

En Allemagne l'on compte ordinairement de 10 1/2 à 14 livres
de pain par semaine pour un domestique, et il reçoit une à trois
fois de la viande. Dans quelques contrées on lui fournit de l'eau-
de-vie, de la bière, du cidre ou du vin ; dans d'autres on ne
donne pas de boissons.

Manière de calculer les frais d'entretien d'un valet de ferme en
Allemagne.

```
7 hectol. de seigle . . . . . . . . . . . fr. 47 52
2    »    20 litres de froment, pois, haricots  . .   21 60
7    »    de pommes de terre. . . . . . . .      10 80
52 livres de viande à 30 cent.  . . . . . .      15 60
    Légumes. . . . . . . . . . . . . .          6 48
15 livres de beurre à 54 cent.  . . . . . .       8 10
20 mesures de lait à 11 cent.  . . . . . .        2 20
180 mesures de lait battu et fromage blanc.  . . .   9 72
    Sel et épiceries. . . . . . . . . . . .       6 48
    Vases, assiettes, lavage, literies, etc. . . . .   8 64
    Lumière et bois. . . . . . . . . . . .       10 80
60 mesures de genièvre à 54 cent. . . . . . .    32 40
                                          fr. 180 34
          Salaire en argent comptant.         129 60
                                      Total fr. 309 94
```

En Belgique, où le prix des denrées est en général plus élevé, les frais d'entretien d'un valet de ferme montent de beaucoup plus haut, mais le calcul doit se faire absolument de la même manière.

Dans d'autres contrées de l'Allemagne on calcule les dépenses de la ferme d'après la valeur du seigle, de manière que si l'on veut porter en compte la quantité de pommes de terre que le valet consomme en une année, on les réduit à la valeur du seigle : 8 hectolitres de pommes de terre, par exemple, équivalent à 2 hectolitres 73 litres de seigle ; 52 livres de viande de boucherie, à 1 hectolitre 39 litres de seigle environ, etc.

Nota. Un journalier travaille en Belgique 300 journées par an, à 10 heures par jour au prix de 0,12 $^{70}/_{000}$ centimes par heure, ou 1 fr. 27 cent. par jour, ce qui fait 381 francs par an.

Calcul des frais d'entretien de deux chevaux.

1. Intérêts du prix d'achat 648 fr. à 5 pour cent. . . . fr.	54 00
2. Dégradation et risques de mortalité à 10 pour cent. .	68 00
3. Ferrage à 16 fr. 20 cent.	52 40
4. Nourriture à raison de 8 livres d'avoine et de 10 livres de foin par tête = 66 hectol., 56 litres d'avoine et 7,200 livres de foin.	783 52
5. Dégradation et entretien du harnais, capital 129 60 à 5 pour cent, intérêt	54 00
6. Dégradation des instruments agricoles et de l'attirail à 432 capital à 25 pour cent et 5 pour cent d'intérêt. .	146 00
7. Lumière d'écurie, médicaments, sel.	9 28
8. Frais d'entretien du valet 293 76, d'où il faut déduire 24 jours où il ne travaille pas avec l'attirail 17 28.. .	276 48
Total fr. . .	1,583 68

Il convient de faire observer ici que les frais d'entretien ne s'élèveront pas à cette somme, attendu les jours de fêtes et de mauvais temps où l'on ne fait point travailler les chevaux.

§ LIV.

SUITE DU PRÉCÉDENT.

Les frais pour l'entretien des bœufs se calculent de la même manière, excepté qu'on ne porte point en compte le ferrage, et que la perte pour dégradation et risques se réduit à 3 ou 5 pour cent.

Calcul des frais d'entretien pour quatre bœufs.

1. Intérêts du prix d'achat de 648 fr. à 5 pour cent. . . fr.	34	00
2. Risques à 3 pour cent.	19	44
3. Nourriture pour 265 jours à 25 livres de foin par jour de travail et par tête, et de 12 livres et demie pendant les 100 jours de l'hiver = 1,570 kil. de foin à raison de 6 fr. 75 cent. les 100 kilogrammes.	105	15
4. Entretien et intérêt du harnais, etc., à 25 pour cent d'un capital de 116 fr.	29	00
5. Entretien et intérêt des charrues, charrettes et autres instruments agricoles d'un capital de 648 fr. à raison de 30 pour cent	194	40
6. Éclairage, médicaments, sel.	12	96
7. Frais d'entretien d'un domestique 272 16, d'où il faut déduire 100 jours pendant lesquels il ne travaille pas ; à 72 centimes par jour 72 fr.	200	16
A quoi il faut encore ajouter les frais du journalier qui conduit la seconde paire de bœufs	172	80
Total.	767	91

Un bœuf coûtera en conséquence un peu plus de 52 $\frac{1}{2}$ centimes par jour.

§ LV.

PRIX DES PRODUITS AGRICOLES.

Comme il en coûte beaucoup à nos cultivateurs pour faire croître les denrées que nous fournit le sol, car non-seulement ceux-ci ont à supporter, outre le loyer de la terre, des dépenses considérables pour les réparations et l'entretien de bâtiments nécessaires à leur exploitation ; mais encore il faut qu'ils acquittent, outre des impôts qui retombent toujours sur le sol et qui influent fortement sur les prix de revient de ses productions, des dépenses d'exploitation très-grandes, et qui, pour l'ordinaire, surpassent à elles seules la moitié de la valeur vénale des denrées produites, la question des prix de revient est d'une haute importance en agriculture comme en industrie.

« La dépense occasionnée par toute exploitation agricole, dit le savant agronome M. de Morogues, varie en raison du prix du travail, et par conséquent selon celui de la journée des hommes et des animaux. Après avoir établi la journée des hommes et des animaux par lesquels les travaux doivent être exécutés, il faudrait encore faire entrer dans les calculs toutes les autres données que nous venons d'énumérer, et qui toutes sont variables d'un lieu à un autre, pour chaque nature de produits, tellement que le prix de revient des denrées varie sans cesse, non-seulement d'un lieu à un autre, mais, en outre, dans le même local, selon l'abondance et la qualité des récoltes.

« En dernière analyse, ajoute M. de Morogues, c'est la terre qui est la matière première de tous les produits agricoles ; c'est de son prix et des charges qui rendent sa culture plus onéreuse, joints au prix du travail qui lui est appliqué, que résultent les prix de revient de toutes les denrées que nous récoltons ou que nous obtenons chez nous. »

Lorsqu'on parle du prix d'un objet en général, on entend par là le prix en argent, pour lequel cet objet peut être acheté ou vendu ; ou, en d'autres termes, ce que cet objet, réduit à la valeur de l'argent, vaut comparativement à d'autres objets (prix nominal). Il ne faut pas confondre le prix de l'argent avec celui des denrées (ou prix réel). Le premier est sujet à beaucoup de variations selon l'abondance ou la rareté du numéraire, les changements politiques, les progrès ou la marche rétrograde de l'industrie et de la civilisation, etc. La valeur de l'argent diminue avec l'abondance et hausse avec la rareté du numéraire.

Le prix des denrées varie également ; mais sauf quelques cas exceptionnels, et supposé la moyenne fixée d'après un certain nombre d'années, il n'est pas sujet à autant de fluctuations. Le prix des denrées dépend aussi des influences locales, en sorte que dans telle localité le froment s'achète à raison de 10 florins l'hectolitre, le bois à 2 fl. la mesure, et la houille à 10 fr. les 500 kilog.; tandis que dans telle autre on paye le froment 8 fl., le bois 4 fl. et la houille 5 francs.

Comme les prix nominaux de la plupart des productions agricoles, et surtout celles qui sont les plus indispensables à la vie ordinaire, se trouvent dans une espèce de dépendance mutuelle assez constante les unes à l'égard des autres, c'est-à-dire comme le prix réel des denrées reste à peu près le même pendant un certain nombre d'années, M. de Thaër a cherché à établir les calculs de l'évaluation des travaux agricoles sur une base solide, en admettant pour mesure constante des valeurs le prix du seigle, comme étant le blé le plus usité dans le pays où il écrivait ; et cette méthode a été adoptée par la presque généralité des agronomes allemands. Cependant, si l'on considère que le prix réel des productions les plus ordinaires, tel que celui des grains, des graines oléagineuses, des fourrages, des produits des laiteries, des laines, etc., etc., est assujetti à des variations nombreuses ; que d'ailleurs ce prix ne se trouve pas toujours dans les mêmes proportions réciproques dans toutes les localités ; si enfin l'on fait bien attention à ceci, que la hausse et la baisse des grains n'est pas toujours en rapport avec les prix d'autres denrées également indispensables, par exemple, ceux du fer, du bois, du sel, du cuir, etc., on en conclura, comme le fait observer M. Pabst (1), que la méthode de M. de Thaër se trouve ici en défaut, et qu'elle ne mérite pas, à cet égard, la confiance exclusive qu'on lui a accordée jusqu'à présent.

____

(1) *Agriculture pratique*, t. II, 2ᵉ div., p. 78.

§ LVI.

Chaque produit, soit agricole, soit industriel, exige pour sa production une certaine dépense en matière première, en travail, en capital, en instruments, etc., dont la somme fait ce qu'on appelle son *prix de production*. C'est en ajoutant à celui-ci le prix auquel se vend le produit ou le prix du marché, que le cultivateur est seulement en état de juger s'il y a pour lui un bénéfice net ou non. On comprendra donc la nécessité qu'il y a pour le fermier ou pour celui qui fait valoir une exploitation rurale de faire ces calculs, s'il ne veut pas s'exposer à des mécomptes qui pourraient devenir désagréables pour lui.

Si l'on veut donc calculer les frais de production d'un objet quelconque d'industrie agricole, il faut porter en compte le loyer de la terre, la quantité d'engrais absorbé par la récolte, la semence, la dépense pour le travail, les intérêts du capital en circulation, les dépenses pour les réparations et l'entretien des bâtiments.

Ceux qui s'occupent de l'élève des bestiaux doivent encore calculer les intérêts du capital d'achat, les risques, les dépenses pour leur entretien, le loyer des écuries, etc., etc.

Le prix auquel se vend le produit, c'est-à-dire la valeur échangeable ou *prix de marché,* est le montant en argent qu'obtient le fermier en récompense ou en échange des services qu'il rend dans la création des produits. Ce prix est très-variable à la vérité, mais pendant une série d'années il se balance ordinairement.

Le montant du prix échangeable est inhérent à l'abondance ou à la rareté des produits et aux besoins locaux. Mais indépendamment de cette considération, d'autres circonstances, telles que la réussite plus ou moins bonne des récoltes, le temps, les pronostics qu'on tire de l'état de l'atmosphère, les conjectures politiques et commerciales, influent encore sur le prix du marché et y causent souvent une hausse ou une baisse considérable.

Le prix des denrées exerce souvent une grande influence sur la production, en sorte que celle-ci augmente lorsque pendant quelques années consécutives le prix des produits est en hausse ; et contrairement la production diminue à proportion que le prix d'une denrée baisse.

Lorsqu'une des causes que nous venons de citer a fait baisser les prix de vente, cette baisse continue d'ordinaire par l'empressement des vendeurs qui, craignant une plus forte baisse encore, cherchent à se défaire de leurs denrées, d'où résulte un encombrement du marché. Un effet opposé sur les prix résulte lorsque les vendeurs retiennent leurs denrées, ou lorsque les spéculateurs font des achats considérables.

Une autre circonstance qui influe sur le prix des denrées, c'est leur nature elle-même, en ce qu'un produit exige plus ou moins de frais et de soins pour sa conservation, comme aussi en ce que les proportions de ce même produit entre son volume, son poids et sa valeur sont plus ou moins favorables.

Le prix d'un produit qui ne se conserve pas au delà d'un certain temps, comme, par exemple, les betteraves, les pommes de terre, les raves, etc., subira une diminution par l'accroissement de la masse ; tandis que celui des denrées qui se laissent sans risques conserver d'une année à l'autre, n'est point sujet à cette diminution.

Dans les denrées où le volume n'est point en proportion avec leur valeur, comme, par exemple, le foin et la paille, les changements dans les prix sont moins sensibles ; mais il n'en est pas de même à l'égard du prix des bestiaux. Lorsque, par exemple, la valeur du bétail diminue à cause d'une pénurie de fourrage, et que cet état des chose dure, il s'ensuit une stagnation totale dans la vente du bétail maigre ; et comme les frais d'entretien de celui-ci viennent bientôt à dépasser sa valeur, il en résulte une élévation extraordinaire des objets de fourrage à

côté d'une baisse également extraordinaire du bétail maigre,
tandis que les prix du bétail gras et des produits du laitage
s'élèvent dans les mêmes proportions. Enfin, lorsqu'il y a abondance de fourrage, le prix des bestiaux maigres s'élève, tandis
que celui du bétail gras diminue.

CHAPITRE IV.

ADMINISTRATION D'UNE EXPLOITATION.

§ LVII.

Le succès d'une exploitation rurale dépend, comme nous
l'avons déjà indiqué plus haut, de son organisation et de son
administration. Car il ne suffit pas que l'intérieur d'une exploitation soit bien organisé, il faut encore, et c'est là le point principal, qu'elle soit bien dirigée. Comme nous avons déjà parlé
sur ce sujet dans un sens général, nous ne devons nous occuper
ici que des personnes qui ont part à la direction et à l'exécution
des travaux, et des considérations et principes dont elles sont
l'objet ; et d'abord nous nous occuperons du personnel de la
direction de l'économie rurale.

La première personne, dit M. de Thaër, de laquelle tout dépend et doit dépendre, mais sur laquelle aussi pèse toute la
responsabilité, c'est le directeur de l'établissement.

Plus une exploitation est restreinte, moins celui qui l'exploite
trouve d'occupation dans la direction proprement dite, et plus
il est dans l'intérêt du propriétaire ou du fermier qui doit vivre
et subsister du produit de son domaine, qu'il en exécute lui-
même les travaux avec sa famille. Sans aucun doute, dit
M. Pabst, il est très-important que le petit cultivateur dirige
ses affaires avec circonspection ; néanmoins l'essentiel dépend

aussi du zèle avec lequel lui-même, aidé des membres de sa famille, rend inutile l'emploi d'ouvriers étrangers, ou de l'exemple qu'il leur donne lorsqu'il doit réclamer le secours de leurs bras.

§ LVIII.

Si, d'un autre côté, l'exploitation est d'une étendue plus considérable, il devient nécessaire que le propriétaire, le fermier ou le directeur s'occupe exclusivement de la direction.

Dans les exploitations moyennes, c'est ordinairement le fermier ou le propriétaire qui s'en charge. Mais si l'étendue dépasse la moyenne ou si la surveillance devient plus compliquée, on confie une partie de la direction à un ou à plusieurs employés subordonnés.

Il faut aussi distinguer ici si c'est le propriétaire ou le fermier qui dirige l'exploitation, ou si le propriétaire en a confié la direction à un autre pour régir en sa place. Dans le premier cas, la tâche est moins difficile, parce que le propriétaire ou le fermier ne sont responsables de leurs entreprises qu'à eux-mêmes; tandis que, dans le dernier cas, le directeur ou régisseur, à cause de la responsabilité qui pèse sur lui, est obligé de se soumettre non-seulement à un contrôle souvent gênant et au plan convenu avec le propriétaire, mais encore, le plus souvent, de procurer à celui-ci une rente de son domaine; de plus, le propriétaire, qui souvent ne veut pas s'occuper des détails de l'exploitation, s'en décharge sur un aide, ce que le régisseur n'est pas toujours dans le cas de pouvoir faire.

§ LIX.

Dans les domaines de moyenne grandeur, surtout lorsque leur organisation n'est pas compliquée par l'exercice de plusieurs autres industries, le propriétaire, le fermier, ou, à leur place, le régisseur pourra bien se charger à lui seul de la direction, avec l'assistance toutefois du maître-valet. Mais si le domaine est plus considérable, ou si l'on y exerce des industries manufacturières, il faudra un sous-régisseur pour assister le directeur dans l'exercice de ses fonctions.

Ces sous-régisseurs doivent être des hommes loyaux, bien élevés, instruits et sûrs des principes d'après lesquels ils agissent ; on les choisit aussi quelquefois dans la classe des ouvriers, lorsqu'ils se sont distingués par une bonne conduite, de l'exactitude et des connaissances théoriques et pratiques.

Si le domaine est très-étendu, il est d'autant plus important que celui à qui le propriétaire en a confié la direction ait toute la liberté dans l'exercice de ses fonctions, que le domaine est plus considérable. Mais d'un autre côté, il n'est pas moins indispensable que le régisseur ou directeur possède les connaissances, l'expérience et les lumières nécessaires pour pouvoir agir avec succès, et pour que son entreprise tourne au profit du propriétaire.

Au surplus, il est très-juste que des hommes de ce mérite, et qui remplissent fidèlement leur tâche, soient rétribués de manière à pouvoir vivre avec cette aisance et dans cet état de quiétude qu'une tension continuelle de l'esprit rend indispensables.

Il est presque inutile d'ajouter que plus l'étendue de la direction est grande, plus il devient nécessaire que l'administrateur ait sous ses ordres des employés subalternes pour surveiller les diverses branches de l'établissement, et qu'en outre ceux-ci aient les connaissances spéciales appropriées à chacune de ces branches qu'ils dirigent.

Les branches principales d'un grand domaine pour lesquelles il faudra un sous-régisseur sont les suivantes :

1° Les travaux agricoles ;

2° L'économie interne, grenier, étables, magasins ;

3° Distillerie, brasserie, sucrerie, etc., etc. ;

4° Comptabilité.

Pour les attelages, la bergerie, la laiterie, il faut des maîtres-valets, etc.

Je tiens pour très-mauvais et fort contraire que le propriétaire, lorsqu'il n'est pas lui-même le principal directeur de son domaine, veuille cependant se mêler de la direction, faire des dispositions, et donner des ordres aux sous-régisseurs et même aux ouvriers. D'un autre côté, il est du devoir du directeur de tenir le propriétaire au courant de l'état de l'établissement par des rapports et des tableaux exacts.

Le plus souvent il pourrait être avantageux au propriétaire, lorsqu'il vit éloigné de son fonds, ou seulement qu'il s'en absente de temps en temps, de charger un homme capable et actif de la direction de l'exécution des travaux courants, et de se réserver la direction supérieure ; de cette manière, il pourrait épargner une partie de la rétribution qu'un directeur exige.

§ LX.

Un poste très-important dans le ménage est celui que l'on confie à la femme de charge, surveillante ou maîtresse-servante; c'est à elle qu'est dévolue une grande partie des travaux intérieurs, et en général tout ce qui est ordinairement exécuté par des femmes exclusivement. La personne à qui l'on veut confier ce poste doit avoir toutes les qualités nécessaires, des connaissances, de l'activité, et surtout de l'amour pour l'ordre, de l'économie et de la propreté. Une personne qui possède ces qualités est inappréciable, et mérite d'être traitée avec les plus grands égards ; il faut aussi qu'elle ait une autorité absolue sur les domestiques de son sexe.

Les femmes de charge réunissant ces avantages ne se trouvent pas facilement, parce que les femmes ont moins l'occasion de se former dans cette partie que les hommes. Le propriétaire donc qui a le bonheur d'en rencontrer une semblable, doit supporter les défauts inhérents à son sexe et ne pas lui imposer trop de gêne dans sa volonté ; il en résultera de grands avantages pour le ménage.

§ LXI.

Le directeur de l'établissement doit donner toute son attention à la conduite des affaires de l'économie ; il doit s'attacher à la conservation de toutes les parties intégrantes du domaine, telles que l'inventaire, les provisions, etc.; il doit maintenir dans toute son intégrité le fonds du domaine ainsi que les droits qui y sont inhérents. A cet effet, il doit tenir un livre foncier dans lequel soient consignées les pièces de terre, chacune d'après sa dimension, sa situation, et d'après la manière dont elle a été utilisée; à ce livre on joint encore une carte exacte de la propriété et un plan de la distribution des soles.

Le livre foncier contient une histoire ou chronique du domaine, à laquelle, chaque année, on ajoute dans le plus grand détail les améliorations et les changements qui ont été faits. On peut y ajouter des notes sur le prix des produits, sur la température et la fertilité des années, et, en général, sur tout ce qui concerne le domaine et dont il est intéressant de conserver le souvenir (de Thaër, tome I, page 259)

On peut également y consigner des notices ou des expériences remarquables, qui aient rapport à la culture du domaine et à la culture des plantes nouvellement introduites ou encore peu connues.

M. de Thaër (tome I, page 257) conseille encore d'ouvrir dans le livre foncier tant un compte de capital qu'un compte annuel de culture, afin de voir par là ce que le capital a rapporté chaque année et de combien, par son moyen, l'on a augmenté sa fortune. D'après la manière de tenir les livres en partie double, on porte dans ce *livre foncier* au *débit* de l'exploitation annuelle, tant les intérêts annuels du capital du domaine et du cheptel, que ce qui peut avoir été avancé en argent ; et à son *crédit,* ce qui a été livré au propriétaire tant en argent qu'en denrées, et ce qui a été employé en améliorations durables, ou la valeur dont, par ce moyen, le capital a été augmenté. Dans bien des cas, ce dernier objet pourrait n'être pas si facile à déterminer ; c'est pour cela que, le plus souvent, on se contente de porter en compte les frais occasionnés par ces améliorations, ou la valeur des travaux qui y ont été consacrés, lors même qu'ils auraient été exécutés avec les moyens ordinaires de l'exploitation.

Et comme ces améliorations augmentent le capital appliqué au domaine, l'intérêt de l'année suivante doit être augmenté de celui de leur valeur, mais à un taux plus élevé. Si l'intérêt des fonds est compté à 4 pour cent, celui de ces améliorations doit l'être à six. Ce compte du livre foncier doit être en harmonie avec le compte capital porté aux grands-livres annuels. Il peut se faire de la manière suivante :

EXEMPLE.

DOIT.			L'ADMINISTRATION DU DOMAINE.		AVOIR.
	Francs.	Centimes.		Francs.	Centimes.
1850 à 1851.			**1850 à 1851.**		
Intérêt de 100,000 francs prix d'achat, à 4 pour cent.	4,000	»	Livré au propriétaire.	1,200	»
			Employé à des améliorations.	3,800	»
1851 à 1852.			**1851 à 1852.**		
Intérêt du prix d'achat, 4 pour cent. . .	4,000	»	Livré au propriétaire.	3,500	»
Dito des améliorations, à 6 pour cent. .	228	»	Employé à des améliorations.	2,000	»
1852 à 1853.			**1852 à 1853.**		
Intérêt du prix d'achat, à 4 pour cent. .	4,000	»	Livré au propriétaire.	4,200	»
Dito des améliorations , 5,800 francs à 6 pour cent.	348	»	Employé à des améliorations.	1,600	»
1853 à 1854.			**1853 à 1854.**		
Intérêt du prix d'achat, à 4 pour cent. .	4,000	»	Livré au propriétaire.	6,550	»
Dito des améliorations , 7,400 francs à 6 pour cent.	444	»	Employé à des améliorations.	800	»
1854 à 1855.			**1854 à 1855.**		
Intérêt du prix d'achat, à 4 pour cent. .	4,000	»	Livré au propriétaire.	8,500	»
Dito des améliorations, 8,200 francs à 6 pour cent.	502	»	Employé à des améliorations.	500	»
	21,522	»			
Solde , dû à l'administration.	11,128	»		32,650	»
	32,650	»			

§ LXII.

Le tableau ci-joint est un compte courant au moyen duquel l'agriculteur peut, à chaque instant, se rendre compte du résultat de ses mesures et opérations, soit dans leur ensemble, soit dans leurs détails. Au moyen de la comptabilité, il peut se rendre compte non-seulement de ses profits et de ses pertes, de ses débours et de ses rentrées, mais elle lui fait connaître encore quelles mesures il doit prendre pour parvenir le plus sûrement au but principal de l'exploitation : le plus grand bénéfice net ; la comptabilité enfin est le moyen principal pour maintenir l'ordre nécessaire dans toutes les parties de l'exploitation.

Il est impossible de douter de l'utilité d'une bonne comptabilité agricole. Outre l'avantage, dit M. de Morogues, qu'un homme trouve à bien connaître ses affaires et à éviter d'être trompé, des comptes réguliers exercent encore sur le fermier un effet moral très-important, quelque petite que soit son exploitation. L'expérience montre que les petits fermiers, qui n'ont à gouverner ou à perdre qu'un capital modique, sont très-disposés à contracter des habitudes de paresse et d'indolence. Ils se persuadent qu'une chose sera faite aussi bien demain qu'aujourd'hui, d'où il résulte que la chose ne se fait souvent que lorsqu'il est trop tard, ou qu'elle se fait à la hâte et imparfaitement. Rien ne peut contribuer davantage à détruire cette disposition, que la tenue de comptes réguliers. La seule idée qu'il doit écrire sur son livre tout ce qu'il fera tient son attention ouverte sur tout ce qu'il a à faire ; et l'habitude de ces écritures est le plus grand stimulant possible aux habitudes d'activité et de travail ; un homme qui tient ses comptes, disent les Hollandais, ne peut pas se ruiner.

Voici comment s'exprime à ce sujet M. de Dombasle dans les *Annales de Roville :* C'est surtout dans ses rapports avec les améliorations que l'agriculture peut et doit recevoir, que je veux

considérer l'utilité d'une tenue de comptes réguliers. En effet,
dans une ferme qui est soumise à un mode de culture invariable,
comme, par exemple, à l'assolement triennal, dans lequel on
est déterminé à n'apporter aucune modification ni aux procédés
de culture, ni au système qu'on a adopté pour l'éducation et
l'entretien du bétail, je concevrais facilement qu'on pût révoquer
en doute l'utilité de ces comptes : si la ferme est bonne, le cultivateur fera bien ses affaires ; si elle est mauvaise, il se ruinera ;
mais comment, dira-t-on, les comptes les plus réguliers pour-
ront-ils prévenir sa ruine, s'il ne connaît pas d'autre manière
d'exploiter ? Quoique je n'admette nullement la justesse de ce
raisonnement, et que je sois persuadé que l'ordre qu'un chef
d'exploitation peut établir dans son administration, par le moyen
d'une comptabilité régulière, lui serait très-utile, même dans
la supposition que je viens de faire, je n'entrerai dans aucune
discussion sur ce point, et je me bornerai à examiner cette question en supposant une exploitation dont on cherche à améliorer
les produits, et où l'on veut s'éclairer sur les avantages relatifs,
dans une circonstance donnée, de divers procédés de culture,
de tel ou tel système qu'on a le projet d'adopter pour l'éducation, l'entretien et l'engraissement des bestiaux.

Il ne faut pas croire que dans une entreprise semblable on
puisse se passer d'un flambeau propre à diriger l'agriculteur dans
la marche d'amélioration qu'il s'est tracée ; il ne suffirait pas de
faire tous ses efforts pour diriger les travaux d'après les meilleurs
principes, car c'est dans l'application de ces principes que se
trouvent les plus grandes difficultés : les circonstances de localité
peuvent faire varier prodigieusement les résultats économiques
des meilleures méthodes, et parmi les bonnes manières de faire,
il y en a toujours une meilleure que les autres, dans une position
déterminée ; c'est celle-là qu'il s'agit de trouver, et le seul guide
qui puisse nous l'indiquer, c'est la comptabilité, qui nous montre
les résultats des méthodes qu'on met en pratique.

Il y a un assez grand nombre de personnes disposées à sentir l'utilité de la tenue des comptes dans une exploitation rurale, mais qui s'effrayent des détails d'une comptabilité parfaitement régulière. En effet, dans une exploitation rurale qui exige des dépenses journalières considérables et très-variées, où des centaines de francs se payent chaque semaine pour des frais de main-d'œuvre relative à différentes espèces de récoltes, un homme prudent se laisse facilement entraîner à des sentiments de frayeur lorsqu'il ne peut appuyer sur aucune base fixe l'espoir de récupérer ses nombreux déboursés. C'est pour cela qu'on a souvent répété que les récoltes qui exigent beaucoup de main-d'œuvre ne conviennent pas aux cultivateurs lorsqu'ils sont forcés de les faire exécuter à prix d'argent ; mais lorsque, après avoir payé les ouvriers le dimanche, le cultivateur voit dès le lundi cette dépense se classer sur le compte des diverses récoltes auxquelles le travail a été appliqué, il peut déjà se faire des idées nettes sur l'étendue des dépenses qu'occasionne chaque objet, et sur le plus ou moins de probabilité de bénéfice ou de perte. Lorsque ensuite les produits de chaque récolte viennent se ranger en face des dépenses qu'elle a occasionnées, la lumière la plus satisfaisante se trouve répandue sur des choses qui ne sont qu'un dédale obscur pour l'homme qui marche à tâtons dans cette route, parce qu'il s'y est engagé sans flambeau.

§ LXIII.

Beaucoup d'agronomes savants nous ont donné d'excellents modèles en fait de comptabilité agricole. Cependant la plupart nous ont paru trop compliqués et trop difficiles pour ceux qui ne se livrent pas spécialement à la tenue des livres ; d'ailleurs, ces comptabilités compliquées, quoiqu'elles soient d'une nécessité absolue dans les très-grandes exploitations, me paraissent superflues dans une ferme de moindre importance, et je pense qu'une comptabilité moins minutieuse y peut suffire. Je suivrai donc l'exemple de M. de Morogues, en reproduisant ces différents modèles de comptabilité, que M. Gabiou fils a développés dans le mémoire couronné par la Société centrale, et tel qu'il se trouve dans le *Cours complet d'Agriculture*, tome VII, pages 179 et suiv.

C'est bien, dit-il, en définitive, le bénéfice réalisé en argent que le cultivateur voit et doit voir. Cependant, comme il ne peut arriver au bénéfice, au produit en argent, qu'au moyen du produit en nature, il suit de là la nécessité d'établir dans le registre le produit en nature avant le produit en argent.

En second lieu, il ne suffit pas au cultivateur d'être laborieux et habile à produire ; il faut encore qu'il ait de l'ordre et de l'économie : car le défaut de ces qualités ruinerait le cultivateur le plus habile. Il y a longtemps qu'on a dit que *l'économie est une seconde providence ;* or, point d'économie sans ordre.

Cet ordre, qui est indispensable, résultera du soin qu'on aura de porter au registre la recette et la dépense en nature.

Ainsi le registre est divisé en deux parties :

La première contient : 1° la recette en nature ; 2° la dépense aussi en nature.

La seconde partie contient : 1° la recette en argent ; 2° la dépense en argent.

Dans la première partie, la recette et la dépense sont divisées en autant de chapitres qu'il y a d'objets de culture.

Le premier chapitre est celui du blé-froment. Ce chapitre, comme celui des autres céréales qu'il n'est pas d'usage de vendre dans l'état où elles se recueillent, est divisé en deux sections :

La première a pour titre : *Grange.* Le cultivateur écrit sous ce titre les gerbes qu'il fait entrer dans sa grange ou qu'il met en meule, au moment de la moisson, et qu'il a soin de faire compter sur place et recompter de nouveau dans la grange ou à la meule, pour être sûr qu'il n'y a pas d'erreur.

La seconde section a pour titre : *Chambre à blé.* A mesure des livraisons de grains que ses batteurs lui font à la chambre à blé, il écrit la date de la livraison, le nombre des gerbes battues et la quantité de mesures de grains que le nombre connu et déterminé de gerbes lui a produite.

Par ce moyen, il sait toujours au juste ce qu'il a de gerbes battues et ce qu'il a de grains dans sa chambre à blé, et en conclure ce qu'il peut espérer encore des gerbes à battre, de manière à faire tous ses calculs, toutes ses combinaisons pour sa vente ou pour sa réserve.

Il est inutile de développer les avantages de cette partie du registre : ils se sentent d'eux-mêmes. Seulement je ferai remarquer que l'entrée dans la chambre à blé, du grain provenant des gerbes battues fait la décharge de la grange, et est une sorte de dépense relativement à la recette faite par la grange.

Les autres chapitres de la recette en nature, ceux de l'orge, du seigle, de l'avoine, du sarrasin, sont tenus de la même manière que le chapitre du blé-froment.

A l'égard des chapitres concernant les prés naturels ou artificiels et les plantes à sarcler, comme tous ces objets se vendent ou se consomment tels qu'ils se recueillent, ces chapitres n'ont qu'une seule section.

§ LXIV.

SUITE DU PRÉCÉDENT.

Quant à la dépense en nature, la seule inspection du registre fait voir comment elle doit être établie. Il suffit de dire ici que chaque chapitre est divisé en différentes colonnes : l'une de l'emploi en semences; une seconde, de la consommation (et celle-ci est sous-divisée en consommations particulières); et une troisième, de la vente; et qu'il y a en outre deux autres colonnes, l'une pour la date, et l'autre pour les observations qu'on aurait à faire.

§ LXV.

Je passe à la seconde partie du registre, celle de la recette et de la dépense en argent. Ni l'une ni l'autre ne sont établies par chapitre; elles le sont par tableaux arrêtés à la fin de chaque mois, afin que le cultivateur puisse connaître à vue sa position toutes les fois qu'il le voudra. Autant il y aura pour lui de causes de recette et de dépense, autant il y a de divisions ou de colonnes dans les tableaux de chaque mois. Le titre de chaque colonne montre suffisamment où doivent être faites les écritures. On sait de reste que *le nombre de ces colonnes peut varier, et être augmenté ou diminué suivant le genre d'exploitation du cultivateur.* Seulement il doit avoir bien soin que chacun de ses chapitres de recette et de dépense en nature trouve sa colonne correspondante dans la recette en argent. C'est le seul moyen pour lui d'avoir un contrôle bien exact et de reconnaître s'il a réalisé en argent tous ses produits en nature. Ainsi, à l'aide de ces tableaux et du titre indicatif de chaque colonne, le cultivateur n'a que des chiffres et quelques mots à écrire, au moment où il vient de recevoir ou de payer. Ce travail est aussi simple que facile. Il est impossible d'imaginer des écritures plus expéditives. Que s'il veut (et ce serait bien le mieux) que son registre soit *paré à l'œil,* et tenu proprement, il aura une *main-courante* sur laquelle il fera d'abord confusément et à chaque occasion toutes ses écritures, pour les reporter ensuite sur son registre dans l'ordre convenable : mais qu'il se persuade que cette main-courante ne peut jamais remplacer le registre.

Où les écritures sont les plus longues à faire, c'est dans les différents chapitres de la recette en nature ; mais elles ne le sont que parce que le registre est monté de manière à conserver la trace de toutes les opérations, de tous les accidents heureux ou malheureux, de toutes les circonstances et de tous les phénomènes qui auraient influé sur les récoltes, de manière aussi à faire connaître, au bout de cinq, dix, vingt ans, les différents emplois qu'auraient eus chaque année chaque pièce de terre de la ferme : car si le fermier, indifférent sur toutes ces choses, voulait se borner à savoir que dans une pièce de 5o arpents, par exemple, il a récolté, je suppose, dix mille gerbes, son travail se bornerait à écrire cette quantité.

Il est probable cependant que les cultivateurs sentiront l'avantage d'avoir, au moyen de leurs écritures, une série de faits et d'expériences qu'ils puissent consulter en tout temps, et faire servir à l'avancement de l'agriculture et à leurs propres intérêts : c'est un des objets que l'on doit se proposer dans la tenue des écritures d'une exploitation rurale. Je le redis, au risque de me répéter, aucun registre de cultivateur n'atteindra parfaitement le but proposé, s'il n'est propre : 1° à contrôler tous les produits en nature ; 2° à constater tous les produits en argent ; 3° à conserver la série de tous les faits essentiels qui se seront passés pendant la durée de l'exploitation.

J'ai placé en tête du registre un tableau indicatif des pièces de terre qui composent la ferme ; il servira à rappeler au cultivateur, toutes les fois qu'il en aura besoin, la désignation de chacun de ses champs, sa contenance, la nature de la terre, l'emploi du champ dans l'année précédente, enfin les observations que le cultivateur aura faites ou croira devoir faire.

Bien convaincu que le mérite essentiel d'un registre à l'usage des cultivateurs consiste dans une extrême simplicité, M. Gabiou a rejeté l'idée de la tenue de livres en partie double, parce que ces écritures ne sont à la portée peut-être d'aucun cultivateur. M. Gabiou regarde le système des écritures en partie double comme excellent en banque, en finance, dans une grande administration, où toutes les valeurs sont homogènes, où toutes les parties se présentent et s'expriment en argent; mais il le croit, et avec raison, inadmissible dans une exploitation rurale, par la raison que la comptabilité ne doit pas s'y exercer seulement sur une valeur représentative comme l'argent, mais sur un grand nombre de valeurs réelles, et toutes dissemblables entre elles, et que l'homme le plus habile aurait besoin, pour avoir toujours ses écritures au courant, de faire à chaque instant des suppositions qui seraient ensuite démenties par les faits, ou, s'il ne voulait pas s'exposer à des erreurs continuelles, il serait obligé de remettre à la fin de l'année rurale la mise en règle de ses écritures, ce qui détruirait tout l'avantage de la tenue des livres en partie double, avantage qui, comme on sait, est de tenir la comptabilité à jour sur l'ensemble de ses opérations, et sur chacune des parties dont elles se composent.

§ LXVI.

SUITE DU PRÉCÉDENT.

Il y a souvent des écritures très-difficiles à passer en partie double, et j'ai vu de fort bons teneurs de livres avouer qu'ils avaient quelquefois à réfléchir longtemps avant de faire telles ou telles écritures.

Où en serait, demande M. Gabiou, un cultivateur, si, quand il a besoin d'agir et que ses soins sont réclamés de toutes parts, il fallait qu'il s'enfonçât dans des réflexions abstraites avant de se déterminer à rien écrire sur ses livres? Le travail de ses écritures doit se faire par lui promptement et facilement. Il doit être en quelque sorte matériel, dégagé de toutes combinaisons d'esprit, et ne rappeler que des faits positifs de recette et de payement, d'entrée et de sortie. S'il en est autrement, les écritures seront différées, finiront par être omises, et les traces des choses disparaîtront. Le registre du cultivateur ne doit être qu'une matrice générale de tous les comptes qu'il voudra faire sous tous les différents rapports possibles. C'est quand il en sera là que, suivant son degré d'intelligence, il dépouillera ses livres à tête reposée pour, à l'aide de tous les renseignements qu'il y puisera, faire toutes les évaluations, toutes les combinaisons qu'il voudra.

Par le même principe de la simplicité des écritures, M. Gabiou n'a fait aucune distinction de dépenses ordinaires et extraordinaires; quand le cultivateur aura été dans le cas d'en faire, il les distinguera et les relèvera facilement sur son livre à la fin de l'année; mais cette distinction, établie dans le corps de son registre, eût dérangé toute l'économie du plan, et mis de la perplexité dans l'esprit du cultivateur, s'il eût fallu qu'il la fît à l'instant même des écritures.

On remarquera aussi que, dans le chapitre unique de la deuxième partie, laquelle est la dépense en argent divisée en autant de tableaux qu'il y a de mois, on n'a porté dans la colonne de la nourriture des chevaux et bestiaux que les sommes qui seraient réellement dépensées en argent par le cultivateur, et non pas celles que lui représenteraient les fourrages ou grains consommés en nature chez lui par ses chevaux ou ses bestiaux. A la fin de l'année, quand il fera son compte général sur le relevé de son registre, il ajoutera à sa dépense réelle en argent les sommes qu'il aurait retirées des grains et fourrages qu'il aura fait consommer dans ses écuries ou dans ses étables ; il n'aura plus alors qu'à porter en recette le prix des mêmes objets comme se les étant vendus à lui-même. Un exemple éclaircira ceci. Un cultivateur n'a pas récolté assez de fourrages et d'avoine pour la nourriture de ses chevaux, et il a eu à acheter 400 bottes de luzerne, qui lui ont coûté, à 40 francs le cent, la somme de 160 francs ; plus 10 setiers d'avoine qu'il a payés 270 francs, à raison de 27 francs le setier. Il trouve ces deux sommes, faisant ensemble 430 francs, dans la colonne de la nourriture des chevaux, au mois où il a fait ces dépenses. Il peut vouloir se contenter de savoir qu'il a dépensé en argent, pour la nourriture de ses chevaux, 430 francs, et c'est ce que feront probablement la plupart des cultivateurs ; mais il y en a de plus exacts et de plus attentifs que d'autres, qui veulent se rendre compte de tout. Celui que je suppose est de ce nombre, et désire connaître au juste ce que ses chevaux lui coûtent à nourrir : il va relever le quatrième chapitre de la dépense en nature, qui est intitulé *avoine*, et il connaît que ses chevaux lui ont consommé 115 setiers. Il les évalue au prix que valait le setier d'avoine à l'époque de la livraison qu'il a faite au coffre à l'avoine de ces 115 setiers ; et comme le prix de l'avoine s'est toujours soutenu à 27 francs, il voit que ses chevaux lui ont consommé pour 3,105 francs d'avoine récoltée par lui, et 270 francs d'avoine achetée, en tout pour 3,375 francs. Il fait les mêmes calculs pour la luzerne ou le foin qu'ils ont consommé, et connaît bientôt au vrai ce que tous ses chevaux lui coûtent à nourrir.

On sent, par cet exemple, dans quel esprit est monté le registre. Ce ne sont point tous les comptes et les calculs que l'on peut faire qu'on a voulu établir (car le nombre en est infini), mais le moyen de parvenir à tous les différents comptes que chacun désirera, suivant sa manière d'envisager la chose, et à tous les renseignements, tous les éclaircissements, tous les détails qu'il voudra avoir pour lui ou pour d'autres au sujet de son exploitation.

M. Gabiou fait encore remarquer que son registre n'est monté que pour une année; et conseille de le faire partir du mois de juillet, parce que c'est à cette époque que commencent les récoltes de tout genre.

On a joint au présent registre le modèle d'une feuille des ouvriers, et qui est propre à établir le compte de chacun d'eux, en constatant le nombre des journées de travail, de manière à éviter toute erreur. Cette feuille est établie pour un mois; elle est divisée en plusieurs colonnes; la première, celle à gauche, contient le nom de chaque ouvrier; la seconde est sous-divisée en un nombre de cases égal au nombre des jours du mois. En tête de chacune de ces cases est la date du mois, et au-dessous le jour de la semaine. Cette colonne est destinée à marquer, sur la ligne correspondante au nom de l'ouvrier, le jour où il travaille; ce qui se fait en sa présence à la fin de la journée, à l'appel, en mettant 1 pour marquer une journée, ou écrivant $1/_2$ pour la demi-journée, s'il n'a travaillé que ce temps; et enfin en faisant un 0 si l'ouvrier n'a pas travaillé, pour montrer qu'il n'y a pas d'oubli de la part de celui qui tient la feuille. La troisième colonne sert à récapituler à la fin du mois le total des journées faites pendant tout le mois; la quatrième à constater le prix de la journée; la cinquième à établir le compte de ce qui est dû à l'ouvrier ; la sixième les à-comptes qu'il a reçus et qu'on a soin d'écrire au moment où on les lui donne ; enfin la dernière colonne constate les payements faits aux ouvriers : c'est une sorte d'émargement qui peut équivaloir à quittance en justice, pour celui dont les écritures sont toujours régulières et exactes. On a laissé dans la feuille, après la dernière colonne, une marge pour les observations qu'on aurait à faire.

Au reste, il n'est pas nécessaire que cette feuille fasse partie du registre ; elle en est au contraire détachée, et uniquement destinée à établir le compte de chaque ouvrier, compte dont le résultat a seul besoin d'être porté au registre.

§ LXVII.

MODÈLES DES DIFFÉRENTES PARTIES DU REGISTRE.

*Tableau indicatif des pièces de terre composant la ferme d'***.*

N° D'ORDRE.	NOMS des pièces de terre.	ÉTENDUE en MESURE		NATURE de la terre.	ENSEMENCEMENT dans l'année dernière 184 .	Observations.
		ancienne.	nouvelle.			
		Arp.	Hect.			
1		60	»	Fonds argileux mêlé de sable et de marne ; bonne terre à froment.	En blé-froment.	
2		56	»	Terre froide où l'argile domine.	En trèfle.	Cette terre est infectée de roseaux à balais et a besoin d'être assainie.
3		4	»	Terre sablonneuse et légère bonne pour le seigle.	En luzerne.	Semée en 1838

PREMIÈRE PARTIE.

PREMIÈRE DIVISION.

RECETTE EN NATURE.

CHAPITRE PREMIER.

BLÉ-FROMENT.

PREMIÈRE SECTION.

1° *Entrée des gerbes dans la grange.*

Le   août, par un beau temps, récolté dans la pièce dite   ou n° 1 du plan contenant 100 arpents, 23,103 gerbes. Cette pièce a eu   façons ; elle a été fumée, la partie d'en haut avec du fumier de vache, la partie d'en bas avec du fumier de mouton ; elle a été ensemencée les   octobre par un temps sec et couvert. Il y a été employé   mesures de grains, ce qui fait   par arpent. Le blé bien chaulé, il a été donné deux, trois hersages ; les pluies survenues ont empêché d'en donner davantage. L'hiver a commencé de bonne heure et fini très-tard. Les blés étaient mal levés quand le froid a pris.

Le printemps a été sec. L'année dernière cette pièce était en pommes de terre, etc., etc.

Nota. On voit par cet exemple dans quel esprit doivent être faites les écritures.

On réservera au registre assez de place pour les détails.

2° *Entrée du produit des gerbes dans la chambre à blé.*

DATES des LIVRAISONS.	NOMBRE des GERBES.	PRODUIT des GERBES.	OBSERVATIONS.
5 octobre. . . .	210	Hectol. 9	
17 dito.	95	4	
29 dito.	504	12	

Un double tableau, tout à fait semblable à ceux-ci, est consacré à chaque espèce de grains cultivés. Ainsi, le second chapitre est consacré au *seigle* et divisé en deux sections, comme celui-ci ; le troisième chapitre à *l'orge* ; le quatrième à *l'avoine*, et ainsi de suite, selon la nature de la récolte.

CHAPITRE V.

LUZERNE.

Dans la pièce de 30 arpents, j'ai récolté à la première coupe 9,513 bottes. Cette luzerne est âgée de   ans. Elle avait été plâtrée l'année dernière (*voir* le registre 184   ). Elle a été hersée avant l'hiver et au printemps, et roulée après le second hersage. Elle a souffert des gelées du printemps, mais la fenaison s'est faite par un beau temps. La fauche a été payée sur le

pied de   l'arpent , sans ou avec boisson , et le bottelage
à raison de

Cette première coupe a été rentrée le   juillet.
La même pièce a rendu à la seconde coupe 4,203 bottes. Fenaison
faite par la pluie. Le regain a mal séché. Il a été jeté bas les   septembre. Même prix que dessus pour la fauche et le bottelage, ci. 4,203
Ladite pièce a produit à la troisième coupe 1,895 bottes, etc.

Récapitulation.

Première coupe. 9,513

Regain { Deuxième . . . 4,203 }
       { Troisième . . . 1,895 }   . . . . , . . . 6,098

Total. . .   15,611

Ce chapitre sert de modèle exact pour ceux qu'on doit consacrer aux autres récoltes-fourrages ; il est tout à fait inutile de
reproduire ceux-ci, puisque la forme en est exactement calquée
sur celui de la luzerne. Ainsi le chapitre sixième est pour le
trèfle; le chapitre septième pour les *prés naturels;* le chapitre
huitième pour la *vesce*, etc., etc.

CHAPITRE IX.

POMMES DE TERRE.

Dans une pièce n°   , ou dite la   de 8 arpents ,
j'ai récolté les   septembre par un beau temps et à l'outil,
540 setiers de pommes de terre de (telle espèce). Elles avaient
été faites les   mai à la charrue sur fumier mis
amplement dans la pièce de terre qui, l'année dernière, était
en blé-froment. Il a été employé   pour la semence
          setiers (ou hectolitres). Elles ont été binées deux fois
et rechaussées à la seconde. La houe à cheval a servi à faire ces
binages. Il a été employé à les récolter   journées d'ouvriers à raison de   par jour, ci 540 setiers.

Le chapitre dixième, consacré aux *topinambours;* le chapitre onzième, aux *turneps;* le chapitre douzième, au *pastel;*
le chapitre treizième, aux *féveroles*, et les autres qui pourraient
être affectés aux autres récoltes sarclées, seront identiquement
calquées sur ce chapitre *pommes de terre.*

A CAUSE DES DIVERS OBJETS QUI ONT ÉTÉ ACHETÉS.

CHAPITRE PREMIER.

AVOINE ACHETÉE.

N'ayant pas suffisamment récolté d'avoine pour la consommation de mes chevaux et bestiaux, je me trouverai obligé d'en acheter. (L'objet de la présente feuille est de faire connaître ces achats.)

DATE des achats.	NOMS des vendeurs.	QUANTITÉS achetées.	PRIX d'achat.	PRIX total.	OBSERVATIONS.
		Hectol.			
12 octobre.		6	10 fr.	60	Payé comptant, livré à la chambre à blé le-dit jour.
17 décemb.		7 1/2	10	75	Idem.

CHAPITRE II.

LUZERNE ACHETÉE.

N'ayant pas suffisamment recolté de luzerne, je me trouverai obligé d'en acheter. (L'objet de la présente feuille est de faire connaître ces achats.)

DATE des achats.	NOMS des vendeurs.	QUANTITÉS achetées.	PRIX d'achat.	PRIX total.	OBSERVATIONS.
10 mai. . .		500	40 fr.	200	Première coupe, payée comptant.
15 juin. . .		500	56 fr.	72	Idem.

DEUXIÈME DIVISION

DÉPENSE EN NATURE.

CHAPITRE PREMIER.

BLÉ-FROMENT.

DATES.	EMPLOYÉ en semence.	CONSOMMÉ.	VENDU.	OBSERVATIONS.
20 octobre.	50 setiers.	»	»	
6 novemb.	»	12 setiers.	»	Envoyé au moulin.
9 novemb.	»	»	20 setiers.	Vendu à 40 francs le setier.

Un tableau exactement semblable sera consacré aux autres récoltes céréales. Ainsi, le chapitre deuxième est pour le *seigle*; le chapitre troisième pour *l'orge*, etc.. etc.

CHAPITRE IV.

AVOINE.

DATES.	EMPLOYÉ en semence.	CONSOMMÉ PAR			VENDU.	Observat.
		les chevaux.	le troupeau.	la volaille.		
25 sept.		12 set.				
5 nov.		50 »				
6 janv.		21 »				
7 fév.		45 »				
8 juin.		7 »				

CHAPITRE SUPPLÉMENTAIRE.

AVOINE ACHETÉE.

DATES.	EMPLOYÉ en semence.	CONSOMMÉ PAR			VENDU.	Observat.
		les chevaux.	le troupeau.	la volaille.		

Voir l'article avoine pour les écritures.

CHAPITRE V.

LUZERNE.

DATES.	CONSOMMÉ PAR			VENDU.	OBSERVATIONS.
	les chevaux.	le troupeau.	les vaches.		
6 octob.	100 bottes.	»	»		Livré pour les chevaux ledit jour, pour aller jusqu'à (tel jour.)
15 id.	»	50 bottes.	»		
25 id.	»	»	20 bottes.		

Des tableaux tout semblables seront consacrés à la *luzerne achetée*, aux trèfles récoltés et achetés, aux foins des prés naturels, aux *sain-foins* vesces, etc.

CHAPITRE IX.

POMMES DE TERRE.

DATES.	CONSOMMÉ PAR		VENDU.	EMPLOYÉ en semences.	OBSERVATIONS.
	la maison.	le troupeau.			
4 nov.	8 set.	»	»	»	Mis en réserve pour la maison.
15 id.	»	200 set.	»	»	Mis en réserve pour le troupeau.
25 id.	»	»	108 set.	»	Moyennant 648 francs.
4 mai.	»	»	»	15	Pour ensemencer ar- pents.

CHAPITRE X.

FÉVEROLES.

DATES.	CONSOMMÉ par les chevaux (moutons.)	VENDU.	EMPLOYÉ en semence.	OBSERVATIONS.

CHAPITRE PREMIER.

TROUPEAUX DE MOUTONS.

En 18   j'ai acheté mon troupeau de bêtes à laine fine, purs mérinos.

Le 1er juillet de la présente année 18 , il me restait, d'après les ventes que j'ai faites et les pertes que j'ai éprouvées (voir mes livres des années précédentes), la quantité de 106 brebis portières et 4 béliers pour la monte. J'ai constaté ledit jour cette quantité, et ai mis mes brebis à la *lutte*.

L'état ci-après est destiné à faire connaître les mouvements arrivés dans mon troupeau.

NUMÉRO des individus.	SEXE.	AGE.	PRODUIT EN		JOURS de naissance	JOURS DE DÉCÈS DES		OBSERVATIONS.
			mâl.	fem.		mères.	agneaux	
1	Breb.	3 ans.	1	»	2 déc.	5 févr.	»	La mère a été écrasée.
2	id.	4 ans.	»	1	3 id.	»	»	L'agneau a été allaité par le n° 93, qui avait perdu son agneau.
3	id.	Antenoise	»	1	7 id.	»	»	
4	id.	3 ans.	1	»	19 nov.	»	7 mars.	Mort du tournis.
5	id.	»	»	»	»	»	»	Stérile.
6	id.	5 ans.	»	»	»	»	»	Avortée.
101	Bélier	3 ans.	»	»	»	»	»	
102	id.	4 ans.	»	»	»	»	»	
Totaux. . . .			2	2	4	1	1	

NOTA. Le total des jours de naissances et des décès se fait en considérant comme unité chaque date des jours de naissance et de décès.

Récapitulation.

ÉTAT DU TROUPEAU LE 1er AVRIL 184 .

On suppose que le cultivateur n'a pu faire de relevé de l'état de son troupeau que le 1er avril. Voici comment il a dû le faire, et comme il le fera chaque mois.

Le 1er juillet 18   j'avais la quantité de moutons ci-après ; savoir :

1º En brebis.	106
J'en ai perdu· . . . . :	6
Reste. . .	100
2º En béliers	4
Perte.	»
Total. . .	104
1º J'ai eu en agneaux femelles. .	43
J'en ai perdu. . . . : . . .	8
Reste. . .	35
2º En agneaux mâles.	47
J'en ai perdu.	7
Reste. . .	40
Total des agneaux. . .	75

Ce qui porte à 179 le nombre des individus composant mon troupeau, ce jour-d'hui 1er avril 184 .

Au premier juillet de l'année dernière, ce nombre était de. 110
Partant, mon troupeau s'est accru de. 69
Nota. Il conviendrait de faire tous les mois le relevé de l'état de son troupeau.

ÉTAT DU TROUPEAU LE 1er MAI 184 .

(*Voir* l'état du mois d'avril pour les mois suivants.)

RÉSULTAT PAR RAPPORT AU TROUPEAU.

Le 20 juin, j'ai fait tondre mon troupeau, au prix de trois sous chaque bête l'une dans l'autre ; les tondeurs ont été nourris, en outre, à la maison.
La tonte des béliers m'a produit. . . . . 22 kil.
Ce qui fait 5 kilog. et demi par chaque bélier.
La tonte des brebis m'a produit. 571
Ce qui fait 3 kilog. et demi par chaque brebis.

Total des laines. . . 595 kil.

Les 75 agneaux ont donné 56 kilog. et demi.

Ce qui fait trois quarts de kil. par chaque agneau.

J'ai vendu ma laine 5 fr. le kilog. en suint, l'agnelin pris pour moitié.

Ce qui m'a donné pour la laine, la somme de. 1,965

Et pour l'agnelin, celle de. 282 50

    Total en argent du produit de mon troupeau en laine . . 2,247 50

J'ai de plus vendu 25 agneaux mâles à   ce qui m'a produit la somme de. . . . .

15 agneaux femelles à   ce qui fait. . . . .

    Total du prix de la vente des moutons. . . .

RÉCAPITULATION DU PRODUIT EN GÉNÉRAL.

En laines. 2,247 50

En moutons. . . . .

        Total. . . .

Nota. Ce produit est porté à sa place dans ma recette des mois où elle a été faite.

CHAPITRE II.

TROUPEAU DE VACHES.

Le 1er juillet 184 , mon troupeau de bêtes à cornes était composé de 12 vaches et d'un taureau ; savoir :

La moisie , âgée de 3 ans.

La blanche ,   «   4 »

La velue ,   «   4 »

Le taureau avait alors 5 ans.

La velue m'a donné le   octobre 18 un veau mâle.

La négrette m'a donné le   novembre 184 une génisse.

Les autres vaches sont pleines aujourd'hui 1er janvier 184 .

J'ai vendu les 2 veaux à 6 semaines. Le prix en est porté en recette dans le mois où les ventes ont été faites.

PRODUIT DE LA VACHERIE.

État de la fabrication du beurre et des fromages.

MOIS DE JUILLET 184 .

DATES.	FROMAGE.	BEURRE.	OBSERVATIONS.
		Livres.	
3	4	8	
7	5	6	
Total. . .	9	14	

De même pour les mois suivants.

État de l'emploi du beurre et des fromages.

MOIS DE JUILLET 184 .

DATES.	FROMAGES		BEURRE.		PRIX DE VENTE		SOMMES PROVENANT de la vente		OBSERVATIONS.
	Vendus.	Consomm.	Vendus.	Consomm.	Des fromages.	De la livre de beurre.	Des fromages.	Du beurre.	
			liv.	liv.	fr. c.	fr. c.	fr. c.	fr. c.	Il a été consommé en juillet la quantité de fromages et celle de livres de beurre.
5	5	1	5	2	1 50	» 90	4 50	4 50	Ces sommes provenant du prix de vente sont portées à la recette en argent de juillet 184
Total.	5	1	5	2	1 50	» 90	4 50	4 50	

De même pour les mois suivants.

CHAPITRE III.

BASSE-COUR.

Le 1er juillet 184 , j'ai compté les volailles de la basse-cour; j'avais 310 poules, 17 coqs, 60 canards mâles et femelles, et 120 poulets de différentes grosseurs. 10 tant dindes que poules couvaient des œufs de poules et de canards. Les couvées des œufs de dinde ne réussissent pas.

État des ventes et recettes provenant du produit de la basse-cour.

MOIS DE JUILLET 184 .

DATES.	CAUSES DES VENTES.	PRIX DES						PRIX TOTAL.	Observat.
		Œufs.	Poules.	Chapons.	Canards.	Dindons.	Poulets.		
10	Vendu à , 60 œufs, 2 chapons, 1 canard, 5 dindons, 4 poulets et une vieille poule.	5 »	1 »	5 »	1 50	7 »	5 »	20 50	
11	Vendu à , 1 canard.	»	»	»	1 50	»	»	1 50	
	Vendu à , 1 dindon.	»	»	»	»	2 »	»	2 »	
	Vendu à , 50 œufs.	2 50	»	»	»	»	»	2 50	
	Vendu à , 1 poulet.	»	»	»	»	»	1 »	1 »	
	Totaux des ventes faites en juillet. . . .	5 50	1 »	5 »	5 »	9 »	4 »	27 50	

DEUXIÈME PARTIE

RECETTE EN ARGENT.

CHAPITRE UNIQUE.

DATES.	CAUSES DES RECETTES.	FROMENT.	ORGE.	AVOINE.	POMMES DE TERRE.	TOPINAMBOURS.	FOIN.	LUZERNE.	TRÈFLE.	OBJETS DIVERS.	RÉCAPITULATION GÉNÉRALE.	OBSERVATIONS.
		fr. c.										
9 nov.	Vendu au marché de 20 setiers de froment à 40 francs. .	800 »	»	»	»	»	»	»	»	»	800 »	
Dudit.	Vendu 15 setiers d'orge à 20 francs.	»	300 »	»	»	»	»	»	»	»	300 »	
Dudit.	Vendu 15 setiers d'avoine à 30 francs. . .	»	»	450 »	»	»	»	»	»	»	450 »	
	Totaux. . . .	800 »	300 »	450 »	»	»	»	»	»	»	1550 »	

Les tableaux doivent être terminés, et les sommes arrêtées à la fin de chaque mois.

Nota. Il faudra autant de tableaux qu'il y aura de mois.

MOIS DE JUILLET

DATES.	CAUSES DES DÉPENSES.	IMPOSITIONS.	TABLE.	GAGES DES DOMESTIQ.	TRAVAUX A LA TACHE	JOURNÉES des ouvriers.	NOURRIT. DES CHEV. et bestiaux.	TRAVAUX aux bâtiments.	ACHAT OU ENTRET. des voit. et instr. arat.	ACHAT DES CHEVAUX et bestiaux.	FERRAGE ET HARNACH. des chevaux.	FRAIS DE MALADIE des chevaux et best.	DÉPENSES DIVERSES et accidentelles.	RÉCAPITULATION générale.	Observations.
6 juill.	Payé au receveur des contrib. pour	fr. 500	»	»	»	»	»	»	»	»	»	»	»	500	
11 id.	Payé à charretier à compte sur ses gages.	»	»	80	»	»	»	»	»	»	»	»	»	80	
12 id.	Payé pour 20 journées de travail à. .	»	»	»	»	50	»	»	»	»	»	»	»	50	
25 id.	Payé à pour avoir épandu du fum. sur 10 arpents (prix convenu). . . .	»	»	»	10	»	»	»	»	»	»	»	»	10	
25 id.	Payé au maçon , pour le montant de son mémoire	»	»	»	»	»	»	110	»	»	»	»	»	110	
27 id.	Acheté d'occas. une guimbarde . . .	»	»	»	»	»	»	»	150	»	»	»	»	150	
29 id.	Acheté un chev. entier, âgé de ans poil	»	»	»	»	»	»	»	»	750	»	»	»	750	
50 id.	Acheté 400 bottes de luzerne à 40 fr. les 100 bottes.	»	»	»	»	»	160	»	»	»	»	»	»	160	
51 id.	Acheté 10 setiers d'avoine à 27 fr. .	»	»	»	»	»	270	»	»	»	»	»	»	270	
	Totaux.	500	»	80	10	50	430	110	150	750	»	»	»	1860	

FEUILLE DES OUVRIERS.

NOMS des OUVRIERS.	1 Mercredi.	2 Jeudi.	3 Vendredi.	4 Samedi.	5 Dimanche.	6 Lundi.	7 Mardi.	8 Mercredi.	9 Jeudi.	10 Vendredi.	11 Samedi.	12 Dimanche.	13 Lundi.	14 Mardi.	15 Mercredi.	16 Jeudi.
Pierre, etc.	0	1	½	0	0	½	0	0	0	0	0	1	0	0	1	1
Jean, etc.	0	0	0	½	¼	1	0	0	1	1	1	0	0	0	0	0
Jacq., etc.	0	0	0	0	0	0	0	0	0	0	0	0	0	0	0	0

NOMS des OUVRIERS.	17 Vendredi.	18 Samedi.	19 Dimanche.	20 Lundi.	21 Mardi.	22 Mercredi.	23 Jeudi.	24 Vendredi.	25 Samedi.	26 Dimanche.	27 Lundi.	28 Mardi.	29 Mercredi.	30 Jeudi.	31 Vendredi.
Pierre, etc.	1	0	1	0	0	0	0	1	1	1	1	0	0	0	0
Jean, etc.	0	0	0	0	0	0	0	0	0	0	0	1	1	1	1
Jacq., etc.	0	0	0	0	0	1	1	1	1	1	1	1	1	1	½

The day columns above are grouped under the heading **JOURS DU MOIS ET DE LA SEMAINE.**

NOMS des OUVRIERS.	TOTAL des journées.	PRIX de la journée. (fr. c)	TOTAL de ce qui est dû.	A-COMPTE PAYÉ.	SOLDE.	Observations.
Pierre, etc.	11	1 50	16 50	10 »	6 50	
Jean, etc.	10 ¾	1 »	10 75	» »	10 75	
Jacq., etc.	9 ½	1 »	9 50	3 »	6 50	

§ LXVIII.

Cependant, comme ce mode de comptabilité que nous venons d'indiquer pourrait encore paraître trop compliqué à la plupart des cultivateurs, et comme d'ailleurs il ne nous paraît d'une grande utilité que pour un très-grand établissement expérimental, ou tout autre établissement quelconque qui doit rendre des comptes à une administration, nous allons rapporter ici et pour finir ce chapitre, le modèle d'une comptabilité plus simple, qu'a proposée M. de Morogues et que tout cultivateur ayant un peu d'instruction sera en état de tenir.

C'est une espèce de journal établi par recette ou avoir et par dû ou dépense.

			RECETTE		DÉPENSE	
			fr.	c.	fr.	c.
1840	Juin 1er	Report. . . .	1000	80	507	25
Nicolas.		Payé à Nicolas, maréchal, pour ferrage et raccommodage de charrue.	»	»	20	75
Volaille.	3	Vendu au marché 12 poulets.	8	»	»	»
		6 canards.	6	»	»	»
		20 livres de beurre.	18	»	»	»
Pierre, fauchage.		Convenu avec Pierre qu'il fauchera mes trèfles et luzernes, à 8 fr. l'hectare pour la première coupe, et à 6 fr. l'hectare pour la deuxième coupe. *Mémoire.*				
Jacques.	4	Payé à Jacques, terrassier, à compte sur les fossés qu'il fait pour moi. (*Voy.* 7 mai).	»	»	6	»
Guillaume.	5	A-compte à Guillaume, charretier, sur ses gages. (*V.* 9 avril).	»	»	25	»
Fauchage.		Commencé à faucher les trèfles et luzernes.				
Fanage	12	Payé pour 50 journées de fanage, à 75 centimes chacune.	»	»	22	50
Fauchage.	15	Les trèfles et luzernes finis de mettre en meule aujourd'hui,				
		A reporter.	1052	80	581	50

			RECETTE.		DÉPENSE.	
			fr.	c	fr.	c.
1840	Juin 16	Report.	1032	80	581	50
		m'ont rendu 20 voitures esti- mées 20 quintaux chacune, ou 400 quintaux, dont 150 dans le grenier et 250 en meule.				
Pierre Fauchage.	16	*Ordre.* Compté avec Pierre de sa pre- mière coupe de fauchage de 4 hect. et demi de trèfle et de 3 hect. de luzerne en tout 7 hect. et demi à 8 fr. . 60 fr. Payé à compte. . . . . 36 ——— Redu. . . 24	»	»	36	»
Veau. Barot.		Vendu à Barot, boucher, un veau engraissé, de 3 mois. .	120	»	»	»
		Payé au même, en compte, pour sa fourniture de viande.	»	»	23	90
		A reporter.	1152	80	641	40

CHAPITRE V.

ÉCONOMIE DU BÉTAIL.

---

§ LXIX.

INTRODUCTION.

Sous les dénominations génériques de bétail et de bestiaux,
on comprend tous les animaux à quatre pieds que l'homme a
réduits à l'état de domesticité et qui servent, soit à sa nourriture, soit à la culture des terres. Économie du bétail signifie
l'éducation et la multiplication de ces bestiaux, et en général
tout ce qui se rapporte à leur entretien.

Les avantages que procure au cultivateur l'éducation des bestiaux consistent, soit dans les services qu'ils lui rendent par leur travail, soit par l'engrais et les autres produits qu'il en obtient.

Ces divers avantages sont ordinairement intimement liés dans une exploitation rurale néanmoins il est des circonstances, où tantôt l'un de ces avantages, tantôt l'autre, acquiert plus d'importance.

Dans les exploitations où l'on a pour principal objet la culture des terres, il est de la dernière nécessité que le cultivateur entretienne la quantité convenable de bestiaux pour la production des engrais nécessaires à la culture de ses terrains. Mais, au contraire, plus le but de l'exploitation est l'élève des bestiaux, moins elle a pour objet la production d'engrais ou l'utilisation du bétail pour le travail.

Le profit en argent qu'on retire de l'économie du bétail consiste dans l'utilisation variée de ses produits pour les besoins de l'homme ; plusieurs de ces produits sont même des objets de première nécessité, par exemple : la viande, le lait, le beurre, les œufs, la laine, etc., etc.

Ainsi, plus les avantages que nous offre un des animaux domestiques sont multipliés, plus l'engrais qu'on en obtient a de valeur et moins est coûteux son entretien, plus cette espèce d'animaux a de l'importance pour nous, et plus grand en doit être le nombre dans les exploitations rurales.

La connaissance de l'économie du bétail se divise en deux sections, la *générale* et la *spéciale*. La première traite des principes généraux, applicables à toutes les parties de l'économie du bétail ; la seconde s'occupe de l'entretien des diverses espèces de bétail en particulier.

§ LXX.

CONDITIONS GÉNÉRALES DE L'EXISTENCE DES ANIMAUX.

Avant de nous occuper de l'entretien des diverses espèces de bétail en particulier, il sera nécessaire de laisser précéder quel ques considérations sur les conditions générales de l'existence des animaux. Nous suivrons sur ce sujet important les données que nous ont fournies les meilleurs agronomes de l'Europe, en nous réservant d'y ajouter les observations qui nous ont été suggérées par notre propre expérience.

Une grande partie des plantes ne sont pas immédiatement propres à servir de nourriture à l'homme; il faut au contraire qu'elles aient préalablement subi des perfectionnements. Presque toutes nos plantes cultivées exigent une culture soignée, et pour que cela soit possible, il faut que, par le moyen des animaux, d'autres plantes aient été converties en engrais. Plusieurs végétaux sont uniquement destinés à être consommés par les bestiaux, et sont ensuite, par l'effet de l'assimilation, convertis en produits animaux, soit en chair, en graisse, en lait, en os, en paille, etc., etc.

Le procès vital de l'organisme animal n'est donc finalement qu'un acte d'assimilation. A peine le jeune animal a-t-il commencé à vivre, et tiré pendant quelque temps sa première nourriture médiatement ou immédiatement de sa mère, qu'il se nourrit de végétaux ou de substances animales, selon qu'ils conviennent à l'espèce à laquelle il appartient (1); il gagne en forces et en volume jusqu'à un certain âge, vit pendant quelque temps dans un état d'accomplissement, et puis après, ses forces, sa vigueur vont toujours en déclinant, jusqu'au moment où toutes les fonctions vitales s'arrêtent, et que l'organisme cesse d'exister.

Pendant que l'animal vit, la matière dont se compose son corps est sujette à de continuelles altérations. Une partie s'en exhale par le moyen des poumons, de la peau ou par les voies urinaires, tandis que ces pertes continuelles se rétablissent par la nourriture journalière.

La nourriture des animaux consiste dans des subtances orga-

____

(1) Nous avons relativement au sujet de l'éducation des animaux domestiques, adopté principalement les principes que M. Pabst a si lumineusement développés dans son ouvrage d'économie rurale, vol. II, 1re division.

niques, c'est-à-dire dans les substances qui se trouvent déjà dans un certain rapport avec leur corps, ou qui sont susceptibles d'être digérées. Les substances qui ne peuvent être digérées, ou qui agissent d'une manière délétère sur les tissus organiques ne peuvent pas servir de nourriture; il en est de même de celles dont l'action dérange l'harmonie des organes digestifs et par lesquelles quelque organe ou système est excité plus que les autres; ces substances ne peuvent dans aucun cas constituer un aliment convenable pour les bestiaux.

Chaque espèce d'aliment produit sur l'organisme animal des effets qui lui sont particuliers, ce qu'on remarque surtout chez les herbivores dont chaque genre, à l'état de nature, se nourrit d'herbes qui conviennent particulièrement à leur espèce et au développement normal du type; tandis que d'autres végétaux, quoiqu'ils n'offrent aucune dissimilité chimique ou apparente, répugnent à leur instinct. De plus, les mêmes végétaux (*voir* le Iᵉʳ volume, chapitres *Sol* et suiv.) qui, lorsqu'ils croissent sous l'influence salutaire de la lumière, de la chaleur, de l'humidité et d'un sol convenable, donnent une nourriture profitable et saine au bétail, lui répugnent et lui deviennent même nuisibles, lorsqu'ils se sont développés dans des conditions opposées. On remarque aussi que les influences extérieures déterminent souvent les animaux dans la recherche de leur nourriture. Pendant la saison chaude ils préfèrent une nourriture qu'ils rebutent lorsqu'il fait froid ; par un temps sec ils recherchent les aliments succulents et refusent ceux qui sont secs de leur nature. Le même instinct se fait encore remarquer suivant la diversité de l'âge, du sexe et l'état de santé où l'animal se trouve.

La cause de tous ces phénomènes consiste, à ce qu'il paraît, dans une force occulte et indéfinissable qui, à côté de la faculté nutritive, inhérente à l'aliment, agit d'une manière spécifique sur l'action vitale et excite la reproduction dans un sens divers.

Cette action spécifique des aliments se montre d'une manière très-frappante chez nos animaux domestiques. Nous voyons que quelques-uns ont pour résultat un développement énergique du système musculaire, une restauration plus complète accompagnée d'un tempérament vif ; tandis que d'autres aliments, bien qu'ils augmentent promptement le volume du corps, n'influent particulièrement que sur la reproduction du tissu cellulaire, de la graisse et autres matières moins animalisées, où la chair musculaire paraît molle, et où par conséquent les mouvements qui en dépendent sont lents et privés d'énergie. Non moins remarquables sont les effets que certains végétaux produisent sur la secrétion du lait ; car, tandis que certaines plantes augmentent considérablement le lait, d'autres le font tarir ou en altèrent la consistance. On voit, par là, quelle grande diversité existe dans la qualité des plantes alimentaires, non-seulement à l'égard de la quantité de leurs principes nutritifs, mais surtout de leur influence sur la qualité des produits animaux.

§ LXXI.

La nutrition et la reproduction dépendent d'un autre côté du degré de la qualité digestive des aliments. C'est une opinion généralement accréditée, que les aliments d'une digestion très-facile sont aussi les plus nutritifs et en même temps les plus fortifiants, ce qui cependant est contraire à l'expérience. C'est ainsi que les plantes à l'état vert sont plus faciles à digérer que lorsquelles sont desséchées. L'expérience nous a aussi appris, que données en vert elles engraissent plus promptement que lorsqu'on les donne sèches. Mais les produits de la nutrition ne sont pas les mêmes. La nourriture sèche exige un plus fort degré d'action des organes digestifs et les excite davantage ; la mastication dure plus longtemps, et il y a par conséquent une plus forte affluence de salive, et d'autres liquides nécessaires à la digestion, d'où résultent une animalisation plus complète et une séparation plus parfaite de chylus ; la nourriture verte, bien qu'elle amène aussi au sang des liquides animalisés, est cependant moins propre à être convertie en produits animaux supérieurs, elle agit plutôt sur la production de graisse, de lait, et de gélatine, tandis que la première produit une chair musculaire plus ferme, une restauration plus complète, par conséquent plus de force et d'aptitude à résister aux efforts du travail. Il en est de même de certaines autres espèces d'aliments, comme par exemple, les résidus des distilleries, les breuvages, les soupes et la nourriture cuite, etc., qui favorisent à un haut degré l'engraissement des bestiaux sans en augmenter les forces physiques. Cependant il est des aliments qui sont d'une digestion facile et fournissent en même temps une nourriture fortifiante aux bestiaux : telle est l'orge, par exemple. A cette catégorie appartiennent aussi, selon Bachmann (*Principes de l'éducation des animaux domestiques*, page 67), les graminées, qui contiennent dans leurs feuilles et leurs tiges du sucre, du mucilage et surtout de l'azote et beaucoup de fécules. En France, on se sert fréquemment du blé de Turquie pour le donner aux bœufs, aux vaches et aux moutons destinés à la boucherie ; en Allemagne et dans la Lombardie, on donne aux mêmes animaux les tiges et les feuilles du blé de Turquie. Ces herbes lorsqu'elles contiennent, outre les principes nutritifs que nous venons d'indiquer, des matières extractives astringentes et aromatiques, font acquérir au bétail une chair fine, savoureuse et ferme. Mais on conçoit facilement qu'elles ne procurent pas les mêmes avantages à l'égard de la masse, car en ce qu'elles excitent les fonctions animales supérieures, il en résulte une consommation plus grande en matière qui n'est pas favorable à la formation de la graisse et à la secrétion du lait.

De ces observations découlent des inductions importantes pour la culture des prés et des pâturages. Ceux, par exemple, qui sont destinés à l'élévation du jeune bétail de travail doivent être ensemencés avec d'autres herbes que ceux qui servent au pâturage des bestiaux à l'engrais.

§ LXXII.

SUITE DU PRÉCÉDENT.

Nos animaux domestiques, si nous en exceptons peut-être le porc, se nourrissent généralement de végétaux. Mais tous ces animaux n'aiment pas indistinctement toutes les herbes de nos prairies ; on voit au contraire souvent qu'ils choisissent de préférences les unes plutôt que les autres, suivant que leur nature ou leur instinct les y invite. La race bovine, qui est d'un tempérament phlegmatique, et chez laquelle la digestion, et en général la reproduction et la formation du lait, de la graisse, etc., etc., sont considérables, vit à l'état de nature dans les contrées riches, fécondes, ayant une végétation abondante. Cette race recherche les plantes succulentes (*voir* le Ier volume de cet ouvrage, page 424), et là où elle en rencontre en abondance elle atteint un volume considérable.

La brebis et la chèvre, qui sont d'une nature opposée, dont la fibre musculaire est plus fine, plus tendue et plus élastique, par conséquent plus irritable, recherchent les graminées fines et sèches, et les plantes amarescentes, astringentes, aromatiques et même âcres. C'est aussi pour cela qu'elles préfèrent surtout les écorces et les bourgeons des arbres à toute autre nourriture. Une nourriture aqueuse, succulente, trop peu excitante, leur est au contraire nuisible et les dispose à beaucoup de maladies. Ici nous devons cependant faire observer que la brebis domestique, à cause du peu d'énergie de son système nerveux, succombe plus facilement aux influences alimentaires que la chèvre.

Le cheval et l'âne se trouvent dans un état particulier, c'est chez eux où surtout les influences climatériques et alimentaires se font le plus sentir. Le cheval, et nous entendons parler de celui qui est né et élevé sous notre climat, demande une nourriture substantielle, d'une facile digestion ; et comme il boit beaucoup, une nourriture succulente lui est salutaire, un régime opposé lui est nuisible à cause de son tempérament sanguin, et le dispose à des maladies inflammatoires. C'est surtout en été que le cheval demande une nourriture de végétaux verts.

Le porc se nourrit à la fois de substances végétales et animales ; mais ce sont surtout les insectes et les végétaux souterrains qu'il recherche. Une nourriture froide est donc la plus convenable pour le porc. Les aliments cuits et chauds, ainsi que la chair des animaux seule, lui sont contraires et le disposent à des inflammations, ou rendent sa chair et son lard mauvais.

§ LXXIII.

Si l'on reporte son attention sur la manière dont les animaux en général se nourrissent, on voit que ceux des ordres inférieurs sont presque tous restreints à un seul genre de nourriture, et que ceux dont l'organisme est plus compliqué recherchent une nourriture plus variée. La cause de ce phénomène est qu'un organisme supérieur qui compte un plus grand nombre d'organes variés, a besoin, afin que ceux-ci puissent se développer dans l'harmonie nécessaire, de différents stimulants.

Une nourriture uniforme produirait donc un effet contraire à cette loi constante de la nature, d'après laquelle un organisme supérieur, qui s'est développé d'une manière partiale, ne peut jamais atteindre la perfection. La preuve de ceci nous est fournie par les vaches qui ont été élevées sur des pâturages secs ou marécageux, qui, comme on sait, ne produisent que des herbes de mauvaise nature, et qui, par conséquent, sont impropres à procurer au corps de ces animaux la force et le développement que nous lui voyons prendre sur les bons pâturages. Nous agirons donc sagement en suivant à l'égard de nos animaux domestiques les préceptes de cette loi de la nature.

Les moyens dont nous nous servons pour atteindre cette diversité d'aliments, sont les pâturages, les prés naturels et artificiels et la nourriture des bestiaux à l'étable.

Cependant comme tous les systèmes d'exploitations ne permettent pas toujours de se procurer cette diversité dans les aliments, le cultivateur, qui entend bien ses intérêts, cherchera à obtenir un équivalent dans la qualité et la perfection des fourrages. (*Voir* le Ier vol. de cet ouvrage.)

M. Bachmann, dans son ouvrage sur l'*Éducation des animaux domestiques*, page 74, a essayé une classification des végétaux d'après leur valeur nutritive, que nous rapporterons ici, parce qu'elle se trouve dans un parfait accord avec les principes que nous avons professés ailleurs. D'après lui, on rangerait dans la première classe les plantes dans lesquelles prédominent le mucilage et les liquides aqueux ; comme, par exemple, la plupart des jeunes plantes herbacées, le trèfle, les choux, etc. Elles sont d'une facile digestion et amènent au sang beaucoup de parties aqueuses. Données en abondance, toutes les parties solides du corps, ainsi que la chair musculaire, acquièrent une certaine mollesse, les formes s'arrondissent, mais les mouvements volontaires perdent de leur énergie ; tandis que de l'autre côté, la secrétion du lait devient plus abondante, comme on le voit, chez les vaches mises au pâturage de printemps.

A la deuxième classe appartiennent les plantes dans lesquelles prédominent les matières azotées, amidonacées et sucrées, telles que la plupart des graminées en fleurs, le chiendent, les diverses racines et tubercules, comme le turneps, la betterave, les carottes, le rutabaga, etc.

Tous ces végétaux se digèrent facilement et sont très-nourrissants. Il est vrai qu'ils amènent également au sang une grande quantité de sucs séreux, et qu'ils favorisent plutôt la production de la gélatine, de la graisse et du lait, que la tension musculaire ; mais ils procurent aussi la restauration des forces, qualité qui manque aux plantes de la première classe.

Dans la troisième classe, on peut ranger tous les aliments qui ont pour principes dominants le gluten et les fécules. On y compte les graines farineuses des céréales, comme le seigle, l'orge et l'avoine ; puis les graines des légumineuses, comme les pois, les fèves, les vesces, etc. Elles procurent les fourrages les plus nourrissants ; le sang en acquiert de la consistance et la fibre musculaire de l'élasticité. Les animaux, enfin, qui s'en nourrissent sont en état de résister le plus longtemps aux fatigues du travail.

LXXIV.

Les avantages que les animaux domestiques sont en état de nous procurer, dépendent en grande partie des soins que nous leur consacrons et de la manière dont ils sont nourris. Sans ces soins, des animaux des meilleures races perdent insensiblement les qualités qui les distinguent ; tandis que des animaux médiocres peuvent acquérir des qualités supérieures, par un traitement convenable et conforme à leur nature.

Le cultivateur doit donc s'efforcer de nourrir et de traiter son bétail de manière à ce qu'il conserve non-seulement sa santé, mais qu'il prospère et qu'il lui rende par ses produits un équivalent, s'il est possible, supérieur aux frais de son entretien.

Pour atteindre complétement ce but, le cultivateur doit chercher à acquérir une connaissance approximative de la valeur des diverses espèces de fourrages.

Comme il est impossible au cultivateur de donner à ses bestiaux la nourriture qui leur serait la plus agréable, et par conséquent la plus profitable, s'ils se trouvaient à l'état de nature, il faut qu'il se procure les fourrages nécessaires par la culture. Mais comme il entretient des bestiaux de diverses espèces, qui ne se nourrissent pas tous des mêmes aliments, et qui n'en mangent pas tous dans la même quantité ; et comme d'ailleurs les fourrages qu'il a à sa disposition, sont très-diversement composés à l'égard de la quantité de la matière nutritive qu'ils contiennent, il serait d'une grande utilité pour l'agriculteur de connaître au juste la faculté nutritive de chaque espèce de fourrage.

C'est cependant un objet qui n'a pu être déterminé que sur les données des analyses chimiques et celles de l'expérience.

Nous laisserons suivre ici le tableau sur la puissance nutritive des diverses espèces de fourrages de nos exploitations rurales, tel que l'a composé M. Pabst, sur les expériences de MM. de Thaër, Block et les siennes propres.

Dans ce tableau on a admis comme base le bon foin de nos prés = 100 ; tous les autres fourrages sont réduits à la valeur du foin.

DÉNOMINATION des OBJETS.	100 LIVRES DE FOIN de qualité moyenne représentent.	VOLUME RELATIF. au poids, celui du foin étant 100	CONTEN. EN PARTIES aqueuses en pour cent.	LE FOURRAGE est applicable aux bêtes à cornes (1), aux moutons (2), aux chev. (3) et aux porcs (4).
I. HERBES DESSÉCHÉES.				
1. Foin ordinaire.	100	100	»	1. 2. 5.
2. Foin de trèfle rouge . . .	100	100	»	1. 2.
5. Foin de trèfle blanc. . .	90	90	»	1. 2.
4. Foin de luzerne	95	100	»	1. 2. 5.
5. Foin de sainfoin	90	100	»	1. 2. 5.
6. Foin de vesces	100	100	»	1. 2. 5.
7. Foin de spergule.	90	90	»	1. 2.
8. Foin de millet.	100	100	»	1. 2. 5.
9. Foin de trèfle qui a porté des graines.	180	110	»	1. 2.
II. FOURRAGES VERTS.				
1. Herbe de prés ordinaire.	450	2817	80	1. 2. 5.
2. Pâturage court à trèfle blanc.	575	25	75	2.
5. Trèfle rouge.	425	2817	78	1. 2. 5. 4.
4. Luzerne	450	2817	77	1. 2. 5.
5. Esparcette.	400	2817	75	1. 2. 5.
6. Vesces.	450	2817	78	1. 2. 5. 4
7. Sarrasin	425	2817	78	1.
8. Millet	425	2817	75	1. 2. 5.
9. Seigle	450	50	78	1. 2. 5.
10. Spergule.	525	25	70	1. 2. 4.
11. Maïs.	275	22	75	1.

DÉNOMINATION des OBJETS.	100 LIVRES DE FOIN de qualité moyenne représentent	VOLUME RELATIF au poids, celui du foin étant 100	CONTEN. EN PARTIES aqueuses en pour cent.	LE FOURRAGE est applicable aux bêtes à cornes (1), aux moutons (2), aux chev. (3) et aux porc.
12. Colza, navette, moutarde.	475	»	82	1.
13. Tiges et feuilles de topinambours	400	»	»	1.
III. PAILLE.				
1. Paille de froment et d'épeautre.	275	100	»	
2. Paille de seigle.	300	100	»	1. 2. 3.
3. Paille d'orge.	200	125	»	
4. Paille d'avoine.	200	100	»	
5. Paille de pois, de vesces.	150	135	»	1. 2.
6. Paille de lentilles, de haricots, spergule.	125	»	»	1. 2.
7. Paille de millet.	150	100	»	1. 2. 3.
8. Paille de sarrasin	150	»	»	1. 2.
9. Paille de maïs	200	»	»	1.
10. Siliques de colza.	200	»	»	1. 2.
11. Balles et cave de grain et de trèfle	100 — 150	136	»	1. 2. 4.
12. Capsules de lin.	150	124	»	2. 4.
13. Tiges et feuill. desséchées de topinambours. . . .	150	»	»	1. 2.
IV. FEUILLES DESSÉCHÉES.				
1. De vignes, d'orme, de peupliers, de frênes. . .	100	150	»	1. 2.
2. D'acacias, d'érable, de tilleul, de chêne, d'aune	125 — 150	»	»	1. 2.
V. RACINES ET TUBERCULES.				
1. Pommes de terre	200	15	72	
2. Betteraves.	275	18	85	
3. Choux-raves	250	18	82	1. 2. 3. 4.
4. Raves	400	19	89	
5. Carottes	250	19	85	
6. Topinambours.	250	17	78	
7. Choux blanc en tête. . .	450	»	90	1. 4.
8. Feuilles de betteraves. .	600	»	92	1. 4.
9. Feuilles de choux et de raves.	500	»	90	1. 4.
VI. RÉSIDUS ET RECHETS.				
1. Résidu des brasseries de bière.	de 100 livr. de malte. . . .	»	85	1. 3. 4

DÉNOMINATION des OBJETS.	100 LIVRES DE FOIN de qualité moyenne représentent	VOLUME RELATIF au poids, celui du foin étant 100	CONTEN. EN PARTIES aqueuses, en pour cent.	LE FOURRAGE est applicable aux bêtes à cornes (1), aux moutons (2), aux chev. (3) et aux porcs (4).
2. Résidu des distilleries . .	de 100 livr. de grains et de 400 livres de pommes de terre. . . .	»	92	1. 2. 4.
3. Marc de raisin et de fruits.	300	»	?	1. 4.
4. Résidu des fabriques d'a- midon				
a) de pommes de terre. .	300	»	?	1. 4.
b) de grains	150	»	?	1. 4.
5. Marc de betteraves. . . .	175	»	66	1. 4.
6. Tourteaux.				
a) de lin	45	19	»	1. 2. 3. 4.
b) de colza.	52	19	»	1. 2. 4
c) de pavot.	70	19	»	4
VII. GRAINS.				
1. Maïs.	45	16	»	
2. Froment.	40	16	»	
3. Seigle	45	17	»	
4. Orge.	50	20	»	
5. Épeautre.	55	28	»	
6. Avoine.	52	27	»	1. 2. 3. 4.
7. Sarrasin.	50	18	»	
8. Pois, fèves, lentilles, vesces	40	16	»	
9. Son de seigle.	65	39	»	
10. Son de froment	60	36	»	
VIII. FRUITS.				
1. Marrons d'Inde	75	»	»	1. 2. 4.
2. Glands.	75	»	»	1. 2. 4.

Observations additionnelles sur le tableau précédent.

I. II. III. IV. En parlant du volume de la paille, il est bien entendu que c'est à l'état de compression. D'ailleurs ce volume peut différer d'après l'état de la paille, sa sécheresse, etc., etc.

I. N° 1. La différence dans la faculté nutritive du foin des prés est très-grande ; 200 livres de foin médiocre ne valent souvent pas autant que 100 livres de bon.

I. N° 2. Le foin de trèfle rouge est souvent estimé plus haut ; mais comme par la fenaison il perd toujours la plupart de ses feuilles, il mérite la valeur que nous lui avons assignée.

I. N°s 2, 3, 7, 9. Ces fourrages pourraient aussi être donnés aux chevaux, mais ils conviennent mieux pour les deux autres races de bestiaux.

II. N° 11. Le maïs n'a cette valeur élevée que lorsqu'on le donne par moitié avec d'autres fourrages.

II. N° 13. Les tiges des topinambours exigent une addition d'un autre fourrage quelconque, plus agréable au bétail.

III. L'effet des espèces de pailles sur la nutrition dépend en grande partie de la qualité du sol sur lequel elles ont été récoltées du temps qu'il a fait pendant la végétation, et de l'époque où elles ont été coupées ; pour cette raison leur valeur nutritive doit être très-variable.

III. N°s 10, 11. Ces objets sont très-convenables pour être mêlés aux autres fourrages et surtout à des fourrages succulents.

III. N° 13. Comme n° 13, II.

IV. Toutes les feuilles quelconques doivent être considérées comme fourrages additionnels aux autres fourrages.

V. Le volume des racines est calculé à l'état coupé.

VI. Toutes ces espèces de fourrages demandent une addition convenable d'un autre fourrage quelconque.

VII. Toutes les graines en général demandent une addition convenable d'un autre fourrage plus volumineux.

VIII. Les substances fourragères astringentes d'un petit volume ne peuvent être données qu'étant mélangées à d'autres fourrages.

§ LXXIV *bis*.

Un des principaux objets dans l'élévation des animaux domestiques, outre les avantages que nous en retirons immédiatement, c'est la conservation des qualités de la race, et cet objet, on l'obtient par un traitement convenable sous le rapport de la nutrition. Aussi, comme le fait judicieusement observer M. Bachmann, la nutrition des animaux domestiques doit se régler sur deux points principaux : l'état physique de l'animal et l'état du climat de la contrée qu'on habite.

En géneral, on pourrait admettre en principe : que plus le *climat est chaud, moins la nourriture doit être irritante ou échauffante ; plus il est froid, plus elle doit être sèche, substantielle et excitante.*

Les habitants des pays méridionaux ont généralement peu d'inclination pour les aliments du règne animal ; les peuples des pays septentrionaux, au contraire, recherchent une nourriture d'autant plus irritante que la contrée qu'ils habitent s'approche des extrémités du globe. Les animaux qui ont la même constitution physique que l'homme se trouvent dans le même cas. Ceux qui vivent dans le voisinage des pôles se nourrissent de lichens, plantes essentiellement nutritives et nécessaires à leur subsistance, comme servant à exciter leur système nerveux déprimé par l'action du froid. La plupart des oiseaux qui vivent dans un air sec et raréfié recherchent les graines mucilago-oléagineuses et azotées, ou se nourrissent de chair. Ceux seulement qui vivent sur l'eau et dans les localités marécageuses se contentent d'une nourriture plus aqueuse, et encore la plupart des derniers recherchent-ils de préférence les insectes, les mollusques, les reptiles, les poissons, etc., etc. De là découle qu'en Belgique, en Allemagne, dans le nord de la France, en Angleterre, etc., les animaux exigeraient un traitement différent de celui auquel on les soumet dans les extrémités du globe ou sous l'équateur, ce qui est aussi constaté par l'expérience. Dans l'île d'Islande, dans la Laponie, on nourrit les vaches et quelquefois aussi les chevaux avec les arêtes, les têtes et autres déchets de poissons, et cette nourriture augmente et entretient le lait des vaches. En Perse et dans d'autres pays de l'Asie et de l'Afrique, on donne aux chevaux qui ont de longues courses à faire, selon le témoignage de Tavernier et autres voyageurs, une pâte composée de beurre, de sucre et de farine; en Turquie du malte d'orge cuit; les Arabes aisés, ainsi que les princes mogols, nourrissent leurs chevaux avec des dattes et du lait, à quoi on ajoute du sucre, du beurre et d'autres aliments choisis. On ne saurait contester l'utilité d'une pareille nourriture dans un climat brûlant et même dans les contrées méridionales de l'Europe; cette méthode mériterait d'être suivie, comme on l'a déjà fait en France, où quelques-uns donnent à leurs chevaux en été comme principale nourriture, des carottes, et en Allemagne, où on les nourrit avec du pain, composé d'orge, d'avoine et de pommes de terre. (*Feuille hebdomadaire de la Société d'Agriculture de Bavière*, cinquième année, première livraison.)

§ LXXV.

Nous ne pouvons nous dispenser ici d'attirer l'attention des cultivateurs sur un abus grave qui depuis de longues années s'est glissé dans les exploitations rurales, et qui semble s'y être enraciné en dépit du bon sens : nous voulons parler de l'habitude de cuire la nourriture aux animaux domestiques. Rien ne démontre autant que cet usage les erreurs où l'on peut tomber, quand on ne possède pas des connaissances suffisantes sur la nature animale. L'hiver est l'époque où l'appétit est le plus fort, où une nourriture fade, chaude et peu excitante répugne à l'instinct, parce qu'au lieu d'augmenter elle diminue le développement de la chaleur naturelle; en été, pendant les fortes chaleurs, tous les animaux herbivores recherchent avec prédilection les lieux frais et une nourriture rafraîchissante, et jamais ils ne se portent mieux que lorsqu'ils se trouvent pendant cette saison sur un bon pâturage ou dans une étable fraîche et bien aérée. Ce qui doit encore plus étonner, c'est que l'on cuit le manger aux vaches, aux porcs et aux chèvres, tandis que les chevaux et les moutons, qui ont une constitution plus délicate, sont forcés de se contenter d'une nourriture crue. Cependant on ne voit pas que les chevaux ni les moutons s'en portent plus mal, et si ces derniers sont sujets à une infinité de maladies, cela tient à des causes bien différentes, et dont nous nous occuperons dans la suite. Quoique nos animaux domestiques aient perdu beaucoup de leur énergie primitive par l'état où ils sont réduits, néanmoins leur nature n'a pas encore été changée et affaiblie au point de les rendre incapables de digérer des aliments non cuits. Beaucoup d'auteurs se sont efforcés de prouver que les vaches laitières demandent une étable ainsi qu'une nourriture chaude pour avoir beaucoup de lait ; mais pour un peu de lait de plus, faut-il risquer d'exposer les bêtes à plusieurs maladies, surtout du genre de celles qui proviennent d'indigestions ? Nous ne prétendons pas qu'on donne en hiver aux bestiaux une nourriture mêlée de glace, car ce serait s'exposer à des inconvénients opposés, mais une nourriture chaude ne leur est ni nécessaire ni saine, et celui qui, en hiver, donne à ses bestiaux une nourriture non cuite de dix à onze degrés Réaumur, contribuera non-seulement à la conservation de leur santé, mais il fera en même temps une grande économie en combustibles, ce qui mérite bien qu'on y fasse quelque attention, et que l'on s'occupe à éclairer les agriculteurs ; il faudra du temps pour y parvenir, une erreur s'établit plus vite qu'elle ne se dissipe, mais à la fin les lumières l'emporteront.

§ LXXVI.

La quantité de nourriture qu'un animal adulte exige pour se soutenir dans un état d'embonpoint convenable, dépend des services qu'il doit nous rendre, soit par son travail, soit par ses produits (à l'exlusion du fumier).

Tout animal demande, sous peine de compromettre son existence, au moins une quantité de nourriture proportionnée aux pertes que son organisme souffre par suite de l'acte vital. Mais si l'animal doit nous rendre des services qui exigent une certaine dépense en forces, c'est-à-dire si nous le forçons au travail, ou s'il doit nous rendre des produits animaux tels que du lait, de la laine, des petits, etc., etc., alors il lui faut une quantité de nourriture en sus de ce qui est strictement nécessaire à l'entretien de la vie, et ce surplus doit à son tour être proportionné à la dépense de forces que nous en exigeons. Cependant, comme tout a des bornes qu'on ne peut pas impunément dépasser, le trop serait ici aussi nuisible que le trop peu. Ce principe est aussi applicable aux jeunes individus; ne vouloir leur donner que la quantité de nourriture indispensable à l'entretien de leur vie, ferait un tort immense au développement de leur corps et y déposerait le germe de la dégénération.

La quantité de nourriture qu'il convient de donner aux animaux dans un des cas donnés, pour pouvoir en tirer le profit qu'on a en vue, dépend : 1° du volume et du poids du corps de l'animal ; 2° de la valeur du fourrage relativement au profit qui résulte de sa consommation ; et 3° de la nature particulière de l'individu, qui, comme on sait, varie à l'infini et fait que la même quantité de nourriture produit chez l'un un effet très-différent de celui qu'il produirait chez l'autre.

En général, le parti le plus avantageux est de nourrir les animaux de manière qu'ils aient toujours les forces nécessaires pour nous rendre les services auxquels nous les destinons, et qu'outre cela ils se soutiennent dans un état d'embonpoint satisfaisant.

M. Pabst (1) indique en moyenne, que 1 3/4 à 2 livres de foin, ou de toute autre espèce de fourrage réduite à la valeur de foin,

____

(1) Manuel d'agr., vol. II, Ire division, p. 43.

par 100 livres du poids du corps de l'animal, suffisent pour soutenir dans un état satisfaisant un animal dont on n'attend aucun service important ; un animal destiné au travail demanderait 3 livres de fourrage valeur de foin, et une vache laitière 3 livres et demie ; aux animaux à l'engrais on donnerait 5 livres de foin par 100 livres du poids de leur corps (au commencement de l'engraissement). A l'égard des moutons et des chevaux, une égale quantité de nourriture suffit à leur entretien, supposé toutefois qu'on ait égard au tempérament de l'individu et à l'état plus ou moins aqueux du fourrage.

Quelques auteurs conseillent de réduire la ration du fourrage dans les cas suivants : lorsque en hiver le bétail de trait reste sans rien faire à l'étable ; lorsque le jeune bétail, quoique près d'atteindre son développement complet, ne rend aucun service ni par son travail ni par ses produits, et où il y aurait à craindre qu'il ne s'engraissât avant le temps désiré, et au préjudice des services qu'on en attend pour l'avenir ; et enfin lorsque chez les vaches laitières le lait ou les produits du laitage seraient peu recherchés, tandis que les fourrages auraient un prix très-élevé, etc., etc.

§ LXXVII.

A l'égard de la nourriture journalière des animaux, il est nécessaire d'observer une certaine proportion entre la qualité et le volume. Sous ce rapport, le traitement des animaux exige des modifications, suivant la nature et les particularités de chaque espèce ; les bêtes à cornes exigent et supportent une nourriture qui, outre la substantielleté, doit avoir un grand volume ou former une grande masse ; tel doit être aussi, ou à peu près, le système d'alimentation pour la race ovine ; le cheval ne demande point cette grande masse de nourriture, mais son tempérament sanguin exige des aliments substantiels ; il en est de même du porc, dont la nature tient moins à la quantité qu'à la qualité nutritive des aliments.

La cause pour laquelle telle espèce d'animaux demande une nourriture plus volumineuse que telle autre, tient, selon les physiologistes, à leur organisation physique, et particulièrement à celle de l'estomac et à la longueur respective du tube intestinal, qui, comme on sait, est très-long chez les vaches et les moutons, et suppose ainsi une digestion et assimilation lentes, auxquelles il faut, outre l'excitation chimique qui est inhérente à la nourriture elle-même, encore un irritant mécanique, qui consiste dans la fibre organique des végétaux.

Nous avons déjà fait observer que les diverses espèces d'animaux domestiques exigent, les unes une nourriture plus succulente que les autres, et qu'en outre leur instinct se modifie à cet égard suivant la température et la saison, et même d'après leur manière d'être habituelle. Cependant, il importe de dire ici que s'astreindre trop minutieusement à l'observation de ces préceptes, qui ne doivent être entendus que dans un sens général, une nourriture trop aqueuse relâche et affaiblit les intestins, et qu'une nourriture trop sèche dispose à des maladies inflammatoires.

D'après une notice, qui nous paraît fondée sur des observations exactes, M. Pabst indique les quantités suivantes d'eau qu'exigent les diverses espèces d'animaux domestiques par une température moyenne :

Le cochon 7 à 8 parties d'eau sur une partie de substance sèche ; les bêtes à cornes 5 parties, le cheval 4, les moutons 3 à 3 1/2 parties d'eau sur une partie de substance sèche. Dans une température chaude, les animaux demandent en général plus d'eau ; dans une température froide, au contraire, moins. Les bêtes qui travaillent et les vaches laitières boivent en général plus que les autres.

§ LXXVIII.

RÈGLES GÉNÉRALES SUR LA NOURRITURE DU BÉTAIL.

Il importe beaucoup que la quantité de nourriture qu'on donne au bétail pendant toute l'année soit toujours aussi égale que possible : car l'expérience a prouvé qu'on ne retire jamais du bétail les avantages qu'il est susceptible de rendre, lorsqu'il est nourri tantôt avec parcimonie, tantôt avec abondance. Cette inégalité qu'on apporte dans la nutrition du bétail, cause un dérangement dans l'équilibre des fonctions vitales, et en particulier des organes digestifs, d'où résultent souvent des suites funestes pour la santé des animaux.

Il n'est pas moins important, pour donner à manger au bétail, d'observer régulièrement les heures auxquelles le bétail est accoutumé. Ce principe est basé sur la loi des habitudes, d'après laquelle les actions qui se font pendant des intervalles réguliers et égaux, se font avec plus de force et de régularité. La nutrition est cependant modifiée selon que les heures du repas sont plus ou moins éloignées. L'acte de la digestion se divise en deux périodes bien distinctes : pendant la première, la nourriture est changée en chymus, en chylus et en sang ; pendant la seconde, le sang, à son tour, se change en produits organiques, ce qui constitue la nutrition, suite de la digestion. Si donc, après la formation du sang, l'organisme peut tranquillement employer ses forces à l'exercice de fonctions supérieures, c'est-à-dire à la nutrition proprement dite, cette dernière s'accomplit non-seulement d'une manière plus complète, mais les organes digestifs seront ensuite mieux en état de recommencer leur action sur la nouvelle nourriture que l'animal introduit dans son estomac. L'acte de nutrition s'accomplit ainsi plus complétement. Il se produit un sang plus riche, plus plastique, l'organisme gagne en vigueur, et devient capable de résister plus vigoureusement aux influences extérieures. Si au contraire les intervalles dans lesquels l'animal est accoutumé à recevoir sa nourriture sont trop courts, en sorte que la force vitale est constamment partagée entre la digestion et l'assimilation, et que par conséquent son action est plus faible, les produits de l'assimilation seront plus imparfaits, moins animalisés, et au lieu de chair musculaire il se produira des substances indifférentes, telles que du suif ou de la graisse, des liquides muqueux ou gélatineux, du lait, etc., etc., tandis que l'énergie du corps en sera affaiblie. De là résulte que le dernier mode de nourrir le bétail est applicable lorsqu'on a pour but la masse, l'engraissement enfin ; et que le premier est préférable lorsqu'on veut obtenir de l'énergie et de la force dans les mouvements volontaires de l'animal. Les Arabes, les Cosaques, et d'autres peuples analogues, donnent, comme on sait, à leurs chevaux la ration journalière d'orge et d'avoine une seule fois, ce qui confirme les principes ci-dessus.

§ LXXIX.

SUBSTITUTION D'UNE NOURRITURE A UNE AUTRE.

Lorsqu'on substitue une nourriture à une autre, il importe que cela ne se fasse pas d'une manière brusque : car comme tous changements brusques dans les influences extérieures, celui-ci ne manquerait pas de produire un effet désastreux sur l'économie animale. Des chevaux, par exemple, qui pendant l'été n'ont vécu que d'herbe fraîche, ont besoin d'être accoutumés par degrés au foin et aux grains, si l'on veut éviter de les exposer à des accidents dangereux. Habitués à une nourriture d'une très-facile digestion, il leur manque l'énergie nécessaire pour digérer une grande quantité de fourrage sec ; les fibres musculaires des organes digestifs ont trop peu de contractilité ; la salive, la bile, etc., etc., manquent de la force dissolvante, et leur affluence est même insuffisante. Des coliques, des stagnations dans les vaisseaux capillaires, des fièvres et des maladies inflammatoires en sont ordinairement la conséquence. (Bachmann , *Animaux domestiques* , pag. 100.)

On exposerait aux mêmes inconvénients les animaux qui, après avoir été nourris avec trop de parcimonie, seraient soumis brusquement à un régime stimulant. Pour leur éviter ces incon‑vénients, il faut les habituer par degrés à cette dernière nourri‑ture, en leur donnant au commencement, mélangées avec la nour‑riture sèche, des substances fraîches , comme des carottes , des pommes de terre, du trèfle, de l'herbe de prés. Cette substitu‑tion brusque d'une nourriture à une autre est surtout très-nuisible aux jeunes animaux.

La préparation préalable de la nourriture avant qu'on la donne au bétail, est un moyen souvent indispensable pour en rendre la digestion plus facile et l'effet plus grand. On hache la paille et le foin ; on coupe les racines et les tubercules ; on con‑casse et moud les graines ; et toutes ces substances hachées, coupées, moulues et concassées, on les détrempe avec la quantité suffisante d'eau tiède ou quelquefois bouillante , et on les laisse ensuite se refroidir jusqu'à un certain point, avant de les donner aux bestiaux, mais jamais on ne devrait les leur donner à l'état chaud.

§ LXXX.

MANIÈRE DE PRÉPARER LA NOURRITURE PAR ÉCHAUFFEMENT OU PAR FERMENTATION.

L'usage de cuire la nourriture du bétail ne s'appuie, comme nous l'avons déjà fait sentir, sur aucun motif plausible. Il est vrai qu'en les faisant cuire on croit rendre la nourriture plus soluble et plus aisée à digérer ; il est même possible qu'à l'égard des bestiaux à l'engrais , ou des vaches déjà âgées et qui restent toute leur vie à l'étable, une nourriture cuite ou détrempée à l'eau chaude soit profitable. Mais si l'on considère que nul animal n'a été destiné par la nature à manger une nourriture cuite, et que pour cela même ils sont doués d'organes propres à digérer leur nourriture telle que la nature la leur offre, on conçoit que rien ne peut être plus absurde que de cuire le manger des bestiaux, et de le leur donner, comme cela se fait le plus souvent, tout chaud, en sorte qu'on entend souvent, comme cela m'est arrivé plus d'une fois, recommander aux domestiques de ne pas donner la nourriture trop chaude.

Cependant, comme il arrive souvent et surtout en hiver, qu'on est obligé de changer brusquement de nourriture, et qu'on se voit dans le cas de devoir substituer à des substances vertes la paille, le foin, les grains, les pommes de terre, il en résulterait les inconvénients graves dont nous avons parlé plus haut. C'est pour les éviter qu'on a en grande partie l'usage de cuire la nourriture, et en cela on n'avait pas tout à fait tort ; mais on s'est trompé, si on l'a fait parce qu'il fait froid à cette saison : car en hiver, comme on sait, l'appétit est non-seulement plus aiguisé, mais la digestion se fait encore avec plus d'activité.

D'un autre côté, et il importe de le dire, comme la digestion est moins énergique chez les vaches laitières et tous les autres animaux qui restent aux étables la plus grande partie de leur vie, une nourriture qui n'eût subi aucune espèce de préparation ne leur conviendrait pas, et leur causerait peut-être des indigestions dangereuses ou d'autres accidents.

Cette considération, et la rareté du combustible dans beaucoup de localités, ont engagé quelques agronomes à faire des expériences sur la méthode proposée par M. Falk en 1841, de préparer la nourriture des bestiaux par l'échauffement au moyen de l'eau froide, qui n'est autre chose que le commencement d'une fermentation alcoolique ou même putride, suivant la nature des substances qu'on fait échauffer.

La meilleure méthode de préparer la nourriture par échauffement, est celle que M. Reinhardt a communiquée dans la feuille hebdomadaire de Wurtemberg, juin 1839, n° 24. Voici comme on procède :

On prend de la paille hachée avec ou sans foin, autant qu'on croit en avoir besoin pour le lendemain, on la place sur la dalle d'un lieu frais et propre, et on l'arrose avec de l'eau froide en assez grande quantité pour que le tas soit uniformément mouillé, après avoir été pendant quelque temps remué au moyen d'une fourche. Puis on place cette paille mouillée dans un coin, de manière à en former un tas conique, et ayant soin de l'entasser fortement avec les pieds chaussés de sabots. Le lendemain, ou vingt-quatre heures après, on trouvera que ce tas se sera pénétré d'une chaleur homogène.

Cependant, comme le tas pourrait s'échauffer au-dessus du degré nécessaire, ce qui serait nuisible, M. Reinhardt a fait des essais comparatifs pour constater les progrès de l'échauffement pendant un temps donné, dont voici le résultat :

A une température de :

+	6°	Réaumur le tas aurait en	16	heures	20	degrés de chaleur.		
+	7°	—	—	—	46	—	51°	—
+	5°	—	—	—	50	—	35°	—
+	11°	—	—	—	72	—	41°	—

Dans le dernier cas il se montrait déjà un commencement de moisissure, et une diminution de lait chez les vaches.

A une température de :

+	8°	Réaumur le tas donnait au bout de 85 heures 50 degrés de chaleur, mais l'intérieur du tas était moisi.					
+	8°	en 24 heures le tas avait 55 degrés de chaleur. Augmentation de lait.					
+	6°	—	36	—	—	24°	—
+	8°	—	60	—	—	28°	—
+	9°	—	72	—	—	31°	—
+	8°	—	85	—	—	33°	—

De ces essais, qui avaient été pendant quelque temps continués, il résulte que les tas s'échauffent d'autant plus rapidement que la température de l'air ambiant est élevée, et que l'élévation de la température intérieure du tas est en raison directe de la durée de la fermentation.

On doit ici faire remarquer que le courant d'air, l'exposition du local et le climat exercent une influence très-marquée sur l'échauffement des tas ; en sorte que les chiffres ci-dessus n'ont qu'une valeur approximative.

Quelquefois aussi, et c'est ce qui a lieu le plus souvent, on mêle à la paille des raves, des pommes de terre, des betteraves, etc., etc. Ces racines, qui doivent préalablement avoir été écrasées aussi finement que possible, modifient aussi l'échauffement du tas suivant qu'elles contiennent plus ou moins de matières sucrées, de fécules et d'humidité ; il en est de même de la qualité de la paille et du foin.

§ LXXXI.

SUITE DU PRÉCÉDENT.

Pour s'assurer de l'effet de la nourriture fermentée sur l'économie animale, M. Reinhardt en a fait consommer à discrétion par ses bestiaux. L'essai a duré depuis le 20 novembre jusqu'au 26 décembre de la même année, ainsi trente-six jours ; pendant ce temps ont été consommées :

5,760	livres	de foin.
3,879	—	de regain.
8,803	—	de paille, moitié d'avoine moitié d'orge.
3,716	—	de balles.
588	—	d'orge.
11,674	—	de raves.

Total. . 34,420 livres de fourrage mixte qui, d'après le tableau comparatif (*voir* plus haut) équivalent à 21,851 livres de foin. Pour échauffer cette masse, il a été employé 9,360 livres d'eau froide dans laquelle on avait fait fondre 120 livres de sel. L'état de bétail qui avait consommé cette quantité de fourrage consistait en :

8 bœufs de trait, de grosseur moyenne, pesant 600 à 750 livres poids net.

24 vaches laitières, 400 à 500 livres, poids net.

Et 12 génisses.

Total. 44 têtes.

Si l'on compte les douze génisses pour six vaches seulement, on a par tête 15,97 livres de fourrage par jour, ou en somme ronde 16 livres de foin. Avec cette quantité, le produit en lait non-seulement n'a pas diminué, mais sous le rapport de la qualité il s'est amélioré. Les bœufs de trait ont constamment conservé leur embonpoint, nonobstant les labours qu'ils avaient à exécuter. De ces expériences résulte donc que l'on économise par ce procédé un septième en fourrage, ce qui est beaucoup, outre le combustible dont il n'a pas encore été question.

Observations additionnelles.

Quoique cette méthode de préparer la nourriture pour les animaux domestiques soit très-simple et d'une facile exécution, il y a pourtant quelques points que nous devons recommander à l'attention de nos lecteurs.

1° Une condition essentielle pour la réussite de l'opération, c'est qu'au moins les trois quarts du volume du tas soient de paille et de foin.

2° Il faut éviter une trop forte évaporation des parties aqueuses du tas, ce que l'on obtient facilement en empêchant que la température intérieure ne s'élève trop haut. Une chaleur de 30 à 34 degrés suffit pour donner au fourrage la préparation convenable (1). Cette évaporation des vapeurs aqueuses aurait d'ailleurs pour effet le moisissement du fourrage.

3° N'employez pour humecter la paille que la quantité d'eau nécessaire, dans la proportion qui a été indiquée plus haut. Car un tas trop mouillé non-seulement fermenterait difficilement, mais il y aurait même du danger que le fourrage ne se

(1) L'utilité de la préparation de la nourriture par la fermentation s'est depuis tellement confirmée, que presque tous les agriculteurs qui l'ont essayée ne veulent plus abandonner cette méthode. Mais on a trouvé qu'une nourriture qui avait fermenté à une température de 30 à 34 degrés occasionnait dans la suite l'amaigrissement des bestiaux, accompagné d'une toux rauque. Mais on pare actuellement avec sûreté à cet inconvénient en maintenant la température des tas à 15 degrés seulement.

gâtât et ne prît la consistance du fumier. Un mélange qui contient une grande proportion de racines et de tubercules exige moins d'eau, parce que ceux-ci contribuent eux-mêmes au développement de la chaleur.

4° Pour bien diriger la chaleur du tas, il faut surtout avoir égard à la température de l'air ambiant. Lorsqu'elle est douce et élevée, on fait les tas plus petits, et la fermentation ne pourrait durer que vingt-quatre à trente-six heures ; si au contraire elle est froide, on fait les tas plus grands et on les laisse fermenter quarante à soixante heures. Il importe peu que la croûte extérieure du tas se gèle ; la température sera toujours assez élevée à l'intérieur. Si, par hasard, la température intérieure du tas s'était trop élevée, et qu'il fût à craindre que le fourrage ne se moisît, il faut promptement défaire le tas et l'étendre sur le plancher.

5° On peut considérer comme un avantage principal de cette méthode son effet sur les pommes de terre, carottes et autres tubercules et racines, qui en deviennent plus nourrissants et plus profitables au bétail.

6° Elle est exécutable dans toutes les exploitations grandes ou petites ; chaque place est bonne pour y établir les tas, pourvu qu'elle soit accessible à l'air frais et qu'elle puisse être garantie des courants d'air.

§ LXXXII.

Nous ne pouvons terminer cet intéressant article sans l'accompagner de quelques réflexions que nous a suggérées l'expérience, et qui, nous en avons la conviction, ne contribueront pas peu à donner au cultivateur des idées exactes sur la théorie de la méthode que nous lui recommandons pour préparer la nourriture des bestiaux. L'invention de la nourriture fermentée doit être attribuée à la gêne où se trouvent très-souvent les cultivateurs, en hiver, par suite de la pénurie d'une nourriture convenable pour soutenir leurs bestiaux dans un bon état. On sait

qu'en cette saison la paille joue le principal rôle dans la nutrition du bétail. Mais la paille est en général très-peu nourrissante
et d'une digestion difficile, ce dont on peut se convaincre quand
on examine les excréments d'un cheval, lesquels contiennent la
paille hachée encore tout entière et presque inaltérée. Chez les
vaches cela ne se voit pas aussi distinctement, parce que, par les
ruminations réitérées, la paille a été plus divisée. Chez les bestiaux nourris avec de la paille fermentée, on ne découvre au
contraire aucune trace de la paille, preuve évidente qu'elle a été
complétement digérée. Ce fait détruit d'ailleurs totalement l'opinion de ceux qui soutiennent que la fibre ligneuse est insoluble
dans l'estomac des animaux. Rien dans la nature n'est insoluble et
indécomposable, seulement un corps l'est dans un plus haut
degré que l'autre.

Pour bien comprendre l'action de la fermentation sur la
paille, il faut y comparer l'effet de la décoction sur cette substance.
Si l'on fait cuire de la paille hachée dans de l'eau, et si même
on continue cette décoction pendant vingt-quatre heures, et
plus, on trouvera qu'au bout de ce temps la paille sera encore
inaltérée, quoiqu'elle ait pu communiquer à l'eau ses matières
extractives et solubles. Lorsque, au contraire, on expose la paille
pendant quarante-huit à soixante heures à la fermentation, et si
ensuite on la fait cuire dans de l'eau, elle se dissolvera presque
totalement et formera une espèce de bouillie. La fermentation
décompose donc la paille et produit une dissolution de ses tissus ; par la décoction, on ne fait que la ramollir. Telle est la
véritable cause pour laquelle la paille fermentée est plus nutritive que la paille cuite ou détrempée seulement avec de l'eau
chaude.

L'expérience a constaté que les bestiaux mangent avidement
la nourriture fermentée, lorsqu'elle a été bien préparée, et
qu'ils la rebutent dans le cas contraire. C'est donc là que se
trouve la principale difficulté.

Nous avons vu plus haut que la paille constitue la base de

la nourriture des bestiaux en hiver ; à d'autres animaux, comme par exemple aux chevaux, on en donne toute l'année ; mais presque toujours on regarde la paille, comme une très-mauvaise nourriture, comme une nourriture qui contient très-peu de principes nutritifs. A l'égard des chevaux, on ne compte pas même la paille comme nourriture, on la considère plutôt comme une espèce de lest, propre seulement à remplir l'estomac et à irriter le tube digestif. Cela tient, et nous l'avons déjà dit, à ce que la paille n'est point décomposée par l'acte de digestion et qu'elle quitte le corps à peu près dans le même état qu'elle y est entrée.

Maintenant, nous le demandons : la paille est-elle réellement nutritive ; peut-elle à elle seule suffire à l'entretien de la vie animale, ou faut-il la combiner avec d'autres substances plus nutritives ? Et, dans ce cas, quelles sont les proportions dans lesquelles ces substances doivent être mélangées pour constituer une nourriture convenable ?

Quant à la première question, les agronomes ne sont pas d'accord jusqu'à présent sur les facultés nutritives de la paille : les uns soutiennent que la paille n'est point nutritive (Davy, *Chimie agricole.*) ; d'autres, au contraire, comme M. Block, la considèrent comme très-nourrissante. Nonobstant ces opinions opposées, on est forcé de reconnaître à la paille des forces nutritives, car ne voit-on pas assez de localités où les vaches ne reçoivent en hiver d'autre nourriture que de la paille ? Mais on voit aussi que ces animaux perdent pendant ce temps presque toute leur chair et leurs forces ; et si cela n'arrive pas toujours, c'est que la paille est mélangée avec d'autres mauvaises herbes qui tiennent lieu de foin. De là résulte que la paille, bien qu'elle puisse entretenir la vie animale pendant quelque temps, n'y suffit pas pour longtemps, les animaux finiraient par succomber.

Nous avons vu plus haut, que la faculté alimenteuse de la paille peut être considérablement augmentée par le moyen de la fermentation ; ce fait détruit en partie l'opinion de Boussingault (*Annales de Chimie*, novembre 1836), qui n'accorde aux substances végétales des facultés alimenteuses, que pour autant qu'elles contiennent de l'azote, ce qui n'est pas tout à fait exact. Il est vrai qu'une plante est d'autant plus nourrissante, qu'elle contient plus d'azote (les plantes les plus azotées sont aussi toujours celles qui ont crû dans les meilleurs terrains) ; mais l'organisme animal contient aussi du carbone, de l'oxygène, de l'hydrogène, éléments que lui apportent également les substances alimenteuses. La paille donc, lorsqu'elle a été rendue plus soluble par la fermentation, constitue une nourriture bonne et réelle ; mais comme elle contient trop peu d'éléments nutritifs relativement à son volume, l'animal en eût-il son estomac tout à fait rempli, n'en recevrait pas moins trop peu de nourriture, et encore une nourriture trop peu azotée ; ce qui fait qu'il doit nécessairement dépérir.

Ainsi donc, puisque la paille ne peut pas constituer à elle seule une nourriture assez substantielle pour les bestiaux, il faut la combiner avec d'autres substances qui possèdent les facultés alimenteuses à un plus fort degré qu'elle. Mais ces mélanges doivent se faire d'après certains principes, il faut qu'il y ait entre eux de l'analogie à l'égard de la fermentabilité, en sorte qu'on ne mêlera pas ensemble des substances d'une contexture dure et fibreuse avec celles qui contiennent des parties molles et aqueuses. Un mélange de paille, de foin, de pommes de terre, de rutabaga, avec la quantité suffisante de sel, donnera, après cinquante ou soixante heures de fermentation, un excellent fourrage ; tandis qu'un semblable mélange, dans lequel on aurait substitué aux pommes de terre ou au rutabaga, des betteraves ou des raves, serait déjà gâté au bout de ce temps, parce que ces dernières racines entrent très-promptement en fermentation, et se gâtent avant que la fermentation du foin et de la paille soit achevée.

Il paraît donc, après tout, qu'un mélange composé de paille, de balle, de foin, de pommes de terre et de rutabaga est le plus avantageux.

Nous reproduirons à l'appui de cette opinion un fait que **M. le** professeur Schweitzer, à Tharandt, a communiqué dans le *Journal universel d'Agriculture*, 1837. « A cause de la pénurie de fourrage, je me vis dans la nécessité de réduire les rations de mes vaches qui étaient au nombre de quatorze. Cinquante livres de pommes de terre, 100 livres de paille hachée et de balle, 25 livres de foin et 4 livres de farine de seigle delayée dans la boisson, étaient la quantité de fourrage que les vaches recevaient, ce qui, réduit à l'équivalent du foin, donne 10 livres par tête et par jour. Un amaigrissement inquiétant et le tarissement du lait étaient la suite de cette pénurie de nourriture. Dans cette détresse, continue M. Schweitzer, j'eus recours à la nourriture fermentée, qui fût préparée avec de la paille hachée, de la balle et des pommes de terre ; quant au foin, les vaches le recevaient à l'état naturel, et la farine de seigle dans leur boisson. Le résultat de cette méthode fut très-favorable : non-seulement les animaux mangeaient avec prédilection cette nourriture, qui répandait une odeur vineuse, il m'a même semblé qu'ils en profitaient davantage : le poil devenait plus lisse, la secrétion du lait recommençait, et les veaux qu'elles me donnaient étaient bien portants et forts. »

M. Schweitzer prépare la nourriture fermentée d'une manière un peu différente de celle que nous avons indiquée plus haut. Il fait entasser dans des caisses la paille, alternativement avec les pommes de terre coupées par morceaux seulement, puis il arrose la masse avec de l'eau froide en quantité suffisante ; et pour que l'eau surabondante puisse s'écouler, plusieurs trous sont pratiqués au-dessus du fond de la caisse ; car une surabondance d'eau est aussi nuisible que trop peu d'eau : dans l'un et dans l'autre cas la fermentation ne peut pas avoir lieu.

La durée de la fermentation est de trois jours, c'est donc pour cela qu'on a besoin de trois caisses, ou d'une seule partagée en trois compartiments. Tous les jours on ôte une portion et on en prépare aussitôt une nouvelle, après avoir préalablement fait nettoyer la caisse le plus exactement possible.

Lorsque , pour une raison quelconque , on n'emploierait pas en une seule fois la portion de fourrage contenue dans une des caisses, il faut le faire ôter et épandre sur le sol, afin d'empêcher que la fermentation ne fasse des progrès, ce qui le gâterait infailliblement.

Quant aux proportions dans lesquelles les diverses substances doivent être mélangées, il n'est pas possible d'établir de règles fixes à ce sujet ; seulement nous ferons remarquer, que puisque la paille est un bien faible aliment, il faut y ajouter autant de foin , autant de pommes de terre ou de toute autre substance plus alimenteuse, de façon qu'il en résulte une composition qui, donnée dans une certaine quantité , représente l'équivalent en foin nécessaire à l'animal.

§ LXXXIII.

SUITE DU PRÉCÉDENT.

Comme il n'est pas nécessaire que les animaux à l'engrais, ni les jeunes bêtes reçoivent une aussi grande masse de nourriture que les animaux adultes , on pourrait leur préparer une nourriture fermentée sans l'addition de paille, et leur donner le foin séparément dans son état naturel. Une telle nourriture fermentée se prépare de la manière suivante : 100 livres de pommes de terre, 50 livres de betteraves, de carottes, de rutabaga ou de topinambours écrasés, 5 livres de farine de seigle, un quart de livre de sel commun sont mis dans une cuve, puis on ajoute successivement 100 litres d'eau ; on mêle le tout bien ensemble et on couvre la cuve avec un couvercle. La fermentation de ce mélange, qui ne tarde pas à commencer, dure plus ou moins longtemps, suivant la température ; mais comme la qualité de cette espèce de nourriture perd en raison de la durée de la fermentation, il faut placer la cuve dans un lieu tempéré, où, dans l'espace de vingt-quatre heures, elle aura atteint le degré de fermentation convenable. Si l'on attendait trop longtemps, la masse deviendrait trop alcoolique et produirait par conséquent un effet nuisible.

§ LXXXIV.

DU SEL.

Nous avons déjà plusieurs fois eu l'occasion de parler du sel, comme d'une addition très-utile aux aliments des bestiaux. Le sel en général augmente l'efficacité de la nourriture et contribue particulièrement à la conservation des animaux. Ce qui s'oppose principalement à l'usage journalier du sel, c'est son prix élevé; mais cette considération même ne devrait pas nous empêcher d'en donner souvent en petite quantité. (*Voyez* plus bas.)

§ LXXXV.

DE LA BOISSON.

Une condition nécessaire à l'assimilation de la nourriture est sa transformation préalable à l'état liquide. L'eau est l'élément indispensable à cette transformation. L'eau doit, pour obtenir cet objet, être pure et limpide; mais il n'est pas absolument necessaire qu'elle soit exempte de corps étrangers, pour la simple raison que ces corps, que toute eau contient, ne sont aucunement nuisibles à l'économie animale; au surplus, il est impossible de se procurer une eau tout à fait pure. Cependant on rencontre souvent dans la nature de l'eau qui contient en dissolution des corps minéraux, qui en diminuent la faculté dissolutive au point que l'assimilation et la digestion en sont altérées, ce qui a pour résultat final, des constipations, des coliques, des néphrites et d'autres maladies semblables. Les vaches en outre en perdent le lait et maigrissent.

Une eau chargée de matières organiques est plus nuisible encore. On en rencontre dans les bas-fonds, dans les fossés qui longent les prés marécageux et dans les ruisseaux qui s'en écoulent ; une eau chargée de substances organiques occasionne, lorsqu'un animal en boit souvent, des maladies de foie, des hydropisies, des vers intestinaux, une corruption de séve enfin. Une eau de cette nature devient principalement funeste aux bêtes à laine ; le cheval également en est très-affecté.

L'eau la plus saine est celle qui coule dans les ruisseaux qui n'ont pas leur source dans les monts calcaires ou dans un fond marécageux, et dont le cours est rapide : mais il y a aussi des puits dont l'eau est très-bonne.

Quant à la quantité d'eau qu'il faut donner aux bestiaux, il faut se régler d'après leur nature, la qualité de la nourriture, l'état du climat, et le but qu'on se propose. Avec une nourriture succulente et par un temps froid il faut moins de boisson qu'avec une nourriture sèche et par un temps chaud. Les animaux qui donnent du lait, ou ceux qui sont à l'engrais demandent beaucoup d'eau, ou en général une nourriture plus liquide ; dans le cas opposé se trouvent les animaux de trait ou ceux dont on veut augmenter les forces physiques ; les bêtes à laine surtout redoutent une nourriture trop succulente.

§ LXXXVI.

NUTRITION DES ANIMAUX A L'ENGRAIS.

Dans cet article nous ne nous occuperons que des règles générales qu'on doit observer à l'égard du traitement des animaux à l'engrais ; j'aurai en ceci pour un de mes guides principaux l'excellent ouvrage de M. Pabst sur l'éducation des animaux domestiques, sans négliger les indications utiles fournies en outre par les agronomes étrangers. Je me réserve au reste de revenir sur ce sujet quand je traiterai de l'éducation de chaque espèce d'animaux domestiques en particulier. Engraisser, c'est faire arriver un animal à un embonpoint excessif, dans un délai très-court relativement à la quantité de fourrage employé.

L'état auquel les animaux arrivent par suite de l'engraissement, n'est plus naturel sous certains rapports ; il peut même,
dans le plus haut degré d'embonpoint, se rapprocher de l'état
maladif ; cette considération devrait nous engager à ne nous
écarter de la voie d'un traitement naturel, qu'en tant qu'il est
nécessaire pour atteindre notre but.

Les objets que l'on doit prendre en considération dans l'engraissement des bestiaux sont : la transition du traitement ordinaire à celui de l'engraissement ; le choix, la composition et la
quantité de la nourriture, et enfin la préparation de la nourriture.

Il existe entre les deux extrêmes de maigreur et d'obésité
plusieurs degrés intermédiaires, et de nombreuses nuances qu'il
est utile de connaître et difficile de caractériser. Ainsi, au
manque d'embonpoint succède l'amaigrissement, qui amène la
maigreur, après laquelle vient le dessèchement, lequel se termine par le marasme et la mort. Les cultivateurs disent qu'un
animal *n'est pas en état,* quand il commence à maigrir (c'est
l'amaigrissement) ; *qu'il n'a pas de viande,* quand il est maigre
(c'est la maigreur) ; *qu'il est sec,* lorsque la maigreur est plus
grande (c'est le dessèchement) ; *qu'il est sec à fond, qu'il n'a que
la peau et les os,* lorsque la maigreur est extrême (c'est le marasme).

On se sert aussi de diverses expressions pour désigner les
divers degrés d'embonpoint ; ainsi, l'on dit d'un animal, *qu'il
est en bon état, en chair, en bonne viande, gras, de haute graisse,
et fin gras.* L'expression *en bon état* s'emploie plus particulièrement pour désigner l'état habituel des animaux bien soignés, bien
entretenus. C'est la règle générale, qu'il ne faut pas entreprendre
d'engraisser un animal réduit au dernier degré de maigreur,
quand même il ne serait atteint d'aucune maladie. Un tel animal
a perdu le pouvoir de profiter de ce qu'il mange, et aura déjà
trop dépensé pour acquérir seulement la faculté de prendre de
l'embonpoint. Outre un premier emploi de fourrage en pure
perte, il y a encore la chance de ne pas réussir ; et cette chance

sera d'autant plus défavorable que l'état de maigreur datera de plus loin.

Le jeune animal *émacié* avant d'avoir pris son accroissement, est toujours à rejeter. Il est très-rare qu'il prospère, quelle que soit la cause de son épuisement.

§ LXXXVII.

PASSAGE A L'ENGRAISSEMENT.

Lorsqu'on se décide à engraissser, il importe d'abord de bien choisir les animaux; si c'est un animal maigre, ou qui jusque-là a été nourri avec économie, il ne faut pas presser l'engraissement, c'est-à-dire, il ne faut point passer brusquement à une nourriture trop abondante et trop substantielle; il faut au contraire proportionner la qualité nutritive et la quantité des aliments à la progression de l'embonpoint. Car chez l'animal maigre les tissus musculaires et cellulaires se sont affaissés, et ont acquis une certaine rigidité ; il faut, comme on dit, premièrement *détremper* toutes ces parties, et en augmenter l'action secrétoire.

En général il est plus avantageux de choisir pour engraisser, des animaux en bon état que des animaux maigres.

Choix, préparation, quantité et préparation des fourrages.

En général, il ne faut pas se mêler d'engraisser si l'on n'est pas riche en bons fourrages. Tous les fourrages qui sont très-riches en qualités nutritives en proportion de leur volume sont les meilleurs, car on peut en augmenter successivement la quantité sans que le volume change beaucoup.

On regarde comme établi, que l'engraissement est très-favorisé par une nourriture composée de diverses substances ; mais c'est suivant que l'on débute avec des fourrages succulents ou secs qu'il faut y ajouter un supplément en fourrages secs ou en fourrages-racines. On doit encore ajouter ici que l'animal à l'engrais prend au début presque le double de nourriture qu'il prend ordinairement pour se soutenir en bon état. Vers la fin de l'engraissement, l'appétit diminue ; il faut alors, pour achever, donner des fourrages choisis et tendres, des farineux dans la boisson, etc., etc.

Comme il importe beaucoup de donner les aliments de la manière la plus avantageuse, et comme les animaux à l'engrais mangent, et surtout au début, presque le double de ce qu'ils mangent ordinairement, comme il a déjà été dit, il faut que les aliments soient préparés de manière à les rendre autant que possible d'une digestion facile. Les fourrages fermentés remplissent le mieux ce but, puis viennent les fourrages cuits, et ensuite les détrempés.

Quelque variété que présentent entre eux les procédés d'engraissement usités dans différentes parties de l'Europe, ces procédés se réduisent aux principes généraux suivants :

1° Dans l'engraissement à l'étable, il faut que l'on commence le matin de meilleure heure et que l'on continue le soir à donner à manger plus tard qu'à l'ordinaire, et qu'en même temps on mette un plus court intervalle entre les heures des repas ;

2° Que l'on augmente et stimule l'appétit par une addition de sel ;

3° Que l'on cherche à éviter la satiété, en alternant la nourriture ;

4° Que la litière soit sèche et abondante ; que l'étable soit chaude et obscure, que l'air s'y renouvelle fréquemment, que l'on éloigne tout ce qui pourrait distraire ou inquiéter ;

5° Que l'on évite le pansement à la main, chez les animaux qui sont presque arrivés au plus haut degré de graisse.

Quelques agronomes proposent de donner pour stimuler l'appétit, des substances amères et corroboratives, un peu d'eau-de-vie, etc., etc ; moyen que nous ne jugeons pas nécessaire, si l'on se conforme aux principes que nous venons d'établir ci-dessus.

LXXXVIII.

ÉCONOMIE DES BÊTES A CORNES.

L'économie du bétail à cornes est considérée, pour les avantages qu'elle nous rend immédiatement par ses produits en lait, en veaux, en travail, en engrais, comme la branche la plus importante de l'économie des bestiaux.

Dans beaucoup de circonstances, et surtout dans les petites exploitations, le bétail à cornes est sinon l'unique, au moins toujours le principal bétail.

Buffon remarque avec grande raison, qu'entre les animaux que l'homme a su plier au joug de la domesticité, le bétail à cornes est de tous le plus utile et le plus précieux. « Non-seulement, dit-il, il nourrit son maître ; mais encore il est au nombre de ceux qui dépensent et consomment le moins, etc,. etc. »

La race bovine aime naturellement un sol plutôt riche que maigre, un climat tempéré, pas trop sec et favorable à la végétation des herbages. Elle vit à l'état de nature de graminées et d'herbes légumineuses douces et d'une végétation vigoureuse, mais elle se contente aussi de fourrages-racines et de grains, si toutefois on y ajoute un équivalent en paille ou en foin, pour le volume.

Le bétail à cornes exige en outre la quantité d'eau pure nécessaire à sa constitution, et cette quantité doit être d'autant plus forte que le fourrage est sec et le temps chaud.

Cette race a en général une constitution vigoureuse et dure qui la rend propre à résister également bien au froid et au chaud. Si cependant la chaleur devient trop forte, ou si l'animal y reste trop longtemps exposé, elle peut lui devenir funeste, surtout lorsque les substances rafraîchissantes lui manquent. Le séjour prolongé dans les bas-fonds marécageux, ou un fourrage récolté sur un terrain marécageux, sont toujours un sujet de maladies pour le bétail à cornes, du moins ces animaux n'y profitent guère.

La race bovine, et surtout le mâle, a conservé encore une partie de son naturel farouche ; c'est pour cela qu'on châtre le taureau pour rendre son humeur plus douce.

On reconnaît l'âge des bêtes à cornes par les dents et par les cornes : les premières dents de devant tombent à dix-huit mois, et sont remplacées par d'autres qui ne sont pas si blanches mais plus larges ; à seize mois, les dents voisines de celles du milieu tombent, et sont aussi remplacées par d'autres ; et à trois ans, toutes les dents incisives sont renouvelées : elles sont alors égales, longues et assez blanches. A mesure que l'animal avance en âge elles s'usent et deviennent inégales et noires.

Les cornes du bœuf croissent tant que l'animal vit ; on y distingue aisément des bourrelets ou nœuds annulaires, qui indiquent, à ce qu'on croit, les années de croissance, et par lesquels l'âge se peut compter, en prenant pour trois ans la pointe de la corne jusqu'au premier nœud, et pour un an de plus chacun des intervalles entre les autres nœuds. Ces nœuds cependant ne sont pas toujours très-distincts, et dans la plupart des cas ils fournissent un signe assez équivoque pour reconnaître l'âge d'un animal.

Le cheval, dit l'auteur de l'article *Bœuf* (*Cours complet d'Agriculture*, vol. IV, pag. 153), mange jour et nuit, lentement, mais presque continuellement ; les bêtes à cornes, au contraire, mangent vite et prennent en assez peu de temps toute la nourriture qu'il leur faut, après quoi elles cessent de manger et se couchent pour *ruminer :* cette différence vient de la différente conformation de l'estomac de ces animaux. Le bœuf ou la vache, dont les deux premiers estomacs ne forment qu'un même sac d'une très-grande capacité, peut, sans inconvénient, prendre à la fois beaucoup d'herbe et le remplir en peu de temps, pour ruminer ensuite et digérer à loisir. Le cheval, qui n'a qu'un petit estomac, ne peut y recevoir qu'une petite quantité d'herbe, et le remplir successivement à mesure qu'elle s'affaise et qu'elle passe dans les intestins, où se fait principalement la décomposition de la nourriture ; « car ayant, dit Buffon, observé dans le bœuf et dans le cheval le produit successif de la digestion, et surtout la décomposition du foin, j'ai vu dans le bœuf qu'au sortir de la partie de la *panse* (laquelle porte aussi les noms de *rumen*, *d'herbier* et de *double*), qui forme le second estomac, et qu'on appelle le *bonnet* ou le *réseau*, il est réduit en une espèce de pâte verte, semblable à des épinards hachés et bouillis ; que c'est sous cette forme qu'il est retenu et contenu dans les plis ou livrets du troisième estomac qu'on appelle le *feuillet*, et quelquefois *millier* ou *psautier*; que la décomposition en est entière dans le quatrième estomac, qu'on appelle la *caillette*, et en quelques endroits *franche-mulle*, et que ce n'est pour ainsi dire que le marc qui passe dans les intestins. »

La génisse est en puberté à dix-huit mois et même plus tôt, suivant qu'elle a été nourrie. La gestation chez la vache dure selon l'opinion générale, neuf mois ; selon d'autres, les vaches accouchent le plus souvent dans le cours du dixième mois, plus vers le milieu qu'aux deux extrémités.

La vache s'accroît jusqu'à la fin de la troisième année, mais le développement ultérieur de son corps continue jusqu'à la quatrième, et elle vivrait de quatorze à ving-cinq ans si l'on jugeait convenable de lui laisser atteindre ce terme.

§ LXXXIX.

Parmi le bétail à cornes nous remarquons une grande différence, soit à l'égard de leur forme, soit à l'égard de leur grandeur ou autres qualités. Lorsque certaines qualités sont particulières et communes au bétail d'une contrée, et se transmettent de génération en génération, on l'appelle *race*. Les changements dans les diverses races peuvent avoir été opérés, d'après M. de Thaër, par le climat et la manière de vivre, mais très-insensiblement, puisque nous ne remarquons pas que l'une et l'autre de ces causes aient une influence prompte et essentielle sur le changement de la race, lorsque d'ailleurs on la conserve dans sa pureté. Il est probable que c'est le choix des individus destinés à la propagation qui a le plus contribué à la reproduction d'une race distinguée et constante, et qu'ensuite le croisement a produit des variétés particulières. Le nombre des races et variétés de bêtes à cornes est très-grand ; on pourrait les classer en trois divisions principales, savoir :

a) La race des montagnes élevées ;

b) Celle des contrées basses ;

c) Celle des hauteurs et plaines sèches.

Cette classification, quoiqu'elle ait été presque généralement adoptée par les agronomes, présente cependant une grande défectuosité en ce qu'elle nous abandonne complétement lorsque nous nous occupons de certaines races intermédiaires, qui souvent sont d'un très-grand intérêt pour nous. C'est pour cette raison, et parce qu'elle s'applique surtout aux races qui ont le plus d'intérêt pour la Belgique, que nous avons jugé à propos de reproduire la classification de M. Pabst, qui a en outre le mérite d'être aussi complète qu'il est nécessaire.

M. Pabst a classé les races en sept espèces, savoir :

1. La race de la Podolie ;

2. Celle des contrées basses des côtes de la mer du Nord ;

3. Celle des montagnes de la Suisse et de l'Allemagne méridionale ;

4. Les races allemandes indigènes ;

5. Les races anglaises ;

6. Quelques autres races étrangères ;

7. Les races intermédiaires.

1. *Race de Podolie, d'Ukraine, de Hongrie.* Le bétail de cette race surpasse en grandeur celui de toute l'Europe. Les animaux ont les jambes longues, la croupe large, l'os nasal arqué, les cornes très-longues, le regard farouche. Leur couleur est un

gris plus ou moins foncé. Ils vivent en grands troupeaux demi-
sauvages, s'engraissent facilement ; le suif surtout est très-
abondant, le cuir bon ; ils sont excellents pour le travail, mais
les vaches sont mauvaises laitières.

On regarde comme variété de la race de Podolie, la race de
la Romagne, à cornes très-grosses et très-longues. Les vaches
de cette race sont également mauvaises laitières, mais elles s'engraissent facilement ; les bœufs sont très-vifs et labourent avec
activité.

M. Pabst dans son *Traité de l'éducation des animaux domestiques*, page 63, dit que la ressemblance entre les vaches de
Hongrie et de Podolie est tellement grande, qu'il n'y a pas de
doute qu'elles ne soient de même origine. L'auteur de l'article
Bœuf (Cours complet d'Agriculture), dit, au contraire, que les
veaux de la race de la Romagne naissent sous poil roux, mais
que leur couleur change peu à peu, et que leur poil devient
plus ou moins foncé. De là résulte au moins une grande différence dans la couleur de ces deux races ; car les vaches de la
race de Podolie sont constamment grises.

2. *Race des contrées basses des côtes de la mer du Nord.*
La race de la côte des Flandres, de la Hollande, de la Frise,
d'Oldenbourg, des plaines basses de Holstein, de Hambourg,
en partie des environs de la mer Baltique, et des plaines de
Dantzig, est une des races indigènes les plus importantes, et
qui se subdivise encore en quelques variétés.

Les bœufs de cette race ont les jambes longues, leur conformation et leur taille sont dans de belles proportions ; la croupe
large, la tête étroite ainsi que le cou, les cornes courtes se rapprochent par leurs extrémités devant la tête. La couleur est le
plus souvent variée de blanc, de noir et de roux ou de couleur
de souris. Ils ont la peau et le poil fins. Les vaches de ces races
donnent une grande quantité de lait, et s'engraissent facilement.

Sous-races et variétés de la race des contrées basses.

a) **Race hollandaise.** Cette race, telle qu'elle se trouve particulièrement dans les provinces méridionales de la Hollande (Groningue, etc., etc.), est considérée comme la race primitive de toutes les races des contrées basses. Elle porte toutes les marques qui distinguent cette race à un haut degré. La couleur des vaches est le noir varié de blanc.

b) **La race de Frise.** Sous cette dénomination, on comprend les races de la Frise proprement dite, celle d'Oldenbourg et celles des marches du Holstein, qui de ces contrées se sont répandues dans la plus grande partie de l'Allemagne septentrionale. Cette race présente plusieurs variétés, qui sont en général un peu moins constantes que la race primitive. Le plus souvent les vaches sont moins hautes, elles ont les os gros, les hanches moins saillantes, le derrière évasé, le cou plus gros ; elles varient dans les couleurs.

c) **La race de Schleswig-Holstein.** Dans les contrées élevées et stériles de Schleswig et de Holstein (ces contrées sont comprises sous la dénomination collective de *Geest*), la race est plus petite, le corps petit, les os fins, les jambes courtes ; la couleur varie entre le roux, le jaune et le brun ; on voit aussi beaucoup de vaches variées de roux et de blanc.

Cette race est féconde en lait et s'engraisse facilement.

d) **La race de Jutland.** Elle a également les os petits, les jambes courtes, le corps long, la croupe large ; la couleur est un gris de souris ou fauve, souvent tachetée de blanc ; le noir et le gris s'y rencontrent également.

Cette race est vive et très-robuste, et se maintient bien en lait et en chair sur des pâturages mauvais et peu abondants. Elle est particulièrement estimée en Allemagne pour l'engraissement, parce que sa chair est fine et savoureuse et que le déchet est proportionnellement moindre que dans les autres races, eu égard aux parties utiles.

Lorsqu'elles sont bien nourries, les vaches qui, au commencement du temps où elles donnaient du lait, paraissaient très-
maigres, s'engraissent à mesure que le lait diminue, de sorte
que, à la fin de la période du lait, elles sont assez grasses pour
la boucherie.

e) Race des environs de Dantzig. Elle est de taille moyenne
et porte les caractères de la race originaire ; elle varie dans les
couleurs.

Les races de la Belgique, du bas Rhin, de la basse Allemagne,
comme par exemple celles du Hanovre, du Mecklembourg, portent toutes plus ou moins le caractère de la race primitive, mais
elles ne sont pas assez constantes pour passer comme races distinctes.

3. *Races des montagnes de la Suisse et de l'Allemagne méridionale.* Les races indigènes de la Suisse, du Tyrol, de la Styrie et
de plusieurs autres districts environnants forment une des races
principales. Les bêtes de cette race ont les os gros et forts, le
corps ramassé, rond, profond, la croupe haute, le cou gros, le
fanon pendant, la tête large et courte, les cornes fines et redres-
sées. La couleur est le plus souvent obscure ; mais on en rencontre
aussi des tachetées, dont la peau est très-épaisse, le poil gros
et hérissé, ou lisse. Cette race varie dans la grandeur ; quelques
sujets sont de la plus grande taille, d'autres de grandeur
moyenne. Les vaches sont fécondes en lait, et le lait est de qualité
supérieure ; pour le travail ces animaux ne sont point estimés.

Cette race n'a pas encore pu être acclimatée dans les Pays-
Bas.

Sous-races de la race de l'Allemagne méridionale montagneuse.

a) Race tachetée de la Suisse. C'est du canton de Berne, et
surtout du haut pays de Berne, qu'est originaire la race de bêtes
à cornes connue en Allemagne sous le nom de *race suisse.* Elle
se distingue, outre qu'elle porte les caractères généraux de la

race principale, par sa belle forme, sa tête un peu grosse à front et museau larges, le cou large, la queue haute et longue. La taille est forte ; la couleur est le blanc varié de rouge, quelquefois noir ; quelquefois aussi le roux et le noir sans blanc. La tête est garnie de poils frisés, et chez plusieurs individus tout le corps est couvert de poils semblables. Cette race dégénère facilement lorsqu'on ne la traite pas bien ; c'est surtout sous le rapport du lait que cette dégénérescence se fait d'abord sentir.

b) Race suisse brun foncé. On rencontre dans la plus grande partie de la Suisse, et notamment dans les contrées sud-ouest, une race qui se distingue en plusieurs points essentiels de la race précédente ; la plus parfaite se trouve dans les cantons de Schwitz et de Zug ; la plus petite aux environs d'Uri et d'Unterwalden ; elle est de taille moyenne dans le pays des Grisons, dans le voisinage d'Appenzell, de Luzerne, de Zurich, etc., etc. Leur couleur est d'un brun foncé et d'un brun noir, passant çà et là au grisâtre ou au brun clair, mais toujours cette couleur est plus claire et tire sur le fauve autour du museau, dans les oreilles, le long du dos, sous le ventre et aux parties intérieures des cuisses. La tête est proportionnellement moins large que chez les autres races des montagnes, le cou moins fort, la partie postérieure moins élevée, les cuisses bien arrondies, et là, où la race est dans sa perfection, les jambes de derrière sont fort droites et écartées l'une de l'autre. Leur taille varie extrêmement et, dans les mêmes proportions, les os.

On prétend que cette race est plus féconde en lait, eu égard à la quantité de nourriture, et qu'elle s'accommode plus facilement à d'autres climats que la précédente ; elle s'engraisse aussi plus facilement, et les veaux qu'elle donne sont très-grands. Cette race est connue en Allemagne sous les noms de *race de Schwitz et de Rigi.* Elle a depuis quelque temps commencé à se répandre dans le royaume de Wurtemberg. De la Suisse on en exporte beaucoup en Italie.

La variété connue sous le nom de *bétail de Gurten* appartient à cette race : elle est le produit du croisement des deux races principales de la Suisse.

c) Race d'Allgau. Cette race, qui porte son nom d'un district de la Souabe supérieure, et qui est fort répandue dans les royaumes de Wurtemberg et de Bavière, est très-voisine de la race précédente. La race d'Allgau est un peu au-dessous de la grandeur moyenne; les os sont fins, la couleur varie entre le gris, le blond et le brun noir ; mais cette couleur est toujours plus claire autour du museau, dans les oreilles, sur le long du dos et en dessous du ventre. Le bétail de cette race est sobre et fécond en lait avec une nourriture médiocre ; mais il n'est pas fort estimé pour le travail ni pour l'engrais, cependant il fournit beaucoup de chair.

d) Race du Tyrol. Cette petite race se distingue principalement par son corps cylindrique, par sa croupe large et sa queue moins enfoncée que chez les autres races ; les jambes sont courtes, les os petits ; la couleur d'un roux foncé ou marron. Cette race est très-constante, donne un lait gras mais non abondant ; elle s'engraisse facilement.

e) Races de Styrie et de Carinthie. Ces races se rapprochent, d'après la description de Bürger et d'autres, d'un côté de la race précédente et de celle du Voralberg, de l'autre côté elles semblent constituer une transition à la race de Podolie. Il serait inutile de nous occuper de toutes les variétés de ces différentes races, seulement nous citerons la race de la vallée de Mars, dans la haute Styrie. Le bétail de cette race a une couleur grise, et, quant à sa conformation, elle ressemble à la race d'Allgau ; mais elle est beaucoup plus grande et un peu plus haute sur les jambes. Cette race est très-accréditée en Autriche.

Observations.

La conformation distinguée et les excellentes qualités de ces races de montagnes ont depuis longtemps éveillé l'attention des éleveurs de bestiaux, et un grand nombre de cultivateurs ont fait venir de ces contrées, des taureaux et des vaches de choix qui, répandus dans le Wurtemberg, le pays de Bade et autres pays voisins, ont servi très-utilement à y améliorer par le croisement les races indigènes. Ces résultats sont le plus frappants dans le Wurtemberg inférieur, et le Palatinat bavarois, où l'on a obtenu par le croisement de la race indigène avec la race suisse tachetée, une variété constante connue dans les provinces rhénanes sous le nom de *bétail du haut Rhin.*

§ XC.

SUITE DU PRÉCÉDENT.

4. *Races allemandes indigènes.* Dans l'intérieur de l'Allemagne on rencontre la race allemande indigène, qui se trouve aussi répandue en Bohême, en Moravie, dans la Prusse occidentale et orientale, jusqu'en Lithuanie, et dans une partie de la France orientale. La taille de cette race varie selon que les causes locales et diététiques y exercent leurs influences. Rarement on y voit cette race dans sa perfection, le plus souvent elle est dégénérée par suite de croisements qui ont été opérés sans discernement.

On pourrait admettre comme caractère principal de cette race : une taille moyenne, les os fins, des jambes un peu longues, le derrière étroit, le cou de longueur moyenne, la tête mince, les cornes grandes et tournées en dehors, la peau et le poil souvent fins. Le bétail de cette race est d'un rouge vif, brun ou quelquefois fauve. Les bœufs travaillent bien, s'engraissent facilement ; mais, quant à la fécondité en lait, les vaches varient beaucoup.

Sous-races de la race allemande indigène.

a) Race franconienne ou bétail du Rhön. Cette race, de grandeur moyenne et d'un rouge brun ou d'un jaune rougeâtre, est estimée pour le travail et pour l'engraissement.

b) Race du Vogelsberg. Elle a beaucoup d'analogie avec la précédente, mais avec une taille plus petite elle est plus robuste et plus forte. Le bétail est rouge brun avec de grandes cornes.

c) Race du Voigtland. Cette race a le cou fort, la tête étroite, le museau mince et de très-longues cornes; le derrière est mieux proportionné et les jambes plus écartées. Elle a une couleur brun rouge. Cette race est fort estimée sous tous les rapports. D'après Schmalz il est rare de rencontrer des individus parfaits de cette race.

d) Race de la forêt d'Ouest (Westerwald). Elle est petite et a les os minces. Le bétail de cette race est rouge brun avec une tête blanche. Il est estimé parce qu'il est dur et toujours en bon état avec peu de nourriture.

e) Race de la forêt d'Est (Odenwald). La couleur est jaune, la taille moyenne, les cornes courtes, le poil du cou long; elle est estimée pour sa fécondité en lait et pour le travail.

f) Race de Souabe et de Halle. Elle se partage en deux groupes, dont l'un, appellé *race de Limbourg,* est jaune et analogue à la race précédente, mais à jambes plus courtes et au corps plus large et plus rond; l'autre est d'un rouge foncé, le plus souvent avec une tête blanche. Cette race est très-propre pour l'engraissement, mais peu féconde en lait.

Lorsque l'on considère les proportions de ce bétail, on est tenté de croire qu'il provient d'un croisement avec la race suisse, ce qui du moins a eu lieu pendant les dernières années. Ce croisement a été du reste constaté chez la race du Mont-Tonnerre, c'est pourquoi elle doit être considérée comme une variété.

§ XCI.

5. *Races anglaises.* Les Anglais distinguent leurs races, en races à longues ou grandes cornes, à courtes cornes et sans cornes; quelques-uns admettent encore une race à moyennes cornes.

*a) **Race à grandes cornes.*** La race à grandes cornes peut être classée en deux groupes : le petit, qui se trouve dans les montagnes et les marais; et le grand que l'on voit dans les plaines et sur les pâturages gras. Le petit bétail de cette race est fort estimé des petits cultivateurs pour l'abondance et la bonté du lait, et la facilité avec laquelle il s'engraisse sur un meilleur pâturage ; il est d'ailleurs très-dur. La grande sorte est également féconde en lait et acquiert un poids considérable. On ignore l'origine de la race à grandes cornes, mais elle a été introduite, à ce qu'il paraît, d'Irlande, dans les comtés de Chester, de Derby, de Nottingham, de Staffort, d'Oxford et de Wiltt. Toutes ces variétés se distinguent l'une de l'autre par des caractères particuliers, qui les rendent propres au but auquel on les destine. Ces caractères, quoique variés, sont cependant très-constants, surtout chez les races de Devonshire, de Herefordshire et d'Écosse.

M. Marshall donne la description d'un taureau appelé *Shakspeare,* et ayant appartenu à M. Fowler, que nous reproduisons ici, afin de donner à nos lecteurs l'image de la conformation du bétail de cette race. La tête, le museau et le cou étaient minces ; la poitrail, extraordinairement profond, descendait jusqu'aux genoux ; le dos était mince, un peu élevé entre les épaules, en sorte qu'il y avait un creux à chaque côté. Les lombes s'adaptant étroitement à l'épine dorsale, étaient remarquablement larges auprès des hanches, qui étaient très-saillantes. Les quartiers du derrière, quoique paraissant courts, étaient longs en réalité, ce qui provenait d'une conformation particulière du derrière. Quant à la queue, elle était très-haute, et présentait cette particularité qu'elle paraissait comme avoir été d'abord séparée de son point d'attache, et que la partie séparée y avait été remise, après l'enlèvement d'une des vertèbres caudales. Cette particularité provenait de deux bosses de graisse qui se trouvaient autour de la base de la queue. Cette circonstance aurait bien figuré comme une difformité sur un tableau, mais considérée sous le rapport de la disposition de l'animal à l'engraissement, elle était d'une grande importance. Les cuisses étaient ramassées et extraordinairement profondes, les os petits et fins; le corps en général bien développé et profond. A part les cornes, il avait toutes les qualités d'un taureau de Holderness ou de Teeswater. Les deux extrémités opposées auraient pu être regardées comme passables, mais la partie intermédiaire comme vicieuse, et je pense que si on l'avait croisé avec des vaches d'une de ces deux dernières contrées, le produit aurait été fort médiocre. Mais comme on le faisait saillir des vaches qui avaient les avantages et les défauts opposés, le produit en était extraordinairement parfait, ce qui n'aurait pas eu lieu sans cette circonstance rare. Il n'est pas étonnant qu'une conformation aussi extraordinaire ait dû étonner les éleveurs de bestiaux, et que des qualités qu'on avait jusque-là vainement cherché à obtenir, fussent payées à de très-hauts prix.

La race à grandes cornes se distingue en général par des os fins, une tête petite, des cornes écartées et de belle forme, le cou mince, le corps large et dans de belles proportions, la peau souple et couleur marron. Les vaches donnent un lait gras, mais en petite quantité.

On peut admettre que ces races, ainsi que le font les races franconienne et de Voigtland, de l'Allemagne, tirent leur origine d'une race indigène quelconque qui, peu à peu, à l'aide de soins multipliés, est parvenue à sa perfection actuelle.

Les races les plus fameuses de cette catégorie sont la nouvelle race de Leicester et celle de Dishley, dans laquelle on voit des vaches qui ont les épaules conformées comme le meilleurs chevaux pur sang.

La race à grandes cornes, bien qu'elle commence à être supplantée par celle à courtes cornes, se trouve actuellement encore dans le comté de Derby, le Cheshire, le comté de Cambridge, etc., etc.

b) Races à courtes cornes. Ces races anglaises tirent leur origine, comme il a été constaté, de bétail hollandais, qui a été introduit en Angleterre à une époque dont on ignore la date. C'est dans les comtés d'York et de Durham que cette race a d'abord pris naissance, et ce sont encore les mêmes comtés qui sont les plus renommés à cet égard; ces races ont en même temps la réputation d'être les plus fécondes en lait.

Cependant il existe une grande différence entre la race d'il y a 80 ans et celle d'aujourd'hui.

L'ancienne race, c'est-à-dire celle qui provenait des premiers croisements de la race indigène avec le bétail hollandais, était la plus riche en lait qu'on eût jamais connue dans ces contrées. Elle était en général de grande taille, à peau mince et poil lisse, d'une constitution souple, ayant les jambes et les parties de peu de valeur, grosses et le devant vicieux. Comme laitières, ces vaches étaient très-distinguées; mais il n'en était pas de même lorsqu'on les mettait à l'engrais : la chair, loin d'être entre-lardée, présentait une couleur noirâtre et peu appétissante.

De nos jours, la race à courtes cornes non perfectionnée offre les mêmes caractères, et l'on n'en peut assez signaler la différence, parce que cette race a été mainte fois employée à des essais qui, à cause de l'inconvénient indiqué plus haut, ne pouvaient pas avoir le succès désiré.

La plus renommée des races à courtes cornes est celle de Teeswater. Elle ressemble, pour la couleur, à la race non perfectionnée, c'est-à-dire que le bétail est rouge quelquefois, plus souvent rouge et blanc varié ou rouan. Mais pour les formes, elles sont plus nobles, plus perfectionnées et plus arrondies; la taille est plus grande, le corps plus long, plus horizontal, et le poitrail extraordinairement profond. On vante beaucoup la fécondité de ces vaches par rapport au lait et leurs dispositions pour l'engrais; mais on prétend qu'elles exigent une grande quantité de nourriture choisie. L'opinion générale attribue la grande différence qui existe entre la race perfectionnée et non perfectionnée, à des croisements bien entendus avec d'autres races, parce qu'il est impossible que la race perfectionnée, telle qu'elle existe aujourd'hui sur les bords du Tees, ait pu être créée sans intervention de sang étranger. Un de ces croisements a probablement eu lieu avec la race sauvage blanche, et ce qui donne quelque probabilité à cette conjecture, c'est la couleur blanche ou presque blanche qu'on voit actuellement dans les races perfectionnées.

C'est en général la plus grande race qui existe en Angleterre ; les bœufs bien gras peuvent atteindre jusqu'à 2,000 livres; le fameux *taureau de Durham* pesait 3,024 livres ; un autre bœuf de la même race, âgé de 4 ans et nourri avec du foin et des raves, 1,890 livres, et une vache du même âge 1,778 livres.

Des essais qu'on a faits par ordre du roi de Wurtemberg, pour acclimater cette race dans ses États, n'ont pas eu de succès favorable, ce qui permet de conjecturer qu'il en sera de même à l'égard des autres États de l'Allemagne, où les pâturages ne ressemblent pas à ceux du Tees.

Une autre race à courtes cornes est la race d'Alderney, connue en Angleterre sous le nom de *bétail d'Alderney*. Cette race n'appartient cependant pas à l'Angleterre, elle est au contraire introduite des îles des côtes de la Normandie. On entretient les vaches qui en proviennent dans les parcs des grands, où elles sont fort estimées, mais moins pour leur forme, qui est très-laide, que pour leur lait, qui est fort gras et d'excellente qualité.

Elles sont en général rouge clair, jaunes ou fauves : cornes courtes et de mauvaise forme, cou de cerf, les os fins. Malgré sa mince taille, la vache d'Alderney mange autant qu'une grande, mais le lait en est plus riche en beurre que de toute autre espèce de l'Angleterre.

c) *Races à cornes moyennes.* Pour celui qui ne fait pas de l'élève des bestiaux son occupation principale, il est souvent assez difficile de distinguer ces races de celles à longues cornes. Cependant comme les éleveurs anglais font une distinction entre ces races, nous n'avons pas voulu nous écarter de leur classification.

La race à cornes moyennes se trouve dans le Devonshire , et c'est surtout dans le nord de ce comté qu'on la voit dans toute sa pureté. Les caractères distinctifs de cette race sont trop remarquables pour ne pas être rapportés : les cornes du taureau ne sont ni trop hautes ni trop basses, effilées en pointe, et minces à la base , d'une couleur jaune de cire. L'œil clair et brillant sort de la tête et montre beaucoup de blanc ; l'iris est encadrée dans un anneau de couleur différente, mais le plus souvent d'un orange foncé ; le front est étroit et légèrement creusé ; c'est principalement d'après le dernier de ces caractères qu'on juge de la pureté de la race ; les joues sont étroites, les naseaux larges et très-ouverts, le pourtour du naseau jaune pâle. On ne regarde pas comme appartenant à la véritable race ceux dont le museau est tacheté ou même noir. Le poil du front est frisé et paraît grossier au premier coup d'œil. La nuque a le défaut d'être parfois trop épaisse.

Chez les bœufs et les vaches on fait encore attention aux jambes de devant qui doivent être droites : une conformation opposée serait un indice que la race n'est pas pure. La couleur ordinaire est un rouge de sang vif, cependant on en voit aussi couleur marron et même d'une teinte plus foncée. Les connaisseurs rebutent tous ceux qui ont la moindre tache blanche au front et au corps.

Outre la race de Devonshire , on cite encore les suivantes comme méritant l'attention des agronomes.

a) Celle de Cornouaille. Elle ne se distingue pas de la véritable race de Devonshire, mais elle a l'avantage sur celle-ci qu'elle est plus dure.

b) Race de Hereford. Les bœufs sont plus grands que ceux de Devon; ils sont rouges , bruns ou jaunes, mais ils sont toujours distingués par une tache blanche au front ; la même couleur s'étend au fanon et occupe le ventre. La race de Hereford est plus grande et atteint un poids plus considérable que celle de Devon, mais elle donne moins de lait, de sorte qu'elle est plus propre pour l'engraissement.

c) Race de Sussex. Cette race a beaucoup d'analogie avec la race de Devonshire, dont elle se distingue cependant par la conformation de l'épaule, qui est trop musculeuse.

Le bœuf de Sussex tient le milieu entre le bœuf de Devon et celui de Hereford, il réunit la vivacité du premier à la force de l'autre, avec une grande disposition à l'engraissement; d'ailleurs sa chair est fine et succulente. La couleur est un marron foncé; quelques-unes cependant préfèrent ceux qui sont rouge de sang. D'autres couleurs sont un indice de sang étranger. La peau de la véritable race de Sussex est douce et souple; une peau dure, rude et épaisse, est rebutée ici comme ailleurs, et toujours comme annonçant soit une race dégénérée, soit un symptôme de maladie et de mauvais traitement. Le poil est court et lisse, rarement long, ondulé ou frisé.

d) Race de Pembrock. On considère les bêtes de cette race comme les plus utiles de la Grande-Bretagne. Les vaches de cette race sont en grande partie totalement noires. Quelques-unes portent soit un chanfrein blanc, soit un peu de blanc à la queue ou au pis. Les cornes sont blanches et se distinguent par une courbure ascendante, particulière à cette race; les jambes sont courtes; le corps long, arrondi et profond; le regard vif mais doux; le poil rude et court, la peau mince; les os, quoique moins fins, comme chez d'autres races perfectionnées à longues cornes, ne sont pourtant pas gros; les vaches réunissent autant qu'il est possible les deux qualités opposées, fécondité en lait et facilité de s'engraisser. La chair est agréablement marbrée et se rapproche de la chair d'Écosse à laquelle quelques-uns la préfèrent. Cette race prospère dans toutes les circonstances, même là où d'autres dépériraient. C'est pour cela que la vache de Pembrock convient si particulièrement pour le petit cultivateur. Les bœufs travaillent bien.

e) Races d'Écosse. L'Écosse a plusieurs races distinguées qui appartiennent évidemment à la catégorie des bêtes à cornes moyennes. La race d'Ayrhise est la plus estimée à cause de sa fécondité en lait. Les vaches ont une petite tête allongée et amincie vers le museau, les yeux petits, mais vifs; les cornes petites, claires, courbées et très-écartées l'une de l'autre; le cou mince; le devant plus léger que le derrière; le dos droit, la croupe large, le poitrail profond; le bassin large, les flancs arrondis et charnus; la queue longue et mince; les jambes fines et courtes; le pis gros, large et carré placé en avant; les veines lactées grosses et très-saillantes; les traits courts dirigés en dehors et très-écartés les uns des autres; la peau mince et souple; le poil mou et velu; la tête, les os, les cornes et toutes les parties de peu de valeur, petites; la taille ramassée et bien proportionnée.

Le lait des vaches est non-seulement très-abondant mais très-riche en beurre et fromage.

La plupart sont noires et blanches.

f) Races sans cornes. Les races sans cornes sont généralement considérées comme étant originaires d'Écosse.

Les bêtes sans cornes ont toujours été fort estimées en Angleterre, tant parce qu'elles s'engraissent très-facilement que pour la qualité de leur chair et leur doux naturel.

C'est en Écosse, et principalement dans le district de Galloway, que l'on élève les bêtes sans cornes, et que cette race se trouve dans sa pureté. Elles ont le dos droit et large; les côtes, les flancs et les hanches bien arrondis, en sorte que le corps paraît parfaitement cylindrique. Les quartiers et les côtes sont longs, le poitrail profond, mais les épaules étroites; les flancs pleins et bien serrés, ce qui est important dans un corps long. Les jambes sont courtes et fines. Le cou est sans fanon, pas mince et bien proportionné; les oreilles larges, garnies de longs poils en dedans, la peau souple, de moyenne épaisseur et couverte de longs poils soyeux.

La couleur la plus recherchée est la noire; quelques-uns de ces animaux sont variés de blanc et de brun, d'autres sont marqués de grandes taches blanches ou entièrement d'un brun clair. La dernière couleur provient probablement d'un croisement avec la race de Suffolk. Cependant les bêtes à couleurs foncées sont les plus recherchées, parce qu'on leur suppose une constitution plus robuste.

Les vaches de Galloway ne sont pas très-fécondes en lait, mais la qualité en est excellente.

La race de Galloway a cela de particulier qu'elle ne supporte pas le mélange avec du sang étranger, et tous les essais qu'on a faits à cet égard ont été infructueux.

Autres races de bêtes sans cornes.

a) Race de Dumfries. Elle ne se distingue pas de la précédente, excepté que son corps s'est plus développé par suite des bons pâturages.

b) Race d'Angus. Le bétail de la race d'Angus se distingue de celle de Galloway par les jambes, qui sont plus longues, les épaules qui sont plus étroites et les côtes qui sont plus plates. La plupart sont tout noirs, ou marqués de quelques taches blanches, mais il y en a aussi de fauves, de rouges et d'un gris argenté. Cette race est très-estimée et préférée au bétail à cornes. Malgré ses excellentes qualités, il paraît cependant que le bétail d'Angus ne se laisse point naturaliser dans les climats plus méridionaux.

c) Race de Suffolk. Cette race a une couleur fauve foncé ; les jambes courtes, le corps large et rond, et une grande disposition pour l'engrais. Les vaches sont très renommées pour leur fécondité en lait : elles mangent peu en proportion de la grandeur de leur corps et de la quantité de lait qu'elles donnent.

Les couleurs dominantes sont le rouge, le rouge varié de blanc et le fauve. Les taureaux tout à fait rouges sont les plus recherchés pour le produit.

On trouve encore cette race dans quelques pays de l'Alle-

magne, comme dans la Souabe supérieure, la Silésie, la Cour-
lande, etc. Il est probable que ces races ont été créées par le
croisement de quelques variétés sans cornes.

§ XCII.

SUITE DU PRÉCÉDENT.

5. *Autres races étrangères.* Après les races étrangères dont
nous venons de donner une esquisse, aucune autre ne nous
semble mériter l'attention de l'éleveur belge.

La France ne possède d'autre race distinguée, que le bétail
de Normandie qui est beau, grand, dur et facile à engraisser ;
on le dit analogue au bétail hollandais. Nous ne dirons rien du
bétail d'Espagne et de Portugal ; quant au nord de l'Europe, on
ne peut pas s'attendre à y trouver quelque chose d'important à
cet égard. Nous citerons comme digne d'intérêt le bœuf bossu
(*Zebu*) des Indes, qui est aussi répandu dans l'Asie et l'Afrique ; il
est distingué par la bosse qu'il porte entre les épaules, les oreilles
pendantes, et la facilité avec laquelle il s'engraisse. Le bétail
d'Égypte se distingue par ses formes élégantes. Mais ces deux
races ne donnent que fort peu de lait.

6. *Races intermédiaires.* Plusieurs des races dont nous venons
de parler ont probablement été créées par le croisement de diverses espèces, ce qui pourtant, à l'égard de la plupart, n'est
point encore bien prouvé. Mais en revanche il existe en Allemagne des races ou variétés, que nous sommes autorisé à considérer comme de véritables races intermédiaires. Nous citerons
les suivantes :

a) *Race du Mont-Tonnerre, produit du croisement de la race
suisse avec la race indigène.* Elle se trouve dans le ci-devant
département du Mont-Tonnerre, la Hesse-Rhénane et la Bavière-
Rhénane. La couleur est jaune ou roux jaunâtre ; la taille est

forte, bien proportionnée, les os un peu gros ; elle a beaucoup d'analogie avec le bétail suisse rouge et roux jaunâtre surtout sur le devant. Les bœufs sont estimés pour la facilité avec laquelle ils prennent de l'embonpoint, mais les vaches ne donnent pas beaucoup de lait.

b) Race d'Ansbach, ou mieux sous-race d'Ansbach, produit du croisement du bétail de Frise, de Suisse et indigène. Elle a les os fins, la taille moyenne, la couleur variée. On l'estime pour le travail, le lait et pour l'engraissement.

Pour finir cet article, nous reproduisons ici le tableau comparatif du produit en lait, d'après la quantité et la qualité de diverses races de bétail que l'on entretient sur les domaines privés du roi de Wurtemberg, tel que l'a communiqué M. le conseiller de cour de Weckherlin (*Journal de correspondance de la Société d'Agriculture de Wurtemberg,* tome VII, 1825).

Le 1ᵉʳ chiffre indique la quantité annuelle de lait que la vache a donné, et le chiffre en parenthèse la quantité de nourriture réduite à l'équivalent du foin que la vache a consommé par jour.

Hollande...	Frise.	1,657 mesures	(53 livres.)
	Teeswater.	1,228 »	(30 »)
	Yorkshire	1,281 »	(28 »)
	Suffolk sans cornes	1,052 »	(28 »)
Angleterre..	Devonshire.	704 »	(24 »)
	Herefordshire.	579 »	(24 »)
	Alderney.	963 »	(24 »)
	Schwitz.	1,441 »	(30 »)
Suisse....	Uri et Hasli.	1,783 »	(25 »)
	Gurten Appenzell.	1.264 »	(28 »)
	Maerzthal (Styrie)	805 »	(25 »)
	Halle ou Limbourg.	1,006 »	(25 »)
	Allgau.	1,163 »	(25 »)
	Hongrie.	581 »	(25 »)

Le plus grand produit annuel d'une vache hollandaise a été de 1,860 mesures, une vache d'Yorkshire a donné 1,662 mesures, d'Alderney 1,250, d'Uri 1,740, d'Appenzell 1,560, de Schwitz 1,495, d'Allgau et de Halle 1,371 ; le produit d'une vache provenue du croisement d'une vache d'Allgau avec un taureau de Hongrie a été de 1,400 mesures. Et relativement à la quantité de beurre et de fromage, 10 mesures de lait d'une vache hollandaise ont donné en beurre 1 livre 2 onces, en fromage (le lait non écrémé) 3 livres 15 onces et demie ; de Teeswater, Yorkshire et de Suffolk 1 livre 2 onces et demie de beurre et 3 livres 15 onces et demie de fromage ; de Devonshire et de Hereford 1 livre 6 onces de beurre et 4 livres 2 onces et demie de fromage (Alderney manque, mais il est connu que le lait de cette race est le plus riche en beurre ainsi qu'en fromage); de Schwitz 1 livre 4 onces et demie de beurre et 4 livres 2 onces et demie de fromage ; d'Uri 1 livre 4 onces de beurre ; de Gurten 1 livre 5 onces de beurre, fromage la même quantité que Schwitz ; de Merzthal 1 livre 5 onces de beurre et 4 livres 1 once de fromage ; de Halle 1 livre 7 onces de beurre et 4 livres 6 onces de fromage; d'Allgau 1 livre 4 onces de beurre et 4 livres 2 onces et demie de fromage ; de Hongrie 1 livre 5 onces de beurre et 4 livres 2 onces et demie de fromage.

Sur 100 livres de foin consommé ou compte produit en lait chez une vache :

De Hollande. . . .	15 mesures et demie ;
De Teeswater. . . .	11 — —
De Yorkshire. . . .	12 — —
De Suffolk.	10 — —
De Devon.	9 —
De Hereford. . . .	7 — —
D'Alderney	12 — —
De Schwitz	14 —
D'Uri.	
D'Hasli.	13 — —
De Gurten. . . .	
De Merzthal. . . .	9 — —
De Halle.	12 — —
D'Allgau.	13 —
De Hongrie	4 — —

Dans ce calcul on a eu égard non-seulement à la quantité, mais aussi à la qualité du lait.

Relativement au poids des vaches pour la boucherie, on avait trouvé le résultat suivant :

Les vaches hollandaises et de Schwitz pesaient net (700 à 750 livres) ;

Puis celles de Teeswater et de Yorkshire (650 à 700 livres) ;

De Suffolk, Hereford, Gurten, Merzthal et de Hongrie (450 à 500 livres) ;

Les veaux des vaches hollandaises et de Schwitz pesaient à quatre semaines 90 à 100 livres ; de Yorkshire 80 à 90, de Teeswater et de Suffolk 75 à 80, de Gurten 70 à 75, de Merzthal et de Halle 65, de Hereford, d'Allgaw et de Hongrie 55 à 60, de Devon 50, d'Alderney, 45 à 50 livres.

On voit par ce tableau que le continent possède des races qui, sous le rapport du produit en lait, dépassent celles de l'Angleterre. Mais d'un autre côté, les races anglaises ont l'incontestable avantage de s'engraisser plus facilement, outre que leur chair est plus succulente, et qu'elles acquièrent un poids beaucoup plus considérable.

§ XCIII.

ACCOUPLEMENT ET MULTIPLICATION DE LA RACE BOVINE.

Dans l'accouplement des bêtes à cornes on a pour but la propagation et la conservation d'une race qui ait toutes les qualités désirables, pour qu'on cherche à la maintenir ou pour en former une nouvelle.

Dans l'un ou l'autre cas il faut donner de grands soins 1° au choix des animaux relativement à la race, l'origine, l'âge et les formes ; 2° aux règles qui doivent être observées dans l'accouplement.

1) Choix des animaux destinés à la propagation.

L'objet dans l'accouplement des bêtes à cornes est de se procurer des élèves distingués, soit comme vaches à lait, soit comme bétail de travail, soit enfin comme bétail propre à l'engrais. Le plus difficile en tout cela est le choix 1° de la race, et 2° des individus auxquels on doit se fixer, surtout lorsqu'il s'agit des vaches à lait.

Quant au premier point, nous sommes entièrement de l'avis de M. de Dombasle, quand il dit, relativement à ce sujet : Il n'est pas question de savoir ici si une race est plus belle qu'une autre, c'est la dernière chose que doive considérer un cultivateur ; il n'est pas même question de savoir si chaque individu de cette race donne une plus ou moins grande quantité de lait, de beurre ou de fromage. La question importante est celle-ci : Cent milliers de foin de telle qualité, ou de tel autre genre de nourriture donné, étant consommés par des bêtes de telle race, quelle est celle qui produira la plus grande quantité de lait, de beurre ou de viande ? Voilà presque le seul point qui doive intéresser le cultivateur, parce que c'est de là que dépend le bénéfice plus ou moins considérable qu'il peut tirer de l'entretien du bétail. On conçoit bien cependant qu'on doit prendre en considération les qualités qui distinguent chaque race, sous le rapport du plus ou du moins de facilité avec laquelle elle s'accommode d'un climat donné, du genre d'aliment le plus commun dans le pays, de la vigueur des élèves qui en naissent, etc., etc.

Nous prions nos lecteurs de consulter sur ce sujet le tableau de M. de Weckherlin que nous avons communiqué ci-dessus, et que nous jugeons très-propre pour guider un cultivateur judicieux dans le choix de la race qu'il doit adopter.

Lorsque c'est pour en obtenir beaucoup de lait, le choix des individus est très-important. On les choisira suivant les circonstances locales dans une race étrangère très-féconde en lait, ou bien on cherche à accoupler les meilleures vaches de la race qu'on possède avec un taureau étranger d'une bonne race ; ou enfin on choisit pour les accoupler les meilleurs individus dans la race même, quand elle répond au but que l'on a en vue.

Mais toujours est-il important de ne choisir pour la propagation que les vaches les plus riches en lait ; ce même principe doit aussi nous guider dans le choix du taureau. Ce seraient donc sous notre climat, les vaches de Frise et de Schwitz qu'il conviendrait de choisir pour se former une bonne race de vaches à lait.

Lorsqu'on a en vue de propager une espèce propre pour la vente , il faut avoir égard à la race qui est la plus recherchée dans la contrée. Ce sont ordinairement de belles proportions et une grande propension à un prompt accroissement que l'on considère en pareil cas ; et si à ces qualités la race joint encore celles d'être féconde en lait et de s'engraisser facilement , elle ne peut manquer de s'assurer une grande vogue.

Il n'est point nécessaire de dire que le choix du taureau exige les mêmes soins qu'on donne à celui des vaches ; beaucoup d'auteurs donnent aussi la description d'un taureau destiné à la propagation, absolument comme si tous les taureaux avaient la même forme et les mêmes proportions dans leurs membres ; quant à nous, nous nous contentons de remarquer que le taureau doit être bien portant ; avoir dans un haut degré les caractères de la race à laquelle il appartient ; être au moins âgé d'un an et demi ; et enfin avoir une tête aussi petite que possible. Ce dernier caractère est au reste toujours le signe d'une race perfectionnée.

Beaucoup de personnes emploient les taureaux à la saillie quand ils ont à peine atteint l'âge de dix mois ; de sorte qu'à quinze mois ils sont déjà hors de service. Par ce moyen, on les tient plus petits et on n'est pas dans le cas de devoir nourrir sans profit ceux qui doivent les remplacer ; mais aussi les affaiblit-on, dans leur constitution, à tel point qu'il est très-probable que les maladies constitutionnelles que l'on observe actuellement danc la race bovine de certains pays est la suite de cet abus. L'âge que le taureau doit avoir pour être propre pour la saillie dépend de la race et de la manière dont il a été élevé et nourri. Si la race se développe très-promptement, ou si le jeune animal a été élevé dans l'abondance, le taureau peut déjà saillir à l'âge d'un an ou de 14 mois; car en attendant trop longtemps, il pourrait devenir de trop forte taille et trop pesant pour les vaches; mais dans le cas contraire, il faut attendre qu'il ait au moins atteint l'âge d'un an et demi à deux ans.

XCIV.

Quant à l'âge auquel il convient de faire couvrir la génisse pour la première fois, cela dépend également de la race, de la manière dont elle a été nourrie, et quelquefois aussi du climat. Ordinairement on leur donne le taureau à l'âge de 21 mois à deux ans, si elles sont en bon état, mais lorsqu'elles sont faibles, chétives, et mal nourries, il faut attendre encore 6 mois et même un an de plus avant de les faire saillir.

Quelques-uns, dans la vue d'élever du gros bétail, attendent pour donner le taureau à leurs vaches, qu'elles aient achevé leur crue, c'est-à-dire jusqu'à ce qu'elles aient trois ans achevés; mais ils semblent oublier que le développement du corps de la vache est moins arrêté par la gestation que par une nourriture trop peu proportionnée à la grandeur de la taille que la vache est susceptible d'acquérir.

Beaucoup d'auteurs ont, comme ils l'ont fait à l'égard du taureau, donné dans leurs ouvrages une énumération des propriétés et des signes qui, selon eux, caractérisent une bonne vache de race, propre à faire espérer un bon produit en lait. Mais nous n'essayerons pas de les imiter, attendu que chaque race a des propriétés qui lui sont particulières, qui, lorsqu'on voudrait les appliquer à une race différente, n'en donneraient qu'une image imparfaite et confuse.

C'est ainsi que M. de Thaër veut qu'une vache parfaite, et digne de servir à la reproduction, ait un pis pendant derrière entre les jambes et qu'il soit grand. Ce caractère est, comme on sait, propre aux vaches hollandaises, mais un grand pis placé

derrière entre les jambes n'est pas toujours un signe certain que
la vache donne une abondance de lait ; car les vaches anglaises
des meilleures races ont le pis petit et ordinairement placé en
avant vers le ventre et ne donnent souvent pas moins de lait.

Ce qui importe le plus dans le choix d'une vache est, comme
il a déjà été dit, qu'elle provienne d'une mère abondante en
lait, saine et d'une bonne espèce.

§ XCV.

Quoique les vaches entrent en chaleur dans toutes les saisons,
on remarque cependant qu'elles ont plus de disposition à recevoir
le taureau au printemps et en été. Le désir de l'accouplement se
fait aussi sentir le 20ᵉ jour après la parturition, et si on laisse
passer ce terme afin de ne pas trop éprouver la vache, elle entre
une seconde fois en chaleur vers le 40ᵉ ou 60ᵉ jour après
qu'elle a donné son veau. Il ne faut pas manquer de saisir cette
occasion de la faire saillir, car il pourrait bien arriver que l'animal ne manifestât plus les mêmes désirs.

Les signes de la chaleur chez la vache ne sont pas équivoques.
Elle est inquiète, elle saute sur les autres vaches, et retient son
lait ; sa vulve est gonflée ; elle mugit plus fréquemment qu'à
l'ordinaire. Il faut veiller à ces signes, surtout lorsque le bétail
est nourri à l'étable, et profiter du moment pour lui donner le
taureau ; si on laissait passer ou s'affaiblir cet état d'irritation,
les résultats de la saillie seraient moins sûrs.

Cet état de chaleur pendant lequel les vaches permettent l'approche du taureau ne dépasse guère 24 heures ; il faut donc,
dès qu'on aperçoit chez elles les premiers symptômes, ne pas tar-
der à leur donner le taureau ; plus tard, comme nous l'avons
dit, la fécondation pourrait facilement ne pas s'accomplir.

Beaucoup de personnes ont l'habitude de faire saillir les vaches
deux ou même trois fois de suite ; mais cette précaution est,
dans la plupart des cas au moins, inutile, car on a trouvé que les

vaches retiennent aussi sûrement d'une seule saillie que de plusieurs.

Chez certaines vaches il arrive que le désir de l'accouplement n'a pas lieu ; chez d'autres, au contraire, on voit qu'elles sont fréquemment en chaleur et qu'elles ne retiennent pas ou bien rarement. Le premier cas est dû à une faiblesse de l'animal, ou, lorsqu'il a été très-bien nourri, à un excès d'embonpoint, ou enfin, quelquefois à la race même. Dans le second cas se trouvent les vaches qui ont avorté, ou chez lesquelles il y a un dérangement, ou une irritation dans les organes de la génération.

Lorsqu'une vache ne vient pas en chaleur pour cause de faiblesse, il faut améliorer la nourriture ; quelques-uns emploient dans ce cas des stimulants, tels que l'avoine rôtie avec du sel, les lentilles, le chenevis pilé, le champignon de cerf ou truffe de cerf (*scleroderma cervinum*); M. de Thaër conseille de donner à boire, à la vache qui est dans ce cas, du lait d'une vache qui vient d'être en chaleur ; mais tous ces stimulants sont superflus, et nous conseillons de n'en faire usage que lorsqu'on aurait en vue de faire entrer en chaleur une vache à une époque extraordinaire.

Si une graisse excessive paraît occasionner le mal, il faut faire prendre à la vache plus de mouvement, et l'atteler à la charrue ou à la herse ; ce moyen cependant ne réussit pas toujours.

Lorsqu'une vache vient trop fréquemment en chaleur par suite d'un défaut physique, il ne faut pas la garder.

Dès que la vache a conçu, toute chaleur cesse ordinairement, et elle ne veut plus souffrir l'approche du taureau.

On compte pour un taureau vigoureux, et lorsque les vaches viennent en chaleur dans toutes les saisons, 50 à 70 vaches ; et 30 à 40 seulement lorsque la chose a lieu dans l'espace de quelques mois.

On voit cependant dans quelques grandes communes que le taureau doit saillir de 100 à 150 vaches ; mais il en résulte souvent qu'un grand nombre ne conçoivent pas, ou qu'elles ne donnent que des veaux faibles et chétifs.

§ XCVI.

SOINS DES VACHES PENDANT QU'ELLES SONT PLEINES.

L'on peut regarder comme un signe de grossesse, lorsque, trois semaines après l'accouplement, la vache ne donne pas de nouveaux signes de chaleur. Mais comme on a des exemples que, même à cette époque, la vache manifeste de nouveau le désir de l'accouplement, ce signe est au moins incertain.

Comme pendant la gestation, on continue à traire les vaches, il est nécessaire de leur donner une nourriture abondante ; six semaines ou deux mois avant qu'une vache mette bas, on cesse de la traire, si le lait ne tarit pas spontanément, ce qui cependant n'arrive que bien rarement chez les bonnes vaches. Certaines races de vaches tarissent naturellement un ou plusieurs mois avant de vêler : ces vaches, il ne faut pas les garder ; quant à celles qui donnent du lait jusqu'au dernier moment de la gestation, il ne faut pas cesser de les traire, quoique à des intervalles éloignés, de crainte que leurs mamelles ne s'engorgent.

Vers la fin de la gestation, on leur donne une nourriture un peu plus substantielle ; il est surtout très-utile pour la secrétion du lait après le vêlement, de donner aux vaches pendant quelques semaines de la boisson blanche préparée avec de la farine d'orge ou de seigle.

Les signes auxquels on reconnaît que les vaches sont près de vêler sont : que leur pis grossit et se remplit de lait, que l'entrée du vagin se gonfle, et que les eaux (*mouillures*) commencent à percer.

A l'état naturel, le veau se présente par les pieds de devant et le museau, et la parturition s'opère heureusement à l'aide des efforts de la mère ; mais quelquefois il se présente par une autre partie : alors il faut le retourner dans la matrice, et lui donner la position convenable.

Il y a des personnes qui, lorsque le veau ne sort pas immédiatement après que les pieds se sont montrés, croient devoir seconder les efforts de la mère, en attachant des cordes aux pieds du veau, au moyen desquelles elles l'arrachent du ventre de la vache. Ce procédé est barbare, et occasionne assez souvent la perte, non-seulement du veau, mais aussi de la mère, comme je l'ai vu plus d'une fois.

Il arrive cependant que, lorsque la vache est trop étroite, elle a beaucoup de peine à mettre bas, et que le travail devient laborieux. Quelques-uns recommandent, dans ce cas, de saigner la vache. Je ne suis pas en état de juger du mérite de ce remède, mais j'ai souvent vu employer avec un plein succès du vin chaud avec de la cannelle et quelques onces d'eau de menthe ; la bière chaude produit à peu près le même effet. En général, si on présume qu'une vache doit vêler, il faut la surveiller ; il est surtout nécessaire de faire attention si le délivre (*arrière-faix*) tombe après le vêlement ; s'il ne sort pas de la matrice, il faut l'extraire avec la main, sans attendre trop longtemps : car sans cette précaution le délivre se putréfie dans la matrice et tombe peu à peu en lambeaux. Les vaches qui se trouvent dans ce cas tombent en langueur et ont souvent beaucoup de peine à se rétablir.

Un accident désagréable est celui où la matrice, qu'on nomme aussi portière, sort avec le veau. Les vaches qui ont le bassin très-large, ou qui sont placées trop bas avec les pieds de derrière, sont souvent exposées à cet inconvénient ; on le remarque aussi chez celles qui ont été nourries, vers la fin de la gestation, avec trop de résidu des distilleries ou quelque autre nourriture trop échauffante. Lorsque ce cas arrive, il faut faire rentrer la matrice quand la vache a vêlé. Quelques-uns sont dans l'usage, en la replaçant, d'y mettre un peu de sel et de poivre pour l'empêcher de sortir de nouveau, mais ce moyen ne nous semble pas d'une grande utilité.

§ XCVII.

Il n'est pas naturel que les vaches avortent ; si ce cas arrive, il a ordinairement été occasionné soit par une nourriture indigeste, de mauvaise qualité ou trop irritante, comme, par exemple, le résidu des distilleries ; les coups, un échauffement, etc., peuvent aussi en être la cause. Quelquefois les vaches avortent par suite des influences locales et de celles du climat ; ces causes cependant sont difficiles à reconnaître.

Lorsqu'une vache a avorté plusieurs fois de suite sans qu'une mauvaise nourriture ou de mauvais traitements en aient été la cause, il ne faut plus la garder.

Au moment où le veau vient de naître, on lui jette sur le dos quelques poignées de son et de sel, afin d'engager la mère à le lécher, ce qui cependant n'est point nécessaire.

La vache ayant fraîchement vêlé, on lui donne dans de l'eau tiède du son ou de la farine de seigle ou d'orge. On continue ainsi pendant quelques jours ; on ajoute pour sa nourriture de bon foin, ou du trèfle, de la luzerne ou sainfoin.

Beaucoup de personnes, en imitant la marche de la nature, laissent teter le veau pendant quelque temps. Mais il est plus avantageux sous tous les rapports de séparer le veau de sa mère, car non-seulement la quantité du lait de la vache excède les besoins du veau, mais la quantité de lait est plus grande lorsqu'on habitue la vache à être traite à des époques régulières.

Si cependant on veut laisser teter le veau, on le donne à sa mère trois fois par jour, et après qu'il s'est rassasié, on achève de traire la vache. Sans cette précaution, il y aurait une diminution sensible de lait. Dans l'espace de trois à quatre semaines on ne laisse teter que deux fois par jour, en donnant dans l'intervalle du lait mêlé avec de l'eau, du petit lait et un peu de son ou de farine, et puis, après quatre ou cinq semaines, le veau est sevré, et au lait de la mère on substitue une autre nourriture convenable.

Là où le lait a une grande valeur, il est plus avantageux pour le fermier de ne pas laisser teter les veaux, comme il a été déjà dit ; à la place on leur donne trois fois par jour la quantité nécessaire du lait de leur mère, à laquelle on mêle successivement de l'eau tiède avec du son, ou de la farine de seigle, des tourteaux, du foin ou du fourrage vert coupé, etc., etc., et c'est de cette manière qu'on les habitue peu à peu à d'autres aliments appropriés à leur âge ; mais jamais il ne faut passer brusquement d'une nourriture liquide à une nourriture sèche ou trop dure ; des maladies dangereuses en seraient la conséquence.

Le cultivateur qui tient à conserver et à développer les qualités de ses vaches, doit apporter beaucoup de soins dans l'élévation des veaux ; car un veau qu'on aurait négligé dans sa tendre jeunesse ne sera jamais une bonne vache. Lorsqu'on fait teter le veau, ce qui arrive assez fréquemment chez les vaches en pâturage, il boit aussi souvent et autant qu'il veut ; en même temps il a le libre mouvement de ses membres, avantage si favorable au développement de son corps. De là provient la constance des races, qu'on élève en pâturage, lorsqu'il n'y a pas d'intervention d'un taureau étranger. Les veaux qu'on élève à l'étable ne se trouvent pas dans une position aussi favorable, surtout à l'égard du dernier point ; on les tient constamment attachés dans un coin obscur, où en été ils souffrent beaucoup de l'air étouffant qui règne dans ces endroits, et des insectes qui se retirent toujours vers les coins les plus chauds. On conçoit que cet état n'est point propre à favoriser l'accroissement des jeunes veaux. Quant à la quantité de nourriture qu'il faut donner aux veaux, quelques agronomes sont entrés dans des détails minutieux à cet égard ; ils prescrivent combien de livres de lait il faut donner dans la première semaine, combien dans la deuxième et ainsi de suite. Pour nous, nous ne sommes pas de cet avis, et nous ne doutons nullement que cette grande régularité à laquelle on voudrait soumettre les jeunes veaux pendant les premières semaines de leur vie ne leur soit plutôt nuisible que favorable. Car en effet, lorsqu'on voit les jeunes enfants qui se portent d'autant mieux et prospèrent davantage si on leur donne de la nourriture chaque fois qu'ils en expriment le désir, les veaux prospéreront aussi mieux si nous leur donnons souvent à boire et chaque fois à discrétion. Il est d'ailleurs connu que tous les animaux ne sont pas doués du même appétit, tel veau aura assez et même trop avec quatre livres de lait par jour, tandis que la même quantité ne pourrait suffire à tel autre ; l'appétit d'ailleurs varie souvent chez le même individu, suivant les influences locales et du climat, en sorte que la même quantité de lait qui suffirait aujourd'hui, pourrait fort bien ne pas suffire demain. Le plus prudent sera donc de donner aux veaux jusqu'à l'âge de trois à quatre mois à boire et à manger à discrétion, et de les habituer dès cette époque seulement à des rations régulièrement distribuées. Par cette méthode, on n'a pas à craindre que le veau s'attire une indigestion par un excès de nourriture, comme on l'a dit, car jamais l'animal ne mangera au delà de son appétit naturel ; et s'il y a ici quelque danger à craindre, ce n'est que dans le cas où l'on donnerait au veau une nourriture trop indigeste pour son âge.

Lorsque le veau a été richement nourri la première année, ce qui doit toujours avoir lieu, on peut, à la seconde, lui donner une nourriture plus économique, cependant telle que le veau ne maigrisse et ne dépérisse pas.

A la troisième année, lorsqu'une génisse est pleine, il faut lui donner une nourriture plus abondante et meilleure, à mesure qu'elle s'approche du terme de sa grossesse ; cette précaution est indispensable pour le développement des vaisseaux lactés ou veines à lait.

§ XCVIII.

NOURRITURE DU BÉTAIL A CORNES.

La nutrition et l'entretien des bêtes à cornes se divisent en nourriture d'hiver et en nourriture d'été ; celle-ci se subdivise encore en nourriture au pâturage et en nourriture à l'étable.

Comme nous nous sommes déjà occupé des pâturages (*voir le* 1er vol. de cet ouvrage) et de l'étendue qu'il en faut par tête de bétail, nous dirons ici seulement ce que nous jugeons nécessaire pour compléter cet article important.

Nous avons classé les pâturages en naturels ou permanents, en artificiels et en pâturages accidentels.

Ceux de la première classe, lorsqu'ils sont très-secs, maigres et marécageux, ne conviennent jamais aux bêtes à cornes, attendu qu'ils fournissent une nourriture insuffisante ou malsaine.

Les pâturages artificiels, précisément parce qu'on ne les établit jamais sur un terrain de mauvaise qualité, conviennent mieux, pourvu qu'ils soient semés en herbes convenables pour ce genre de bestiaux. Les bonnes graminées en général, le trèfle, la luzerne, la spergule, etc., etc., sont les meilleures herbes pour les vaches. Cependant, comme les pâturages artificiels ne suffisent pas pour l'entretien des vaches pendant toute l'année, il faut les considérer comme un auxiliaire utile seulement dans l'entretien du bétail à l'étable.

Les pâturages accidentels, tels que ceux sur le chaume des céréales, dans les bois, sur les terres en friche, etc., etc., ne fournissent jamais une nourriture suffisante au bétail à cornes. Ceux sur lesquels on peut encore en quelque sorte compter sont les pâturages sur le trèfle et sur les prairies naturelles en automne. Ces derniers fournissent une bonne nourriture, surtout au jeune bétail, qui y jouit de toute la liberté pour se donner le mouvement nécessaire à son accroissement.

En général, le pâturage doit suffire à l'entretien du bétail qu'on y met. On destine les meilleurs pâturages aux bêtes à l'engrais et aux vaches laitières, et les moyens au jeune bétail, qui cependant ne doit pas être âgé au-dessous d'un an.

Il ne serait pas prudent de mettre les vaches à lait aux pâturages gras, car il en résulterait une diminution en lait à mesure que l'animal s'engraisserait. Il en est de même des vaches à l'étable lorsqu'on les nourrit trop abondamment; c'est ce qui arrive pour les vaches des brasseurs, des amidoniers, des distillateurs, etc., etc., lesquelles trouvant une nourriture trop substantielle dans les résidus de ces métiers, s'engraissent promptement, en sorte qu'on est obligé de les vendre en peu de temps.

Nous avons donné au premier volume un tableau de l'étendue de pâturage qu'il faut par tête de chaque espèce de bestiaux. Il importe d'y ajouter encore que, d'après les expériences des meilleurs agronomes, et surtout de M. de Thaër, un pâturage dont 1 hectare 28 ares ne suffisent pas à une vache d'une taille ordinaire, peut à peine être considéré comme pâturage de vaches, et utilisé comme tel. Car là où une vache doit chercher sa nourriture sur une trop grande étendue, elle ne profitera pas, et sa rente se réduira à peu de chose.

Une vache de taille moyenne de 700 à 800 livres demande, d'après M. Pabst (*loc. cit.*, pag. 87), pour se soutenir en bon état, à peu près 44 à 57 ares de très bon pâturage, 76 ares à peu près de pâturage moyen, et 1 hectare de pâturage médiocre.

La durée du pâturage se règle sur l'usage et aussi sur la nature du climat; en moyenne, elle est de cinq à six mois là ou la plus grande partie des terres est en pâturage.

Chacun sait que plus le bétail est tranquille au pâturage, plus la rente qu'il donnera sera considérable. C'est pour cela que les pâturages éloignés perdent beaucoup par la distance que le bétail doit franchir pour y aller et pour en revenir. Il faut aussi que le bétail ne manque jamais d'eau fraîche et saine, ni d'un

abri nécessaire contre la chaleur et les intempéries de l'atmosphère. A cet effet, on plante des arbres, des haies, à défaut de
quoi l'on construit un hangar fermé du côté des vents froids.

§ XCIX.

La question s'il est plus avantageux de laisser le bétail pendant la nuit au pâturage que de le faire rentrer dans l'étable,
n'est pas encore bien décidée. Cependant il paraît que durant les
mois les plus chauds de l'année, il serait plus profitable à la santé
des bestiaux de rester pendant la nuit au pâturage. D'un autre
côté, si l'on considère la grande perte d'engrais que l'on éprouve,
lorsque le bétail reste dehors pendant la nuit, il semble qu'il
est plus avantageux de le faire rentrer. Quelques personnes
parlent de l'influence nuisible du brouillard et de la rosée, et
des désavantages de l'herbe qui en est encore mouillée. Nous
sommes, à cet égard, de l'avis de M. de Thaër, que cette
crainte est sans aucun fondement. Mais ce qui est réellement
nuisible, c'est de laisser le bétail au pâturage durant les nuits fraîches de l'automne et du printemps. Il faut donc le faire rentrer; le
même agronome conseille de lui donner, le matin, avant de le
renvoyer au pâturage, un peu de fourrage sec, ne fût-ce que de
la paille de bonne qualité ; il y gagnera toujours beaucoup.

§ C.

NOURRITURE DU BÉTAIL A L'ÉTABLE.

Elle se divise en nourriture d'été et d'hiver. Nous parlerons
d'abord de la première.

Au premier volume de cet ouvrage, chapitre *Systèmes de
culture,* nous avons parlé de quelques-uns des avantages que la
nourriture à l'étable procurait à l'ensemble de l'économie rurale.
On a commencé à reconnaître ces avantages lors de l'intro-

duction des plantes à fourrage et surtout du trèfle, dans les assolements.

La nourriture du bétail à l'étable consiste pendant l'été en herbes coupées en vert. On emploie, à cet usage, diverses plantes, comme les trèfles, la luzerne, l'esparcette, les vesces, les graminées des prairies naturelles, les céréales coupées en vert, les fèves, le sarrasin, le maïs, etc., etc.

Nous disions tout à l'heure que la nourriture du bétail à l'étable présente des avantages notables sur le pâturage ; mais comme nous n'avons point détaillé suffisamment, à ce que nous croyons, cette matière importante, nous y ajouterons ce que M. Sinclair enseigne sur ce sujet dans son *Agriculture pratique et raisonnée.*

La nourriture du bétail en vert et à l'étable présente les avantages suivants : 1° économie en surface de terre ; 2° avantage de diminuer les dégradations des clôtures ; 3° augmentation du produit en lait ; 4° économie de nourriture ; 5° amélioration du bétail ; 6° augmentation de la quantité et de la qualité du fumier ; 7° accroissement de valeur du produit du sol.

1° *Économie de surface de terre.* Quoiqu'on ait souvent présenté des calculs exagérés de cette économie, il paraît cependant, d'après des expériences soignées, qu'on peut l'établir de un à trois, avantage qui suffit bien pour recommander ce procédé à l'attention des cultivateurs.

D'après une expérience rapportée au bureau d'agriculture, trente-trois têtes de bétail à cornes ont été nourries à l'étable, depuis le 20 de mai jusqu'au 1ᵉʳ octobre 1815, avec le produit vert de 17 ¹/₂ acres (7 hectares 19 ares à peu près), et on affirme qu'il aurait fallu 50 acres (20 hectares 23 ares et 3550), si on les eût fait pâturer. Le résultat que M. de Dombasle rapporte d'après M. Quincy, est à peu près le même ; car il a nourri à l'étable, avec le produit de 17 acres de terre, la même quantité de bétail qui, auparavant, avait toujours exigé 50 acres, en les faisant pâturer.

2° *Dégradation des clôtures.* Lorsqu'on entretient constamment le bétail à l'étable, les clôtures sont moins nécessaires; on peut ainsi diminuer la dépense et la perte de terre qu'elles entraînent.

. 3° *Augmentation du produit en lait.* Il est très-avantageux de donner aux vaches du fourrage vert à l'étable, au moins au milieu du jour, afin qu'elles ne soient pas tourmentées par les mouches, ni forcées de se réfugier dans les mares d'eau, ou à l'ombre des arbres et des haies, ce qui fait perdre une grande quantité de fumier. Le bétail est maintenu ainsi dans un meilleur état de santé, et le lait est d'une qualité supérieure. Dans la meilleure saison du pâturage, il est possible que les vaches qui y sont nourries donnent autant de lait que celles qui sont entretenues à l'étable; mais, dès qu'il commence à diminuer, les vaches régulièrement nourries à couvert fournissent un bien plus grand produit à la laiterie.

4° *Économie de nourriture.* Les animaux détruisent les herbes qu'ils pâturent de cinq manières différentes : 1° en les mangeant ; 2° en les foulant aux pieds ; 3° en répandant leurs excréments en trop grande quantité sur un seul point; 4° en se couchant ; 5° en les rendant moins appétissantes par leur haleine. De ces cinq moyens de destruction, le premier seul est utile ; tous les autres tendent à une dilapidation qui est toujours en proportion de la richesse et de la fertilité du sol.

5° *Amélioration du bétail.* Cet avantage s'applique à toutes les espèces de gros bétail, principalement dans les saisons sèches, lorsque les pâturages sont sujets à manquer.

Les chevaux et les bœufs de travail se nourrissent à l'étable avec beaucoup d'avantages. On leur épargne ainsi la fatigue d'aller recueillir leur nourriture après le travail, et on ne court aucun risque des plantes nuisibles ou des eaux malsaines (1). Ils se remplissent bien plus promptement, et il leur reste ainsi plus

____

(1) Bien que l'expérience ait suffisamment constaté qu'en général le bétail évite les plantes nuisibles, il n'en est pas moins vrai que lorsqu'il est affamé par les fatigues il mange souvent, dans la précipitation, des plantes qui lui sont nuisibles.

de temps pour le repos ; ils se reposent aussi bien plus commodément dans une étable ou sous un abri, avec abondance de litière, qu'en plein champ, où tant de choses viennent les tourmenter.

La nourriture en vert à l'étable, du gros bétail à l'engrais, réussit de même. Les jeunes bœufs deviennent aussi plus faciles à dresser pour le travail, et sont moins sujets aux accidents et aux maladies. La taille et la beauté des formes qu'on peut procurer au bétail tenu ainsi constamment sous des abris et dans un état progressif d'amélioration, justifient l'opinion que ce procédé est bien préférable à celui qui laisse le bétail exposé aux vicissitudes de l'atmosphère et aux autres inconvénients inséparables du système du pâturage, quoiqu'il s'exerce sur le sol le plus riche et dans les herbages de la plus belle végétation.

La nourriture à l'étable convient aussi bien aux bêtes à laine que le pâturage ; la qualité de la laine en est améliorée, et les bêtes sont moins sujettes à plusieurs maladies, comme la pourriture, etc., etc., qui leur sont si souvent fatales.

6° *Augmentation de la quantité et de la qualité du fumier.* Cet avantage ne peut être révoqué en doute. Dans le procédé du pâturage, les excréments qui tombent sur le sol sont détruits de différentes manières, et ne peuvent subir la fermentation ; tandis que, par la nourriture à l'étable, non-seulement on obtient une plus grande quantité de riche fumier, mais il peut être préparé avec plus d'avantages. D'ailleurs le fumier fait en été est toujours supérieur à celui d'hiver, à cause de la chaleur de la saison, qui, favorisant une fermentation rapide, donne naissance à plusieurs substances précieuses, dont la formation est arrêtée en grande partie par le froid et l'humidité surabondante de l'hiver. C'est par ce moyen seul que les cultivateurs de sols argileux peuvent marcher de pair, pour la production des engrais, avec les cultivateurs de *sols à turneps* (terres légères).

7° *Accroissement de valeur des produits du sol.* Il n'y a certainement aucune méthode par laquelle on puisse tirer plus de profit des herbages cultivés que par la nourriture du bétail à l'étable. Dans le voisinage des villes, la même prairie, qui serait considérée comme payée très-chèrement à 9 ou 10 livres sterling par acre, pour être pâturée, produira souvent 20 ou 25 l., en employant le produit à la nourriture en vert à l'étable. Il faut toutefois déduire de ce profit la dépense de fauchage et du transport du fourrage vert.

L'entretien du bétail à l'étable présente encore quelques autres avantages : il fournit le moyen d'employer utilement toutes les herbes qui croissent dans les plantations et les vergers, et qui fournissent souvent, au printemps, une nourriture abondante au bétail, avant qu'on puisse faucher le trèfle. On prévient, par ce moyen, le dommage que font souvent les bestiaux aux grains, aux turneps et à d'autres récoltes, en rompant ou en franchissant les clôtures. Dans les terres arables, on remarque aussi que la récolte qui suit le trèfle fauché vert est constamment supérieure à celle qu'on fait succéder au trèfle pâturé. Quant aux pâturages permanents, on les met ainsi à l'abri des fâcheux effets du piétinement du bétail dans les saisons humides. C'est pour cela qu'on regarde les bêtes à laine comme préférables au gros bétail, à moins que celui-ci ne soit nourri à l'étable.

Dans le procédé de l'entretien du bétail à l'étable, on doit faire attention de cultiver les fourrages de manière à être en état de pouvoir en donner le plus longtemps possible, c'est-à-dire au moins de quatre à six mois.

Dans la distribution de la nourriture journalière, le cultivateur doit faire attention aux règles suivantes : Distribuer la nourriture souvent, et en petite quantité à la fois ; mêler au jeune fourrage vert du fourrage sec, comme de la paille, du foin, etc., etc.; couper les diverses espèces de fourrages et les mêler bien ensemble; ne pas donner à boire immédiatement après que le bétail a mangé du fourrage vert ; observer le bétail avec attention pendant qu'il mange, afin de réduire la quantité de nourriture, aussitôt qu'on aperçoit le plus léger symptôme de perte d'appétit; prendre garde à ne donner le trèfle qu'avec parcimonie, principalement lorsqu'il est humide, afin d'éviter les accidents de météorisation. On peut les éviter efficacement, en ayant soin de faucher toujours le trèfle deux jours à l'avance, de l'étendre et de le faire essuyer dans un local bien aéré.

§ CI.

QUANTITÉ DE NOURRITURE EN VERT.

Les produits des fourrages verts et leur valeur nutritive dépendent principalement de la nature du terrain; les bestiaux demandent en outre une plus ou moins grande quantité de nourriture, suivant l'espèce et l'objet qu'on a en vue dans leur entretien; en conséquence, il n'est pas possible de fixer d'une manière générale la quantité de fourrage nécessaire pour chaque tête; il faut au contraire se régler d'après les circonstances et les principes que nous donnerons plus loin.

M. Pabst, dans son ouvrage sur l'éducation des animaux domestiques, donne un exemple pour indiquer comment il faut calculer la quantité de nourriture nécessaire au bétail pendant un temps donné. Nous le reproduisons ici parce qu'il est aussi clair que précis. Supposé que la durée de la nourriture en vert soit de cent cinquante jours (*terme moyen*); la quantité de nourriture qu'exige une vache à lait, pesant 750 livres, serait de 22 livres de foin et de 2 livres de paille, il lui faudrait en cent cinquante jours 3,300 livres de foin ou un équivalent de 14,000 livres de trèfle vert. Supposé maintenant que le terrain convienne au trèfle et à la luzerne, mais qu'il soit de moyenne qualité, en sorte qu'on ne puisse compter que sur 12,500 livres par journal, il faudrait 1 et 12 centièmes journal pour une vache;

mais comme il y a toujours quelque perte dans la récolte, et que d'ailleurs on ne donne pas toujours le trèfle seul, qu'on y ajoute encore de la vesce ou tout autre fourrage analogue dans la quantité d'un quart, cela ferait en total 1 et 4 dixièmes journal pour une vache. Mais si le terrain est de première qualité et bien cultivé, un journal suffira, et même moins, pour nourrir une vache pendant le temps donné.

§ CII.

NOURRITURE DU BÉTAIL EN HIVER.

Cette nourriture peut être très-variée ; mais le plus ordinairement elle se compose de foin et de paille avec lesquels on combine d'autres substances plus succulentes , comme des fourrages racines, ou aussi des grains et des résidus de différents métiers.

a. La paille. Les auteurs , comme il a déjà été dit plus haut, sont peu d'accord sur les facultés nutritives de la paille. M. de Thaër, dont nous avons souvent cité l'autorité, s'exprime à l'égard de cette substance de la manière suivante : Quelquefois on nourrit le bétail , pendant tout l'hiver , avec de la paille simplement ; cependant, lorsqu'il est réduit à une telle nourriture, non-seulement il refuse toute rente, mais encore il diminue au dernier point de chair et de force , ce qui confirme l'opinion de Davy, qui considère la paille comme non nourrissante. D'autres, au contraire, regardent la paille comme un véritable aliment , et Block lui attribue même une valeur nutritive, relativement au foin , comme 1 à 2.

D'après les *analyses* de Boussingault, l'équivalent de la paille (de froment , de seigle , d'orge et d'avoine) serait en moyenne de 549 $\frac{1}{2}$, c'est-à-dire 549 parties $\frac{1}{2}$ de paille remplaceraient 100 parties de foin ; et d'après M. de Thaër, suivant les observations pratiques, quoiqu'un peu en opposition avec le passage rapporté ci-dessus, on peut attribuer à la paille une valeur équivalente de 400. Nous pensons que l'opinion de M. de Thaër se rapproche le plus de la vérité, et que la paille est un véritable aliment, pourvu qu'on la donne mêlée avec d'autres fourrages.

On regarde encore comme paille la balle et la menue paille des granges, etc., etc., que beaucoup de personnes préfèrent à la paille, quoique sans fondement.

Quant à la quantité de paille qu'on donne à une vache par jour, on compte ordinairement que 8 à 9 livres suffisent. On la mêle alors avec la quantité nécessaire de foin ou d'un autre fourrage, le tout coupé. Il n'est pas régulier de donner la paille non coupée, surtout si en hiver elle constitue la principale nourriture; les animaux perdent trop de temps en mangeant, et il ne leur en reste pas assez d'un repas à l'autre pour ruminer et digérer. Cependant, lorsqu'on veut donner la paille non coupée, il convient mieux de la présenter au bétail comme litière, il en mangera alors les parties qui lui conviennent le mieux.

La paille des plantes légumineuses, comme celle des pois, de fèves, vesces, etc., etc., vaut mieux que la paille des céréales; on la réserve pour les bêtes à laine et les vaches laitières. La paille des pois et des vesces n'a pas besoin d'être coupée, mais bien celle des fèves, que l'on fait fermenter pour la rendre plus agréable au bétail.

b. Le foin et le regain. Ce sont les fourrages les plus naturels qu'on donne au bétail en hiver, et il est généralement connu que les bestiaux auxquels on a pu donner du foin en hiver se trouvent dans un état assez satisfaisant au printemps.

Le foin convient particulièrement pour maintenir dans un bon état les bœufs et les chevaux de labour; mais son influence sur le lait a été souvent exagérée. En effet, si l'on considère son prix élevé relativement à celui des autres fourrages, sa plus grande utilité pour d'autres animaux domestiques, et enfin son insuffisance comme nourriture journalière, bien entendu pour les vaches laitières, on comprendra qu'il est plus avantageux de ne donner le foin aux bêtes à cornes qu'avec parcimonie ou de ne pas en donner du tout.

D'après M. de Thaër, une vache de moyenne grosseur, lorsque d'ailleurs elle ne reçoit aucun autre fourrage nourrissant, doit avoir 6 kilogrammes de foin par jour pour se maintenir dans un état de vigueur parfait, 10 kilogrammes si on veut qu'elle donne beaucoup de lait, et 15 kilogrammes si elle donne du lait et qu'on veuille la maintenir en bon état.

Cette quantité de foin rendrait cependant l'entretien d'une vache trop coûteux, pour que le cultivateur ne fût pas tenté de lui substituer un fourrage racine, qui eût en même temps l'avantage d'augmenter le lait et de le rendre meilleur.

De toutes les espèces de foins, celui de vesce semble le plus nourrissant ; le foin de trèfle et de luzerne ont une valeur nutritive à peu près égale ; celui du trèfle blanc est analogue au foin de vesce, et le foin de spergule à la valeur du foin des prés. Les dernières espèces conviennent le mieux pour le jeune bétail, tandis que le foin des trèfles doit être réservé aux vaches à lait et à l'engrais.

c. Les fourrages racines. On doit avec raison les considérer comme une nourriture qui non-seulement remplace complétement le foin en hiver, mais qui influe le plus avantageusement sur le lait et sur la santé des bestiaux. Il est bien entendu qu'on ne donne jamais ces récoltes racines sans mélange avec des fourrages secs.

Ces fourrages sont employés crus, cuits ou fermentés. Sont propres à être donnés crus : les raves, les betteraves, les topinambours et les carottes. Les pommes de terre conviennent mieux cuites ou mieux encore fermentées. M. Pabst assure que les pommes de terre crues affaiblissent les organes digestifs et prédisposent les vaches à l'avortement ; si cela est exact, ce serait un motif de plus de les laisser fermenter avec de la paille, d'après les méthodes que nous avons indiquées plus haut.

Le *ruta-baga* est mieux donné cru ; mais on peut l'administrer aussi mêlé avec de la menue paille fermentée.

Nous nous sommes prononcé plus haut sur l'usage de cuire le manger pour le bétail, et nous répétons ici que nous rejetons cette méthode parce qu'elle occasionne des frais inutiles. D'ailleurs des essais faits avec toute l'exactitude nécessaire ont donné lieu de croire qu'il n'y a pas de différence considérable entre des pommes de terre cuites et des crues.

Cependant, comme les pommes de terre crues données en très-grande proportion, ainsi que cela a quelquefois lieu pour le bétail à l'engrais, montrent souvent une propriété relâchante, ce que **M.** Pabst a probablement entendu dire, il vaut mieux les laisser fermenter avec de la paille et un peu de sel.

Tous les fourrages racines doivent être partagés par morceaux avant de les donner, afin d'empêcher que les bêtes ne *s'englobent.* On se sert à cet effet des instruments dont nous avons donné la description au commencement de ce volume.

d. Les résidus de la fabrication de la bière et de la distillation, etc., etc. Le résidu de la fabrication de la bière est une excellente nourriture pour le bétail à lait et à l'engrais ; ce résidu a encore l'avantage de se conserver longtemps lorsqu'on en remplit des fosses.

Le résidu de la distillation des eaux-de-vie constitue dans beaucoup de localités un objet principal de la nourriture du bétail en hiver et au printemps. On le donne en boisson, mélangé avec de l'eau, ou mieux encore avec d'autres fourrages secs hachés. Plus promptement on l'emploie, mieux c'est ; car il contracte bien vite de l'acidité, ou il influe désavantageusement sur le lait. Cette nourriture est aussi très-irritante ; c'est pour cette raison qu'il ne faut pas en donner en trop grande proportion aux vaches pleines, de crainte de les faire avorter. En général le résidu des distilleries convient particulièrement pour le bétail à l'engrais, pour des motifs que nous avons développés plus haut.

Le résidu des sucreries ou le marc de betteraves est une très-bonne nourriture, et peut être donné dans toutes les circonstances et dans toutes les proportions. Cette nourriture gagnera un jour une importance bien plus grande encore, quand la question des sucres sera une fois décidée. Mais malheureusement il y a dans cette question des intérêts en jeu qu'il ne sera pas aisé à un ministre de concilier, et bien certainement le cultivateur renoncera bien plutôt à une culture, quelque avantageuse qu'elle puisse être, que de se soumettre à des vexations fiscales.

Le résidu des fabriques d'amidon constitue une nourriture moins bonne. Elle ne convient pas pour les vaches à lait ni pour celles qui sont pleines ; le mieux est encore de le donner au bétail à l'engrais. Enfin les gâteaux d'huile (*tourteaux*), de colza et de lin, sont une excellente nourriture. Le mieux est de les employer dans la boisson, comme on le fait presque généralement.

e. Les grains. Cette nourriture ne peut avoir lieu en grand que là où le prix en est très-bas. Aux vaches à lait on en donne en petite quantité comme supplément au foin ou pour remplacer celui-ci. On ne donne jamais le grain dans son état naturel, car il n'est pas rare qu'il passe dans le corps des animaux sans être digéré. C'est pour cela qu'on l'égruge, ou mieux encore qu'on le détrempe avec de l'eau chaude, ou qu'on le prépare comme le malt.

Les graines légumineuses, l'avoine, le seigle, le sarrasin et l'orge sont les grains qui conviennent aux bestiaux ; l'orge cependant donne au beurre de la disposition à prendre de l'amertume.

On peut assimiler aux grains les criblures des grains, le son, les résidus de l'orge et de l'avoine mondés, et de toute espèce de grains mêlés dans la boisson, et cette nourriture donne au bétail de la disposition à boire davantage.

§ CIII.

HEURES AUXQUELLES IL FAUT DONNER A MANGER ET A BOIRE AU BÉTAIL.

Ordinairement on donne à manger au bétail trois fois par jour. Il importe beaucoup d'observer régulièrement les heures auxquelles le bétail est accoutumé. D'après M. de Thaër, la nourriture d'hiver doit être distribuée de la manière suivante : le matin à cinq heures les vaches reçoivent de la paille et du foin hachés ; à onze heures on leur donne des récoltes-racines sans addition ; ensuite on leur présente de la paille non hachée ; après trois heures un peu de foin non haché ; le soir on leur donne d'abord des fourrages hachés comme le matin, cependant en moindre quantité, et lorsqu'elles les ont consommés, derechef des racines. Alors on met devant elles, pour la nuit, de la paille, dont elles mangent ce qu'elles veulent ; le reste doit servir pour la litière le lendemain. Cette nourriture peut être variée suivant la méthode de préparation qu'on a adoptée ; seulement il convient ici de faire observer qu'il ne faut pas trop diviser la nourriture pour les bêtes à cornes, ni leur donner une nourriture trop liquide, attendu que la rumination en serait rendue trop difficile.

Une, deux ou trois heures après le manger, les vaches sont abreuvées ; jamais il ne faut leur donner à boire immédiatement après.

La durée de la nourriture d'hiver est ordinairement de sept mois, quelquefois de six seulement, suivant le temps qu'il a fait et l'abondance des fourrages.

§ CIV.

ÉTABLES.

Dans la nourriture des bêtes à cornes à l'étable, la construction de celle-ci demande aussi une attention spéciale. Une bonne étable doit avoir au moins **12** à **15** pieds de hauteur, être bien éclairée et pourvue de soupiraux ou ventouses pour donner une issue aux vapeurs. Les portes et les fenêtres doivent être disposées de manière à éviter les courants d'air. Si l'on a la facilité de choisir l'emplacement, on préférera l'exposition du nord, parce que les vents d'ouest étant les vents dominants en Belgique, on ne serait pas obligé de tenir toujours fermées les fenêtres qui seraient de ce côté.

La dimension doit être calculée sur la quantité d'individus dont se compose le troupeau, à raison de **4** pieds par bêtes ; d'autres veulent que chaque vache, pour n'être point gênée, ait au moins **5** pieds d'espace en largeur. Il faut, en outre, l'espace nécessaire du côté où l'on donne la nourriture aux bestiaux. Dans beaucoup de fermes, l'étable est large et composée de deux divisions séparées par un corridor ; c'est dans ces corridors que l'on garde la quantité de nourriture nécessaire pour un jour, et c'est de ce côté qu'on met la nourriture dans les mangeoires. Dans les Flandres on voit une autre disposition qui a ses avantages. Chaque division est fermée du côté du corridor par des grillages de bois. Les animaux prennent leur nourriture sur le sol ou dans un cuvier qui est hors des barreaux. De cette manière on ne perd rien du bon fourrage, que les animaux piétinent ordinairement et mêlent avec les litières ; le sol de l'étable est quelquefois pavé de briques ; souvent il est couvert de dalles, et toujours un peu incliné en arrière pour faciliter l'écoulement des urines.

On donne la nourriture ordinairement dans des crèches de pierre ou de bois ; dans quelques étables on voit aussi des râteliers pour y mettre la paille, le foin, les trèfles, etc., etc. Mais on a observé que les vaches, qui sont ainsi forcées de lever la tête pour prendre leur nourriture, contractent une disposition dangereuse à l'avortement.

Quant à l'espace nécessaire afin de placer convenablement une bête à cornes de forte taille, soit pour la place qu'elle occupe elle-même , soit pour l'espace nécessaire pour curer l'étable et pour donner la nourriture , on a calculé qu'il faudrait en tout 41 à 64 pieds carrés.

§ CV.

LITIÈRES.

Les fumiers devraient, d'après les règles de l'hygiène, être extraits tous les jours. Cependant, sous le rapport de l'économie, il y a quelques avantages à laisser le fumier dans les étables pendant un certain espace de temps. Dans les Flandres, les fumiers ne sont extraits des étables que tous les dix ou douze jours ; mais ces fumiers sont poussés tous les matins dans un coin ou un fossé creusé dans l'étable derrière les animaux, auxquels on donne une abondante litière, et qui par conséquent ne se couchent pas dans la fange : ils sont en outre soigneusement étrillés et le pis lavé.

Dans certaines contrées où la paille est rare, on emploie comme litière de la terre ou du sable dont on extrait tous les jours la partie qui s'est imprégnée des urines et des excréments des animaux. Cette méthode nous paraît applicable dans toutes les fermes et dans toutes les circonstances. Elle est d'ailleurs préférable à ce funeste usage de laisser le fumier trois et souvent quatre à cinq semaines dans les étables. Nous disons usage funeste, car quel animal, quelle que soit sa nature, pourrait vivre longtemps dans un air infecté, sans en ressentir les inconvénients. Il est vrai que souvent des vaches, qui ne sortent jamais de l'étable, finissent par s'y habituer, mais jamais leur viande n'est aussi bonne et ne se conserve aussi longtemps que celle des animaux qui ont respiré un air pur.

Les animaux à l'engrais, dit-on, s'engraissent plus facilement et plus promptement lorsqu'on les tient enfermés dans des étables obscures remplies d'un air infect et étouffant ; mais ces bêtes n'ont que quelques mois à vivre, et on veut les pousser au plus haut degré de graisse le plus promptement possible.

En général, nous recommandons aux cultivateurs de ne pas épargner la paille pour la litière des bestiaux et de la renouveler le plus souvent possible, afin qu'ils soient couchés commodément et proprement. Certaines personnes s'imaginent qu'en laissant le fumier des semaines et des mois entiers dans l'étable, il s'y améliore par une fermentation favorable. Eh bien! c'est précisément à cause de cette fermentation que nous voulons que le fumier soit extrait des étables ; car pendant cette fermentation non-seulement une grande quantité d'ammoniac, mais aussi plusieurs autres gaz se dégagent du fumier, des gaz qui ne peuvent être nullement favorables à la santé des bestiaux. D'ailleurs cette fermentation, les fumiers peuvent aussi bien la subir hors des étables ; le résultat sera même encore plus favorable si l'oncompose les tas d'après les principes que nous avons enseignés dans le premier volume au chapitre des engrais.

Lorsque l'on tient le bétail constamment à l'étable, il faut se donner des soins particuliers pour lui procurer autant que le temps le permet de l'air en ouvrant les portes et les fenêtres ; en été surtout cette précaution est indispensable ; c'est pour cette raison que nous avons conseillé de donner aux étables une exposition au nord : on peut alors laisser les portes ouvertes sans avoir à craindre que les bestiaux soient incommodés par le soleil.

Quant à la boisson en été, l'eau pure est la plus convenable ; pour le bétail à l'étable, il faut la renouveler après chaque repas. Une eau bien fraîche donne du ton aux intestins et prévient les suites souvent fâcheuses d'une nourriture trop chaude, que beaucoup de personnes donnent encore en été à leurs bestiaux.

§ CVI.

MALADIES DES BESTIAUX.

La plupart des maladies qui attaquent le bétail à cornes ont leur cause dans un traitement vicieux. Une eau de mauvaise qualité ; une nourriture trop froide ou trop chaude, gâtée ou moisie ; une étable humide, froide, mal aérée ; une couche humide et sale ; enfin la malpropreté et la misère, sont les causes principales et ordinaires des maladies des bestiaux, et c'est en les évitant autant que possible qu'on parvient à les maintenir dans un état parfait de santé.

Nous ne nous occuperons pas de l'énumération des diverses maladies des bêtes à cornes, ni des moyens de les en guérir. Nous avouons notre ignorance dans une branche scientifique qui n'est pas du ressort de l'agriculture. D'ailleurs, la sollicitude des gouvernements, en établissant des écoles de médecine vétérinaire, d'où sortent annuellement des hommes instruits, a procuré aux cultivateurs le moyen auquel ils peuvent avoir recours, en cas que leurs animaux soient atteints de maladies.

§ CVII.

LA LAITERIE.

Les vues dans lesquelles on élève des vaches sont, outre le produit en engrais : la laiterie, l'engraissement et l'élévation du jeune bétail, soit pour la vente, soit pour le travail. Nous commencerons par la laiterie, qui est le moyen le plus habituel de tirer parti du bétail à cornes, comme il est aussi le plus important dans une économie rurale.

L'avantage et le succès d'une laiterie dépendent : 1° du choix et de la qualité des vaches ; 2° de la quantité et de la nature des aliments ; 3° de la manière de traire les vaches, et 4° des moyens de tirer parti des produits de la vacherie.

1° Il y a trop de différence, dit M. de Thaër, dans les races et dans les individus, trop d'inégalité dans la nature et l'entretien, trop de variation dans la manière de traiter les produits de la vacherie et d'en tirer parti, ainsi que dans leur prix, pour qu'on puisse rien dire de général sur le produit et moins encore sur la rente en argent qu'on peut retirer d'une vache à lait. De là résulte que celui qui tient à se procurer une race de belle taille et de très-bonne qualité, et qui par conséquent s'engage en quelque sorte à donner beaucoup de soins aux choix et à l'élévation des veaux, doit avoir les moyens de donner aux vaches une nourriture très-abondante et de bonne qualité, et choisir pour composer son troupeau la meilleure race et la plus laiteuse. Quant au cultivateur, qui ne regarde qu'au produit de la vacherie sans chercher à élever de veaux, il n'a pas besoin de faire tant d'attention à la race ni à la taille : il achètera des bêtes qu'il aura reconnues bonnes vaches à lait ; celui enfin qui n'a pas les moyens de se procurer une nourriture abondante, doit choisir des vaches de petite taille qui mangent moins que les autres. En général il faut se garder de ces belles vaches qui mangent beaucoup et qui donnent peu de produit. Comme il est difficile, dans beaucoup de localités, de se procurer par achat de bonnes vaches à lait, pour remplacer celles qu'on a vendues, il est plus avantageux d'élever les veaux provenant des vaches les plus laiteuses ; et comme sur six à huit vaches on en vend ordinairement une par an, la proportion la plus convenable d'élèves est d'un tiers du nombre des vaches, en sorte que si l'on a constamment six vaches, il faut deux élèves.

Dans le voisinage des grandes villes, où la vente du lait donne le bénéfice le plus élevé, on élève rarement du jeune bétail, et on préfère généralement y acheter les vaches quand on en a besoin. Ordinairement on choisit des vaches pleines ou ayant déjà vélé. Il est important de connaître l'âge d'une vache à lait. C'est seulement à six ou sept ans que les vaches sont le plus abondantes en lait, et on peut les y maintenir jusqu'à leur douzième année, lorsqu'elles n'ont fait leur premier veau qu'à la troisième. M. de Thaër n'envisage pas comme économique de se défaire d'une vache exempte de défauts, uniquement parce qu'elle a atteint l'âge de dix ans. Ce n'est qu'après la douzième année que la fécondité en lait commence à diminuer.

Pour s'assurer de la qualité des vaches relativement à leur produit en lait, il faut les faire traire tous les quinze jours et supputer le lait de chacune séparément; on inscrit sur un livre la quantité qu'elles ont donnée, et à la fin de l'année, par une simple addition, on saura au juste le produit en lait de chaque vache.

§ CVIII.

MANIÈRE DE TRAIRE LES VACHES.

Quoique ce ne soit pas une chose bien difficile à faire que de traire une vache, il y a cependant beaucoup de servantes qui le font de manière à vous laisser dans l'incertitude si c'est par négligence ou par manque d'intelligence qu'elles l'exécutent si mal. C'est pour cela que nous rapporterons ici ce que l'on doit observer quand on trait une vache.

On trait les vaches deux ou trois fois par jour. Ce dernier cas a seulement lieu lorsqu'on nourrit très-abondamment et que les vaches sont très-riches en lait.

Il faut porter, dit M. de Thaër (*Principes raisonnés d'Agriculture*, t. IV, page 548), une grande attention à ce que l'on traie les vaches complétement et avec intelligence, parce que la petite quantité du produit de la laiterie provient souvent de là. Il faut pour cela l'attention suivie d'une femme, qui enseigne aux servantes de la vacherie la manière de s'y prendre. La femme du fermier doit, aussitôt qu'elle doute le moins du monde qu'une vache n'a pas été bien traite, mettre elle-même la main à l'œuvre, afin de vérifier la réalité de ses doutes, et traire le reste du lait qui pourrait se trouver dans le pis. Si l'on se donne cette peine, ce n'est pas pour la valeur qui cette fois serait demeurée dans le pis, mais pour prévenir le dommage qu'occasionne la diminution de secrétion du lait qui en résulte, et pour empêcher les progrès que fait la négligence lorsqu'on n'y porte pas remède sur-le-champ. L'on doit traire successivement les quatre trayons, lors même qu'un d'eux ne donnerait plus de lait.

La personne qui trait les vaches doit les traiter avec douceur ; et si le pis est malpropre, il faut toujours qu'il soit lavé avant qu'on traie, parce que la malpropreté, dit M. de Thaër, même la plus petite, qui se trouve dans le lait, lui communique un mauvais goût, le dispose à s'altérer, et peut en outre discréditer la laiterie.

La première portion du lait est toujours plus aqueuse que la dernière, c'est pour cela qu'il est si important de traire jusqu'à la dernière goutte : mais cette différence n'est pas aussi grande qu'on l'a voulu prétendre.

Lorsque les servantes prétendent que le lait d'une vache a diminué, qu'elle ne vaut plus la peine d'être traite, il faut vérifier, en l'échauffant modérément, si ce lait se caille ; si cela n'a pas lieu, il faut continuer à traire, afin que la vache ne s'habitue pas à rester trop longtemps sans donner du lait.

M. de Thaër ne veut pas, et avec raison, qu'on traie trois ou même quatre fois : car des essais faits avec soin ont constaté qu'on obtient tout autant de lait en ne trayant que deux fois par jour. C'est seulement lorsque la secrétion du lait est la plus forte, et telle que le pis ne puisse pas contenir tout le lait, en sorte qu'il en découle de lui-même, qu'on doit traire une troisième fois.

Il arrive quelquefois que le lait a une couleur bleuâtre ou rougeâtre, ou bien il est plus jaune qu'à l'ordinaire. On peut attribuer ce phénomène à plusieurs causes ; toujours est-il certain que la santé de la vache qui donne un lait bleu a été un peu altérée, soit par une nourriture de mauvaise qualité, soit par le séjour dans une étable malsaine. La couleur elle-même semble provenir d'une infinité de petits animalcules (*infusoires*) de couleur bleue, sur lesquels M. Fuchs a communiqué des observations à la *Société des Amis d'Histoire naturelle de Berlin*, et dont M. le professeur Ehrenberg a découvert deux espèces distinctes. Ces animalcules se multiplient d'une manière prodigieuse, en sorte que, si l'on ajoute une petite portion de lait bleu à de bon lait, ce dernier devient en peu de temps aussi bleu que l'autre.

Nous avons déjà dit, et chacun le sait, que le premier lait est le plus abondant, et qu'il va toujours en diminuant jusqu'à ce qu'il tarisse enfin totalement peu de temps avant que la vache donne son veau. Les agronomes ont admis, qu'en moyenne, une vache peut être traite pendant trois cents jours environ, et que le produit moyen de 100 livres de foin ou de toute autre nourriture, réduite à l'équivalent du foin, est de 20 litres de lait. Mais on se trompe souvent si l'on calcule le produit en lait d'après la quantité qu'une vache donne au commencement ; car il n'est pas rare de voir que des vaches, qui au commencement donnent beaucoup de lait, diminuent peu après dans une proportion effrayante eu égard à ce qu'elles donnaient après le vêlement. Il ne faut pas garder des vaches qui diminuent trop promptement de lait.

§ CIX.

On peut tirer parti du lait de différentes manières ; par la vente, par la fabrication du beurre ou du fromage.

L'on tient la première manière de tirer parti du lait pour la plus avantageuse dans les lieux qui sont à portée des villes. Elle l'est ordinairement en effet, mais, comme le fait observer M. de Thaër, il y a des restrictions : cette vente occasionne des frais, des détails, et, si ce n'est pas la fermière qui s'en occupe elle-même, une surveillance qui n'est pas l'affaire de tous les cultivateurs. Dans les lieux qui sont à portée d'écouler du lait frais, on trouve ordinairement aussi à écouler du beurre frais, du fromage frais et du lait de beurre.

Il est bien rare que les cultivateurs nous apportent le lait tel qu'il provient de la vache, le plus souvent ils nous le fournissent écrémé et même pis encore.

§ CX.

FABRICATION DU BEURRE.

On fait du beurre dans toutes les exploitations rurales, soit pour le propre usage, soit pour la vente. Pour faire du beurre bon et qui puisse se conserver, il faut apprendre cette fabrication dans toutes ses parties.

La première condition est une bonne chambre à lait pour que la crème puisse se séparer du lait le plus parfaitement possible. Ordinairement on la fait au-dessous du niveau du sol, afin d'y maintenir en été la fraîcheur et en hiver la chaleur nécessaires ; il faut, en outre, qu'elle puisse être assez éclairée et aérée, et que le sol soit couvert avec des plateaux de pierre ; l'on donne à ce parquet de la pente vers l'un des côtés, afin que l'eau dont on doit l'arroser continuellement, et avec laquelle il doit être maintenu propre, se réunisse pour s'écouler. La chambre ou cave à lait doit être à l'abri de tout air corrompu ou chargé de miasmes infects ; elle doit être assez spacieuse pour contenir le lait de trois jours, et pour que les baquets à lait soient les uns à côté des autres et non les uns sur les autres.

Les baquets dans lesquels on place le lait pour le faire crémer, sont de bois, de terre cuite ou de métal. Ceux de métal, surtout d'étain, paraissent les meilleurs pour écrémer le lait, mais ils sont trop coûteux. Ceux de terre cuite peuvent plus facilement être tenus propres que ceux de bois, mais ils sont trop fragiles ; ceux de bois sont les plus ordinaires dans les grandes exploitations, et ils n'ont aucun inconvénient lorsqu'on a soin de les nettoyer convenablement et de les exposer à l'air.

Les baquets plats qui sont plus larges que profonds sont les plus convenables, parce qu'ils exposent le lait à l'influence de l'atmosphère sur une plus grande superficie, parce que la crème s'y amasse plus parfaitement et plus promptement à la superficie, parce que le lait ne s'y aigrit pas aussi facilement, et enfin parce qu'on peut mieux séparer la crème du lait.

§ CXI.

Le temps auquel on doit écrémer est différent suivant le temps et la température de la chambre à lait. En été, c'est souvent en trente-six heures que la séparation a déjà lieu; en hiver, c'est ordinairement en quarante-huit. Le point essentiel, c'est de maintenir dans la cave à lait une température convenable, qui est de 10 à 12 degrés Réaumur en été, et de 13 à 15 en hiver. Si l'on désire un beurre de bonne qualité et qui se conserve longtemps, on doit chercher à lever la crème avant que le lait se soit caillé ou aigri. Le signe de la maturité de la crème est qu'elle ait acquis une certaine consistance et qu'on puisse plonger dedans un couteau, sans qu'aucun lait revienne à la superficie. En général, les meilleurs agronomes sont d'accord sur le point, que du beurre fait avec de la crème douce est plus propre à être conservé, qu'il a un goût plus agréable, et qu'il demeure plus exempt d'amertume.

On lève la crème à l'aide de cuillers en fer-blanc ou en bois qui ont la forme d'une pelle; les premières me paraissent préférables.

D'après M. de Thaër, on doit fabriquer le beurre aussitôt que la crème a été levée; d'après d'autres, il faut conserver la crème pendant un ou deux jours dans un vase de terre ou de bois. La dernière méthode me semble préférable, parce que pendant ce court repos la séparation du beurre d'avec le lait commence déjà à s'opérer, ce qui fait que le beurre paraît plus vite dans le battage.

Nous avons déjà parlé plus haut, au chapitre *des Instruments agricoles et d'Économie rurale,* des diverses espèces de barattes, dont on se sert pour séparer le beurre du surplus de la crème. Nous nous bornerons donc ici à expliquer comment le beurre se forme et se sépare.

La crème est un composé intime de lait et de partie grasse.

16.

Cette dernière n'est point encore du beurre ; elle n'en prend seulement la nature qu'après s'être combinée avec une partie d'oxygène de l'atmosphère. C'est pourquoi nous avons dit que les barattes les plus convenables sont celles qui permettent à l'air une libre entrée, et dans lesquelles il puisse se renouveler aussi souvent que cela se peut. C'est pour la même raison que nous jugeons qu'il vaut mieux conserver la crème un ou deux jours avant de la soumettre au battement, et c'est encore pour le même motif que nous conseillons d'ajouter à la crème une petite quantité de lait de beurre avant de commencer le battement. Cette addition a pour but de communiquer à la crème une certaine disposition à se combiner avec l'oxygène de l'air, et par conséquent une plus prompte séparation du beurre d'avec le reste de la crème.

Dans la fabrication du beurre, un degré de chaleur convenable n'est pas moins essentiel. Si la crème est trop chaude, les parties butireuses restent divisées dans le lait et ne se réunissent pas ; si elle est trop froide, le beurre est trop dur pour que les molécules puissent s'agglomérer.

Souvent, si la crème est très-épaisse, on a une peine infinie pour faire du beurre ; cela arrive surtout lorsque les vaches sont très-avancées dans leur grossesse. En y ajoutant une certaine quantité d'eau tiède ou froide suivant la température, le beurre se formera promptement.

En Belgique, en Angleterre et dans quelques contrées de l'Allemagne, on bat la crème avec toute la quantité de lait à demi caillé, et on obtient plus de beurre ; quelques-uns estiment le surplus à 22 pour cent. Le lait de beurre qu'on obtient par cette méthode a une plus grande valeur dans les fermes où on le donne aux domestiques, et où l'on en nourrit les veaux ; mais pour en faire du fromage, il ne convient pas aussi bien. Lorsque le beurre est fait, on le sépare du lait, on le lave dans de l'eau froide, pour en séparer le résidu laiteux et les parties caséeuses, et on le vend frais ou on le sale.

Il y a des personnes expérimentées qui prétendent qu'il ne faut pas trop laver le beurre, surtout en hiver, croyant que par là on lui enlève une partie de sa couleur et de son goût, ce qui nous paraît ne pas être sans fondement ; mais d'un autre côté il n'est pas moins vrai que s'il reste trop de parties caséeuses mêlées au beurre, celui-ci est plus sujet à se gâter. Comme le beurre qu'on fait en hiver n'a jamais la belle couleur jaune du beurre de printemps et d'été, on lui donne souvent de la couleur ; à cet effet, on doit placer la matière colorante dans la baratte. En Belgique, on colore avec du jus de carotte ou avec des fleurs de souci, que l'on voit ordinairement dans les jardins des cultivateurs ; mais le moyen le plus simple et le plus facile à se procurer, c'est le roucou dont on met le soir avant de faire le beurre la grosseur d'un pois dans 30 ou 40 livres de crème.

Pour que le beurre se conserve, c'est-à-dire pour empêcher qu'il ne contracte avec le temps une mauvaise odeur et un mauvais goût, ce qui provient, comme il a été dit, des parties caséeuses dont il reste toujours une partie, et qui entrent dans une sorte de putréfaction, il faut le pétrir avec beaucoup de soin, afin qu'il n'y reste ni humidité, ni air, et le saler ; moins le beurre est nettoyé, plus il a besoin de sel. On emploie une livre de sel pour 10 à 20 livres de beurre.

Dans quelques pays, afin de conserver plus longtemps le beurre, on le fond, et par ce moyen les parties caséeuses se séparent ; mais le beurre ainsi fondu ne conserve jamais le goût agréable du beurre non fondu, et ne peut être employé que pour l'usage de la cuisine. Le beurre fondu perd 15 à 20 pour cent de son poids, et même plus s'il était de mauvaise qualité.

Pour tirer du lait écrémé tout l'avantage possible, on en fait du fromage, ou on le joint au lait de beurre pour servir à la nourriture de l'homme ; quelquefois on l'emploie pour le donner aux jeunes cochons sevrés, et de cette manière il donne une rente assez considérable.

§ CXII.

FABRICATION DU FROMAGE.

La fabrication du fromage est, là où le cultivateur ne peut pas vendre son lait en nature, un des moyens principaux pour tirer parti du lait.

On croit généralement que la qualité des fromages dépend exclusivement de celle du lait, et par conséquent de la nature du pâturage. Quoique cela soit vrai sous le rapport du goût et de la couleur, il a été d'un autre côté prouvé par les expériences de Boussingault et Lebel, que le genre de nourriture n'exerce qu'une faible influence sur la quantité des parties butireuses et caséeuses, qui reste à peu près invariable dans toutes les circonstances chez les individus de la même race. Il est donc de fait que les procédés de la manutention influent encore plus sur les qualités diverses des fromages que la nourriture.

La principale diversité, outre celle qui résulte des divers procédés, consiste si l'on emploie pour la fabrication du fromage du lait doux sans en avoir séparé la crème, ou si l'on se sert de lait qui s'est caillé naturellement, sans ou avec les parties butireuses. On distingue donc des fromages de lait doux et de lait aigre. D'autres les classent en fromages gras et fromages maigres ou en fromages tendres, demi-tendres ou fromages durs, suivant qu'on emploie du lait non écrémé ou privé de sa crème. Les fromages enfin se classent encore en ceux auxquels on fait d'abord éprouver une espèce de cuisson, et en ceux qui deviennent fromages par le seul écoulement du petit-lait.

Pour les fromages les plus gras on ajoute encore de la crème au lait non écrémé.

Dans la fabrication du fromage, quatre opérations principales ont lieu; elles sont applicables à toutes les espèces de fromages, savoir :

1° Faire cailler le lait ;

2° En séparer le petit-lait ;

3° Saler le fromage égoutté ;

4° L'affiner, c'est-à-dire lui donner les qualités qui le distinguent.

Notre intention était d'abord de donner une description détaillée de chacune de ces quatre opérations ; mais comme il nous reste encore beaucoup d'objets à traiter dans ce volume, nous avons préféré donner immédiatement les détails de la fabrication des espèces de fromage les plus estimées en Europe et qui font principalement l'objet du commerce ; nous réservant toutefois d'ajouter les éclaircissements nécessaires à la connaissance de la théorie de la fabrication du fromage.

Comme nous n'avons pas d'expérience dans la fabrication de diverses espèces de fromage, nous en rapporterons les procédés d'après les renseignements des meilleurs auteurs dans cette partie de l'économie rurale. Mais avant d'entrer dans ces détails, nous ferons précéder, pour plus de clarté, la préparation de la présure, moyen principal pour faire cailler le lait.

En général, toutes les substances qui contiennent un acide ou de la matière astringente , font cailler le lait ; mais comme il est de la plus grande importance pour la réussite de la fabrication du fromage d'employer ces caillettes dans les proportions convenables, on fait le plus d'usage de la présure qu'on prépare avec de l'estomac de veaux qui tètent, ou qui ont été nourris avec du lait ; c'est le dernier des quatre estomacs qu'on prend pour cela.

La préparation et conservation de ces estomacs de veaux varient beaucoup ; parce qu'on croit que chaque variation dans la préparation a une grande influence sur la nature du fromage, ce qui cependant n'est pas fondé.

Une des préparations les plus usuelles, suivant M. de Thaër, est la suivante : l'on ouvre l'estomac d'un veau nourri au lait , et l'on en enlève le lait caillé ; on nettoie ce dernier, surtout des poils qui pourraient s'y trouver, et on le lave avec de l'eau froide , afin qu'il devienne tout à fait blanc. Alors on le serre dans un linge propre pour le sécher, on l'étend , et on le broie soigneusement avec du sel. Ensuite on lave aussi l'estomac dans de l'eau froide, on le frotte avec du sel , et l'on renferme dedans ce qu'on avait déjà préparé ; on met le tout dans un pot , et on le couvre de sel. On met ensemble autant d'estomacs qu'on peut en rassembler en un mois. Les caillettes ainsi préparées doivent demeurer une année dans les vases avant qu'on en fasse usage , et lorsqu'on veut s'en servir, on ouvre un de ces vases, on le vide et l'on broie avec soin son contenu. Alors on y met trois jaunes d'œufs frais , et l'on jette par-dessus un petit verre de bonne crème. Ordinairement, après que le tout a été bien brassé et mélangé ensemble , on y jette un peu d'épices , de noix et de fleur de muscade, un clou de girofle et un peu de safran en poudre. L'on renferme de nouveau le tout dans la vessie, et on le suspend dans un lieu propre. L'on fait alors une forte saumure d'eau de sel, on la cuit , on la laisse reposer autant que cela est nécessaire, et l'on verse dedans 8 $\frac{1}{2}$ onces de présure tirée de la vessie ; on met aussi dedans quatre ou cinq feuilles de noyer, et on laisse le tout ainsi pendant quinze jours.

D'autres prennent trois à quatre estomacs de veaux , ils en ôtent le lait caillé, et après l'avoir lavé ils le pétrissent avec une poignée de farine d'orge et une pareille quantité de pain frais et de sel. Ils ne salent pas les estomacs eux-mêmes ; ils se bornent à les racler un peu et à joindre, avec le mélange, ce qu'ils leur ôtent de cette manière. Ils placent ensuite le tout dans un vase de terre cuite ou de pierre en y mettant du sel dessous et dessus, et ils le conservent dans un lieu frais.

§ CXIII.

A. *Fromages gras fabriqués avec du lait non cuit.*

a) Fromages durs. Ce qui distingue principalement la fabrication des fromages gras de celle des fromages maigres, c'est la nécessité de faire cailler le lait, avant la montée de la crème, c'est-à-dire au moyen de la présure.

1. *Fromage de Hollande.* Nous donnons avec ses détails la description que nous en a fournie M. Desmaret; elle est exacte dans tous les points.

On commence par tirer le lait et le couler à l'ordinaire. On dépose ensuite le lait dans une grande tinette, puis, pendant qu'il est encore chaud, on y met la présure, sur le pied de 30 à 60 kilogrammes pour 100 litres (1), et on le laisse prendre. Lorsqu'il est bien caillé, on le divise avec la main et on en dégage le petit lait autant qu'il est possible; c'est cette masse de caillé réunie qu'on emploie aussitôt à faire le fromage. On prend une certaine quantité de caillé qu'on met dans une écuelle percée de trous comme une passoire; on la pétrit en la pressant fortement, et on en exprime ce qui peut rester de petit-lait; en même temps une certaine quantité de crème, entraînée par le petit lait, s'échappe par les trous de l'écuelle. Cette crème est tellement abondante dans le caillé, que lorsqu'on le rompt, on en voit plusieurs filets qui en découlent; et quoique la pâte ait été pétrie avec soin, on aperçoit encore la crème distribuée par veines blanches au milieu des fromages, lorsqu'ils ont reçu toutes ces préparations : c'est une marque non équivoque que le lait dont ils ont été faits était fort gras.

(1) Il n'est pas bien possible de fixer la quantité de présure qu'il faut prendre pour faire cailler le lait. Trop de présure altère le fromage; trop peu ne remplit pas l'objet. En général, la quantité varie selon la nature du lait, celle de la présure, la chaleur de la saison, celle du lait, etc. Presque toujours on opère au hasard; l'habitude seule peut donner la mesure exacte.

A mesure qu'on pétrit ainsi le caillé, et qu'on le réduit en grumeaux très-fins, on le met dans les formes. Ce sont des cylindres creux, dont le fond est concave et percé de quatre trous. Aussitôt que les formes sont remplies exactement de caillé bien pétri et bien tassé, on les recouvre avec un couvercle cylindrique, taillé de manière qu'il puisse entrer dans l'ouverture supérieure de la forme, dès qu'il éprouve le plus petit effort de la presse, la forme placée sur une table ayant une rigole qui est creusée tout autour ; cette forme est comprimée par une planche portée sur trois montants et chargée de pierres. La crème et le petit lait, continuant à s'échapper par les trous du fond de la forme, coulent sur la table et vont se rendre dans un vase destiné à les recevoir. Le pain de caillé ayant pris dans la forme et sous l'effort de la presse une certaine consistance, on le tire de la forme ; on le retourne, et l'on continue de tenir le tout sous la presse de la manière que nous l'avons expliqué ci-dessus. Dans cette situation, le petit-lait et la crème surabondante se dégagent toujours par filets du pain de caillé, dont les grumeaux se rapprochent de plus en plus : ce qu'on reconnaît aisément par la diminution des yeux ; et lorsqu'ils sont diminués à un certain point, on retire le pain de la forme et on l'enveloppe dans une toile fort claire, qu'on a eu soin de faire sécher bien exactement.

On étend la toile sur une table, et après avoir retiré le fromage de la forme, on roule la toile par le milieu, tout autour de la surface cylindrique du fromage ; puis on rapproche les parties d'une lisière en les pliant sur la base arrondie par le cul de la forme ; on remet le fromage ainsi enveloppé dans une forme, et on finit par en recouvrir la base supérieure avec l'autre extrémité de la toile, dont une grosse épingle assujettit les derniers plis.

C'est alors qu'on porte le fromage ainsi enveloppé sous la presse la plus pesante, et qu'on achève de comprimer le fromage de manière à ce que la crème et le petit-lait se dégagent le plus qu'il est possible, et que les yeux disparaissent entièrement ; mais pour obtenir tous ces effets, il faut que les fromages restent en cet état huit à dix heures.

Il est ici à remarquer que la compression du pain de caillé ne peut être que faible au commencement, car si elle était trop forte la crème et le petit-lait ne sortiraient qu'imparfaitement ; puis, après la sortie de la crème et du petit-lait, on augmente les poids dont on charge la presse par degrés, jusqu'à ce qu'il n'en sorte plus rien.

Les fromages étant bien égouttés et bien pressés, on les retire de la forme et de la toile, et on les met à tremper dans une eau faiblement salée. Cette espèce de bain communique au fromage une première pointe de sel, qui pénètre dans toute la masse, à la faveur d'un reste d'humidité qu'il conserve encore; outre cela, la pâte en contracte une consistance et une solidité qui contribuent à la conservation des fromages.

Après qu'ils ont trempé quelques heures dans l'eau salée, on les met dans de nouvelles formes plus petites que les premières, et percées seulement d'un trou rond au milieu du fond concave ; on répand ensuite sur leur base supérieure une couche légère de sel blanc bien pur (1), qui pénètre dans la pâte à mesure qu'il fond. Le surplus, coulant dans l'intervalle qu'il y a entre le fromage et les parois intérieures de la forme, humecte légèrement la surface cylindrique du fromage ; et ce qui parvient au fond s'échappe par le trou de la forme dont nous avons parlé, et arrive par les rigoles de la table dans les baquets. C'est dans cette eau salée que l'on met tremper les fromages, comme nous venons de le dire.

On retourne le fromage, et l'on couvre l'autre base d'une couche de sel blanc semblable à la première ; on le laisse en cet état jusqu'à ce que le sel soit bien fondu, et que la partie sur-

____

(1, En Angleterre on préfère pour la salaison du fromage le sel gris; mais quelle que soit l'espèce de sel qu'on emploie, il faut toujours qu'il soit sec et finement pulvérisé.

abondante soit écoulée de même que la première. Lorsque, par ces manipulations, les fromages ont pris suffisamment le sel, on les met à tremper de nouveau dans des baquets, que l'on remplit de l'eau des canaux intérieurs, laquelle n'est que faiblement saumâtre. Cette eau non-seulement dissout la partie de sel qui peut être surabondante à la surface du fromage, mais encore enlève une matière butireuse qui y forme une croûte blanchâtre. Au bout de six à sept heures, on retire de l'eau les fromages ; on les lave avec du petit-lait, et en les râclant on parvient à les dépouiller entièrement de la croûte blanchâtre.

Après toutes ces manœuvres multipliées, et qui s'exécutent avec le plus grand soin, on met en dépôt les fromages sur des planches, dans un endroit frais, où on les retourne souvent. Ils y acquièrent une couleur d'un beau jaune : c'est pour lors qu'on les porte aux marchés voisins, où ils se vendent encore frais quatre sous la livre ; c'est de ces magasins qu'ils sont transportés dans toutes les parties de l'Europe.

Observations.

La crème qu'on exprime du caillé par le moyen des presses se met en dépôt dans des baquets en forme de petits tonneaux, de deux pieds de hauteur sur un pied et demi de diamètre. Outre cela, le petit-lait qu'on a retiré du caillé se dépose dans de semblables baquets, et après un certain temps de repos, la liqueur se couvre d'une couche de crème légère, qu'on enlève et qu'on met dans les premières tinettes à la crème dont nous avons fait mention. Lorsqu'on a obtenu une certaine quantité de crème par ces différents moyens, on la met dans une baratte, et, après l'en avoir battue un certain temps, on en retire le beurre.

En mettant tremper les fromages dans l'eau salée, non-seulement on dispose toute la masse à prendre une dose de sel convenable et uniforme, mais on communique à toute la pâte une fermeté et une consistance qu'elle conserve très-longtemps.

Le second bain d'eau saumâtre dans lequel on met tremper les fromages qui commencent à se couvrir d'une peau blanchâtre, paraît compléter les bons effets du premier, en ralentissant la transsudation de la partie butireuse au dehors, et en donnant d'ailleurs à la croûte des fromages une fermeté considérable, qui facilite infiniment par la suite les transports et leur vente dans les pays étrangers. On exprime d'ailleurs le petit-lait avec le plus grand soin, ce qui est une opération essentielle : car le mélange du petit-lait à la partie caséeuse contribue de mille manières à sa décomposition.

Le fromage de Hollande rond a ordinairement une croûte rouge. Cette couleur, on la lui donne au moyen de la lie des vins de France, ou de l'oseille.

<h2 style="text-align:center">§ CXIV.</h2>

SUITE DU PRÉCÉDENT.

2. Fromages anglais.

a) **Fromage de Chester.** Tous les auteurs anglais qui ont écrit sur l'art de fabriquer du fromage sont d'accord sur ce point, que le fromage réussit d'autant mieux que le lait a été moins agité. Il arrive souvent, disent MM. Anderson et Twamley, dans leur *Mémoire sur les laiteries,* que le lait étant très-agité dans le pis des vaches, lorsqu'elles courent, ou quand on les amène de loin pour les traire ; dans ce cas la présure, au lieu de prendre en une ou deux heures, demande souvent trois, quatre et jusqu'à cinq heures pour que le caillé se forme, et il est si spongieux, si visqueux, si imparfait sous tous les rapports, que c'est tout au plus s'il vaut la peine d'être mis dans l'éclisse et sous la presse ; et quand il en sort, il monte, crève et ne vaut rien.

Les prés où l'on fait les fromages de Gloucester, dit le docteur Rudge, sont situés très-près de la ferme, en sorte que le lait n'est presque point agité, ce qui fait qu'il prend très-promptement lorsqu'on y a mis la présure.

Le fromage de Chester a beaucoup d'analogie, quant à l'apparence et au goût, avec le parmesan (qui est un fromage demi-gras); la manière de le fabriquer est la suivante : sur 80 pintes de lait chaud, sortant de la vache, on ajoute six cuillerées d'infusion de présure, et on remue bien le tout avec une écumoire ; on couvre bien la cuve, et on laisse le laitage pendant trois quarts d'heure pour le faire cailler. Il faut moins de temps quand il fait chaud.

Lorsque le lait est pris, et même à mesure qu'il prend, on casse les grumeaux fort petits avec un couteau de bois, et l'on remue doucement le lait jusqu'à ce qu'il soit tout caillé ; alors on le presse doucement avec les mains et avec le couteau, ce qui empêche que le petit-lait ne se lève blanc. On laisse écouler le petit-lait ; lorsqu'il n'en sort plus, et que les grumeaux sont un peu durs, on les met, cassés bien menu et entassés les uns sur les autres, dans une éclisse. Il faut avoir soin en même temps de les presser avec les mains, d'abord doucement, et ensuite un peu plus fort, pour en faire sortir ce qui peut y rester de petit-lait. Cette précaution est nécessaire pour empêcher que le fromage ne s'aigrisse, et qu'il ne s'y forme des yeux. Il faut aussi tenir les grumeaux à deux pouces au-dessus des bords supérieurs de l'éclisse. Lorsque le fromage est bien égoutté, on le met dans une toile, et on le recouvre de cette toile en la relevant tout autour. On le presse alors avec un poids de 400 livres depuis neuf heures du matin jusqu'après deux heures après-midi; on le retire de la toile, on le remet de la même manière dans une autre toile sèche, et on le presse de nouveau jusqu'à six heures du soir. Le fromage a alors une sorte de consistance. On l'ôte de la toile, et on le sale partout très-promptement ; les vers sans cela ne tarderaient pas à s'y mettre. On le remet dans l'éclisse; il y passe la nuit. On l'ôte de l'éclisse le lendemain matin et on le sale encore. Après cela on le met dans un cuvier ou sur des planches pendant quatre jours, et on le retourne une fois par jour. Ces quatre jours révolus, on le lave bien dans de l'eau froide et claire ; on l'essuie avec du linge sec, et on le porte au grenier pour sécher. Il faut le retourner et l'essuyer tous les jours jusqu'à ce qu'on le vende.

Le lavage a pour but d'ôter tout le sel : il faut faire en sorte qu'il n'en reste point ; sans cela le fromage se fendrait, et resterait toujours humide.

§ CXV.

Observation.

Ceux de ces fromages qui sont expédiés à l'étranger, et qui tous présentent la forme d'une pomme de pin, n'ont guère que six pouces de diamètre ; mais il en est dans le pays qui pèsent jusqu'à 100 livres, et ce sont, dit-on, les meilleurs. Leur prix est fort élevé. De même que la plupart des autres fromages anglais, la pâte en est colorée avec du roucou. Une once de cette substance, quand elle est pure, est regardée comme suffisante pour colorer 100 livres de fromage. La manière de l'employer est d'en prendre la quantité qu'on juge convenable, de la tremper dans un peu de lait, et de la frotter sur une pierre douce jusqu'à ce que le lait devienne d'un rouge foncé. Cette portion de lait, ajoutée à celle avec laquelle on doit faire le fromage, lui donne une belle couleur d'un jaune d'orange, qui fonce à mesure que le fromage vieillit : cela n'influe ni sur le goût ni sur l'odeur du fromage.

§ CXVI.

B. *Fromage de Gloucester.*

La saison où l'on fait le fromage de Gloucester de meilleure qualité, comprend les mois de mai, de juin et le commencement de juillet.

Quand on fait un fromage à chaque traite (ce qui est toujours préférable quand on a assez de vaches pour cela), on verse le lait dans un baquet aussitôt qu'il est tiré ; mais comme on pense qu'en été il est trop chaud, on le baisse au degré voulu, en y mêlant un peu de lait écrémé ou de l'eau froide (1). Puis on ajoute la présure et la matière colorante (le roucou). Aussitôt que le caillé est formé, on le coupe avec un couteau à deux ou trois lames, et on rompt aussi avec les mains afin de mieux faire sortir le petit-lait. On passe au tamis pour ne pas perdre les petits morceaux de caillé qui se trouvent dans le petit-lait, et que l'on réunit à la masse.

La plus grande partie du petit-lait étant ôtée, on ramasse le caillé d'un côté du baquet, et on le presse avec la main et avec le fond du plat. On coupe avec un couteau ordinaire les masses qui se forment à mesure et à plusieurs reprises, pour en faire sortir le plus de petit-lait possible. Quand tout le caillé est ainsi coupé et qu'il est bien rassemblé, on ôte ce qu'il peut encore y avoir de petit-lait, et on le passe aussi au tamis. Le caillé se trouvant ainsi dégagé de la plus grande partie du petit-lait, on le met dans une éclisse ; on l'y presse bien avec les mains, et on l'entasse au milieu, jusqu'au dessus du bord. On jette dessus un linge que l'on attache autour, et on met l'éclisse ainsi arrangée à la presse, pour en faire sortir ce qui reste de petit-lait. Quand il est resté dix ou quinze minutes sous la presse, on remet le caillé dans le baquet, où on le rompt avec les mains en aussi petits morceaux que possible, et avec le couteau on le coupe encore en plus petits morceaux.

Alors on verse sur le caillé ainsi préparé une mixtion d'eau bouillante et de petit-lait, dans la proportion de trois quarts d'eau et d'un quart de petit-lait. Le degré de chaleur et la quan-

(1) D'après le docteur Rudge, on n'emploie ni eau ni lait froid pour abaisser la température du lait, ni de lait chaud pour la relever. Le lait tel qu'il vient de la vache a une température de 26 degrés Réaumur ; lorsqu'il en a entre 24 à 25, il a la température convenable pour y mettre la présure.

lité de la mixtion se règlent d'après la quantité et la qualité du caillé. S'il est mou, on l'échaude avec du liquide bouillant ; s'il est ferme, on verse dessus le liquide moins chaud. En général, on verse sur le caillé un seau de ce liquide, ou davantage si cette quantité n'était pas suffisante pour qu'il surnageât, et l'on remue très-vite pour bien mêler le caillé et l'eau avec le petit-lait. Cette opération est essentielle (1).

La longueur du temps pendant lequel on laisse le caillé dans l'eau et le petit-lait varie suivant les laiteries. Dans quelques-unes, c'est de dix à quinze minutes ; dans d'autres, une demi-heure ; mais, en général, quand on voit que le caillé tombe à fond, on retire l'eau et le petit-lait ; on place une éclisse sur une claie à fromage placée en travers du baquet, et on y met le caillé en pressant fortement avec les mains pour en faire sortir le petit-lait ; puis le fromage, ainsi arrangé dans l'éclisse, est mis sous la presse ; au bout de deux ou trois heures on le retire ; on ôte et on lave le linge, puis on remet le caillé dans le même linge et dans la même éclisse ; on arrange le linge comme la première fois, et on remet à la presse. Le soir, entre cinq et six heures, on retire de nouveau le fromage de la presse et on le sale de la manière suivante : On abat les angles du fromage s'il est nécessaire ; on place le fromage sur l'éclisse renversée, et on frotte une poignée de sel sur les côtés, en en laissant autant qu'il en peut rester. On frotte une autre poignée de sel sur le dessus du fromage, en en faisant entrer autant que possible, puis on le retourne ; on le met alors à nu dans l'éclisse, c'est-à-dire sans le linge ; on frotte de sel l'autre côté, et on le remet à la presse. On le laisse dans cet état tout le jour suivant, en le retournant dans l'éclisse matin et soir, et le matin du troisième jour on l'ôte pour la dernière fois de la presse et on le place sur la planche de la laiterie. Chaque fromage reste donc quarante-huit heures à la presse.

(1. Dans beaucoup de laiteries l'on ne soumet plus le caillé à cette opération secondaire, que l'on considérait comme la cause principale de l'onctuosité et de l'homogénéité du fromage. On pense, au contraire, que par cet échaudement et ce lavage du caillé on en extrait une partie de la substance grasse.

§ CXVII.

Observations.

D'après le docteur Rudge, on prépare la présure deux mois avant qu'on l'emploie. Pour douze gallons (54 $^1/_2$ litres à peu près), on prend 12 livres de sel commun et une livre de sel de mer. On fait cuire la dissolution jusqu'à ce qu'elle puisse porter un œuf. Après le refroidissement on la passe à travers un linge, puis on y met vingt-quatre estomacs, douze citrons auxquels on a fait quelques incisions, deux onces de clous de girofle et autant de cannelle.

Pendant que les fromages restent sur les planches, on les retourne tous les jours ou tous les deux ou trois jours, suivant le temps qu'il fait, ou selon le jugement du fabricant. Si le temps est bas et humide, on donne autant d'air qu'il est possible à la laiterie ; si, au contraire, l'air est sec et vif, on tient la fenêtre et la porte soigneusement fermées.

Quand les fromages sont restés environ dix jours dans la laiterie, on les nettoie, c'est-à-dire qu'on les lave et qu'on les gratte. On les plonge dans un baquet de petit-lait froid, qui est placé par terre dans la laiterie ; on les y laisse pendant une heure ou même plus longtemps, jusqu'à ce que la croûte s'amollisse. On les retire ensuite avec soin, un à un ; on les gratte avec un couteau qui coupe peu, afin d'enlever les marques du linge et les autres aspérités sans attaquer la croûte intérieure, et pour lui donner un beau poli. Après les avoir lavés de nouveau dans du petit-lait et les avoir essuyés avec un linge, on les met en piles comme des briques, à la fenêtre de la laiterie ou dans quelque autre endroit aéré, jusqu'à ce qu'ils soient tout à fait secs ; puis on les porte au magasin.

Il est digne de remarque qu'en lavant des fromages, on peut s'assurer de leur fermeté et de leur solidité par leur pesanteur spécifique. S'ils tombent au fond, c'est la preuve qu'ils sont d'une pâte ferme et serrée ; s'ils surnagent, c'est qu'ils sont enflés, c'est-à-dire poreux et creux dans le milieu.

On peint ces fromages en rouge ou en brun.

Il y a deux espèces de fromage de Glocester, le double dont nous venons de parler, et le simple. Le premier se fait toujours avec du lait frais. La sorte inférieure se fabrique avec un mélange égal de lait écrémé et de lait frais non écrémé, ou quelquefois aussi avec deux parties de lait écrémé et une partie de lait frais non écrémé.

§ CXVIII.

B. *Fromages tendres.*

Il y en a trois espèces : le fromage à la crème ou surgras, pour lequel on ajoute de la crème au lait doux non écrémé ; celui qu'on fait avec le lait naturel sans ajouter ni ôter de crème, le fromage maigre, fait avec du lait écrémé. Le second est celui de la plus grande consommation. L'espèce de fromage de ce genre le plus connu en Belgique est le fromage de Limbourg.

On se sert habituellement de présure vieille dont l'action est plus lente et moins énergique, parce que pour obtenir un fromage moelleux, la prise du lait doit être nécessairement plus lente.

La quantité de présure ne peut pas être déterminée, en général ; si au bout d'une demi-heure le lait n'est pas caillé, on y ajoute de la nouvelle présure : car quelques laits en demandent plus que d'autres au même degré de chaleur.

Dès que le caillé est jugé assez consolidé, on le divise avec la main, on le réunit au fond de la terrine et on le met dans le moule, qui est une petite caisse carrée avec quelques trous au fond. Là, on le comprime de nouveau avec la main, on le couvre d'une planchette de bois, que l'on charge d'un poids léger et qu'on laisse jusqu'à ce que tout le petit-lait soit écoulé.

17.

Lorsque le petit-lait ne sort plus naturellement du fromage, on renverse ce dernier sur un linge mouillé dont on l'entoure, et on le charge d'un nouveau poids après l'avoir remis dans son moule, où on le laisse une demi-heure. Cette opération se répète en changeant de linge et de moule, qu'on prend d'une moindre dimension à mesure que le fromage s'affaisse et diminue de volume.

Au bout de deux jours, au sortir du pressoir, le fromage est frotté de sel fin et sec; le lendemain on le retourne et on frotte le côté inférieur, puis on le laisse quelques jours dans la saumure.

Les trois jours écoulés, on retire le fromage de la saumure, et on le place dans une chambre ou cave à ce destinée. Là, on le retourne tous les jours, et on l'essuie avec un linge sec. Un air trop humide nuit à ce fromage et le fait quelquefois moisir; c'est pour cette raison que la chambre aux fromages ne doit être ni trop hermétiquement fermée, ni même lavée trop fréquemment.

§ CXIX.

Observations.

Pour le fromage *surgras* on prend le lait du matin tel qu'il vient, et la crème du *trait* du soir précédent; un peu d'eau chaude est jetée dans ce mélange pour lui faire acquérir une douce chaleur, et on le bat avec une spatule pour que la crème se distribue également dans toute sa masse.

Dans quelques localités de la province du Limbourg, on ne fait pas assez souvent usage de la presse pour extraire promptement le petit-lait du caillé, et cela fait que les fromages ne sont pas d'une aussi longue durée que ceux qui ont été légèrement pressés.

§ CXX.

B. *Fromages cuits.*

Ces fromages tirent leur nom de ce qu'on chauffe considérablement le lait pendant qu'on le fait cailler. Le plus connu et en même temps le plus recherché de ce genre de fromages est le fromage de Gruyère, qu'on fait sur le territoire de Gruyère, situé dans le canton de Fribourg en Suisse. En Allemagne on l'appelle *fromage de Suisse* tout court.

La fabrication du fromage de Gruyère ne saurait guère être pratiquée avec succès en Belgique. Car il est certain, comme le fait aussi observer M. de Thaër, que la nature des pâturages où le bétail est nourri, la manière de vivre de celui-ci, et le climat, peuvent modifier la qualité des fromages; en sorte qu'ils varient de goût, lors même que la fabrication a été semblable.

Cependant, pour ne pas laisser cette partie de l'industrie agricole incomplète, nous donnerons la description de la fabrication du fromage de Gruyère, quoique un peu moins détaillée que les précédentes.

On fait ce fromage dans des *chaumes* construites sur les sommets aplatis des plus hautes montagnes, et placées au milieu d'un district affecté pour les pâturages. Les pâtres qui ont soin des vaches et qui préparent aussi le fromage s'appellent *markaires*, nom qu'on donne aussi à ceux qui sont à la tête de ces établissements économiques.

Les chaumes ou markairies sont composées d'un logement pour les markaires, d'une laiterie et d'une étable pour les vaches; le plus souvent la laiterie n'est pas distinguée du logement des markaires, mais il y a toujours à part une petite galerie destinée à placer sur des tablettes de planches de sapin fort larges les fromages que l'on sale.

Dans la laiterie, on remarque d'abord le foyer placé à un des

angles du bâtiment, sans tuyau de cheminée. Quatre ou cinq
assises de pierre, disposées en forme circulaire, composent toute
la maçonnerie. En arrière de ce foyer est une potence mobile
à laquelle on suspend une chaudière pleine de lait qu'on place
sur le feu et qu'on retire à volonté; la forme circulaire du foyer
est destinée à recevoir la chaudière. Ce qui distingue ces markairies, c'est qu'on y entretient une propreté scrupuleuse. Les markaires ont l'attention, après avoir lavé avec le petit-lait chaud
toutes les pièces dont ils ne doivent plus faire usage, de les
passer à l'eau froide et de les bien essuyer ; ils se gardent bien
d'y laisser le moindre vestige de petit-lait , qui communiquerait
en s'aigrissant un mauvais goût, et qui en rendrait l'usage per-
nicieux.

Lorsqu'on a tiré tout le lait qu'on destine à former un fromage, on commence à placer sur la potence mobile la chaudière
qui doit le contenir. On a eu soin de l'écurer auparavant avec
une petite chaîne de fer qu'on y ballotte en tous sens, de telle
sorte que ce frottement réitéré emporte toutes les parties de
la crème du fromage et des cristaux qui s'attachent aux parois
de la chaudière lors de la préparation du fromage.

On place ensuite sur la chaudière le couloir avec son support,
et on y fait passer tout le lait qui tombe dans la chaudière :
c'est ce qu'on appelle *couler le lait*. Cette opération se réduit à
arrêter au passage d'un filtre grossier les impuretés que le lait
contracte pendant qu'on le tire.

Avant que de mettre la présure, on expose la chaudière pleine
de lait à l'action d'un feu modéré, ensuite on enduit de présure tant au dehors qu'au dedans la surface de l'écuelle plate,
et on la passe dans le lait en la plongeant dans tous les sens.
Cette présure , à l'aide de la chaleur communiquée au lait, s'y
mêle aisément, et produit son effet d'une manière plus prompte
et plus complète.

Une fabrication bien montée est constamment pourvue de
deux infusions de présure : l'une nouvelle, très-forte ; l'autre

ancienne, très-faible. Le fruitier essaye d'abord la première sur une petite quantité de lait chaud, et s'il trouve qu'elle agit trop rapidement, il l'affaiblit avec la seconde. Pour être bonne, il faut que la présure, à une température de 26 degrés, agisse en 20 secondes. On dose celle de cette force sur le pied d'environ 5 centièmes en hiver et de 6 centièmes en été; plus pour les fromages gras, moins pour les fromages maigres.

Dès que la présure commence à faire sentir son action, on retire la chaudière du feu et on laisse reposer le lait, qui se caille en peu de temps. On coupe le caillé bien formé, et qui a acquis une certaine consistance, avec un couteau de bois, et on divise toute la masse en tranches parallèles d'un pouce d'épaisseur, et coupées à angles droits par d'autres tranches également parallèles et de la même épaisseur. On sépare avec le même instrument les portions du caillé qui se trouvent dans les intersections des parallèles; on pousse ces divisions à une plus grande profondeur, de telle sorte que la masse soit désunie et réduite en matons grossiers. Le markaire les soulève ensuite avec son écuelle plate, et les laisse retomber entre ses doigts pour les diviser davantage : il emploie à différentes reprises son couteau de bois pour couper le caillé, qui, par le repos, se réunit dans une masse. Ces repos ont pour objet de laisser prendre un certain degré de cuisson au caillé qu'on expose par degrés à l'action du feu. Ils favorisent aussi la précipitation du caillé au fond de la chaudière, et sa séparation d'avec le petit-lait qui surnage. Le markaire puise d'abord le petit-lait avec son écuelle plate; ensuite, lorsque le maton plus divisé occupe moins de place par le rapprochement de ses parties et par l'extraction du petit-lait qui était dispersé dans la masse, le markaire emploie l'écuelle creuse avec laquelle il puise une plus grande quantité de petit-lait qu'il verse dans ses baquets plats.

Il juge qu'il a puisé assez de petit-lait lorsqu'il en reste une quantité suffisante pour cuire la pâte du caillé, divisée en petits grumeaux, et pour l'agiter continuellement avec les mains, avec l'écuelle et avec les moussoirs dont il se sert pour la brasser.

Lorsqu'on est parvenu à donner à la pâte la plus grande division possible, afin de lui faire présenter plus de surface à l'action du feu, on l'agite toujours, et on en ménage la cuisson en exposant de nouveau la chaudière sur le feu (il faut en chauffer le contenu en vingt ou vingt-cinq minutes, jusqu'à 35°), et en la retirant par le moyen de la potence mobile. La pâte est assez cuite lorsque les grumeaux, qui nagent dans le petit-lait, ont pris une consistance un peu ferme, qu'ils font ressort sous les doigts, et qu'ils ont un œil jaune : c'est là le point que saisit le markaire ; il retire la chaudière de dessus le feu, agite toujours et rapproche en différentes masses les grumeaux, ayant l'attention d'en exprimer le plus exactement qu'il le peut le petit-lait. Enfin, il forme une masse totale des masses partielles, et la retire de la chaudière pour la mettre en dépôt dans un baquet plat.

Il a eu soin de préparer le moule, de le placer sur la table, et d'étendre par-dessus une toile à claire-voie. Il y comprime à toute force la pâte, en s'aidant de la toile dont il approche les extrémités ; il couvre le tout d'une planche qu'il charge de grosses pierres. Le petit-lait s'égoutte, la pâte se moule et acquiert une certaine consistance. Le fromage reste pour cet effet comprimé du matin au soir : on resserre seulement à différentes reprises le moule, en tirant la corde qui est fixée à l'extrémité extérieure; enfin on retourne le fromage, et on lui donne une autre forme moins large que celle où il s'est moulé d'abord. Il reste dans cette seconde forme pendant trois semaines ou un mois, sans être comprimé par ses bases, et on se contente de le maintenir dans son contour.

On sale ce fromage tous les jours en tamisant de sel ses deux bases et une partie de son contour, et chaque fois qu'on l'a salé, on resserre le moule. De cette manière, toutes les parties de la surface du fromage finissent par se trouver en contact avec le sel. Chaque fois, avant de verser du nouveau sel, on a soin d'essuyer celui de la veille et de l'enlever. Les markaires ont pour principe que ces sortes de fromages cuits ne peuvent prendre trop de sel : aussi ils en mettent abondamment en le frottant pour le faire fondre et le faire pénétrer. Lorsqu'ils s'aperçoivent que les surfaces n'absorbent plus de sel, ce qui s'annonce par une humidité surabondante qui y règne, ils cessent d'y en mettre. Ils retirent le fromage du moule et le mettent en réserve dans un souterrain.

Plusieurs circonstances peuvent s'opposer à ce que ces fromages prennent un degré de sel suffisant : 1° lorsque la pâte n'a pas été assez ouverte par le ferment ou par la présure, ces fromages n'ont ni trous ni consistance ; 2° lorsque le sel qu'on emploie a retenu, lors de l'ébullition, un principe gypseux qui forme sur le fromage une croûte impénétrable aux principes salins ; 3° lorsque la pâte n'a pas eu une cuisson ménagée et une division assez grande.

Au contraire, ils prennent trop de sel lorsque le ferment, ayant trop ouvert la pâte, en a désuni les principes, et les a réduits en masse grumeleuse qui s'émiette.

On compte qu'il faut, à chaque fromage, 4 ou 5 pour cent de son poids de sel ; mais tout, à beaucoup près, n'est pas absorbé dans l'intérieur. Il s'en perd beaucoup ou sous forme sèche, ou dissous par l'humidité.

Les markaires, après avoir remis leur fromage dans la forme, ramassent exactement le petit-lait qu'ils ont tiré de la chaudière et qu'ils ont mis en dépôt dans des baquets, et le versent dans la chaudière sur le feu, qu'ils ne ménagent plus jusqu'à ce que le petit-lait bouille ; ils ont mis en réserve une certaine petite quantité de lait froid qu'ils versent à plusieurs reprises sur le petit-lait bouillant. Ce mélange produit une écume blanche lorsque le petit-lait a suffisamment bouilli. Dès qu'ils la voient paraître, ils versent du petit-lait aigri qu'ils gardent dans un baril. L'effet de cet acide est prompt ; on voit une infinité de petits points blancs qui s'accumulent en masses à la surface, et qu'on enlève avec une écumoire. On nomme cette partie caséeuse *brocotte*, *ricotta* ou *ceracée*; c'est la nourriture ordinaire des markaires, et le régal de ceux qui vont les visiter; le goût en est fort agréable.

On distingue trois sortes de fromages de Suisse (ou de Gruyère) : le *gras*, qui contient toute la crème ; le *demi-gras*, dont on a enlevé une partie de la crème ; le *maigre*, qui n'en contient plus. Quelquefois cependant on mêle, pour les fromages de commande, la crème de la traite du soir de la veille avec celle du matin.

Il y a plus de bénéfice pour le fabricant à faire les fromages le plus gras possible ; mais ces fromages ne se conservent pas aussi bien, et le travail de la cave s'opère plus difficilement ; les yeux, dans la plupart, s'aplatissent lorsque la pâte se rabaisse après s'être soulevée par la fermentation. En vieillissant ils deviennent forts, à cause de la forte proportion des parties butireuses. Un fromage de 30 kilogrammes, fait avec toute la crème, a pesé 3 kilogrammes et demi de plus que s'il avait été écrémé ; ce fromage écrémé n'aurait donné qu'un kilogramme et demi de beurre.

§ CXXI.

FROMAGE DE SCHABZIEGER.

Pour terminer cet article, nous ferons encore mention d'une sorte de fromage appelée *sérai*, fromage de Glaris ou Schabzieger, lequel se fabrique dans le canton de Glaris. Voici ce qu'a publié à cet égard M. Frey :

Le Schabzieger mérite de fixer l'attention des agriculteurs. Ce produit, qui est à fort bon marché dans le pays de Glaris, se vend pourtant cher au loin, où il est très-recherché ; il serait d'autant plus aisé et utile d'en introduire la fabrication dans d'autres pays, qu'elle est facile, et que la plante qui est employée

à sa confection (mélilot bleu , *melilotus cœrulea*) croît ou prospère au moins partout.

Lorsque le lait est trait, on le descend dans des caves, où il
reste trois à quatre jours : ces caves sont refraîchies par des
sources ou par des fontaines ; les terrines qui contiennent le
lait sont plongées par le fond, de quelques pouces, dans cette
eau fraîche. Lorsque l'on veut faire le fromage, on monte le
lait, on l'écrème, puis on verse le lait écrémé dans un chaudron,
en y mêlant de la présure ou un acide faible, tel que du jus de
citron ou de vinaigre, afin de produire la séparation de la matière caséeuse et du petit-lait : on met alors le chaudron sur le
feu et on chauffe fortement en agitant rapidement le caillé.
Lorsque le petit-lait est tout à fait séparé, on retire le fromage
du feu, puis on le place dans des formes percées de trous, afin
de le laisser égoutter vingt-quatre heures ; après ce temps , on
sort ces fromages pour les placer près du feu dans de plus grandes formes , où ils éprouvent, par l'influence d'une douce chaleur, une fermentation nécessaire. Au bout de quelques jours ,
on les retire, puis on les place dans des tonneaux perforés, sur
le couvercle desquels on charge des pierres qui doivent comprimer fortement le sérai. Il reste quelquefois dans cet état jusqu'à l'automne , moment où on le porte au moulin à broyer.
Alors sur 100 livres de sérai on prend 5 livres de feuilles
sèches et pulvérisées de mélilot, et 8 à 10 de sel fin bien sec
décrépité.

Lorsque le mélange de ces trois substances est bien fait, on
en remplit des formes qui ressemblent à un cône tronqué de la
contenance de 7 à 10 livres, et on le comprime fortement à l'aide
d'un tampon de bois ; huit ou dix jours après, on le sort des
formes ; on le fait sécher avec précaution, afin qu'il ne se gerce
point par l'impression d'un courant d'air trop vif.

§ CXXII.

MALADIES ET ENNEMIS DU FROMAGE.

Souvent il se détermine dans le fromage une espèce de pourriture, qu'on peut regarder comme une altération complète ; cette pourriture est accompagnée d'une odeur fétide différente de celle du fromage fort et vieux, en même temps que la partie attaquée du fromage devient liquide et jaune. On prétend que cette pourriture est contagieuse pour tous les fromages renfermés dans la même chambre. Un pareil fromage attaqué doit être éloigné des autres.

Plusieurs insectes ou larves d'insectes vivent aux dépens des fromages, et en accélèrent considérablement la décomposition ou en diminuent la quantité disponible pour la nourriture.

L'un d'eux est le hiron (*acarus domesticus, casei hiro*). Ces insectes transforment la croûte du vieux fromage en une substance semblable à de la farine. Ils se trouvent aussi sur le vieux pain, les confitures, les pruneaux et les figues qui en contractent comme un aspect sucré. Le fromage est susceptible de cet inconvénient lorsqu'on le conserve dans un lieu trop sec. Brosser ces fromages et les laver avec du vinaigre ou du petit-vin, est un bon moyen pour les faire disparaître. On doit en même temps recommander la plus stricte propreté des planches de la chambre à fromage, et de les faire laver de temps en temps avec de l'eau bouillante, ainsi que de recrépir les murs tous les ans avec de l'eau de chaux au moment où il n'y a plus de fromages.

Les autres ennemis des fromages sont les larves (vers) de la mouche putride ou du fromage (*tephritis putris*). Ces larves sont quelquefois si abondantes dans les fromages mous, qu'elles les rendent en très-peu de jours entièrement impropres à la nourriture. Elles se distinguent des autres larves qui se trouvent quelquefois dans le fromage, en ce que, quoique dépourvues de pattes, elles sautent avec une très-grande rapidité à des distances considérables, relativement à leur grosseur.

Quelques personnes se refusent à manger les fromages dans lesquels il se trouve des vers; d'autres, au contraire, leur donnent la préférence et vont même jusqu'à manger en même temps vers et fromage, prétendant que ces insectes en contiennent la substance la plus délicate. C'est ici le cas de dire qu'il ne faut pas disputer des goûts.

§ CXXIII.

ENGRAISSEMENT DU BÉTAIL A CORNES.

L'engraissement du bétail à cornes peut être, suivant les circonstances locales, l'objet principal ou secondaire d'une exploitation. Elle peut en former l'objet principal, lorsque les fourrages dont la ferme peut disposer sont de nature à favoriser dans un haut degré l'engraissement, et lorsqu'on peut facilement se défaire du bétail gras ; tandis que les circonstances sont moins favorables à la fabrication des produits du laitage et à l'élève des bestiaux. Comme objet secondaire, on engraisse souvent dans les fermes les bœufs et les vaches dont les services commencent à décliner.

L'engraissement présente en outre l'avantage, relativement aux autres utilisations du bétail, qu'on peut plus facilement se régler sur la quantité des fourrages dont on peut disposer, que le capital circule plus vite, et que l'engrais a une plus grande valeur.

Celui qui veut entreprendre d'engraisser du bétail doit, pour le faire avec avantage, prendre en considération les points suivants :

1° Choix du bétail ;
2° Méthode d'engraissement ;
3° Durée de l'engraissement ;

4° Estimation du bétail et du produit qu'on peut s'en promettre.

1. *Choix du bétail.* Celui qui veut engraisser du bétail avec bénéfice, dit M. de Thaër, doit chercher à acquérir de l'expérience dans la connaissance et l'appréciation du bétail et dans ce genre de commerce, ou, tout au moins, prendre pour conseil un homme sûr et parfaitement entendu. Il faut, pour le choix du bétail et son évaluation, un certain coup d'œil, et, plus encore, un certain tact dans la main, qui ne peuvent guère être acquis que par une longue pratique. Ce serait donc bien inutilement que nous voudrions chercher à les donner ici. On ne les atteint que par la vue, et lorsqu'on a l'occasion de mettre en parallèle un grand nombre de bêtes, les unes avec les autres. Il y a cependant quelques règles générales, qu'il importe de faire connaître, et qui nous sont très-utiles dans l'appréciation du bétail qu'on veut mettre à l'engrais. De jeunes animaux, qui n'ont pas encore atteint leur accroissement complet, peuvent bien être engraissés et même avec avantage, mais ils produisent comparativement moins de graisse, et leur chair est moins succulente que celle de ceux qui se trouvent dans toute la force de l'âge. Des vaches ou des bœufs trop vieux s'engraissent difficilement, et leur chair est sèche, dure, et les filaments grossiers. L'âge le plus avantageux pour l'engraissement des bêtes à cornes, est, selon les agronomes les plus expérimentés, depuis la cinquième jusqu'à la dixième année. Le succès dépend beaucoup aussi de la manière dont les bêtes ont été traitées.

Les bœufs qui ont été châtrés dans leur jeunesse s'engraissent plus facilement que les taureaux qui ont servi à la monte; la chair de ces animaux est en outre de moindre qualité. Cependant si ces animaux sont châtrés quelque temps avant qu'on les mette à l'engrais, la chair s'améliore et l'engraissement a un meilleur succès (1). Des vaches qui sont saines et pas trop vieilles, qui don-

____

(1) Pabst, *Éducation des animaux domestiques,* pages 125 et suivantes.

nent peu de lait, et qui d'ailleurs n'ont pas le défaut de venir périodiquement en chaleur, s'engraissent ordinairement très-vite. En général on fera toujours mieux de donner le taureau aux vaches à l'engrais lorsqu'elles viennent en chaleur, pour ne pas les exposer à un retour trop fréquent de cet état. L'on prétend aussi que les génisses et jeunes vaches châtrées s'engraissent mieux que les jeunes bœufs, et qu'elles donnent une chair excellente ; c'est pour cela que cette opération est assez généralement prati-quée dans plusieurs pays, quoiqu'elle ne soit pas sans danger, si elle est exécutée par des mains peu habiles. D'après M. Pabst, il vaut mieux châtrer à trois ou quatre ans les génisses qu'on a le dessein d'engraisser. M. de Thaër assure que lorsqu'on a fait travailler les génisses châtrées comme les bœufs, elles sont par-ticulièrement propres à l'engraissement, et fournissent de la viande plus délicate que celle d'aucune espèce de bétail.

§ CXXIV.

Il importe beaucoup que les bêtes qu'on veut mettre à l'en-grais soient parfaitement saines et d'une nature propre à l'en-graissement. On peut déjà reconnaître ces qualités à leur exté-rieur et à leurs manières. Il faut surtout exiger qu'elles aient l'œil doux et nullement farouche, que le battement du cœur soit régulier, qu'elles aient la peau souple, et un corps large et long.

Il est des races qui s'engraissent facilement, qui même avec un corps moins proportionné et moins avantageusement con formé, procurent à l'engraisseur un plus grand bénéfice que d'autres races avec un corps plus développé.

Lorsque, dans l'engraissement, dit M. de Thaër, une bête unique demeure sensiblement en arrière des autres, il ne saurait être avantageux de forcer son engraissement ; sans doute on pourrait quelquefois y parvenir en donnant des fourrages plus substantiels et d'une digestion facile ; mais rarement le profit en payerait la dépense ; le mieux est donc de se défaire de cette bête le plus tôt possible et à tout prix.

Est-il plus avantageux de mettre à l'engrais de petites ou de grandes bêtes ? Cela dépend des circonstances locales ; car sous ce rapport aucune race ne mérite la préférence sur l'autre.

Un degré d'engraissement prodigieux, forcé par l'art, et dans lequel le bétail atteint un poids d'un tiers plus fort que d'ordinaire, ne peut être avantageux que dans un petit nombre de cas, et lorsqu'on attache un prix à ce qui est extraordinaire. Chaque livre de chair que la bête à l'engraissement prend au delà du poids habituel, coûte peut-être un tiers de plus que chaque livre de celle à laquelle les bêtes de la même espèce atteignent ordinairement ; elle devrait donc être payée en conséquence ; cependant l'on ne peut point compter sur cette augmentation de prix, à moins qu'il ne se soit introduit un certain luxe dans le choix des viandes.

§ CXXV.

2. *Méthode d'engraissement.* La méthode d'engraissement dépend en général de la nature des fourrages et de leur préparation.

Quelques espèces de fourrages, comme, par exemple, le foin et le bon regain, suffisent à eux seuls pour engraisser des bestiaux ; il en est de même des pâturages riches ou d'engraissement, et de la nourriture au vert à l'étable. Les fourrages racines demandent déjà une addition d'un fourrage sec quelconque, surtout vers la dernière période de l'engraissement. Le fourrage sec le plus convenable pour ajouter aux racines, ce sont les grains, et en moindre quantité les tourteaux. Les résidus des brasseries, des fabriques d'amidon et des sucreries à betteraves, sont des fourrages tellement efficaces, que la simple addition de paille, et surtout de paille fermentée, suffit pour l'engraissement. Les résidus des distilleries, et principalement des distilleries à pommes de terre, ont une valeur moindre que les premiers, et demandent en conséquence une plus forte addition d'un autre bon fourrage.

Nous devons ici rappeler aux agriculteurs ce que nous avons dit à l'égard des fourrages fermentés, qui sont plus propres qu'aucun autre à l'engraissement des bestiaux.

Quant à l'influence des différentes espèces de fourrages sur la production de la graisse et respectivement de celle de la chair, ainsi que sur leur qualité et saveur, il y a une très-grande diversité. On prétend que sous ce rapport les fourrages qui contiennent beaucoup de gluten, d'albumen et de sucre, influent davantage sur la formation de la graisse, tandis que ceux qui sont très-riches en amidon produisent plus de viande. Mais ces suppositions sont trop vagues pour être établies comme des règles. Il est d'ailleurs connu que la différence entre le sucre et l'amidon n'est point assez grande pour pouvoir admettre une grande différence dans les facultés nutritives de ces deux substances. Nous devons cependant ajouter ici que nous n'entendons pas soutenir que les substances sucrées soient aussi propres à l'engraissement que celles qui contiennent de l'amidon ; il a été au contraire constaté que des vaches, par exemple, auxquelles on n'avait donné pour toute nourriture que de la betterave sans addition de paille, en eurent une indigestion, et finirent par la rebuter, comme cela arrive chaque fois, quand une nourriture sucrée est trop longtemps continuée. Nous avons déjà parlé des précautions à prendre alors qu'on met une bête maigre à l'engrais, car il serait dangereux de la faire passer brusquement d'une nourriture chétive à une nourriture abondante ; mais lorsque le bétail maigre s'est une fois accoutumé à une nourriture plus substantielle, il faut continuer à la lui administrer, et tâcher d'achever l'engraissement le plus promptement possible.

Nous avons aussi parlé de la quantité de nourriture qu'il faut donner aux bestiaux en général ; quant à ceux qui sont à l'engrais, les meilleurs agronomes conseillent de leur donner 4 à 4 $\frac{1}{2}$ livres de foin ou tout autre équivalent par 100 livres du poids de leur corps. D'après ce principe, un bœuf de 1200 livres doit recevoir 48 à 50 livres de foin environ par jour.

§ CXXVI.

3. *Durée de l'engraissement.* La durée de l'engraissement ne peut pas être limitée, car elle dépend non-seulement de l'état et du genre de bétail qu'on a choisi, mais aussi de la méthode qu'on suit et de la facilité de pouvoir vendre le bétail gras. C'est pour cela que l'engraissement peut durer de douze à vingt-cinq semaines et plus longtemps encore.

On ne juge pas comme avantageux de mettre à l'engrais du bétail excessivement maigre ; il ne faut donc continuer à l'engraisser que jusqu'au moment où il ne gagne plus et qu'il reste à peu près dans le même état : c'est alors le moment de le vendre.

4. *Estimation du bétail à l'engrais.* Celui qui a entrepris d'engraisser du bétail doit, outre les connaissances nécessaires pour faire un bon choix, chercher à acquérir de la connaissance dans l'évaluation du bétail gras qui est destiné à la vente. Il faut pour cela un certain coup d'œil, et, plus encore, un certain tact dans la main, qui ne peuvent guère être acquis que par une longue pratique.

Quelques personnes ont cherché à déterminer le poids d'une bête par les dimensions de certaines parties de son corps et d'après certaines formules arithmétiques. Mais il paraît que la plupart de ces formules pour calculer le poids, soit d'après la circonférence du corps, soit d'après la dimension d'un des quartiers de devant, ne se sont pas vérifiées. M. Block a dernièrement publié une méthode qui paraît avoir de l'analogie avec celle de M. de Dombasle, et qui consiste à mesurer la circonférence de l'épaule. Cette méthode me semble pouvoir être appliquée à toutes les races, avantage dont les autres méthodes manquent absolument. D'ailleurs les noms de Dombasle et de Block sont un garant sûr que leur procédé est au moins le meilleur que l'on connaisse.

5. *Estimation du profit de l'engraissement.* Le profit de l'engraissement consiste dans la valeur qu'on reçoit par la vente du bétail gras en comparaison de son prix d'achat ajouté aux frais de l'engraissement.

Il résulte des calculs de M. Pabst et d'autres agronomes, qu'on a lieu d'être content si les 100 livres de foin, ou de tout autre fourrage réduit à la même valeur, ont produit 3 $\frac{1}{2}$ à 4 livres de viande et de graisse.

§ CXXVII.

ENGRAISSEMENT DES VEAUX.

Les veaux qui ne sont pas destinés à être élevés sont ordinairement vendus à l'âge de deux ou trois semaines, après qu'on les a nourris avec le lait de leur mère; ces veaux sont en chair, mais ne sont pas gras. D'autres sont engraissés jusqu'à l'âge de trois à quatre mois et avec un soin particulier. Dans les premiers moments on leur donne le lait de leur mère; dans la suite, on leur fait boire du lait qui a plus de consistance, en y ajoutant des œufs, du pain détrempé, de la farine, etc. D'autres leur donnent aussi des œufs entiers; c'est-à-dire avec les coquilles, ce qui contribue beaucoup à leur santé et à rendre leur chair délicate et succulente.

En Belgique, où l'engraissement des veaux est porté à un haut degré de perfection, on les tient dans un endroit obscur et étroit, qui ne leur permet de faire que peu de mouvement.

La question de savoir s'il est avantageux d'engraisser des veaux ne peut être résolue affirmativement que dans le cas où le grand éloignement des grandes villes ne permettrait pas de tirer de la vente du lait un bénéfice bien plus considérable.

Un veau à l'engrais doit gagner, d'après les calculs des meilleurs agronomes, 1 $\frac{1}{2}$ à 1 $\frac{1}{5}$ livre par jour; 100 livres poids brut donnent 60 à 70 livres de chair non compris la tête, et 10 à 12 livres de peau.

§ CXXVIII.

L'ÉCONOMIE DES BÊTES A LAINE.

L'éducation des bêtes à laine est, après celle des bêtes à cornes, une des branches les plus importantes dans l'économie des animaux domestiques, quoique les avantages qu'elle présente puissent considérablement être modifiés suivant les circonstances locales. C'est ainsi qu'on voit que là où le sol est peu fécond, les races ovines réussissent très-bien et donnent beaucoup de profit et d'engrais, tandis que là où l'on peut assigner beaucoup de valeur au pâturage et à la nourriture, le bénéfice est moins grand.

Deux autres circonstances influent aussi sur l'avantage qu'on retire des bêtes à laine : celle de l'introduction des races perfectionnées, et le système de culture qu'on a adopté.

C'est surtout depuis qu'on a commencé à donner son attention aux avantages que procuraient les bêtes à laine perfectionnées, et que par conséquent on leur a consacré plus de soins et une meilleure nourriture, qu'on en a obtenu un meilleur produit, indépendamment du perfectionnement. C'est aussi depuis ce temps que le perfectionnement de cette race est devenu l'objet principal de la partie intelligente des agronomes allemands, anglais et français.

Dans les pays où l'on a adopté le système de culture alterne pur, comme par exemple en Belgique, l'éducation des bêtes à laine donne moins d'avantage que là où l'on suit le système de culture alterne avec pâturage comme en Angleterre; on peut même considérer les troupeaux de bêtes à laine de l'Angleterre comme l'une des principales causes de sa prospérité agricole, industrielle et commerciale ; c'est en très-grande partie à leurs produits qu'elle doit sa richesse et sa puissance.

Nous traitons l'étude de l'éducation des bêtes à laine suivant M. Pabst (*Éducation des animaux domestiques,* vol. 2, page 126) en sept divisions, savoir :

1° Nature des bêtes à laine ;

2° Connaissance de la laine ;

3° Diverses races de bêtes à laine ;

4° Accouplement et multiplication ;

5° Élévation ;

6° Régime ;

7° Utilisation.

Nous traiterons, quoique ce soit contre l'usage, l'article *laine* dans la deuxième division , parce que sans cette connaissance spéciale , l'entendement des théories sur les races et les accouplements ne serait pas assez clair.

§ CXXIX.

DE LA NATURE DES BÊTES A LAINE.

La brebis appartient au même ordre naturel que la race bovine.

Les auteurs ne sont pas d'accord sur l'origine de la brebis ; quelques-uns croient qu'elle provient du mouflon , qui vit dans les pays méridionaux de l'Europe , comme dans les montagnes rocailleuses de la Sardaigne , de la Corse , de la Turquie , de l'Espagne, etc. D'après d'autres , le type originaire de la brebis serait l'argali , qui habite les montagnes nues et les contrées désertes qui s'étendent à travers l'Asie tempérée , la grande Tartarie , les Indes et la Chine, jusqu'à la mer orientale. On le trouve aussi dans la Sibérie orientale dont le climat est assez froid , dans les montagnes de la Mongolie et des déserts de la Tartarie.

La brebis d'Amérique ou des montagnes n'est qu'une variété dégénérée de l'argali de Sibérie.

Quelques auteurs pensent que notre brebis pourrait bien être le produit du croisement du mouflon et de l'argali, ce qui pourtant n'est point probable, attendu que des troupeaux de moutons existaient déjà (1) avant que les hommes eussent aucune idée des croisements des races, ce qui d'ailleurs n'était pas possible, puisque le mouflon existait en Europe, l'argali en Asie. D'après une autre version, la brebis serait le produit du croisement de la chèvre avec un bélier sauvage, soit du mouflon, soit de l'argali.

Mais cette opinion n'est pas plus vraisemblable que les précédentes : car, supposé même qu'à l'état de domesticité la chèvre et la brebis s'accouplent quelquefois avec des mâles de l'autre espèce, cela n'arrive cependant jamais lorsque ces animaux sont à l'état sauvage ou de liberté. Or, tel était le cas pour les troupeaux de moutons et de chèvres de l'antiquité. La vérité est qu'il y a deux races de brebis sauvages bien distinctes, le mouflon et l'argali, qui se sont propagées dans tous les pays de l'Europe, et il n'est pas invraisemblable que par le métissage de ces deux races ne soit venu le grand nombre de variétés de moutons que nous connaissons aujourd'hui et qui se sont perfectionnées à mesure qu'on leur a consacré plus de soins.

Le bélier sauvage porte sur le corps, outre une laine fine et courte, du poil roux ou fauve plus ou moins long qui recouvre la laine. Ce poil réparaît encore quelquefois, quoique en petite quantité, chez nos races même les plus perfectionnées, preuve concluante, ce me semble, que ces dernières ont pour origine les races sauvages.

La race ovine n'est point d'une nature aussi dure que la race bovine ; elle est surtout très-sensible à l'humidité, et quoique en général elle puisse se nourrir et subsister des mêmes herbes que les bêtes à cornes, une nourriture moins succulente lui est

____

(1) *Genèse*, chap. IV, vers. 2.

cependant sinon nécessaire, du moins plus profitable. C'est pour cela que cette race recherche les pâturages secs et élevés, où souvent elle subsiste encore, tandis que les bêtes à cornes y périraient faute de nourriture. La brebis aime aussi et recherche les feuilles de la plupart des arbres et arbrisseaux, mais les plantes marécageuses et les pâturages des bas-fonds influent défavorablement sur sa santé. Mais aussi une chaleur trop ardente, surtout aux heures du midi, lui est non-seulement désagréable, mais lui cause souvent des maladies. Elle est de sa nature timide et indolente; ses facultés intellectuelles sont moins développées que chez les bêtes à cornes, ce qui tient peut-être à ce qu'on n'exige de ces animaux aucun des services que les autres nous rendent; on sait d'ailleurs comme il est difficile de dresser des animaux dont les générations précédentes n'ont été forcées à aucun genre de services.

On a des exemples que le mouton vit aussi sur les pâturages bas et gras, mais la durée de sa vie y est abrégée outre que son organisme y devient sujet à beaucoup de maladies, et sa laine plus grossière.

§ CXXX.

Un autre qualité naturelle et très-importante de la brebis, c'est que son corps est couvert de laine et qu'elle transpire beaucoup, et c'est la cause principale pourquoi cette race d'animaux exige pour la conservation de sa santé un air aussi sec que possible.

Chez quelques races le mâle seul est armé de cornes, tandis que la femelle en est dépourvue; chez d'autres, les mâles et les femelles en sont également munis.

L'organisation de la denture de la race ovine est la même que celle de la race bovine : trente-deux dents, dont huit incisives à la mâchoire inférieure, et vingt-quatre molaires. L'agneau, en naissant, apporte ordinairement deux à quatre incisives; les autres suivent dans l'espace de quelques semaines. A l'âge d'un an à un an et demi les deux incisives du milieu tombent, un an après les suivantes, et ainsi de suite, comme chez le bœuf, mais avec plus de régularité. A l'âge de huit à neuf ans les dents incisives commencent à être usées et tombent souvent.

L'estomac est partagé en quatre compartiments comme chez le bœuf.

Les bêtes ovines entrent en chaleur, à moins qu'on ne hâte cette période par des moyens irritants, à la fin de l'été, ordinairement à l'âge d'un an et demi. La gestation dure en moyenne cent quarante-cinq jours ou vingt et une semaines environ; la brebis donne un ou deux agneaux, dans certaines races cependant elle en donne souvent trois.

La croissance de l'agneau est rapide et dure jusqu'à la quatrième année; mais la durée de leur vie diffère suivant la race. En général on peut admettre qu'elle est plus courte chez les grandes races des bas-fonds et les grandes races perfectionnées que dans les petites; ces dernières atteignent un âge de quinze à vingt ans, tandis que les premières n'en vivent que dix. Du reste, la durée de la vie de ces animaux dépend aussi de la manière dont ils ont été traités.

§ CXXXI.

CONNAISSANCE DE LA LAINE.

Sous la dénomination de laine on entend une sorte de poil qui recouvre certaines espèces d'animaux, notamment ceux qui constituent la race ovine. Le brin de laine se distingue d'un autre poil en ce qu'il est plus souple, plus élastique et d'une structure moins ferme; il est formé de cellules allongées qui, dans leur ensemble, constituent un tube creux, rempli d'une matière huileuse; il frise naturellement et a une disposition à se réunir avec d'autres brins; plusieurs brins réunis forment ce qu'on appelle *mèche ;* la totalité de la laine qui revêt l'animal se nomme *toison.*

Comme il importe beaucoup au cultivateur de connaître les qualités physiques de la laine, nous allons en donner un aperçu succinct d'après les meilleurs auteurs qui ont traité de cette matière. Mais avant d'entrer dans ces détails, nous dirons quelques mots sur la nature de la matière graisseuse. Cette matière huileuse existe dans l'intérieur et à l'extérieur du brin. Dans l'intérieur, elle forme la moelle ; à l'extérieur, elle constitue ce qu'on nomme *suint et surge.*

Le suint, qui provient de la transpiration aqueuse de la peau, se dissout dans l'eau froide.

Le surge, qui est l'excès de la moelle, ne part qu'à l'eau chaude, encore cette opération exige-t-elle le mélange d'autres substances, et notamment du suint lui-même. C'est suivant que le surge est plus ou moins abondant qu'il faut encore ajouter d'autres substances, pour opérer le dégraissage complet de la laine.

Les qualités physiques dont les différences déterminent celles des diverses sortes de laines, sont principalement les suivantes :

1° La finesse ;

2° Le frisé ;

3° La douceur ;

4° L'élasticité ;

5° La force ;

6° La longueur ;

7° L'épaisseur ;

8° La couleur ;

9° Le surge ;

10° La forme des mèches ;

11° La toison ;

12° Les rapports entre la laine lavée et la laine crue.

1. *La finesse.* La finesse de la laine peut être considérée comme sa qualité principale, parce qu'elle suppose généralement, dans des degrés analogues à ceux de la finesse elle-même, l'existence de la souplesse, de la force et de la douceur.

La finesse du brin varie sous plusieurs rapports, et principalement sur les diverses parties du corps. Le brin lui-même est presque toujours plus gros à son extrémité qu'à sa base, de manière que dans les laines médiocres et grosses, le diamètre de l'extrémité est souvent le double de la base. Dans les laines fines au contraire, cette différence ne doit pas être très-sensible, car dans ce cas sa valeur en serait de beaucoup diminuée.

Le brin de laine fine est cylindrique, celui de la laine grossière est aplati ; en outre il n'est pas rare de trouver des brins inégaux, ce qui provient soit d'une irrégularité dans la nutrition, soit d'une maladie. Ces circonstances doivent naturellement influer sur la qualité de la laine.

Lorsque la nourriture de l'animal a été parcimonieuse pendant quelque temps, la laine qui a poussé durant cet intervalle sera plus faible et cassante ; on dit d'une pareille laine qu'elle s'est arrêtée.

Le diamètre d'un brin de laine superfine est quatre à cinq fois moindre que celui d'une laine ordinaire. La finesse des brins de laine entre eux est ou égale ou inégale. Une grande différence dans la finesse des brins est un signe d'une laine de qualité inférieure.

Souvent on trouve parmi les brins de laine des poils roides, courts, luisants et faiblement attachés à la peau. Ces poils sont encore un reste de la nature sauvage des bêtes à laine. On n'y fait pas beaucoup d'attention lorsqu'ils sont peu nombreux ; mais lorsqu'ils tiennent fortement à la peau, et lorsqu'ils sont en très-grand nombre, point frisés ou d'une frisure irrégulière, on les appelle *poils de chien ou de chèvre*.

Ces poils se trouvent cependant aussi chez les bêtes à laine superfine, surtout à la tête, au cou et aux cuisses, mais s'ils se répandent sur les parties principales du corps, c'est un indice que l'animal n'est pas de pure race.

D'après les observations de MM. Fabry, Girod (de l'Ain) et Perrault de Jotemps, le degré de finesse du brin est en raison inverse de l'épaisseur de la peau. En sorte que la laine de la croupe, du dessus du cou, du fanon et de la cuisse, est plus grossière que celle des autres parties du corps.

2. *Le frisé du brin de laine.* Cette propriété de la laine a beaucoup de rapports avec son emploi en fabrication.

On fabrique avec la laine deux classes principales de tissus, celle des tissus qui subissent le foulage, et celle des tissus qui ne le subissent pas. D'après les auteurs cités ci-dessus, on applique aux premiers le nom générique de draps et aux seconds celui d'étoffes rases.

Cette division en amènera une pour les laines, que nous distinguerons en laines de carde et en laines de peigne.

Pour les tissus de la première classe, ce sont les laines frisées ou de carde qui conviennent le mieux ; pour ceux de la seconde, on choisit les laines de peigne, dans lesquelles on désire particulièrement la finesse, la souplesse et l'égalité.

3. *La douceur et la souplesse* de la laine au toucher sont des qualités de première nécessité et fort recherchées des fabricants ; plus les laines perdent de ces qualités après le lavage, moins elles ont de valeur. La douceur et la souplesse se trouvent le plus souvent réunies à la finesse ; mais comme il y a plusieurs causes qui influent sur les qualités des laines, il en résulte que la douceur ne se trouve pas toujours à côté de la finesse.

4. *L'élasticité.* Un degré médiocre d'élasticité réuni aux laines fines est ordinairement préféré à un haut degré de force. Une laine trop peu élastique est désignée sous le nom de *matte*, *flasque* ou *morte*, et provient de bêtes malades ou mortes de maladie.

On ne peut juger de l'élasticité de la laine que lorsqu'elle a été lavée, mais à l'égard de la laine crue on ne peut conclure de son élasticité que d'après les autres propriétés, comme la finesse, la douceur, la force, etc., etc. Dans les laines pour les étoffes rases, l'élasticité est moins rigoureuse que pour celles destinées à la fabrication des étoffes foulées.

5. *La force*. On ne peut raisonnablement exiger qu'un brin de laine fine soit plus fort qu'un brin de laine grossière, mais il faut toujours qu'il possède la force proportionnée à sa finesse. La force relative de la laine diminue par un mauvais traitement.

Par suite d'une nourriture trop parcimonieuse, le brin acquiert une finesse extraordinaire qu'on appelle *finesse de faim;* une pareille laine ne possède aucune force. D'un autre côté, la laine peut perdre toute sa force et devenir cassante par la négligence dans le traitement ou par des maladies.

Une laine privée totalement de son élasticité est mauvaise et impropre à des tissus qui demandent de la solidité.

6. *La longueur*. On examine la longueur de la laine, soit dans son état naturel, soit dans son état étendu.

La longueur du brin est donc ou apparente ou réelle. La différence entre un brin étendu et non étiré est d'autant plus grande qu'il est plus frisé. Il est des sortes de laine où cette différence se comporte comme de 1 à 2, tandis que si le brin est lisse et plat, la longueur apparente ne diffère presque pas de la longueur réelle.

La bonne laine à draps se laisse étirer jusqu'au tiers ou aux deux tiers de sa longueur naturelle. La différence est encore plus grande entre les diverses sortes de laines; car on en trouve depuis un pouce jusqu'à un pied de longueur. Les longues laines sont particulièrement recherchées pour la fabrication des étoffes rases.

7. *L'épaisseur*. On entend par là la réunion du plus grand nombre de brins de laine croissant sur un espace donné de la peau. D'après cette définition, on distingue entre toison serrée et toison claire.

L'épaisseur de la laine dépend principalement de la grosseur ou du diamètre du brin et de leur nombre. Mais aussi le frisé et la longueur du brin ne sont pas sans influence sur l'épaisseur apparente de la toison.

Plus le brin est fin, plus grand en est le nombre qui se trouve sur un espace donné de la peau. Cette différence dans le nombre est tellement considérable, qu'elle peut varier de 5,000 à 50,000 sur un pouce carré de la peau.

Lorsque les extrémités des brins sont grosses, l'épaisseur apparente est plus grande que l'épaisseur réelle.

8. *La couleur et la splendeur*. La couleur ordinaire de la toison est le blanc. Une toison noire qui souvent tire un peu sur le brun n'est recherchée que dans quelques cas rares ; une toison marquée de taches brunâtres est peu recherchée.

Plus le brin est splendide, plus il est estimé. La splendeur se rencontre le plus souvent dans les laines lisses, et celles dont les mèches sont comme ondulées. Une toison splendide est souvent la propriété de certaines races.

La toison des agneaux a plus de splendeur que celle des bêtes adultes de la même race.

9. Le *surge*, appelé indistinctement *suint*, est très-important pour la conservation des qualités de la laine. Le suint est tantôt jaune, tantôt blanc. Ce qui paraît assez certain, c'est que chaque bête, même dans la race la plus pure, apporte en naissant sa disposition naturelle au suint blanc ou au suint jaune, et que cette disposition ne varie que rarement sur le même individu. Le suint est tantôt liquide, tantôt plus tenace, et adhère à la laine en plus ou moins grande quantité. Les diversités du suint sont tantôt une propriété de la race, tantôt elles proviennent de certaines causes extérieures ; les bêtes à laine fine en ont plus que les bêtes à laine grossière. Chez les bêtes bien nourries le suint est plus abondant. Mais quelle que soit la couleur ou l'abondance du suint, le dégraissage ramène toutes les laines au même degré de blancheur.

10 et 11. *La forme des mèches et de la toison*. D'après les auteurs que nous venons de citer, la toison peut présenter à sa surface extérieure des mèches tantôt aplaties, tantôt aplaties et noueuses, quelquefois pointues. Dans le premier cas, on dit qu'elle est ronde et unie ; dans le second, qu'elle est noueuse ;

dans le troisième enfin, qu'elle est irrégulière ou à mèches pointues.

La toison ronde et unie est celle dont les mèches, se maintenant à la même hauteur, offrent à l'extérieur une surface rase et compacte, qui ne s'entr'ouvre que dans les divers mouvements que fait l'animal en marchant ou se retournant.

La toison noueuse est celle dont les mèches offrent à leur extrémité de petits nœuds, quelquefois si serrés et si inextricables, que les opérations du lavage et du battage ne suffisent pas pour les défaire. Cette disposition de l'extrémité de la mèche ne se rencontre guère que sur les bêtes très-fines et dans les bergeries les mieux tenues sous le rapport de la propreté des toisons.

La toison à mèche pointue ressemble assez à celle de l'agneau de dix-huit mois qui n'aurait pas été tondu la première année ; les mèches, quoique assez égales en longueur, sont, à l'extérieur, très-distinctes et indépendantes les unes des autres.

12. *Rapports entre la laine lavée et la laine crue.* Par le lavage de la laine, opération qui a lieu sur l'animal, on a pour but de la dégraisser et de la nettoyer de la plus grande partie des impuretés qui y sont attachées. Après le lavage, la laine se présente sous un aspect tout à fait différent de celui qu'elle avait avant l'opération ; c'est alors seulement qu'on peut bien apprécier les diverses qualités de la toison. Comme les acheteurs ne jugent jamais de la laine que d'après l'aspect qu'elle présente après le lavage, on comprendra l'importance qui en résulte pour l'éleveur d'acquérir les connaissances de la laine par le moyen du lavage.

§ CXXXII.

RACES DE BÊTES OVINES.

Le nombre de races de bêtes ovines est très-grand ; nous ne nous occuperons que de celles qui ont de l'intérêt pour les cultivateurs de nos contrées.

On distingue les races en deux groupes qui se classent en bêtes à laine grossière et en celles à laine fine.

A. *Races à laine grossière.* On les subdivise en races de grande, moyenne et petite taille.

1. *Races à laine grossière grande taille.*

a) Race des Pays-Bas et de la Basse-Allemagne, races des marches. Elles se trouvent dans les Flandres, la Hollande, la Frise, le Holstein, le Danemark, et tirent leur origine des grandes races des Indes ou de l'Argali (*ovis ammon*). Elles ont pour caractères communs une laine longue et lisse, une tête sans cornes, des oreilles longues, et donnent un ou plusieurs agneaux, propriété qui s'est surtout conservée chez quelques races anglaises, et cette fécondité est accompagnée d'une abondance de lait.

Les bêtes de ces races donnent en moyenne 5 à 7 livres de laine, quoiqu'elles n'en portent pas aux extrémités ; leur poids de boucher est de 80 à 120 livres.

Comme sous-variétés on distingue : la race du Texel, la race flamande, celle de Frise, etc., les deux dernières ont les jambes plus hautes et la laine moins longue. Ces races prospèrent seulement sur les pâturages des bas pays et des marches. Elles ont un tempérament délicat, ne s'accommodent pas à la nourriture de l'étable, et n'atteignent pas un âge très-élevé.

b) Races anglaises à longues laines. Ces races sont célèbres par la forme de leur corps, et tirent probablement leur origine de la grande race des côtes de la mer du Nord. Les plus renommées de ces races sont celles de Dishley (*race de Backwell*), South-Down, Teeswater, Cotteswold ou Glocester perfectionnée, Linkoln et Linkoln-Dishley, Romney-Marshs, etc.

Les perfectionnements qu'on a apportés dans ces races consistent en un corps très-développé, une grande facilité d'engraissement, et une laine de carde très-distinguée. Toutes ces races ont pour caractères distinctifs : un corps arrondi, large et cylindrique ; une laine abondante, longue, lisse, pas très-fine, mais douce, luisante et blanche, au poids de 5 à 8 livres par tête. Les moutons sont susceptibles d'engraissement à deux ans ; belle viande, excellent goût, pesant ordinairement 80 à 140 livres, quoiqu'on en ait tué de 260 livres.

La race de Dishley ou New-Leicester a cela de particulier qu'elle prospère sur les pâturages gras et humides qui nourrissent difficilement d'autres races de moutons.

La race South-Down a une laine plus fine, longue de 2 à 3 pouces ; tempérament vigoureux ; s'améliore beaucoup par le croisement ; elle est originaire des hauteurs crayeuses de Sussex.

Les Teeswater ont les os minces, les jambes plus longues, le corps plus pesant, les flancs plus larges ; laine moins longue ; viande plus fine et plus grasse. Tempérament délicat, mange lentement, n'est propre qu'aux pâturages abondants.

Les Cotteswold ou Glocester perfectionnés ont une laine moins longue, mais ils se nourrissent sur des terrains tourbeux et marécageux. Les brebis sont très-fécondes, généralement elles donnent deux agneaux, mais beaucoup en donnent jusqu'à trois et même quatre.

La race de Lincoln a la face blanche, les os gros, les jambes grosses, blanches et raboteuses, le corps long, mince et faible ; laine longue de 18 pouces, toison de 11 livres à trois ans ; viande grossière ; se nourrit lentement, ne réussit que dans les meilleurs pâturages ; tempérament délicat. Les races de Teeswater et de Cotteswold sont des variétés de la race de Lincoln.

La race Romney-Marshs a la face blanche, les jambes blanches et longues, les os gros, le corps gros et en forme de tonneau, bonne taille ; laine fine et longue ; s'engraisse facilement sur les terrains marécageux.

2. *Races à laine grossière, taille moyenne.*

a. Race allemande ordinaire, race européenne des campagnes.
Cette race est d'une taille moyenne qui varie cependant d'après

les variétés et les localités. Quelquefois on voit des béliers qui ont des petites cornes ; la laine grossière, longue de 3 à 6 pouces ; ils donnent 2 $^1/_2$ à 4 livres de laine par tête ; elle est ordinairement blanche, mais il y en a aussi de la brune et noire ; face et jambes souvent noires, brunes ou jaunes, tandis que la laine est toujours blanche.

Cette race principale est répandue dans un grand nombre de pays, comme en Russie, en Suède, dans plusieurs districts de la France et de l'Italie. On en trouve aussi à côté des mérinos, en Espagne, une variété de la race principale appelée *Churros*, qui porte une laine tantôt blanche, tantôt noire. Sous-variétés de cette race : les races du Rhin, de Poméranie et de Prusse. Toutes sont très-propres à l'engrais.

La véritable race allemande ordinaire a été perfectionnée pendant les dernières années, par le croisement avec les mérinos, en sorte que dans beaucoup de localités on ne la trouve plus.

b. En Hongrie et dans la Valachie existe une race particulière et constante appelée *Zackel ;* taille assez grande ; laine grossière d'un pied de longueur, tantôt blanche, tantôt plus ou moins brunâtre ; les cornes contournées en spirale.

3. *Races à laine grossière, petite taille.*

a. Race des landes, qui ne se trouve guère que dans les landes et bruyères du Lunebourg. Les bêtes de cette race sont petites et ne vivent presque que de bruyères, sur des pâturages plus gras que les maigres cantons où elles sont nées ; elles prennent en peu de temps un embonpoint excessif et tombent malades. Elles ont toutes des cornes ; ne sont jamais tout à fait blanches, mais bien grises, brunes et noires ; laine grossière ; elles donnent deux à deux livres et demie de laine par tête. Il paraît que cette race tire son origine de la brebis sauvage d'Asie ou de l'Argali dont elle a conservé plusieurs caractères.

§ CXXXIII.

B. *Races à laine fine.*

Nous rangeons dans cette classe surtout les mérinos, soit d'Allemagne, soit d'Espagne, de France et d'Angleterre.

Cette race principale, qui se distingue tant de toutes les autres races, est depuis longtemps indigène en Espagne, d'où elle a été introduite dans la plupart des autres pays.

L'origine de cette race nous est inconnue, mais il est probable qu'elle a été créée par le croisement du mouflon d'Europe avec quelque race étrangère. Quelques auteurs pensent que déjà du temps des Romains des races à laine fine ont existé en Espagne, et que celles-ci ont été perfectionnées par les Mores d'Espagne, peuple très-adonné à l'agriculture et à l'éducation des animaux domestiques.

D'après quelques auteurs, il paraît que les mérinos auraient déjà été introduits en Angleterre au xv⁰ siècle, mais qu'ils n'y avaient pas prospéré, soit à cause des influences du climat, soit faute de connaissances dans le traitement de ces animaux. Dans l'Allemagne et d'abord dans la Saxe, cette race a été introduite pour la première fois en 1765, et successivement dans l'Autriche, le Wurtemberg, la Prusse, la France, etc., etc. Depuis cette époque la race mérinos a subi un perfectionnement, et s'est tellement répandue qu'on ne peut en dire autant d'aucune autre race de bétail.

Les mérinos se distinguent par une taille moyenne et même quelquefois petite ; ils présentent une forme particulière de la tête, qui est grosse, le museau peu allongé, le chanfrein arqué et deux longues cornes tournées en spirale. Quelques brebis portent aussi des cornes, tandis qu'on voit des béliers qui n'en ont pas ; les moutons sont le plus souvent dépourvus de cornes. Les brebis ne donnent ordinairement qu'un seul agneau. Mais le caractère principal de la race consiste dans la laine, qui est très-fine, longue de deux à trois pouces, frisée, épaisse et imprégnée d'une grande abondance de suint , ce qui donne à la toison une teinte grisâtre qui ne disparaît qu'au lavage.

Cette race montre même en Espagne des diversités notables relativement à la laine et à la taille, dans les différents troupeaux ; et ces diversités sont plus grandes encore dans les autres pays de l'Europe où les mérinos se sont depuis longtemps naturalisés.

On distingue généralement deux sous-races principales : la race infantado et la race électorale.

1. *Race infantado.* Cette race porte le caractère principal de plusieurs races célèbres de troupeaux espagnols dits *transhumants ou voyageurs,* surtout du troupeau léonès du duc d'Infantado et de celui de Negrette. Sa taille est forte et ramassée , croupe et poitrail larges , la peau souvent plissée, un fanon pendant et allongé dont les plis s'étendent au-dessous du cou. Ces plis couvrent, dans quelques individus, non-seulement le cou, mais ils s'étendent encore sur les épaules et sur les cuisses ; les joues et les jambes jusqu'aux pieds couvertes de laine ; la tête large , le museau plissé, la toison fort tassée et chargée de suint ; la laine cependant moins également frisée , moins fine et moins douce que chez la race électorale ; aux extrémités on voit souvent du poil de chèvre ou de jarre. Elle donne trois à trois livres et demie de laine. Les agneaux naissent souvent la peau plissée et couverte de jarre au-dessus de la laine ; ces poils cependant tombent dans la suite. La race de l'infantado est principalement répandue en France et en Autriche, où elle a été longtemps considérée comme la seule véritable race des mérinos.

2. *Race électorale.* Cette race a le corps plus délicat et plus faible ; la tête plus étroite et plus maigre garnie de poils fins ; les oreilles moins velues, et moins de laine aux extrémités ; le cou mince. La laine est d'une grande finesse et douceur très-égale dans la toison, régulièrement mais moins crépue. Elle donne de deux à deux livres et demie de laine par tête, jamais davantage. Les agneaux naissent avec une peau lisse , douce et couverte d'un duvet court.

Cette race superfine, bien qu'elle soit aussi originaire des mérinos d'Espagne, ne se trouve pas dans ce pays en troupeaux aussi nombreux, et a été créée en grande partie en Allemagne de la race introduite dans ce pays en 1765.

Dès que l'élève des mérinos a commencé à se répandre et à se perfectionner, certains troupeaux ont acquis une grande réputation ; et beaucoup d'entre eux se distinguent par des particularités remarquables, ce qui fait qu'on en compte actuellement un grand nombre de variétés.

§ CXXXIV.

DE L'ACCOUPLEMENT DES BÊTES A LAINE.

Dans l'éducation des bêtes à laine on a pour objet principal, soit la production d'une certaine espèce de laine ; soit celle d'une grande taille susceptible d'un engrais facile ; enfin, dans certains cas, on cherche à obtenir les deux avantages à la fois. Relativement à l'accouplement lui-même, on doit prendre en considération le choix du bélier par rapport à son âge, à la qualité et au nombre de brebis qu'on lui donne ; le choix des brebis par rapport à leur âge, à l'époque où on leur donne le bélier, et à leur aptitude pour la reproduction.

1. *Choix du bélier.* Dans les races qui atteignent promptement à leur développement complet, surtout chez les anglaises, et lorsqu'ils auront été nourris avec abondance pendant leur jeunesse, on peut faire saillir les béliers à l'âge d'un an et demi. A l'égard des autres races, et notamment chez les mérinos, il est plus sûr de laisser parvenir le bélier à deux ans et demi, à moins qu'on ne veuille faire quelques essais sur son aptitude à la propagation, alors on pourrait le laisser couvrir à l'âge d'un an. En faisant monter les béliers trop jeunes et trop souvent on jette la base de l'affaiblissement de la race ; des maladies héréditaires se transmettent plus facilement, et le plus souvent l'améliora-

tion des laines est manquée, parce que chez les jeunes béliers la qualité de la laine n'est pas assez marquée (car elle est dans la règle plus fine que celle des béliers plus âgés), ou parce qu'ils transmettent leurs qualités moins sûrement que les bêtes adultes.

Un bélier, lorsqu'il est bien nourri et lorsqu'on l'emploie avec ménagement, peut servir jusqu'à la septième ou huitième année, et même quelquefois davantage. Mais, en général, les béliers sont le plus propres à la reproduction entre la troisième et la huitième année.

On exige d'un bon bélier qu'il soit robuste et d'un tempérament vif.

Il faut que la laine des bêtes destinées à la reproduction soit sans taches, égale, c'est-à-dire de la même longueur et grosseur sur toutes les parties du corps, d'une haute finesse, souple et élastique et non jarreuse, ou non mêlée avec du poil de chèvre.

Il faut accoupler les brebis dont les quartiers de derrière sont très-fournis en laine avec des béliers dont les quartiers de devant sont bien conformés et bien garnis de laine.

Il faut éviter dans l'accouplement une trop proche parenté, ou au moins observer les plus grandes précautions à cet égard. Il faut toujours accoupler les vieux béliers avec les jeunes brebis, et les vieilles brebis avec les jeunes béliers.

Dans le croisement ou métissage avec des races étrangères, il faut prendre soin de ne pas mêler à la race du sang moins pur ; c'est pour cela qu'il faut choisir les béliers dans un troupeau de race pure et constante.

§ CXXXV.

SUITE DU PRÉCÉDENT.

Si d'un côté il est bien établi que ce serait une grande faute que d'accoupler des bêtes dont la laine montrerait beaucoup d'inégalités, il faut cependant faire une exception à cette règle relativement à la finesse de la laine, car il a été constaté par l'expérience que l'amélioration d'une race à laine grossière est avancée en raison de la finesse du bélier.

Il est inutile de faire observer qu'on ne doit jamais employer pour la saillie un bélier doué de défauts essentiels ou atteint de maladies héréditaires.

Jusqu'à l'époque où l'accouplement doit avoir lieu, on tient les béliers soigneusement séparés des brebis; aux approches de cette époque, on donne aux béliers une nourriture plus substantielle, après quoi on les introduit dans les troupeaux de brebis.

Dans l'économie de bêtes à laine, dit M. de Thaër (*Principes raisonnés d'Agriculture,* tom. IV, pag. 636), il est extrêmement à désirer que les agneaux naissent tous à une même époque, et dans un espace de quatre semaines au plus; pour les mérinos c'est une chose absolument nécessaire. Il ne faut donc pas que dans un troupeau le nombre des béliers soit trop resserré; pour atteindre plus facilement le but qu'on se propose, le mieux sera de donner un bélier pour vingt brebis. D'autres auteurs plus nouveaux jugent que deux béliers suffisent pour cent à cent cinquante brebis. Quant à moi, je crois que la méthode de M. de Thaër est préférable dans les troupeaux de haute finesse, et lorsqu'on a en propre le nombre suffisant de béliers; mais lorsqu'il ne s'agit que d'améliorer une race, ou si on est obligé d'acheter les béliers à des prix très-élevés, on est bien forcé de se contenter d'un petit nombre de béliers pour faire saillir les brebis.

On fixe l'époque de l'accouplement selon celle où l'on désire avoir les agneaux; cependant comme il y a incontestablement de l'avantage à ce que les agneaux naissent de bonne heure, surtout lorsqu'on a en vue la prompte multiplication d'une race, on fait saillir les brebis à la fin de juin ou au commencement de juillet, quoique le plus souvent la saillie commence en août, septembre et octobre.

En suivant la première méthode, il faut absolument avoir pour l'hiver des fourrages de bonne qualité et en abondance, afin de maintenir les brebis fécondes en lait jusqu'à ce qu'elles atteignent le pâturage, et de pouvoir aussi donner aux agneaux la nourriture qui leur convient le mieux.

Lorsque le temps de l'accouplement, qui dure de quatre à six semaines, est passé, il faut séparer les béliers.

§ CXXXVI.

DES SOINS QUE DEMANDENT LES BREBIS PENDANT LEUR GROSSESSE.

Au commencement de sa grossesse, la brebis se contente d'une nourriture habituelle, mais plus elle approche de l'époque où elle doit mettre bas, plus elle doit être traitée avec douceur et recevoir une nourriture choisie et saine; car la santé et la vigueur des agneaux en dépendent en très-grande partie. En outre il ne faut pas permettre que les brebis pleines soient poursuivies par les chiens; il faut les faire rentrer dans la bergerie et les en faire sortir avec précaution, afin qu'elles ne soient pas comprimées au passage dans les portes; il faut enfin, lorsque l'agnèlement tombe dans l'hiver, ne plus laisser sortir les brebis les quatre ou six semaines qui précèdent leur accouchement, il faut au contraire les nourrir convenablement à la bergerie.

Les brebis demandent la plus grande attention dans le temps de leur accouchement. Les mesures qu'on doit alors prendre consistent à leur donner l'espace nécessaire, que la bergerie soit assez chaude, bien aérée et éclairée, et qu'on sépare les brebis dont la grossesse est très-avancée de celles qui doivent agneler plus tard. Ordinairement les brebis agnèlent facilement, et rarement il devient nécessaire de donner des secours à celles qui ont été bien soignées.

Quelquefois il arrive cependant que la mère ne veut pas accueillir son agneau, ce qui a lieu surtout chez les brebis mal nourries, et qui par conséquent n'ont pas de lait. Dans ce cas il est nécessaire de séparer la mère de son agneau, et de faire de temps en temps teter l'agneau en tenant la mère par les pieds. Dans quelques troupeaux à laine fine, on tient des brebis ordinaires, qui servent de nourrices aux agneaux que leur mère refuse d'accueillir. La réussite des agneaux ne peut être mieux assurée qu'en donnant aux mères nourrices une très-bonne nourriture, ce qui d'ailleurs n'est pas moins profitable à l'accroissement de la laine.

Mais il faut aussi porter son attention sur le choix de la nourriture ; car il ne suffit pas que les brebis aient beaucoup de lait, il faut aussi que ce lait ne soit ni trop gras ni trop maigre, ce qui ferait contracter aux agneaux de mauvaises maladies.

Parmi les fourrages qui produisent ces mauvais effets, on peut compter les foins et regains des prés engraissés, le foin de trèfle des terres grasses, les pommes de terre, données en trop grande abondance, des boissons trop nourrissantes, etc., etc. Mais ce qui produit des effets plus fâcheux encore sur les agneaux, ce sont les fourrages moisis et de mauvaise qualité. De l'eau pure à boire est toujours nécessaire aux brebis nourrices.

Au bout de quatre semaines on peut déjà peu à peu séparer les agneaux de leur mère, en les réunissant cependant à midi et pendant la nuit. Pendant cette séparation, on peut donner aux agneaux quelque nourriture accessoire, un peu de foin tendre, un breuvage fait avec de la farine ou des gâteaux à l'huile ; dans la suite on leur donne aussi un peu d'avoine ; de cette manière on continue, pour les habituer par degrés à une autre nourriture, car les agneaux ne doivent être sevrés que peu à peu.

Les agneaux doivent teter pendant dix-huit à vingt semaines. Ceux qu'on sèvre plus tôt restent chétifs pendant le reste de leur vie. On fait cependant une exception à cette règle pour les brebis faibles ou vieilles dont les agneaux sont sevrés à trois mois.

Aussitôt que les agneaux sont tout à fait sevrés, il faut les tenir aussi éloignés de leur mère que cela est possible, afin qu'ils ne s'inquiètent pas réciproquement par leurs bêlements.

Dans les grandes bergeries où l'on élève les béliers soit pour son propre usage soit pour la vente, on fait un triage des plus beaux agneaux mâles, le reste est châtré au bout de trois à quatre semaines. Lorsque les agnelles ont six semaines, on leur coupe la queue à quelques pouces de sa racine, afin qu'elles ne se salissent pas.   •

§ CXXXVII.

TRAITEMENT DES BÊTES A LAINE.

Le traitement des bêtes à laine se divise comme celui des bêtes à cornes, en nourriture d'hiver et en nourriture d'été; cette dernière se divise encore en nourriture au pâturage et en nourriture à la bergerie.

A. *Nourriture d'été.*

1. *Pâturages.* L'usage le plus ancien de nourrir les bêtes à laine est celui de leur faire chercher leur nourriture au pâturage, dès l'entrée du printemps jusqu'en automne, et c'est depuis les derniers temps seulement qu'on a jugé convenable de faire des exceptions à cet égard. Le pâturage, en effet, non-seulement est plus conforme à l'instinct naturel des bêtes ovines, mais par ce moyen une foule d'herbes nutritives sont employées utilement, qui sans cela ne seraient d'aucun usage. Dans beaucoup de localités il ne serait même pas possible de les nourrir autrement.

Comme il est d'une très-grande importance de distribuer la nourriture des bêtes à laine de manière qu'elle demeure également substantielle durant tout le cours de l'année, autant du moins que cela est possible, nous consacrerons les lignes suivantes à l'examen de la nourriture qui convient le mieux à ces animaux.

Les pâturages de bêtes à laine se distinguent en naturels et en artificiels ou cultivés.

Les pâturages naturels sont les plus ordinaires, mais ceux-ci sont de plus en plus diminués par l'extension qu'on donne à la culture ; on a souvent recours aux pâturages accidentels, comme par exemple ceux des bois, les jachères et les chaumes. Cependant ces dernières espèces de pâturages deviennent aussi plus rares à mesure que les cultures perfectionnées sont adoptées par les agriculteurs, en sorte que les prairies artificielles seules resteront pour l'entretien des bêtes à laine.

Souvent aussi l'on fait pâturer les bêtes à laine dans des prairies riches et qui d'ordinaire sont destinées aux bêtes à cornes ou à être fauchées, mais cela n'a lieu tout au plus qu'à la fin de l'hiver et en automne.

Les pâturages élevés et secs, surtout des montagnes, lesquels, à cause de leur roideur et du peu d'épaisseur de la couche de terre qui y recouvre les rochers, ne peuvent pas être labourés et ne fourniraient pas d'ailleurs une nourriture suffisante au bétail à cornes, sont ordinairement consacrés exclusivement aux bêtes à laine. Ces pâturages leur sont d'ailleurs des plus profitables, et le terrain ne pourrait souvent pas recevoir une destination plus avantageuse (de Thaër, *loc. cit.*, pag. 645).

Les pâturages marécageux que l'on rencontre souvent sur les terrains élevés, de même que ceux qui se trouvent dans les bas-fonds, doivent être soigneusement évités pour les bêtes à laine ; car les herbes qui y croissent et les gaz méphitiques qu'ils exhalent souvent ont la propriété d'affaisser les forces vitales, et par là exposent ces animaux à des maladies dangereuses et surtout à la pourriture, qu'il est difficile de surmonter.

§ CXXXVIII.

SUITE DU PRÉCÉDENT.

La qualité des pâturages a, comme je l'ai déjà dit , une grande influence , non-seulement sur la qualité de la laine et de la viande des bêtes à laine , mais aussi sur leur santé. Mais comme il n'est pas toujours au pouvoir de l'agriculteur de donner à ses moutons le pâturage qui leur est le plus profitable , surtout dans les pays où l'agriculture est fort avancée , il ne lui reste aucune autre ressource que les pâturages artificiels ou cultivés , et c'est sur de tels pâturages seulement , comme le dit M. de Thaër , qu'on peut entretenir un troupeau de bêtes à laine avec le succès le plus entier et le plus assuré. Lorsqu'on y sème les graminées et les espèces de plantes qui réussissent le mieux , qu'on détruit par le labour toutes les plantes moins avantageuses, et qu'en même temps on égoutte convenablement le sol , ils donnent aux bêtes à laine, dans toutes les saisons , et par toutes les températures , une nourriture saine qu'elles prennent tranquillement et sans aller bien loin. J'ai parlé dans le premier volume des plantes qui conviennent le mieux pour la formation des pâturages destinés aux bêtes à laine , et qui, lorsqu'ils entrent dans les assolements , demandent la même culture que les terres semées en grains. J'ai aussi indiqué les moyens d'après lesquels on pourra déterminer le nombre de bêtes à laine qu'on voudra entretenir sur un espace donné ; j'ajouterai encore que , dans ces calculs , il faut surtout avoir égard non-seulement à la qualité du pâturage , mais aussi à l'espèce de bêtes à laine. Cependant comme les pâturages ne sont pas tous les ans égaux en produit , l'on marche avec plus de sécurité si l'on fait , d'après le conseil de M. de Thaër , son calcul sur une étendue un peu plus forte , et si l'on en épargne , pour le cas de besoin , une partie qu'on peut faucher si elle n'est pas nécessaire comme pâturage.

M. de Thaër compte qu'un journal de pâturage suffit pendant tout l'été à la nourriture de sept bêtes à laine, d'autres auteurs n'en admettent que six.

§ CXXXIX.

NOURRITURE DES BÊTES A LAINE A L'ÉTABLE.

On peut aussi nourrir les bêtes à laine à l'étable ; des expériences irréfragables l'ont prouvé. Mais cette méthode ne se présente pas également avantageuse dans toutes les circonstances : dans les contrées, par exemple, où le sol est plutôt propre à rester en pâturage naturel qu'à la culture des plantes fourragères, la nourriture des bêtes à laine à l'étable ne pourrait produire aucun avantage ; mais là où les pâturages accidentels sont rares, où il n'y a plus de terres en jachère, où les terres sont trop riches pour être laissées en pâturages, là, dis-je, la nourriture des bêtes à laine de bonnes races à l'étable pourra rendre des bénéfices considérables.

En Belgique, les localités ne manquent certes pas où les cultivateurs pourraient à côté de leurs bêtes à cornes élever, suivant l'étendue de leur exploitation, une douzaine ou plus de bêtes à laine, sans que cela dérangeât leur économie.

Les points essentiels qu'il faut prendre en considération dans la nourriture des bêtes à laine à l'étable sont les suivants :

1° Il faut se procurer la quantité suffisante en fourrages secs ;

2° Cultiver les fourrages verts en suffisance, et d'après la manière indiquée pour les bêtes à cornes ;

3° Avoir soin que la paille de litière ne manque pas ;

4° Il faut que l'étable soit construite de manière à pouvoir être aérée avec grande facilité.

Toutes les espèces de trèfles, la luzerne, l'esparcette, la pimprenelle, le plantain, la mille-feuille, les vesces, et avec ces fourrages verts de la paille, conviennent aux bêtes à laine, et on peut rendre ces herbes encore meilleures par l'emploi de la chaux dans leur culture.

Les bêtes à laine nourries à l'étable reçoivent leur nourriture trois fois par jour, à raison de deux à deux livres et demie de foin par tête, ce qui fait huit à dix livres de fourrage vert à peu près, et on donne à boire avant midi.

En général il est indispensable à la conservation de la santé des bêtes à laine de leur donner toujours avec les herbes vertes de la paille. Quelques agronomes conseillent de nourrir les moutons à l'étable avec du foin seul, ce qui est fort possible, et ce serait le fourrage le plus simple, mais il faut en cela consulter les moyens dont on peut disposer.

§ CXL.

NOURRITURE D'HIVER DES BÊTES A LAINE.

La nourriture des bêtes à laine pendant l'hiver se compose aussi de substances diverses, comme celle de l'été. Cependant les fourrages les plus ordinaires sont la paille et le foin.

Toutes les espèces de foin conviennent aux bêtes à laines, pourvu qu'elles aient été bien récoltées et conservées; les jeunes branches de genêt et les tiges des topinambours leur sont également agréables.

La paille contient peu de parties nutritives, et d'autant moins qu'elle était plus exempte de mauvaises herbes, qu'elle était plus mûre, et qu'elle a été battue avec plus de soin. Cependant, considérée comme addition ou supplément à d'autres substances plus nutritives, la paille peut facilement remplacer le foin en partie ou totalement.

Le tableau que nous avons communiqué plus haut donne les indications nécessaires sur la valeur nutritive des diverses espèces de paille; seulement nous remarquerons encore que les pailles des céréales sont les moins nutritives de toutes, mais qu'on en peut augmenter l'efficacité par la fermentation. J'ai indiqué plus haut les meilleures méthodes de préparer les nourritures fermentées pour les bêtes à cornes; les mêmes méthodes peuvent aussi être suivies pour les bêtes à laine, avec la différence que la quantité de racines peut être moins forte que pour les vaches, et que le sel n'y doit point être oublié. On peut même avec un mélange de paille et de pommes de terre entretenir les bêtes à laine pendant tout l'hiver, et les conserver en bonne santé.

On donne aussi, quoique rarement, des graines aux bêtes à laine; celles qui leur conviennent le mieux sont les féverolles, les pois, l'avoine et l'orge ou le blé noir, et on compte un quart ou un tiers de livre par tête.

Les glands, les fruits du hêtre et du marronnier d'Inde sont une excellente nourriture pour les brebis, mais à cause de leurs propriétés astringentes, on ne les donne qu'en petite quantité.

Quelques auteurs recommandent aussi les résidus des distilleries et des brasseries. Les derniers, donnés modérément, constituent une nourriture bonne et saine aux bêtes à laine; mais ceux des distilleries, parce qu'ils sont toujours aigris, doivent être évités sans aucune restriction. L'on prétend aussi, et non sans raison, que ces résidus font avorter les brebis pleines.

Quelquefois on donne le grain aux bêtes à laine en gerbes non battues ou battues seulement à moitié, mais cette méthode est irrégulière, parce qu'on ne peut pas déterminer la mesure du grain qu'on donne.

§ CXLI.

QUANTITÉ DE NOURRITURE QU'IL FAUT DONNER AUX BÊTES A LAINE.

La quantité de nourriture qu'une bête à laine demande par jour dépend naturellement de sa grandeur, quoique certaines races puissent avoir un plus grand appétit que d'autres. On compte qu'une bête de cent livres doit consommer en moyenne trois livres un quart de foin par jour pour se soutenir en bon état, et pour que la laine puisse croître régulièrement. Les brebis nourrices exigent un tiers, et le bétail à l'engrais la moitié en sus de cette quantité.

M. Pabst (*Manuel d'éducation des animaux dom.*, p. 195) recommande encore particulièrement d'augmenter un peu la ration à celles des bêtes qui n'ont pas encore atteint leur accroissement complet, tandis qu'on pourrait au contraire la diminuer d'un peu à l'égard des moutons qui ne sont pas destinés à l'engrais. On donne la nourriture à ces bêtes quatre fois par jour ; beaucoup de propriétaires se bornent à trois fois, ce qui me paraît aussi suffisant. Cette méthode présente d'ailleurs l'avantage, que les heures des repas arrivant pour tout le bétail au même moment, l'ordre de l'économie n'est point dérangé.

Les bêtes à laine ont aussi besoin de boire. Lorsqu'on les nourrit à l'étable, on fait bien de leur donner de l'eau fraîche deux fois par jour ; et quoique ces bêtes boivent peu comparativement aux bêtes à cornes, il faut cependant que l'eau ne leur manque jamais lorsqu'elles sont nourries au sec.

§ CXLII.

DE L'ÉTABLE.

La construction de l'étable est pour les bêtes à laine qu'on veut nourrir chez soi l'objet principal. On peut le dire sans exagération que c'est à l'égard de ce point qu'on manque le plus souvent, et que c'est la construction vicieuse de l'étable qui a fait échouer les premiers essais en ce genre. Des étables étroites, obscures, humides et basses, telles qu'on les a trop longtemps données aux bêtes à laine, par crainte qu'elles ne souffrissent du froid, sont la chose la plus nuisible à leur santé. Les bêtes à laine, dit M. de Thaër, sont naturellement abritées contre le froid ; plus que tous les autres animaux domestiques, elles aiment un air frais et la lumière. On sait que dans beaucoup de pays, on laisse ces bêtes pendant l'hiver en plein air, sans que cela leur fasse le moindre tort ; et malgré ces expériences, on les enferme encore très-souvent dans des étables telles que je viens d'en désigner. Il faut absolument, si nous voulons parvenir à élever les bêtes à laine à l'étable, que nous leur donnions des bergeries aérées, spacieuses, claires et hautes de quatre mètres au moins ; et comme elles aiment particulièrement à voir le ciel et la verdure, la partie supérieure de l'une des quatre murailles doit être formée de planches, qu'on puisse ôter à volonté, afin d'être à même de leur laisser la jouissance de la vue dans les campagnes. De cette manière, les bêtes, même celles qui n'ont pas été élevées à l'étable, s'accoutumeront peu à peu à y vivre contentes.

Une autre qualité essentielle d'une bergerie, c'est d'être assez spacieuse pour que les bêtes puissent se donner le mouvement nécessaire à leur santé. On a calculé qu'une bête à laine demande, y compris les crèches, les râteliers, un espace de huit à dix pieds carrés ; et une brebis avec son agneau douze pieds. Il faut en outre qu'il y ait des courants d'air qui renouvellent l'atmosphère sans précisément atteindre ces animaux.

Entre les diverses constructions de crèches, celle qui me paraît la plus convenable est celle que recommande M. de Thaër ; en voici la description : sur trois tréteaux repose une planche d'environ seize pouces de largeur, laquelle est bordée d'un liteau de deux pouces de hauteur. Cette planche sert à retenir la poussière de foin et à donner aux bêtes des fourrages courts et des racines. Sur cette planche, l'on place des râteliers doubles unis ensemble. Ces râteliers sont éloignés l'un de l'autre, dans leur partie inférieure, de douze pouces, dans la supérieure de dix seulement ; de sorte qu'ils penchent l'un contre l'autre, et non pas, selon l'ancienne coutume, en dehors. Par ce moyen, on empêche non-seulement que, lorsque les bêtes tirent à elles le fourrage, il ne tombe quelque chose parmi leur laine, mais aussi que ces bêtes ne mangent par-dessus la tête les unes des autres, et par là ne se salissent davantage encore. Au moyen de cette disposition, les bêtes ne peuvent pas facilement sauter dans les crèches, comme elles le font volontiers. Ce double râtelier est alors ou suspendu en l'air avec deux cordes, qui, y étant attachées, passent sur un guindal assujetti aux poutres; ou bien on le suspend à deux poteaux qui passent au travers, et à l'aide desquels on l'élève au-dessus de la planche, lorsqu'on veut donner aux bêtes du fourrage court.

Le sol de la bergerie doit être sec, ce que l'on obtient le mieux par le moyen d'une litière abondante. Dans les bergeries où les bêtes à laine sortent tous les jours et n'y passent que les nuits, le fumier peut, en supposant que la bergerie soit sèche et bien aérée, rester plusieurs semaines et même quelques mois ; mais lorsqu'on nourrit ces bêtes constamment à l'étable, le fumier doit être ôté plus souvent. Il est ici de la plus grande utilité, pour l'augmentation du fumier, de placer en dessous de la litière une couche de terre d'un demi à un pied ; cette terre absorbe les urines et peut plus tard être mêlée aux autres fumiers ou aux composts.

M. Pabst a calculé qu'il faut un quart de livre à une demi-livre de paille de litière par jour pour chaque tête de bétail.

J'ai dit plus haut que les bêtes à laine aiment à recevoir du sel, et que cette substance est profitable à leur santé. Quoique tous les auteurs qui ont écrit sur les bêtes à laine soient d'accord à cet égard, ils ne le sont cependant pas lorsqu'il s'agit de la quantité qui leur est nécessaire et de l'époque où il convient de la leur donner. M. de Thaër considère le sel comme un médicament qu'il ne faut pas donner régulièrement ; d'autres veulent qu'on ne donne le sel que toutes les semaines ou tous les mois seulement. Pour moi je pense que le mieux est toujours de suspendre dans la bergerie un morceau de sel gemme, ou bien de faire des gâteaux de sel dissous et de farine, qu'on fait cuire au four, et qu'on suspend de même ou qu'on met dans les crèches, en laissant ainsi à l'instinct des bêtes à laine de lécher du sel lorsqu'elles en ont besoin. Mais lorsqu'on nourrit les bêtes à laine à l'étable, et surtout qu'on leur donne de la nourriture fermentée, il faut y mêler du sel à raison de quatre onces sur trente-deux bêtes par jour, ce qui est suffisant sous tous les rapports.

§ CXLIII.

UTILISATION DES BÊTES A LAINE.

On entreprend l'économie des bêtes à laine dans des vues bien différentes.

Le plus souvent on les élève pour la laine ; ensuite c'est la propagation et l'engraissement qui est le principal objet qu'on a en vue ; en Angleterre enfin, où l'on préfère acheter les laines fines à l'étranger, on élève les bêtes essentiellement pour l'engraissement.

La multiplication des bêtes à laine, dans le premier des buts que je viens d'indiquer, ne saurait être avantageuse que dans celles des provinces de la Belgique où des pâturages abondants semblent inviter à cette industrie. Mais il importe avant tout que celui qui s'y livre choisisse la race des bêtes qui convient le mieux au climat et à la nature du pâturage. En général, on doit admettre en principe que lorsque le climat n'est pas trop rude ni les pâturages trop gras ou trop humides, il faut donner la préférence au bétail à laine fine ; car, toutes les conditions d'ailleurs égales, une bête à laine fine donne une rente plus élevée qu'une bête à laine grossière. Nous ne prétendons cependant pas que ce soit absolument de mérinos de race pure que l'on doit composer son troupeau, ce serait trop risquer pour ceux qui n'ont pas assez de connaissance dans l'éducation de cette race ; mais il y a des races métisses, provenant du croisement des races indigènes avec des mérinos, qui réunissent toutes les qualités désirables.

Lorsque les pâturages sont gras , ou lorsque avec une culture alterne et perfectionnée on préfère nourrir les bêtes à laine à l'étable , les races anglaises perfectionnées qui ont une grande disposition à s'engraisser méritent la préférence. En Angleterre l'on a des races de brebis , et nous en avons indiqué plus haut les plus remarquables , qui à leur seconde année donnent déjà leur agneau , qui les allaitent et se trouvent grasses en automne, ou s'engraissent en hiver , sans qu'on les fasse saillir de nouveau. Les bêtes de ces races sont les plus avantageuses pour le petit cultivateur et même pour le grand fermier qui ne peut pas entretenir un nombreux troupeau, parce qu'elles payent très-bien par leur chair, leur laine et leur fumier, la nourriture qu'elles ont consommée.

Il est vrai qu'il y a une grande différence dans la bonté de la chair de ces races , mais on peut l'améliorer peu à peu en leur donnant une bonne nourriture.

Il y a eu une époque où l'on considérait la disposition à s'engraisser et la bonté de la chair comme incompatibles avec la finesse de la laine , mais nous savons maintenant qu'il est très-possible de réunir dans une race toutes ces qualités , et même dans un haut degré.

§ CXLIV.

DE LA TONTE.

On tond les bêtes à laine une ou deux fois par année. On tond deux fois les bêtes à laine grossière qui ont une laine très-longue, mais on a fait l'observation que deux tontes ne fournissent pas plus de laine qu'une seule.

Avant de tondre la laine il faut qu'elle ait été préalablement lavée.

L'opération du lavage est pour la vente de la laine d'autant plus importante que celle-ci est plus fine. Il y a deux méthodes

de laver la laine, celle sur le corps des bêtes ou *à dos*, et celle
après la tonte. Le lavage sur le corps des bêtes est toujours très-
imparfait, surtout chez les bêtes à laine fine, dont la laine est
fortement imprégnée de suint et de saletés étrangères.

Dans le lavage à dos, on doit principalement prendre en considération la qualité et la température de l'eau. Une eau naturellement douce et tempérée convient seule pour opérer le
lavage ; tandis qu'une eau dure et froide non-seulement ne lave
pas bien, mais elle est encore nuisible à la santé des bêtes ; une
eau ferrugineuse est à rejeter parce qu'elle pourrait communiquer à la laine une teinte jaunâtre ; quant à la température de
l'eau, elle ne peut guère être au-dessous de 13 degrés Réaumur.

Pour opérer le lavage à dos, on fait entrer les moutons dans
une eau courante ou dormante si elle est propre, jusqu'à ce qu'ils
en aient jusqu'au dos ou qu'ils nagent ; le berger et les autres
personnes sont aussi dans l'eau au moins jusqu'aux genoux ; ils
passent la main sur la laine et la pressent à différentes fois pour
la bien détremper. Après trois ou six heures, ou le lendemain,
lorsqu'on a fait la détrempe le soir, on lave de nouveau, afin de
bien nettoyer la laine. Ce dernier lavage ou lavage au net serait
beaucoup plus complet si l'on pouvait avoir une chute d'eau d'un
mètre et plus de hauteur : on la recevrait dans un cuvier où l'on
plongerait le mouton. De pareils établissements existent déjà
dans plusieurs contrées de l'Allemagne, et on y peut laver jusqu'à quarante mille moutons dans une semaine. A cette occasion,
on a éprouvé pendant plusieurs années que même l'eau de fontaine n'incommode les moutons en aucune manière.

Ordinairement il est nécessaire de laver les moutons plusieurs
fois pour que la laine soit bien nette et de bon débit.

Souvent on trouve nécessaire de laver les moutons dans de
l'eau échauffée jusqu'à trente degrés. Quelques personnes ajoutent à l'eau, pour bien enlever la graisse, du savon, de la terre
glaise, de la potasse, des urines pourries, etc. Mais l'emploi de
ces substances exige de grandes précautions, sans quoi la laine

pourrait bien perdre une partie de sa douceur. Le meilleur moyen pour dégraisser la laine et qui ne nuit à aucune de ses qualités, c'est la racine de la saponaire et les tourteaux de pavot, et probablement aussi les gâteaux de colza, que cependant je n'ai pas encore eu l'occasion d'essayer.

M. Bella, directeur de la ferme modèle à Grignon, fait remarquer que le lavage à dos, qui n'est pas véritablement nécessaire pour les laines courtes, dites *à carde*, convient surtout pour les laines longues que l'on travaille au peigne, parce que le lavage après la tonte dérange le parallélisme des brins qu'il importe de conserver dans la filature de cette espèce de laine.

§ CXLV.

Dans le lavage après la tonte, on lave les laines tout de suite après la tonte, dans une eau courante ou dans une eau dormante, pourvu qu'elle soit propre. Après avoir préalablement retiré des toisons les pailles et les corps étrangers qui y sont attachés, on jette la laine dans de grands paniers d'osier placés au milieu de l'eau : on la remue en différents sens avec un bâton. Enfin on la retire et on la fait sécher à l'ombre sur des claies ou sur un grenier.

Comme il est du plus grand intérêt pour le cultivateur aussi bien que pour le fabricant que la laine soit aussi complétement lavée que cela est possible, il faut que cette opération soit faite avec une minutieuse exactitude.

Le déchet que la laine subit au lavage, varie naturellement selon la qualité de cette laine et suivant que les bêtes ont été traitées. En général on compte que les laines fines et moyennes perdent la moitié de leur poids lorsqu'elles ont été lavées à dos, et qu'elles rendent à l'eau, au second lavage, encore de vingt à vingt-cinq pour cent.

A l'égard de la quantité de laine qu'une bête donne, elle varie selon la race, le sexe, l'âge, la longueur de la laine et la manière dont l'animal a été nourri. Les races superfines ne donnent guère au-dessus de deux livres et un quart ; celles à laine moyenne et les métis entre trois et quatre livres. Parmi les races à laine grossière et les grandes races d'Angleterre, la différence est encore plus grande : les moutons ordinaires donnent de quatre à six livres, tandis que quelques races anglaises donnent jusqu'à huit et même douze livres de laine lavée.

A l'égard des soins particuliers que demandent les bêtes à laine fine, et de la manière d'apprécier les bêtes de cette race et leur laine, je dois renvoyer mes lecteurs aux ouvrages qui traitent spécialement de cette matière.

§ CXLVI.

DE L'ÉCONOMIE DES COCHONS.

Dans toutes les économies rurales, soit grandes, soit petites, dit M. de Thaër, l'entretien des cochons est une chose presque indispensable, parce que les divers résidus et issues qui sortent tant de la laiterie que de la cuisine et du jardin, ne peuvent guère être employés d'une autre manière.

Le porc, dit M. Viborg, est un des quadrupèdes domestiques les plus utiles ; à cet égard, il ne le cède en rien au bœuf ni à la brebis. Sa chair, si nourrissante, n'est pas seulement pour la classe du peuple une ressource précieuse et un objet presque de première nécessité : elle fournit encore à la table du riche une infinité de mets plus ou moins délicats.

En revanche de ces avantages, les cas sont plus rares où il serait d'un bon apport pour le cultivateur d'entreprendre la *multiplication des cochons* proprement dite, car l'utilisation du porc est plus restreinte que celle des bêtes à cornes et à laine, outre qu'ils ne consomment pas toutes les espèces de fourrages et que leur fumier a moins de valeur.

§ CXLVII.

Le porc est, d'après les naturalistes, originaire des Indes orientales, d'où il serait venu en Europe à une époque inconnue. Ce qui pourtant est certain, c'est que notre porc domestique tire son origine du porc sauvage qui vit dans nos forêts. Le porc se trouve à l'état sauvage dans les contrées chaudes et tempérées de l'ancien monde. Il recherche les lieux humides, marécageux et bas, où il se rafraîchit pendant les chaleurs de l'été ; mais le cochon domestique demande un abri contre le froid et l'humidité.

Le porc est peu délicat sur le choix de sa nourriture : les fruits, les racines, les herbes vertes, les insectes, la viande et même les excréments de l'homme et de plusieurs animaux conviennent à son appétit ; il boit en même temps beaucoup, et prend en général une plus grande quantité d'humidité que tous les autres animaux domestiques.

Cette espèce se distingue des autres par quatre dents incisives à la mâchoire antérieure, six à la postérieure, et six molaires à chaque côté ; elle a un estomac simple, mais le tube intestinal est proportionnellement très-long. Le porc est très-vorace et digère promptement sa nourriture, c'est pour cela qu'il faut se garder de lui donner une abondance de nourriture indigeste.

Le porc à l'âge de dix mois est déjà propre à la reproduction. La gestation est de quatre mois ou en moyenne de cent quinze jours ; le nombre des petits est de quatre à douze.

Son accroissement dure jusqu'à la quatrième année et même au delà.

Le jeune cochon s'appelle *cochon de lait* ou *goret,* le mâle *verrat,* et la femelle *truie.*

§ CXLVIII.

DES DIVERSES RACES DE PORCS.

Le nombre de bonnes races de porcs est considérable ; on le divise d'après la grandeur de leur taille, en grands, en moyens et en petits. De toutes les variétés, dit M. Viborg, il faut préférer celles qui donnent le plus grand produit en lard et en graisse, dans le temps le plus court et avec le moins de fourrage.

a) Porcs de la grande race. La grande race peut être considérée comme une des races principales. Elle se caractérise par un corps très-allongé, les côtes larges et plates, des oreilles longues et pendantes, la tête étroite, une teinte blanche ou bigarrée de noir et de blanc. Ce porc atteint le terme de son accroissement à la troisième année.

Les variétés les plus remarquables de la grande race sont :

1. *Celle de la Belgique et des Pays-Bas.* Elle a le corps très-allongé, le dos courbé, la soie douce.

2. *La race normande.* Elle est plus longue encore, difficile à engraisser, mais atteint alors un poids considérable.

3. *La grande race anglaise.* Cette race de porcs se distingue par une teinte gris blanc ou jaune blanc, rarement bigarrée, et en ce qu'elle a quelquefois des verrues au cou.

4. *La grande race allemande.* Elle se trouve dans une grande partie de la Westphalie, dans les contrées appelées *Westerwald* ou forêt de l'Ouest, dans quelques contrées de la Bavière et de la Bohême, dans les provinces rhénanes, etc., etc. Les porcs de cette race sont moins longs, mais ils ont le dos plus large, s'engraissent plus promptement et sont moins tendres.

b) Porcs de la race moyenne. Les porcs de cette race ont le corps plus court, le dos voûté, les jambes longues, la tête large, les oreilles dressées ou pendantes et courtes, des soies plus courtes et roides ; le porc de cette race est en outre plus dur, plus facile à engraisser, et fournit une chair plus fine et un lard plus ferme.

Les variétés de cette race sont :

1. *La race allemande indigène ou du pays*, telle qu'elle se rencontre dans plusieurs pays de l'Allemagne. On y rencontre parfois des variétés intermédiaires qui se rapprochent de la race précédente, mais la vraie race moyenne a toujours le dos plus large et plus arrondi. Ils sont noirs, blancs, gris, souvent bigarrés de rouge et de jaune.

2. *Race de Hongrie, de Moldavie, de Bosnie et de Turquie.* Cette race est très-constante et se caractérise par un corps moyen, large, garni de soies rudes souvent un peu frisées. Ces porcs sont très-durs, noirs, demi-sauvages, presque toujours dans un état d'embonpoint convenable ; mais leur chair est un peu dure.

3. *Les races anglaises moyennes*, obtenues par le croisement du porc de Siam avec la grande race du pays.

c) *Porcs de la petite race.* Cette race se trouve dans les Indes, en Chine, dans le royaume de Siam, au cap de Bonne-Espérance, etc.

Le porc chinois, comme on l'appelle vulgairement, a les jambes très-courtes, le corps allongé, son ventre touche presque la terre. Il a très-peu ou presque pas de soies ; la queue est très-courte ou manque souvent totalement.

Les porcs chinois sont le plus fréquemment noirs, rarement blancs. Ils ont les oreilles petites, dressées et pointues ; le cou épais et gras. Ils sont très-féconds.

On vante beaucoup le lard et la chair par rapport à leur goût fin ; mais il est des gens qui ne sont pas de cet avis et qui soutiennent que la peau est plus épaisse, le lard inférieur et plus mou que chez nos porcs communs, mais cela dépend de la nourriture.

2. On cite encore le porc noir à jambes courtes qui ressemble beaucoup aux porcs de la Chine. Cette race se trouve dans beaucoup de pays, particulièrement dans le midi de l'Europe. Elle se distingue de la race chinoise en ce que son corps est garni de plus de soies. On regarde comme la meilleure variété de cette race celle qui se trouve en Portugal, qui a les soies rouge foncé, fines et un peu frisées. Ces porcs sont toujours gras ; mais

petits et peu féconds, c'est pour cela qu'on les estime moins que les porcs chinois.

Au reste, les porcs de cette race sont à la vérité petits, mais ils coûtent moins à entretenir que les gros, attendu qu'il leur faut très-peu de nourriture pour prendre la graisse.

Les races anglaises de Berkshire, de Hampshire, de Rudgwik, celles qu'on appelle *races de M. Witt et de Kortright*, sont les plus renommées de l'Angleterre. La dernière a été obtenue par le croisement du porc chinois et du porc sauvage de l'Amérique septentrionale; et la race de Witt est le produit du porc anglais avec le porc chinois. Le porc de la race de M. Witt est, d'après le témoignage de M. Viborg, très-fécond, grandit rapidement, s'engraisse facilement, et a surtout les parties importantes pour les bouchers très-bien formées. Il est plus grand que le porc de Kortright, et rend à la tuerie un plus grand produit.

On regarde en général comme un signe de perfectionnement chez le porc, une peau mince, des os fins et petits, une grandeur considérable, une tête petite avec une courte hure, et des soies fines.

§ CXLIX.

DE L'ÉDUCATION DES PORCS.

1. *Choix des porcs pour la multiplication.* Le porc, comme animal domestique est, d'après Viborg, réputé bien conformé (1) quand la hure est courte, mince et tronquée; quand les yeux sont clairs et vifs, les oreilles longues, touffues et pendantes (2), le cou épais, l'épaule ainsi que le dos et le croupion larges et droits, le corps allongé, les flancs larges, le ventre pendant, les jambes courtes et bien orientées. Les mamelons doivent être au

---

(1) Nous excluons la grandeur, qui n'entre en considération que lorsqu'il s'agit de certains *intérêts locaux*.

(2) Les oreilles pendantes ne sont pas toujours un signe d'une race digne d'être élevée.

nombre de dix à quatorze, attendu que le plus grand nombre annonce une plus grande fécondité.

Le porc est pour l'ordinaire un peu plus haut derrière que devant; mais il est important que la croupe soit droite, parce que cela rend les jambons de devant plus pesants.

A l'égard de la truie en particulier, il faut choisir celles qui proviennent d'une mère féconde, et qui sont d'un naturel tranquille et doux.

Dans le choix d'un verrat, on exigera que non-seulement il soit d'une bonne race, mais aussi qu'il provienne d'une truie féconde et de belle forme. Le verrat en général doit être vigoureux, d'un tempérament vif et avoir toutes les qualités qu'on exige d'un animal étalon.

L'âge auquel on peut permettre aux porcs de s'accoupler dépend de la race et de la manière dont ils ont été nourris. C'est pour cela que quelques-uns ne permettent à ces animaux de s'accoupler qu'à la seconde année, tandis que d'autres font communiquer la truie avec le verrat quand ils ont à peine six mois. Cependant de nombreuses expériences ont constaté qu'on peut sans inconvénient accoupler les porcs des grandes races à un an, et ceux des petites races à huit ou neuf mois, lorsque ces animaux ont été bien nourris.

On se sert pour l'accouplement, soit de la truie, soit du verrat, jusqu'à ce qu'ils aient l'âge de cinq ou six ans et même davantage; mais il ne serait ni avantageux ni prudent de les laisser vieillir plus longtemps, attendu que les verrats deviennent bientôt féroces, et que la chair des truies aussi bien que celle des verrats devient mauvaise à mesure qu'ils vieillissent.

La truie vient en chaleur dans toutes les saisons; elle annonce son rut par une bouche baveuse et par l'action de monter sur d'autres porcs; de plus, les lèvres de la vulve sont enflées et rouges.

Les cultivateurs n'aiment pas que la truie mette bas au milieu de l'hiver, parce qu'alors les petits souffrent facilement du froid;

la meilleure saison commence au mois de février et finit en mars. De cette manière les gorets sont propres à la tuerie pour la Noël de l'année suivante ; l'on peut aussi avoir une seconde ventrée avant l'hiver.

§ CL.

La gestation de la truie dure en moyenne cent quinze jours. Elle exige, à l'époque où elle devra mettre bas, beaucoup d'attention. Il faut l'enfermer dans un lieu spacieux, où elle puisse être seule et trouver de la paille, mais pas trop abondante pour se faire un gîte. La nourriture doit être légère, rafraîchissante, d'une quantité suffisante, sans quoi elle serait tentée de dévorer ses petits. Il faut aussi faire attention au moment qu'elle met bas, pour saisir l'instant où l'arrière-faix paraît, afin de le lui enlever, autrement la truie le mange ; elle mange aussi les petits morts ; c'est pour cela qu'il faut les enlever aussitôt.

Quand la truie a cochonné, il faut lui fournir fréquemment une nourriture légère et saine, comme par exemple du lait acidulé mêlé d'eau, un peu de farine et de gâteau à l'huile.

Une truie de bonne race doit donner huit à dix gorets, mais la première ventrée n'est que rarement aussi nombreuse.

Lorsqu'une truie a fait plus de petits qu'elle ne peut en nourrir, on lui enlève les plus faibles.

§ CLI.

Pendant que les jeunes cochons tètent, ce qui dure à peu près six à sept semaines, on fournit à la truie une nourriture abondante et substantielle, attendu qu'elle doit nourrir un grand nombre de petits. Ce qui convient le mieux aux truies à cette époque, ce sont les fèves et les pois détrempés, des boissons faites avec de la farine d'orge ou de seigle ; les résidus des brasseries, les pommes de terre crues écrasées, etc., etc. A l'âge de trois à quatre semaines, il faut accoutumer peu à peu les gorets à boire du lait dont on leur donne quatre fois par jour; environ huit jours après, on doit commencer à les séparer de leur mère; à cette époque on leur donne du lait écrémé auquel on mêle un peu de grains pour les accoutumer à la nourriture ordinaire. Lorsqu'on a ainsi procédé à l'égard des petits cochons pendant quatre à cinq semaines, on peut leur donner du vert et des pommes de terre.

Les meilleures substances qu'on puisse donner aux gorets pendant le sevrage, et pour économiser le lait qui reste cependant le meilleur aliment, c'est la farine d'orge et de seigle, les pois et le sarrasin cuits, les pommes de terre écrasées, le petit-lait. Mais il faut se garder de leur donner une nourriture trop indigeste ou trop aqueuse; il faut aussi qu'elle ne soit ni trop chaude ni trop froide. Quant aux truies, l'on doit à cette époque retrancher de leur nourriture, afin de diminuer le lait.

Les gorets sevrés doivent être bien traités lorsqu'on veut qu'ils réussissent bien. Il faut leur donner de l'air et souvent de la nourriture, mais peu à la fois. La santé des gorets exige de l'eau et une étable propre et sèche; on doit en outre séparer les faibles des plus forts.

M. Viborg recommande de donner aux gorets sevrés des épinards et des feuilles de betteraves; d'autres leur donnent de la salade : ce genre de nourriture étant d'une facile digestion leur convient parfaitement.

Les porcs qu'on ne destine pas à la propagation doivent être châtrés à l'âge de quatre semaines, parce qu'alors cette opération présente moins d'inconvénients que lorsqu'on la fait à un âge plus avancé.

Les jeunes verrats destinés à la propagation doivent être à l'âge de trois à quatre ans séparés des jeunes truies.

§ CLII.

DU TRAITEMENT DES PORCS.

a) *De l'habitation du porc.* L'instinct naturel au porc , dit M. Viborg, de se vautrer dans la fange pour rafraîchir sa peau, a mal à propos donné lieu de croire que la malpropreté contribue à faire prospérer cet animal. Il faut sans doute attribuer à ce préjugé la cause pour laquelle on tient les étables ou loges à porc si malpropres, si peu éclairées et si peu aérées, régime qui contribue tant à la dégénération et à la mauvaise réussite de cet animal.

On a divers modes de construire les porcheries , mais quelle que soit leur construction , il faut qu'elles soient sèches, chaudes en hiver et fraîches en été. Une chose importante à laquelle il faut s'arrêter dans la construction d'une porcherie , c'est le sol. Il doit être construit en pierres avec une pente suffisante pour l'écoulement des urines ; d'autres préfèrent des dalles percées de trous à travers lesquels les immondices liquides puissent s'écouler; d'autres encore mettent un plancher là où les porcs ont leur gîte, et le reste du sol de la loge est couvert de dalles de pierre , qui sont préférables aux pavés ordinaires que les porcs faugent souvent hors de terre et qui absorbent dans leurs intervalles la plus grande partie des urines ; on obtient aussi par ce mode de pavage que les porcs sont couchés sur des planches, ce qui est plus profitable à la conservation de leur santé. La loge doit avoir une hauteur suffisante pour qu'un homme puisse y rester debout. Elle doit avoir une fenêtre et une double porte , dont la partie supérieure puisse s'ouvrir , afin d'y faire entrer l'air.

L'auget doit être en pierre , ceux en bois sont moins solides et plus difficiles à entretenir dans un état de propreté.

D'après M. Viborg , la loge aux porcs doit être assez spacieuse pour que chaque animal ait une place de cinq mètres quatre décimètres à neuf mètres carrés , mais une place de trente à quarante pieds carrés est assez spacieuse pour contenir une truie avec ses petits, ou deux à trois porcs à l'engrais, ou cinq à six porcs sevrés.

Les loges des porcs doivent se trouver en communication avec un enclos dans lequel ces animaux peuvent se mouvoir et jouir de l'air libre qui est indispensable à la conservation de leur santé, surtout des jeunes animaux.

M. de Thaër attache une si grande importance à la bonne construction des étables à cochons, qu'il regarde comme dépendant essentiellement de ce point le succès de l'élève de ces animaux. Des étables bien construites, dit cet agronome, sont peut-être d'une plus grande importance pour l'économie des cochons que pour celle d'aucune autre espèce de bétail. Le succès en dépend essentiellement, et, sans cela, tout le reste devient inutile. Les cochons doivent pouvoir être séparés d'après leurs âges, état et sexe ; il faut donc un espace particulier ou une étable :

1° Pour les cochons qui viennent d'être sevrés ;

2° Pour les jeunes cochons, parce que sans cela ils pourraient être blessés ou chassés par les plus grands ;

3° Pour les cochons adultes, parmi lesquels on comprend tant les châtrés des deux sexes que les truies qu'on élève, et celles qui ont mis bas, lorsque leurs petits sont sevrés ;

4° De petites étables pour chaque truie qui allaite ses petits ;

5° Des étables d'engraissement ;

6° Des étables pour les verrats.

Dans la construction de ces étables ou de la porcherie, il faut pourvoir à ce que ces bêtes soient logées chaudement, et que cependant les étables puissent être aérées et bien nettoyées ; car, quoique souvent le cochon se vautre dans la boue pour se rafraîchir, la propreté dans son étable ne lui est pas moins de première nécessité.

La porcherie doit être exposée au soleil, et, autant que possible, entourée d'une cour dans laquelle on puisse faire sortir les cochons.

§ CLIII.

NOURRITURE DU PORC A L'ÉTABLE.

A l'état de nature le porc se nourrit de plantes, de racines, de graines, de fruits; il dévore les insectes et leurs larves qui se trouvent dans le sol, des taupes, des souris, des serpents, etc.; mais ce qu'il cherche de préférence, ce sont les racines tuberculeuses qui croissent dans les bois et les champs. Le cochon domestique se nourrit en général des mêmes substances lorsqu'il se trouve dans l'état de chercher sa nourriture; mais à l'étable, il est soumis à un régime plus régulier et plus restreint. Il y mange à peu près tout ce qu'on donne aux vaches, excepté les diverses espèces de foins, la paille et les fourrages verts durs; mais en revanche, le porc se régale de viande crue et cuite que les autres animaux domestiques rebutent.

Il existe encore à l'égard de certains aliments des erreurs qu'il importe de détruire. C'est ainsi que dans plusieurs écrits économiques qui traitent des porcs, on trouve que le jeune lin, le sarrasin vert, le poivre, certains insectes, comme par exemple, la courtillière, les champignons, etc., empoisonnent ces animaux ou leur occasionnent de graves accidents. Je pense qu'en général on pourrait à cet égard admettre que toutes les herbes qui ne sont pas douées de propriétés vénéneuses peuvent être mangées par les porcs sans aucun inconvénient; qu'au contraire les herbes et racines vénéneuses, comme par exemple l'aconit bleu et jaune avec leurs racines tuberculeuses, la plupart des champignons nuisibles et les plantes âcres comme la persicaire des marais, les renoncules sont effectivement un poison pour les porcs. Quant au poivre, il ne peut être considéré comme nuisible pour les porcs que lorsqu'il est mêlé en trop grande quantité à leur manger, ce qui n'arrive que bien rarement.

Le plus souvent on cuit le manger pour les porcs; d'autres

se contentent de le détremper avec de l'eau chaude. Cette méthode ne pourrait cependant être approuvée qu'à l'égard des
déchets des granges et des graines dures qu'on veut donner
entières ; quant aux autres substances, on les donne avec plus
d'avantage à l'état fermenté. Une nourriture légèrement acidulée
convient particulièrement aux porcs, à cause de leur tempérament irritable, mais tous les aliments aigres, irritants ou chauds,
leur sont nuisibles.

Nous avons vu plus haut que le porc se nourrit d'aliments
très-divers ; c'est pour cela que sa nourriture à l'étable doit être
aussi variée qu'il est possible : les résidus des laiteries, des brasseries, distilleries et des sucreries, peuvent être employés pour
nourrir les porcs.

Dans les petits ménages on leur donne avec avantage les eaux
graisseuses des cuisines, les fruits gâtés, les restes de pain, etc., etc.,
mêlés avec de la balle et un peu de sel, un gros par tête et par
jour.

On peut aussi préparer un mélange avec des pommes de terre
écrasées crues, un peu de farine et de l'eau, qu'on laisse fermenter pendant vingt-quatre heures ; cette nourriture est peu coûteuse et convient particulièrement à ces animaux, et lorsqu'on
y ajoute la quantité de sel que nous venons d'indiquer elle peut
aussi servir à les engraisser.

§ CLIV.

Relativement à la quantité de nourriture que demande le porc,
il est difficile d'en fournir des données générales, attendu que
la nature du fourrage, les espèces de porcs et l'objet pour lequel
on les élève y apportent de grandes modifications. Cependant,
il ne faut pas perdre de vue que le porc est un animal dont le
développement s'accomplit très-promptement, et pour cette
raison il lui faut proportionnellement une plus grande quantité

de nourriture qu'aux moutons et aux bêtes à cornes, sans quoi il ne rendrait pas tout l'avantage dont il est susceptible.

Pour procurer au lecteur un terme de comparaison à cet égard, nous admettrons avec les meilleurs agronomes, qu'un porc pesant 150 à 200 livres a besoin en moyenne de 15 à 20 livres de pommes de terre ou de 6 à 7 livres de grain, ou de toute autre nourriture réduite au même équivalent. Les porcs anglais ou chinois, de petite taille, demandent moins de nourriture; les grandes sortes en exigent proportionnellement davantage.

Les grains sont l'aliment qui nourrit le mieux et qui donne le meilleur lard, mais cette nourriture est trop coûteuse et serait d'ailleurs trop échauffante. Dans les distilleries ou brasseries où l'on ne nourrit les porcs qu'avec des résidus, on compte, d'après M. Pabst une consommation journalière de 12 à 15 livres de grains, ou de 40 à 50 livres de pommes de terre par porc.

Il faut donner souvent à manger, mais peu à la fois, car le porc a une digestion très-prompte; cependant il faut faire attention à ce que les porcs aient fait planche nette avant de leur donner de nouveaux aliments. Il faut aussi rincer l'auget le plus souvent possible, car les porcs mangent avec moins d'appétit dans un auget malpropre.

§ CLV.

NOURRITURE DES PORCS AU PATURAGE.

Les pâturages naturels pour les porcs sont les lieux marécageux, ombragés, qui ont un sol léger et humeux; ce sont surtout les bois qui offrent à ces animaux une nourriture abondante et profitable.

D'autres font pâturer les porcs sur les champs après la récolte des grains, des pommes de terre, des raves, des pois, etc. Quelquefois aussi on leur abandonne le dernier regain du trèfle. Mais on conçoit que dans les contrées bien cultivées, les pâturages de ce genre sont trop accidentels pour qu'on puisse y compter avec sûreté, et qu'il y a plus d'économie à les nourrir à l'étable.

Cependant, lorsqu'il y a de grandes étendues de terres en friche, qui, à cause de leur nature ou pour toute autre raison, ne peuvent pas être soumises à la charrue, on peut y élever avantageusement beaucoup de porcs, comme cela se voit dans un grand nombre de pays; mais le pâturage dans les bois restera toujours le meilleur et en même temps le plus commode, attendu qu'on n'a pas besoin de faire rentrer les porcs pendant les grandes chaleurs du midi.

Je ne parlerai point des maladies auxquelles les porcs sont sujets; ces connaissances sont du ressort de la médecine vétérinaire : seulement je ferai remarquer que la plupart des maladies dont les porcs sont attaqués doivent être attribuées, soit à la malpropreté des étables, soit à la mauvaise nourriture, soit aux échauffements auxquels on les expose en les faisant pâturer et courir pendant les fortes chaleurs. Beaucoup de ces maladies pourraient donc être évitées en observant dans le traitement des porcs les règles que nous venons d'exposer.

§ CLVI.

UTILISATION DU PORC.

La plupart des agronomes sont d'accord sur ce point, que le succès de l'élève des porcs dépend principalement du genre et de la valeur du fourrage dont on peut disposer.

En général, son produit sera d'autant plus grand, que la nourriture dont on peut disposer revient moins cher, et que la race a plus de disposition à s'engraisser.

Cependant il faut absolument, dit M. de Thaër, que les cochons soient bien nourris, autrement ils ne donnent pas de profit. Au moyen d'une bonne nourriture, un cochon peut, à un an, avoir atteint la valeur d'un de deux ans ; et l'on se demande s'il n'est pas plus avantageux de donner en un an la nourriture que sans cela on ne consommerait qu'en deux ?

Quant à la question de savoir s'il est plus avantageux pour le cultivateur d'élever beaucoup ou moins de porcs, M. de Thaër s'exprime de la manière suivante :

Dans l'organisation de son économie pour la multiplication et l'engraissement des cochons, le cultivateur doit calculer à l'avance quelle est l'espèce de cochons qu'il trouvera le mieux à écouler dans la contrée où il habite, et quel est l'écoulement que, selon toutes les apparences, il trouvera pour chaque espèce. L'on peut vendre :

a) Des cochons au sevrage, dans les contrées où il y a beaucoup de petits cultivateurs et de jardiniers qui entretiennent une vache et peuvent envoyer quelques cochons au pâturage;

b) Après la moisson, des cochons qui ont fait la moitié de leur crue, ou qui ont moins d'un an, à des gens qui engraissent chez eux une couple de ces bêtes pour leur usage, et qui préfèrent celles de taille moyenne, parce qu'elles coûtent moins;

c) Des cochons adultes, soit aux brasseurs de bière et aux distillateurs d'eau-de-vie dans les villes, soit à des ménages qui ont beaucoup d'issues ou qui se procurent celles de leur voisinage, soit enfin et en général à tous ceux qui ne s'occupent pas de la multiplication des cochons, et qui cependant ont de quoi les engraisser;

d) Des cochons moitié gras, dans tous les temps aux charcutiers;

e) Aux environs de Noël, des cochons tout à fait gras, pour les ménages de la ville et de la campagne. On marche toujours avec plus de sûreté, lorsque, en formant un établissement pour la propagation et l'engraissement des cochons, on fixe d'avance quelles espèces et combien de chacune l'on se propose d'entretenir et de vendre. Il faut alors vendre ces cochons au prix qu'ils peuvent valoir : celui qui, mécontent du prix qu'on lui offrirait, par exemple, de ses jeunes cochons, voudrait les conserver contre le plan de son établissement, se trouverait le plus souvent dans l'embarras pour la nourriture, et obligé de vendre ensuite ses cochons avec une plus grande perte. En effet, dans ces cas-là, les cultivateurs, après avoir gardé leurs cochons, sont souvent réduits à les envoyer au marché. Il est sans doute pénible, lorsque l'année précédente on a obtenu dix francs pour un cochon au sevrage, de n'en pouvoir retirer ensuite que trois ou quatre ; néanmoins il faut s'y résoudre lorsque le plan de l'établissement le veut ainsi.

Ordinairement, lorsqu'on ne vend pas de cochons de lait, on arrange les choses de manière à pouvoir conserver les petits au printemps, ou pour en tirer race, ou pour les mettre à l'engraissement l'automne suivant, et les cochons du mois d'avril, au contraire, jusqu'à ce qu'ils aient une année, après quoi on les vend pour l'engraissement.

§ CLVII.

OBSERVATIONS GÉNÉRALES RELATIVEMENT A L'AMÉLIORATION DES RACES DESTINÉES A L'ENGRAISSEMENT.

La destination de la graisse ou des sécrétions graisseuses en général dans le corps animal est :

1° De remplir les espaces vides situés entre les parties solides et les parties molles, et d'empêcher la friction entre ces parties pendant leur mouvement ;

2° De tempérer comme mauvais conducteurs de la chaleur, l'influence délétère du froid sur les organes ; c'est pour cela que les animaux sont ordinairement plus gras en hiver qu'en été ;

3° De servir comme dépôt de nourriture dans les cas où, pour cause de pénurie de nourriture, ou par suite d'une plus grande consommation de substance animale, la graisse est décomposée et ramenée à la circulation.

Plusieurs genres d'animaux sont très-gras à l'époque où ils viennent en chaleur ; d'autres le sont à l'entrée de l'hiver ; dans l'un ou l'autre cas ils ne mangent presque pas, et entretiennent leur vie aux dépens de la graisse qui s'est accumulée dans les tissus.

Aussi longtemps que la sécrétion de la graisse a lieu dans ces bornes et pour remplir ces buts, les fonctions se trouvent à l'état normal ; mais lorsque ces bornes sont dépassées, il a lieu aux dépens des autres fonctions organiques, leur équilibre est plus ou moins dérangé, et l'on peut considérer cet état comme un degré inférieur de santé. Cependant, comme la graisse est un des produits les plus importants de ceux de nos animaux domestiques qui nous servent de nourriture, on a cherché les moyens d'augmenter dans leur constitution, et d'activer par une nourriture suffisante, les dispositions à l'engraissement, et de régler ces dispositions de manière à produire avec une quantité donnée de nourriture, la plus grande masse de graisse possible.

On a en outre reporté son attention sur le perfectionnement de celles des qualités qui donnent aux produits une plus grande valeur ; parmi ces qualités les plus importantes sont :

1° Celle de la viande. Chez plusieurs animaux la chair se compose de fibres grossières entremêlées d'espaces larges et vides, à peu près comme une éponge. Une viande de cette espèce, lorsqu'elle est cuite, est sèche, grossière, insipide et donne peu de jus.

Chez d'autres espèces, bien que ses fibres soient grossières, leurs interstices sont remplies de graisse ; une telle viande a déjà une plus grande valeur.

Mais la meilleure viande est celle dont la contexture est fine, dont les interstices sont à peine perceptibles et régulièrement entre-lardées. Une pareille viande a un poids plus considérable, elle est plus savoureuse et contient une grande quantité de jus.

2° Celle de l'utilité des parties. C'est-à-dire que les parties qui ne servent pas à la nourriture ou qui ne fournissent qu'une nourriture médiocre, soient aussi petites que possible, et que celles qui, au contraire, donnent la plus grande quantité et la meilleure nourriture, ou qui au marché sont payées le plus cher, soient le plus développées.

En conséquence les races perfectionnées doivent avoir :

1° Des os, comparativement à la masse de la viande, très-petits et légers ;

2° La tête, le cou et les jambes petits et fins ;

3° La peau mince et légère ;

4° Les intestins peu volumineux ;

5° La conformation des côtes en tonneau ;

6° Le devant large et bien garni de chair ;

7° Le derrière et les hanches également larges, et les cuisses très-charnues.

§ CLVIII.

La beauté du corps n'a qu'une importance secondaire, et n'entre en considération qu'en tant qu'elle se trouve unie aux qualités ci-dessus indiquées.

C'est d'après ces principes que les éleveurs anglais jugent de l'aptitude d'un animal pour l'engrais. Mais ce qui est vraiment admirable, dit M. Bachmann (*Principes de l'éducation des animaux domestiques,* page 194), c'est le haut degré auquel ils sont parvenus à pousser ces qualités dans leurs races.

On rencontre dans leurs troupeaux des moutons qui atteignent à la deuxième année un embonpoint tel qu'ils ont de la peine à marcher ; on en voit même qui ont sur les côtes un pouce de chair entre-lardée et par-dessus une couche de graisse de cinq à six pouces d'épaisseur.

Il est cependant probable que cette graisse énorme ne trouverait chez nous que fort peu d'amateurs ; néanmoins il serait à désirer que nous connussions les procédés des Anglais, pour en faire l'application aux porcs et aux bêtes à cornes, les moyens d'engraissement les moins dispendieux étant toujours préférables.

Voici quelques-uns des principes d'après lesquels M. Backewell a procédé. Nous les reproduisons d'après les indications qui sont parvenues à notre connaissance.

1° *A l'égard de l'accouplement.* M. Backewell a, dit-on, basé la formation de ses races sur l'observation que les individus des races bovine et ovine, qui sont très-musculeux et qui en outre ont une grande disposition à s'engraisser, ont ordinairement les os très-minces et fins, et mangent comparativement peu. Cette observation a été généralement confirmée par l'expérience. Il faut donc choisir pour la reproduction les individus qui ont une pareille constitution. Elle est principalement exprimée par le tempérament sanguin qui, en effet, est propre dans un haut degré à ces races.

Dans le choix de ces bêtes il faut avoir égard à ce que les individus montrent déjà cette disposition à l'engraissement dès leur premier âge ; il faut n'employer ces bêtes comme reproducteurs que pendant leur jeunesse, époque où les forces reproductives sont les plus fortes, où le système osseux ne s'est pas encore complétement durci et où le tissu cellulaire et toutes les parties molles sont encore tendres et les fibres musculaires très-fines. Il est fort à présumer que M. Backewell a d'abord agi d'après ce principe ; maintenant cependant, où la disposition pour l'engrais, le système osseux fin, etc., se trouvent déjà fixés dans la race, surtout dans la race ovine, il pourrait peut-être devenir nécessaire de faire intervenir de temps à autre des bêtes d'un âge plus mûr pour ne pas trop affaiblir l'énergie de l'organisme. Il est du reste connu que les éleveurs de bêtes à cornes font déjà monter leurs taureaux à l'âge d'un an.

Une autre condition indispensable au prompt engraissement, c'est une bonne digestion. Aucune autre fonction, comme, par exemple, la sécrétion du lait, les fonctions des systèmes nerveux et musculaire, celles du foie, etc., ne peuvent prédominer, et cela afin que la consommation de matière organique ne devienne pas trop forte et n'empêche par là la sécrétion de la graisse.

Quant à la forme du corps, il faut accoupler les individus de manière à ce que les défauts de l'un des côtés soient compensés par ceux de l'autre. Un des moyens les plus importants enfin par lesquels M. Backewell est parvenu à améliorer sa race, c'est l'accouplement en dedans ou dans la famille. Il accouple les pères avec les filles, les mères avec les fils et les jeunes entre eux, mais toujours avec égard à la forme de leurs corps et aux qualités particulières qu'il veut transmettre aux descendants. Par le moyen de ces procédés incestueux, non-seulement la disposition à l'engraissement est augmentée, mais aussi les formes, qui sont les plus propres à cet effet, deviennent de plus en plus constantes dans la race.

§ CLIX.

2° *Relativement à l'éducation.* Lorsqu'on examine la manière de vivre de ces races, la nourriture qu'on leur donne et le traitement auquel on les soumet, on s'aperçoit que toutes les influences extérieures sont calculées de manière à augmenter encore les dispositions à l'engraissement. Elles vivent dans des enclos et se nourrissent sur un sol de bonne qualité, où elles ne se donnent que le mouvement indispensable pour chercher leur nourriture. Puis, lorsqu'on les met à l'engrais, on leur donne les végétaux les plus nourrissants, qui contiennent beaucoup de substances sucrées et albumineuses, et favorisent particulièrement la reproduction, comme par exemple les turneps, les carottes, les raves, le rutabaga en combinaison avec des breuvages farineux, et ainsi de suite. En général, on cherche à entretenir ces bêtes par le moyen de cette nourriture substantielle et facile à digérer dans un certain état végétatif, pour obtenir le plus promptement le but qu'on se propose. De là résulte enfin que, lorsque ces influences continuent à agir sans interruption sur plusieurs générations, cette disposition extraordinaire pour l'engrais doit nécessairement être poussée jusqu'au plus haut degré possible. Mais ce qui prouve que cette pratique doit avoir son terme, qu'il n'est pas permis de dépasser, c'est l'état même de ces races anglaises perfectionnées; car elles ont une constitution faible, et beaucoup de disposition à certaines maladies, qui consistent dans une espèce d'étourdissement et de délire, ce qui provient peut-être d'une accumulation anormale de graisse dans la tête.

§ CLX.

AMÉLIORATION DES RACES PAR RAPPORT A LA PRODUCTION DU LAIT.

Les organes lactifères se trouvent dans des rapports intimes avec les organes sexuels, avec lesquels ils se développent simultanément, de même qu'ils cessent peu à peu de sécréter du lait à mesure que les facultés reproductives diminuent.

A l'état de nature, la sécrétion du lait est la plus abondante à l'époque où elle est le plus nécessaire à la nutrition des petits, c'est-à-dire jusqu'à la moitié du temps de la gestation de la mère fécondée de nouveau immédiatement après avoir mis bas. Les petits sont alors assez avancés et en état de chercher eux-mêmes leur nourriture. C'est aussi à cette époque que les jeunes animaux sevrés sont ordinairement repoussés par leur mère.

Dans l'éducation des animaux domestiques qui nous sont utiles par leur lait, nous avons pour objet principal d'augmenter et de prolonger la sécrétion du lait. Mais cet objet, qui est si contraire aux desseins de la nature, ne pourrait être atteint sans occasionner une grande perturbation dans l'économie animale, comme on l'observe chez certains individus, qui ont besoin d'une grande dépense de forces organiques pour produire du lait.

Comme la race bovine, à cause de sa constitution particulière, est plus propre que toute autre à la production du lait, nous nous en occuperons spécialement.

§ CLXI.

1° *De l'accouplement.*

D'une bonne vache laitière on exige :

1° Qu'elle produise la plus grande quantité de lait possible d'après une quantité de nourriture donnée ;

2° Qu'elle donne de bon lait ;

3° Qu'elle en donne très-longtemps.

Ces qualités se trouvent réunies chez les individus dans des proportions diverses. Quelques vaches ne donnent qu'un peu de lait aqueux, qui tarit bientôt : ce sont le plus mauvaises de toutes. D'autres en donnent plus longtemps, mais c'est un lait peu abondant et aqueux. D'autres encore donnent pendant longtemps du lait gras, mais en petite quantité ; tandis qu'on voit aussi des vaches chez lesquelles on trouve ces trois qualités réunies dans un hautdegré, c'est-à-dire qui donnent beaucoup et de bon lait, et qui ne tarissent que peu de temps avant de vêler.

Ainsi, plus ces qualités se trouvent réunies chez une vache, plus elle est propre à la reproduction.

Une deuxième considération dans le choix des jeunes bêtes pour la reproduction, est celle qui se rapporte à l'âge de la mère à l'époque de la parturition. Il est connu que de jeunes vaches donnent moins et un lait plus aqueux que celles d'un âge mûr, et qui ont déjà donné quelques veaux, et que chez les vieilles vaches le lait devient plus maigre, mais plus consistant. Il faut donc choisir, pour la reproduction, des veaux provenant de vaches qui se trouvent à la fleur de leur âge.

Des vaches avec de gros os se montrent ordinairement meilleures laitières que celles qui ont des os fins. Cette observation est d'autant plus juste, qu'il est connu que la fécondité en lait est inséparable d'une constitution robuste, laquelle constitution s'annonce chez les bêtes des contrées septentrionales par un système osseux très-fort.

Le tempérament d'une vache laitière doit être phlegmatique et doux. Celles qui sont douées d'un tempérament vif, non-seulement donnent moins de lait, mais sont encore inquiètes pendant qu'on les trait. Aucune autre fonction animale en opposi-avec la sécrétion du lait ne peut prédominer chez une vache laitière, comme par exemple la sécrétion de la graisse.

Les races de brebis perfectionnées, de M. Backewell, ont à peine assez de lait pour nourrir leurs petits. Des vaches qui s'engraissent facilement donnent peu de lait. Les vaches maigres et osseuses donnent la plus grande quantité de lait. Le travail exagéré diminue aussi le lait, mais il sera beaucoup plus facile de créer une race propre à la fois au travail et à la production du lait, qu'une race qui réunisse à une grande fécondité en lait une grande propension pour l'engraissement.

Il faut que les vaches laitières soient douées d'une bonne digestion et d'un bon appétit. Les races des montagnes et des contrées sèches, lorsqu'on les transporte dans des contrées basses et humides donnent du lait plus abondant mais plus aqueux; dans le même cas se trouvent les races méridionales lorsqu'on les transporte dans les contrées du Nord.

En conséquence il faut accoupler les meilleures vaches avec des taureaux qui proviennent de vaches donnant beaucoup de lait et de bon lait et qui en donnent longtemps. Les taureaux doivent se trouver à l'âge où l'instinct sexuel est le plus fort, c'est-à-dire dès la deuxième jusqu'à la quatrième année, et encore ne faut-il pas les employer trop souvent.

§ CLXII.

2. *Relativement à l'éducation.* L'éducation du bétail à lait doit dès sa jeunesse déjà avoir pour objet d'exciter l'énergie du procès vital végétatif en général, et celle des organes lactifères en particulier.

A cet effet, on les tient dans des étables fraîches, et en été on les abrite de l'ardeur du soleil. On ne leur permet de prendre que le mouvement nécessaire à la conservation de leur santé ; tous les efforts trop fatigants doivent être évités. On sèvre les veaux seulement à l'âge de trois mois.

Il faut nourrir ces bêtes avec des fourrages faciles à digérer et qui contiennent beaucoup de matières sucrées ; comme par exemple des carottes, des turneps anglais, des choux-raves, du trèfle, de la spergule, et tous ceux qui d'après nos expériences augmentent la sécrétion du lait.

Il est utile d'ajouter à ces substances de ces herbes qui ont une action spécifique sur les organes lactés ; de ce nombre sont le panais, les feuilles de carottes, l'herbe des prés qui contient du carvi, et même les feuilles de betterave.

Dès que les génisses, que l'on a élevées et traitées de la manière précédente, ont atteint l'âge de dix-huit mois, on leur donne le taureau, et après le vêlage on les trait au moins trois fois par jour, le plus complétement possible ; on leur amène de nouveau le taureau un an après la naissance du premier veau. Dans le même but il n'est pas moins utile de passer de temps en temps avec le plat de la main de la poitrine jusqu'au pis, et de presser doucement celui-ci ; par ces irritations locales, les organes lactifères atteignent un développement plus considérable avec une plus grande énergie.

Lorsque ces principes du croisement et de l'éducation sont poursuivis avec persévérance et exactitude pendant plusieurs générations, comme cela a été fait par M. Backewell, on peut compter avec beaucoup de sûreté sur un résultat satisfaisant.

Mais ici il y a aussi une ligne de démarcation, comme le dit M. Bachmann, qu'il n'est pas permis de franchir sans déranger l'équilibre de l'organisme animal. Car l'expérience a prouvé que des vaches très-fécondes en lait sont susceptibles de maladies de poitrine, de toux chronique, etc., surtout lorsqu'on les trait trop longtemps pendant leur gestation.

§ CLXIII.

DU CHEVAL.

Le cheval, considéré sous le rapport de l'économie agricole, est un des animaux les plus utiles, soit dans la culture du sol et le transport des produits, soit aussi à cause des divers autres avantages que le cultivateur est en état d'en retirer ; cependant, sous ce rapport même, il est inférieur aux bêtes à cornes, aux bêtes à laine et aux porcs.

Quoique d'après cela, l'éducation du cheval paraisse moins importante que celle des trois autres espèces d'animaux domestiques dont nous venons de parler, il n'en reste pas moins vrai que l'éducation du cheval exige des connaissances très-étendues et des soins multipliés ; non moins de connaissances sont nécessaires dans le choix, le traitement et la nature des chevaux destinés soit à l'agriculture, soit à d'autres usages moins importants.

L'éducation du cheval, à cause de la nature particulière de cette race d'animaux, a reçu un développement scientifique beaucoup plus étendu que celle des autres animaux domestiques, c'est ce qui rend l'étude approfondie de ces animaux bien plus difficile que celle des autres.

Nous possédons actuellement une littérature très-précieuse et complète sur l'éducation des chevaux de toutes les races ; quoique nous en ayons consulté les principaux ouvrages, nous nous bornerons ici à indiquer ce qu'il importe le plus au cultivateur de connaître sur la propagation et l'entretien de ces animaux (1).

Nous parlerons d'abord de la nature du cheval, puis des diverses races de chevaux, sans toutefois en donner une description détaillée ; de son accouplement et de son éducation ; du

______

(1) Quant au plan général de cet article, nous suivrons celui de M. Pabst (*Éducation des animaux domestiques,* tome II, page 223 ; qui nous a paru le plus simple.

traitement et enfin de l'emploi particulier de ces animaux pour les travaux d'agriculture.

§ CLXIV.

NATURE DU CHEVAL ET SES CARACTÈRES ZOOLOGIQUES.

Le cheval comme genre se reconnaît entre tous les autres à ses pieds terminés par un seul doigt ; il a trois sortes de dents, savoir : douze incisives, vingt-quatre molaires carrées et d'égale hauteur, et quatre canines ou crochets ; ces dernières manquent presque toujours dans les juments.

Ce qui caractérise principalement le cheval, ce sont ses grands yeux.

Il a en outre les oreilles moyennes et droites, la crinière longue, la queue garnie sur toute l'étendue de longs crins, et des productions cornées placées à la partie interne et inférieure de l'avant-bras ; on les appelle *châtaignes*. Quelques auteurs indiquent encore comme une particularité du cheval l'absence de bandes symétriques d'une couleur différente de celle du reste de la robe ; mais il y a des chevaux, comme par exemple, ceux à couleur de souris et fauve, qui ont une bande longitudinale sur le dos, comme les ânes.

Les chevaux ont encore d'autres particularités par lesquelles ils se distinguent des autres animaux ; le hennissement, qui se module sur les désirs, les sensations et les passions de l'animal ; la manière de se défendre avec les pieds de derrière, quoique quelques-uns mordent aussi ; la manière de boire en enfonçant toute la bouche et les narines dans l'eau ; la faculté de voir dans une obscurité presque totale et celle de reconnaître le chemin où l'homme ne peut plus le découvrir ; le sommeil excessivement court qui ne dure que deux ou trois heures ; la particularité qu'ils ne vomissent pas et qu'ils peuvent avaler sans inconvénient une grande dose d'arsenic.

L'estomac du cheval est simple et peu volumineux, porportionnellement au corps de l'animal; il digère très-promptement. La situation de l'estomac est telle qu'il peut facilement exercer une forte pression sur le foie et le diaphragme lorsqu'il est un peu surchargé.

Les dents incisives poussent pendant les premiers six mois; elles changent, et c'est à leur inspection surtout qu'on reconnaît l'âge de ces animaux. Dans la troisième année, les quatre de devant, qu'on appelle aussi *pinces*, tombent; à trois ans et demi ce sont les suivantes, et à quatre et demi les deux dernières qui tombent; pendant ce temps les douze premières malaires changent aussi dans le même ordre. Les incisives nouvelles se distinguent au commencement par une couleur jaune sale; par-dessus elles ont une cavité brunâtre ou noire, qu'on appelle *la fève*.

Jusqu'à la cinquième année on peut reconnaître avec beaucoup de sûreté l'âge du cheval. A la septième année, la fève s'efface aux dents du milieu; à la huitième il en est de même aux dents voisines, et à la neuvième année, les dernières n'en ont également plus de traces. A la dixième année, et en général à mesure que le cheval avance en âge, les gencives se contractent, de sorte que les dents paraissent plus longues, et à mesure qu'elles s'usent, leur forme, qui d'abord était ovale, devient plus ronde et à la fin presque triangulaire.

Telle est la marche ordinaire; cependant il y a des exceptions. Quelques chevaux, outre qu'ils n'ont pas de *châtaignes*, changent aussi de dents plus tard; d'autres conservent plus longtemps la trace de la fève. Le cas se présente dans certaines races et souvent dans les plus nobles.

Mais le genre de nourriture, certains vices, l'organisation, etc., contribuent aussi beaucoup à l'effacement de la fève, si bien qu'à dix ans et au-dessus il devient souvent bien difficile de reconnaître l'âge du cheval à l'inspection des dents.

Chez les chevaux, les dents prennent ordinairement une teinte plus blanche; les cavités (*salières*) qui sont au-dessus des yeux deviennent plus profondes, les poils qui sont autour des yeux blanchissent, les lèvres ne se ferment plus. Lorsque ces signes paraissent le cheval est vieux, et sa valeur diminue ou augmente, suivant que ces signes paraissent plus tôt ou plus tard, qu'ils sont plus ou moins prononcés.

§ CLXV.

Le cheval aime naturellement un climat chaud, un sol uni et sec, mais point aride et pauvre ; couvert d'herbes substantielles, mais point trop succulentes ; une bonne eau et de l'ombre pendant les grandes chaleurs lui sont indispensables. Sa constitution robuste lui permet cependant de s'accoutumer à d'autres climats, quoique les influences du climat opèrent des changements notables sur ses formes et sur son caractère.

C'est encore sa constitution forte qui rend le cheval plus capable que le bétail à cornes de résister plus facilement aux influences de la chaleur, du froid, de l'humidité, d'un mauvais sol, etc., etc. L'accroissement du cheval finit avec la cinquième année dans les espèces ordinaires, et une année plus tard chez les races nobles. La durée de sa vie dépend de la race ou aussi du traitement dont il a été l'objet. Les chevaux de race noble et ceux qui ont été ménagés dans leur jeunesse résistent jusqu'à l'âge de vingt et même vingt-quatre ans ; ceux des races ordinaires ou qui ont été employés trop jeunes sont déjà vieux à quatorze ans.

L'instinct sexuel est complétement développé chez le cheval à trois ans révolus, et se manifeste ordinairement au printemps. La gestation dure onze mois ou de trois cent trente-cinq à trois cent quarante-cinq jours terme moyen. Il y a cependant des exemples où elle a duré un an et même plus. Une jument ne donne ordinairement qu'un seul poulain, rarement deux.

Le cheval mâle s'appelle étalon ; la femelle, jument ou cavale ; le mâle châtré, hongre ; le jeune cheval, jusqu'à la fin de la troisième année, poulain.

§ CLXVI.

DES ALLURES DU CHEVAL.

On entend par *allures* chez le cheval, d'après Grognier et les meilleurs vétérinaires, ses mouvements de progression, sa manière de marcher ; on les distingue en naturelles, artificielles et défectueuses.

Les premières sont au nombre de trois, savoir : le pas, le trot et le galop.

Les secondes sont des modifications des premières, déterminées par l'art pour rendre les mouvements du cheval plus agréables, plus élégants, plus gracieux. Cependant on pourrait regarder, selon M. Grognier (art. CHEVAL, *Cours complet d'Agriculture,* tome VI, page 238), comme allures artificielles le *pas allongé,* car le pas du cheval abandonné à lui-même est très-lent ; il en est de même du petit galop, du galop écouté , ces allures étant aussi le fruit de l'éducation.

Les allures défectueuses sont l'amble, l'entre-pas, l'aubin.

§ CLXVII.

DES POILS OU ROBES.

On distingue les poils en simples et en composés. On appelle le poil *simple,* lorsque, indépendamment des marques particulières, la couleur des brins est uniforme ; dans le cas contraire, on le dit *composé.*

Poils simples :

1° Le blanc, tantôt argenté, tantôt *ordinaire* ou pâle.

2° Le noir , offrant trois nuances, savoir : le noir geai, luisant ; le mal teint, terne, couleur de suie ; le noir proprement dit, tenant le milieu entre les deux autres.

3° Le bai, rougeâtre ou jaunâtre, plus ou moins foncé, avec la crinière, la queue et les extrémités noires ; M. Grognier en cite sept nuances, savoir : bai-cerise, de la couleur de ce fruit ; doré, d'un jaune d'or ; châtain, nuance de la châtaigne ; marron, nuance du marron d'Inde ; brun, couleur de noir mal teint, en différant en ce qu'il présente des taches d'un roux éclatant, nommées *taches de feu*, à la tête, aux flancs, aux fesses ; vineux, d'une teinte vineuse.

4° L'alezan ou alzan, ne diffère du bai qu'en ce qu'il ne présente pas les poils des extrémités et les crins d'une couleur différente du fond de la robe : il offre au reste toutes les nuances du bai.

Poils composés :

1° Le gris, mélange de brins noirs et de blancs en diverses proportions, d'où résultent plusieurs variétés, savoir : le gris sale, où le noir mal teint domine ; *pommelé*, des marques blanches et des marques noires entremêlées souvent avec élégance ; *moucheté*, fond presque blanc semé de petites taches noires semblables à des mouches ; *tigré, charbonné*, ou tisonné, bariolé de taches noires beaucoup plus grandes, en quelque sorte régulières ; *truité*, offrant des taches rougeâtres ; *tourdille*, des taches claires sur un gris de souris, rappelant le plumage de la grive ; *gris de souris*, réfléchissant les couleurs de ce petit quadrupède ; *l'étourneau* plus foncé, à taches irrégulières plus grandes ; *gris-porcelaine*, parsemé de taches ardoisées, luisantes, comme on en voit sur les porcelaines.

2° Le *rouan*, mélangé de blanc sale, de noir mal teint et d'alzan, offrant cinq variétés, savoir : *l'ordinaire*, les trois espèces de poils étant à peu près à égales quantités ; le *clair*, les poils blancs en plus grande proportion ; le *foncé*, prédominant de poils noirs ; le *vineux*, prédominant de poils alzans ; *cap de more*, tête et extrémités noires.

3° L'*aubert*, mélange de blanc et d'alzan à égales quantités ; *fleur de pêcher*, prédominance de blanc sur l'alzan, quelquefois avec les extrémités cerclées de noir et alors dit *zébré*; *soupe de lait*, jaune clair avec gris blanc, le plus souvent avec des ladres et les yeux vairons; *pie*, grandes taches blanches et noires ou alzanes ou baies, de là des pies noirs, des pies alzans, des pies bais.

4° Le *louvet*, mélange de blanc sale et de noir mal teint (sans alzan); trois variétés, savoir : *l'ordinaire*, quand les couleurs sont également mélangées; le *clair*, quand le blanc domine; le *foncé*, quand c'est le noir.

§ CLXVIII.

DES MARQUES.

Ce sont des particularités caractéristiques que l'on rencontre aux diverses parties du corps des chevaux. On distingue les suivantes :

1° L'*étoile* ou *pelote*, tache blanche placée au-dessous du front; on dit les chevaux *marqués en tête*, légèrement ou fortement d'après les dimensions de la pelote. Si elle se prolonge à la partie supérieure, on la dit *pelote prolongée*; se présente-t-elle comme un ruban le long du chanfrein, on la dit *lisse* et mieux liste en tête; se prolonge-t-elle entre les naseaux, elle est *liste en tête prolongée*; s'étend-elle jusqu'au bord des lèvres, le cheval boit dans son blanc; recouvre-t-elle les ailes du nez, c'est la large liste en tête; a-t-elle plus d'étendue, l'animal est dit *belle face*; est-elle tachetée de points noirs, on l'appelle *herminée*.

2° La *balzane*, tache de blanc, située à la couronne et montant le long de l'extrémité; quand elle a peu d'étendue on la nomme *petite balzane*, *demi-balzane*, *quart de balzane*, *trace de balzane*; quand elle monte jusqu'auprès du genou ou du jarret, on dit que le cheval est *chaussé haut*; si elle dépasse ce point, il est *chaussé trop haut*; d'après la forme de ses bords, elle est *dentelée* ou *pointue*; de même que l'étoile ou pelote, elle peut être *herminée*, *mouchetée*.

3° Les *épis* sont des rebroussements naturels de poils sur quelques parties du corps; il en est qui sont dits *ordinaires*, parce qu'on les rencontre assez souvent; d'autres dits *extraordinaires*, plus remarquables; tels que *l'épi romain*, qui règne le long de la crinière, et les trois épis qu'on voit séparés ou réunis sur le front.

4° Le *coup de lance*, cavité naturelle remarquée quelquefois sur les chevaux de race, aux parties inférieures et latérales de l'encolure à la partie antérieure du bras.

5° *Ladres*, taches d'un rose pâle, recouvertes d'un léger duvet, observées particulièrement autour de la bouche, des yeux, de l'anus; elles accompagnent pour l'ordinaire avec les yeux vairons, les robes *soupe de lait*, ou isabelles.

§ CLXIX.

RACES DE CHEVAUX.

La plupart des chevaux que l'on rencontre chez les cultivateurs sont ou des métis, ou appartiennent à de certaines variétés, mais rarement à une race fixe.

Les races proprement dites et leur sous-races se divisent comme suit :

1° Races orientales nobles; 2° races européennes tirant leur origine en partie des précédentes; 3° races européennes proprement dites; 4° races étrangères.

On classe aussi les chevaux en légers ou sveltes et en massifs.

La classe orientale noble comprend l'arabe, le cheval persan, le barbe, le turc, le cheval de Syrie.

Les races européennes qui portent l'empreinte du type oriental sont :

L'anglais, l'espagnol, le meklembourgeois, race perfectionnée, le limousin, les chevaux hongrois, transylvains, moldaves et russes.

Caractères généraux de cette classe :

1° Taille moyenne variant de quatre pieds cinq pouces à quatre pieds neuf pouces.

2° Peau fine, poils courts, serrés, crins rares, soyeux, absence de fanons, couleur de la robe plus ou moins fixe dans les différentes races.

3° Habitude du corps sèche et anguleuse, apophyses extérieures prononcées, muscles bien dessinés, articulations larges, veines superficielles apparentes.

4° Crâne ample, chanfrein le plus souvent droit, mais aussi arqué et même creux, oreilles longues bien placées ; naseaux volumineux bien dilatés, yeux grands, tête portée au vent.

5° Encolure ordinairement droite, quelquefois même renversée.

6° Garrot élevé, croupe saillante en quelque sorte de mulet, ventre peu développé.

7° Poitrine haute un peu étroite, épaules sèches un peu inclinées.

8° Extrémités longues, jambes fines, tendons écartés, châtaignes, ergots à peine visibles, sabot petit, lisse, très-dur.

9° Queue attachée haut, peu garnie de crins, se relevant sous l'homme élégamment en trompe.

§ CLXX.

RACES EUROPÉENNES PROPREMENT DITES SANS MÉLANGE DE SANG ORIENTAL.

1° *Races de tirage et massives des Pays-Bas et anglaises.* Les chevaux des Flandres, de Hollande et de Frise ne forment qu'une même race. Les chevaux massifs de l'Allemagne, de France et le fameux cheval de trait noir d'Angleterre, tirent leur origne du cheval des Pays-Bas.

2° *Races de Holstein et de Danemark.* Dans le Holstein on rencontre une race de chevaux particulière qui se distingue par sa grandeur, et son corps musculeux ou plutôt charnu ; ils sont vifs, mais point aussi robustes que les races précédentes, ils déclinent déjà à neuf ou dix ans. Ils ont le chanfrein arqué et le sabot plat.

Le Danemark possède dans plusieurs districts une variété fort estimée, quoique la tête et les formes n'en soient pas très-gracieuses. Le cheval danois est particulièrement recherché pour le service des voitures de luxe et des carrosses.

Les chevaux danois sont très-durs, surtout ceux qu'on appelle *danois d'eau* (Wasserdaenen). Ceux-ci, ainsi que les chevaux de Jutland, de Schleswig, de Hanovre, etc., sont très-recherchés des marchands de chevaux et vendus sous le nom de *chevaux du pays*. Les chevaux de Holstein sont le plus souvent employés aux carrosses, sous le nom de *chevaux meklembourgeois*.

3° *Race normande*. C'est la race la plus renommée de France. Elle se distingue par sa taille, sa force et sa durée ; on les emploie au service de carrosse, du roulage, de l'agriculture et de la grosse cavalerie.

Depuis quelque temps on introduit en Normandie beaucoup de chevaux anglais de la forte race des chevaux de chasse, de sorte que l'ancienne race pure y est devenue assez rare. On trouve aussi en Normandie une variété provenue du croisement avec la race flamande.

4° *Races du pays du sud-est de l'Europe*. Les chevaux hongrois, de la Croatie, les polonais communs, les russes communs et particulièrement ceux de l'Ukraine et de quelques pays avoisinants, en ce qu'il n'y a pas eu d'intervention de sang oriental, sont de petite taille, ayant la tête grosse, l'encolure fausse et longue, croupe de mulet, etc. ; mais ils sont infatigables et très-propres à la cavalerie légère.

5° *Races du Nord*. Les chevaux de l'ancienne race de la Lithuanie, de la partie méridionale de la Suède et de la Norwége appartiennent à cette catégorie. Ils sont de petite taille, demi-sauvages, d'une grande vitesse et infatigables. Les petites races d'Écosse, des îles Sethlandes, etc., s'appellent *poney*.

Caractères généraux de la classe des chevaux massifs.

1° Taille de cinq pieds et souvent au-dessus ; formes lourdes, empâtées ; muscles et apophyses peu apparents ; veines superficielles invisibles ;

2° Poils gros , souvent longs , de diverses nuances ;

3° Tête grosse , courte ou longue ;

4° Encolure forte , ce qui la fait paraître courte , garnie d'une crinière touffue , c'est-à-dire double , tombant à droite et à gauche de l'encolure ;

5° Garrot bas ; poitrail énorme , proéminent ; croupe avalée, large , double, c'est-à-dire partagée dans son milieu par un sillon longitudinal plus ou moins profond ; ventre volumineux ;

6° Extrémités courtes , fortes ; fanons longs , crépus; pieds gros évasés.

§ CLXXI.

4. *Races étrangères ou extra-européennes.*

1. *Race tartare ou de Turkestan.* Cette race est sans doute répandue sur une étendue indéfinie de plusieurs pays , et offre plusieurs sous-races comme la race orientale. Elle accompagne les peuples nomades qui habitent l'intérieur de l'Asie, une partie de la Russie d'Europe et les pays avoisinants la Chine et l'Inde. Les chevaux les plus connus de cette race sont ceux des Cosaques et des Calmoucks. Ils sont de taille moyenne, petite, ils ont l'encolure fausse et enfoncée, garnie d'une longue crinière ; le dos droit, la croupe un peu abaissée. Ces chevaux sont d'une vitesse et d'une infatigabilité admirables.

Dans le midi du Turkestan se trouve le célèbre cheval turcoman qui constitue la forme intermédiaire entre celui-ci et le cheval oriental.

§ CLXXII.

CHEVAUX D'AGRICULTURE.

Pour tirer bon parti des chevaux destinés aux travaux d'agriculture, il faut avant tout les bien choisir. Les attelages, dit M. de Thaër (*loc. cit.*, vol. IV, pag. 680), doivent être composés de chevaux d'une même espèce, ramassés, ayant la poitrine et la croupe larges, qui n'aient pas de gros os, mais beaucoup de nerfs ; qui ne soient pas vifs, mais dociles et patients ; qui soient bien jointés (bien d'aplomb), et qui aient le pied bon. Sur les terres très-tenaces seulement, on emploie des chevaux grands et pesants qui, pour conserver leurs forces, ont besoin de soins particuliers et d'une nourriture abondante. Quant au service ordinaire de la charrue, il convient d'avoir des chevaux robustes, qui conservent leur vigueur, lors même qu'ils seraient mal soignés et nourris d'une manière irrégulière. Le même auteur fait encore observer qu'en agriculture surtout, quelques épargnes sur les prix d'achat de ce dont on a besoin pour l'exploitation sont ordinairement ruineuses. On ne peut pas, en effet, compter sur un mauvais cheval ; et si en cas d'urgence, il ne peut pas être remplacé tout de suite, on est en danger d'éprouver de grandes pertes.

§ CLXXIII.

ACCOUPLEMENT ET ÉLÈVE DES CHEVAUX.

D'après le plan que nous nous sommes tracé dans cet ouvrage, il ne peut être ici question de l'établissement d'un haras ; nous ne nous occuperons seulement de la multiplication des chevaux qu'en tant qu'elle peut être pratiquée par les fermiers ; nous passerons également sous silence l'éducation des chevaux de races nobles, en nous bornant à nous occuper des chevaux employés en agriculture et au service du carrosse.

Nous avons indiqué dans le paragraphe précédent les qualités que doit posséder un bon cheval d'agriculture en général. Quant à l'étalon en particulier, on exige en outre une grande perfection dans ses formes ; qu'il soit exempt de tous défauts hérédi taires ; qu'il soit d'une race très-propre à l'agriculture ; il faut enfin qu'il soit supérieur en tout à la jument.

Quelques vétérinaires considèrent comme non héréditaires certaines difformités et tares qui, quoique peu apparentes et de peu d'importance, ne laissent pas que d'être des défauts, et dont un bon étalon devrait être exempt. Nous classons dans la même catégorie les défauts et les défectuosités qui ont leur origine dans les abus antérieurs qu'on a fait éprouver au cheval ; de pareils étalons, fussent-ils de la meilleure race, ne sont point propres comme reproducteurs.

Une jument de bonne race et élevée avec une nourriture abondante et convenable peut recevoir l'étalon lorsqu'elle a trois ans révolus, pourvu qu'on ne la fatigue pas trop pendant sa grossesse et qu'on la nourrisse bien. M. de Thaër veut que pour un cheval de travail on diffère cette époque jusqu'à la cinquième et sixième année, afin de ne pas l'éprouver tôt et en deux manières à la fois. Mais les juments peuvent bien donner un poulain à leur quatrième année et travailler un peu pourvu qu'on ne néglige pas les précautions que nous venons de recommander.

L'étalon doit avoir quatre ans révolus avant qu'on lui donne quelques juments ; mais ce n'est qu'à sa cinquième année qu'il se trouve dans toute sa force.

Une bonne jument peut pouliner jusqu'à sa vingtième année, et fort bien donner un poulain tous les ans ; mais des juments qui n'ont pas été saillies pendant la meilleure époque de leur vie, c'est-à-dire avant la douzième année, ne reçoivent que fort rarement. La meilleure époque de faire saillir les juments tombe, dans notre climat, dans les mois de mars et d'avril ; elles poulinent alors trois à quatre semaines avant les travaux du printemps, auxquels il faut compter de pouvoir les employer avec les autres chevaux. M. de Thaër veut qu'on fasse saillir les juments d'aussi bonne heure que cela est possible, fût-ce même en février, afin que le poulain arrive à une époque où l'on puisse se passer du travail de la mère, et la ménager. Mais comme elle doit alors être nourrie à l'écurie et avec un soin tout particulier, le cultivateur doit considérer s'il est en état de se conformer pour cet objet aux instructions de M. de Thaër.

§ CLXXIV.

Pour les juments, il faut observer avec attention si elles sont bien en chaleur avant de leur donner l'étalon. Le désir de l'accouplement se manifeste, si la jument est bien nourrie, spontanément surtout lorsqu'elle se trouve avec d'autres juments en chaleur ou avec des étalons dont la présence excite le désir. Quant aux juments qui ont pouliné, le désir de l'accouplement se mani feste le plus souvent dès le onzième jour après la parturition, et la jument est alors particulièrement disposée à recevoir l'étalon.

Comme la jument reste en chaleur pendant huit à dix jours, on a toujours assez de temps pour l'adresser à un bon étalon.

M. de Thaër considère, et avec beaucoup de raison, comme une mesure très-fausse de faire couvrir une même jument deux fois en un jour et en général, durant la même période de chaleur, lorsque d'ailleurs elle a été bien saillie. Après huit ou neuf jours on présente la jument de nouveau à l'étalon ; si elle a retenu, elle repousse l'étalon ; souvent une jument ne retient qu'après la troisième saillie, quelquefois aussi elle ne retient pas du tout. Le principal signe qui indique qu'une jument a retenu, c'est qu'elle repousse l'étalon, lors même qu'il se manifeste encore quelque signe de chaleur.

Une jument qui porte peut être employée au travail jusqu'à deux semaines avant qu'elle mette bas ; seulement il faut la ménager davantage et éviter surtout qu'on ne la heurte ou qu'on ne lui fasse subir aucun mauvais traitement. Il faut aussi porter son attention sur la nourriture qu'on lui donne, lui procurer des aliments plus substantiels, des breuvages blancs, mais éviter les substances qui gonflent. L'aliment le plus convenable est toujours le blé égrugé.

Lorsqu'il se montre dans le pis une matière visqueuse, qui ressemble à du lait, le moment de la parturition n'est plus très-éloigné. Alors ordinairement on conduit la jument dans une autre écurie assez spacieuse pour qu'elle puisse s'y retourner à volonté ; là on lui fait aussi une litière molle, et on ôte les fers. La plupart des juments mettent bas étant couchées ; si le cordon ombilical ne se rompt pas de lui-même, on lui fait une ligature à deux pouces du corps du poulain, et on coupe alors à une égale distance de la ligature. L'arrière-faix sort très-facilement. La jument lèche son poulain comme la plupart des autres animaux leur petit. Si la mère ne veut pas laisser teter le poulain, il faut en examiner la cause, et employer les vapeurs ou des cataplasmes faits avec du lait chaud et du pain blanc, dans le cas où le pis de la jument serait gonflé et douloureux.

Aussitôt après qu'elle a pouliné, on donne à la jument un breuvage tiède avec des tourteaux à l'huile ou de la farine, mais peu à la fois et souvent.

Pendant l'allaitement, il faut suivre les règles que nous avons indiquées à l'égard des vaches qui ont vêlé, c'est-à-dire qu'il faut nourrir la jument avec du fourrage de bonne qualité, avec un breuvage de farine de seigle et de tourteaux à l'huile ; les fourrages verts et un bon pâturage lui conviennent aussi beaucoup. Au bout de quatorze jours on peut la remettre au travail, pourvu que ce soit avec modération ; et lorsque la jument est destinée à la propagation, on lui donne l'étalon au bout de deux à quatre semaines.

Il faut empêcher qu'elle ne s'échauffe, et si, malgré les précautions qu'on prend à cet égard, on n'avait pu y réussir, il faut, selon le conseil de M. de Thaër, la traire avant d'en laisser approcher le poulain.

§ CLXXV.

Après le premier mois on fournit au poulain l'occasion de se donner du mouvement , en le faisant sortir dans la basse-cour ou dans un enclos; et au bout de huit à dix semaines on peut permettre que le poulain accompagne sa mère à la charrue et dans les charrois rapprochés. Au bout de douze semaines on sèvre les poulains, et c'est alors qu'on les habitue peu à peu à prendre un peu d'avoine et de bon foin ; ils se laissent aussi élever avec du trèfle et des vesces en vert ; mais le meilleur est toujours quand on les élève dans un pâturage clos où ils trouvent une nourriture abondante.

A quatre mois les poulains sont sevrés tout à fait. M. Pabst conseille de laisser teter les poulains un mois de plus, lorsque la mère n'a pas beaucoup à travailler ; M. de Thaër, au contraire, prétend, fondé sur des expériences, qu'il faut sevrer plus tôt, parce que les poulains, lorsqu'ils tètent trop longtemps, deviennent, il est vrai, plus grands et plus gras, mais aussi plus faibles lorsqu'ils sont adultes. C'est à l'expérience de décider lequel de ces deux auteurs a raison. Pour moi, je pense qu'on peut élever de bons poulains sans les laisser teter trop longtemps, et que pour cela il vaut mieux les sevrer plus tôt afin de ménager la mère, surtout lorsqu'elle est de nouveau pleine.

M. de Thaër conseille encore de chercher à apprivoiser le poulain autant que possible, en lui donnant à manger sur la main. Il est très-utile d'étriller et de brosser de temps en temps le poulain dès sa première année. Il faut l'accoutumer de bonne heure à se laisser lever les pieds et frapper dessus, et dès la seconde année on doit lui parer les pieds. En général, il faut traiter les poulains avec douceur et les confier aux soins d'un homme doux et sensé.

§ CLXXVI.

Quelle que soit la manière d'élever un poulain, soit au pâturage, soit à l'étable avec des fourrages verts, il est toujours utile de lui donner une petite quantité d'avoine égrugée.

D'après les meilleurs agronomes, on compte sur un poulain de moyenne taille pendant la première année, et en hiver **6 à 8** livres de foin, **4 à 5** livres d'avoine, **2** livres de paille hachée; pendant la seconde et troisième année, **7 à 9** livres de foin, **4 à 5** livres d'avoine ou d'orge, **3 à 4** livres de paille, en partie hachée, en partie entière. Lorsque les grains sont chers, on peut substituer en partie un équivalent en raves et surtout en carottes.

Quelques-uns donnent à leurs poulains les déchets des granges, du son, de la balle, etc., ce qui peut se faire sans inconvénient, pourvu qu'on ne donne pas de ces substances à l'excès.

Une nourriture trop échauffante est nuisible aux poulains, ainsi qu'une nourriture trop aqueuse, spongieuse ou trop volumineuse. La première est contraire à la nature robuste du cheval, et lui occasionne des maladies d'yeux et inflammatoires; par suite de l'autre, les poulains gagnent un gros ventre en même temps que cette nourriture relâche et affaiblit les intestins, les muscles et les tendons, surtout lorsque ces animaux n'ont pas l'occasion de se donner le mouvement nécessaire. Parmi les aliments échauffants pour les jeunes chevaux, on compte le seigle, les pois, les fèves et les vesces en grains; le foin de trèfle gras, le foin des prés gras, les pâturages gras. Il faut interdire aux jeunes chevaux comme trop aqueux : les fourrages verts, gras, sans addition de paille, les résidus des distilleries et brasseries mêlés avec trop d'eau, trop de breuvages blancs, les pommes de terre cuites à la vapeur, les fourrages-racines donnés en trop grande abondance, les pâturages des bas-fonds humides, etc, etc.

§ CLXXVII.

NOURRITURE DU CHEVAL.

La nourriture la plus usuelle de nos chevaux est l'avoine, et les rations leur sont distribuées à la mesure. Cependant, comme ce grain varie beaucoup dans la proportion de ses parties nutritives, et que par conséquent une avoine légère ne peut pas tenir lieu d'une avoine pesante, il vaudrait mieux distribuer l'avoine au poids, et encore faudrait-il y ajouter un supplément lorsque cette avoine serait extraordinairement légère et diminuer proportionnellement la quantité de paille hachée. Outre l'avoine, les chevaux reçoivent du foin, et comme addition à l'avoine une certaine quantité de paille hachée.

C'est suivant la qualité de ces fourrages, les provisions dont on peut disposer, leur prix, et la nature du travail qu'on exige du cheval, que la proportion dans leur composition doit être modifiée.

Relativement au foin en particulier, il faut qu'il soit au moins de moyenne qualité, et d'autant meilleur qu'on est obligé de réduire davantage les rations de grains ; si au contraire on donne les grains dans des proportions convenables, le foin peut, selon l'opinon des agronomes, être de moindre qualité, fût-il même aigre, ce que les chevaux supportent beaucoup plus facilement que les bêtes à cornes.

On a établi qu'un cheval de moyenne taille et même un peu au-dessus, qu'on emploie aux travaux agricoles ordinaires, exige 30 livres de foin par jour ; qu'un cheval massif de très-forte taille en demande un sixième à un tiers de plus, dont une partie cependant en grains.

La ration journalière d'un cheval de moyenne race est de 10 livres de foin, de 10 livres d'avoine et de 3 livres de paille hachée. Si cependant les circonstances l'exigent, ces proportions pourraient être modifiées de la manière suivante : 6 livres de foin, 12 livres d'avoine et 6 livres de paille hachée ; ou bien , 15 livres de foin, 7 livres d'avoine et 2 livres de paille ; dans l'un et l'autre cas, le cheval sera également bien nourri : dans le premier cas cependant il paraîtra plus mince.

Quoique l'avoine , le foin et la paille soient les fourrages les plus convenables , il arrive cependant qu'à défaut de l'un ou de l'autre , ou à cause de leur prix élevé , on est obligé de leur substituer un surrogat quelconque. Ces surrogats ou équivalents , ne peuvent cependant jamais être distribués à l'exclusion totale de l'avoine et du foin, parce que ce sont précisément ces aliments qui rendent l'emploi des surrogats plus facile et moins dangereux.

Dans la substitution des surrogats , il faut en outre procéder avec précaution, et ne pas en donner brusquement à des chevaux qui n'y sont pas accoutumés dès leur jeunesse.

§ CLXXVIII.

SURROGATS POUR REMPLACER L'AVOINE ET LE FOIN DES PRÉS , D'APRÈS LES MEIL- LEURS AGRONOMES, ET SURTOUT PABST. (*Éducation des animaux domesti- ques*, tome II , page 250.)

A la place du foin des prés on peut donner :

1° Du foin de luzerne et d'esparcette qui, non-seulement le remplace complétement , mais nourrit encore mieux ; de sorte qu'on peut économiser les grains. Le foin de trèfle rouge doit être donné avec précaution, surtout lorsqu'il est gras ; le mieux est de le couper et de le mêler avec de la paille hachée. Celui de vesces et de millet est bon aussi. Le regain ne vaut rien pour les chevaux.

2° De bonne paille, surtout d'avoine et d'orge ; elle peut remplacer le foin, surtout en hiver, lorsque les chevaux ne travaillent pas beaucoup. Comme addition à l'avoine, on donne ordinairement les pailles de seigle et de froment, parce qu'elles se laissent couper plus finement, ce qui est important, car les chevaux ont l'habitude de séparer par leur souffle la paille grossièrement coupée.

Lorsqu'on est obligé de distribuer aux chevaux un supplément de paille, nous conseillons de la soumettre préalablement à une fermentation de quinze degrés, afin de la rendre d'une digestion plus facile et par conséquent plus profitable.

3° Des fourrages verts, surtout les trèfles, ou un mélange de vesces et d'avoine, ou bien un mélange de trèfle et de bonnes graminées, sont, en été, d'excellents surrogats pour économiser la moitié des grains; mais ces fourrages verts ne peuvent être ni trop jeunes ni trop humides, afin d'éviter les accidents qui pourraient en résulter.

Observations.

Dans les exploitations qui ont grand besoin de leurs fourrages verts pour les vaches laitières, on nourrit les chevaux en été avec des fourrages secs.

Comme la nourriture verte fait suer et affaiblit au commencement les chevaux, il ne faut point la donner seule, mais plutôt y mêler de la paille ou du foin.

§ CLXXIX.

SURROGATS POUR REMPLACER L'AVOINE.

Divers autres grains et graines, tels que le seigle, l'orge, le sarrasin, les féveroles, les pois, etc., peuvent être substitués à l'avoine.

1° Il importe ici d'établir des calculs comparatifs sur le prix de ces grains, afin de s'assurer jusqu'à quel point leur substitution pourrait être avantageuse; il faut en outre prendre en considération, si les grains qu'on substitue à l'avoine sont profitables aux chevaux et dans quelle proportion. Le sarrasin et l'épeautre demandent le moins de précaution; l'orge, quoiqu'elle se trouve dans le même cas, ne convient pas également bien à tous les chevaux, surtout lorsqu'on la donne *en grande quantité*. Les fèves et les pois agissent d'une manière délétère sur les yeux des jeunes chevaux; tous les chevaux en général ont de la peine à les broyer entre les dents. C'est pour cette raison qu'il faut les donner concassés ou détrempés. Le seigle est, comme les pois et les fèves, un aliment échauffant, et occasionne, lorsqu'on le donne sans discernement, des coliques si on ne le détrempe préalablement pendant douze heures dans l'eau.

Il ne convient jamais de donner à de jeunes chevaux, qui n'ont pas encore changé de dents, du seigle ou des graines légumineuses en grande quantité.

2° Le son de froment et de seigle. Le premier comme addition à d'autres grains est très-profitable aux chevaux; le son de seigle leur profite moins, il peut même, donné en grande quantité, occasionner de fâcheux effets.

3° Les carottes, le rutabaga, les betteraves, sont pour les chevaux soumis à un travail ordinaire une nourriture très-saine; mais il faut qu'on donne ces racines avec du foin ou de la paille fermentée. Les turneps même et les autres bonnes raves sont à recommander, en observant les précautions indiquées.

4° Les pommes de terre ont été employées depuis longtemps, comme surrogat avantageux, à donner aux chevaux de labour en hiver. On les considère cependant comme étant moins avantageuses que les raves. Cela tient probablement à l'espèce ou bien aussi à la manière de les préparer. On les donne crues ou cuites à la vapeur. Cette dernière méthode ne vaut rien, car, outre que les pommes de terre cuites se gâtent très-promptement, la préparation elle-même occasionne beaucoup d'embarras et de frais. La meilleure méthode de préparer les pommes de terre pour les chevaux, c'est de les laisser fermenter avec de la paille hachée, en ne dépassant pas pendant la fermentation le quinzième degré de Réaumur. Les topinambours sont donnés comme les pommes de terre, c'est-à-dire, découpés et fermentés. Le grain qu'on donne aux chevaux et aux autres bêtes doit avoir subi sa fermentation ; il doit être sec et non échauffé ; jamais il ne faut le donner immédiatement après la récolte, car il leur occasionne des coliques et d'autres accidents. Du grain germé ne leur est point nuisible, pourvu qu'il ait été serré parfaitement sec. L'orge maltée, mêlée avec le fourrage, est particulièrement agréable aux chevaux qui aiment, comme on sait, tout ce qui est doux, mais il ne faut la leur donner que dans la proportion d'un tiers de la nourriture totale.

§ CLXXX.

Pour connaître les proportions dans lesquelles ces surrogats doivent être substitués à l'avoine et au foin, il faut consulter le tableau comparatif sur les équivalents des diverses espèces d'aliments, mais toujours eu égard à leur qualité. Si, par exemple, on voulait donner du trèfle vert, mais conserver le tiers du foin et la moitié de la ration ordinaire d'avoine, 3 à 4 livres de foin, 5 livres d'avoine, 2 livres de paille hachée et 6 livres de trèfle seraient la ration convenable pour un cheval de moyenne taille ; si l'on voulait substituer des fourrages racines et remplacer par ceux-ci soixante pour cent d'avoine, par exemple, il faudrait ajouter à 10 livres de foin et à 4 livres d'avoine, 22 à 24 livres de pommes de terre, 27 à 30 livres de carottes ou rutabaga, 30 à 33 livres de betteraves, avec la quantité convenable de paille hachée. Une partie de foin pourrait encore être remplacée par de la paille hachée fermentée.

§ CLXXXI.

PRÉPARATION DE LA NOURRITURE.

Le foin et l'avoine avant qu'on les donne aux chevaux, ne subissent d'ordinaire aucune préparation, si ce n'est qu'ils sont secoués et tamisés afin d'en séparer la poussière. L'avoine est mêlée à parties égales (d'après le volume) de paille hachée, et ce mélange est humecté afin que les chevaux n'en séparent pas avec leur souffle la paille hachée.

Les Anglais donnent à la nourriture de leurs chevaux une préparation plus complète, en faisant hacher la plus grande partie du foin avec la paille et en faisant égruger l'avoine; on mêle le tout bien ensemble et ce mélange est humecté avec de l'eau dans laquelle on a fait dissoudre un peu de sel, deux gros par tête et par jour (le quart d'une once).

Par cette méthode, il y a moins de foin jeté à terre et foulé aux pieds; l'aliment est plus parfaitement digéré, la mastication dure moins longtemps, et les animaux ont plus de temps pour faire la digestion : ce qui est très-important chez les chevaux qui doivent travailler.

Cette préparation présente encore des économies notables : on peut employer un tiers à une moitié de paille au lieu de foin, et obtenir les mêmes effets que si l'on avait employé du foin non coupé seul. Du dernier on place seulement le soir une petite quantité dans le râtelier.

Cette nourriture cependant ne convient point aussi bien aux chevaux qui doivent plus souvent courir, que marcher au pas. A ceux-ci on donne, selon l'opinion de gens expérimentés, une plus forte ration d'avoine sans paille hachée, et le foin non coupé; on a également trouvé que l'avoine égrugée occasionne chez ces chevaux la diarrhée. La préparation de la nourriture en question trouvera donc son application seulement à l'égard des chevaux de labour.

Nous ferons encore mention d'une préparation particulière de la nourriture des chevaux, qui a déjà donné lieu à plusieurs controverses, mais sur laquelle les opinions sont encore partagées, c'est la transformation des grains en pain. On emploie à cet effet de l'avoine, du seigle, de l'orge, des graines légumineuses, des pommes de terre, soit chaque espèce seule, ou mieux encore un mélange de plusieurs. Les grains sont égrugés, on en pétrit une pâte qu'on laisse fermenter et qu'on cuit ensuite au four. Ce pain est coupé par morceaux et mêlé avec de la paille hachée.

D'après une expérience que M. Forke a communiquée dans le XX⁰ vol. des *Annales de Moglin*, 7 livres de seigle, converties en pain, avaient complétement remplacé 11 livres d'avoine et d'orge, ration journalière des chevaux. Mais il se pourrait que, dans cette circonstance, les frais de préparation et de cuisson de ces pains excédassent l'économie qu'on faisait en grains.

Quelques économes ont encore essayé de nourrir les chevaux avec des pommes de terre crues non coupées. Si l'on considère que toute nourriture crue ou au moins fermentée est plus profitable aux bêtes que les aliments cuits ou détrempés à l'eau chaude, on croira facilement que ces essais ont dû avoir du succès, supposé toujours qu'on ait associé aux pommes de terre les aliments secs nécessaires.

§ CLXXXII.

HEURES DES REPAS.

On donne ordinairement aux chevaux leur nourriture trois fois par jour, au matin, à midi et au soir. Il va sans dire que toute espèce de nourriture doit être donnée par petites portions, et nullement en une seule fois. Ordinairement, un cheval doit avoir deux, d'après d'autres, trois heures, pour manger. Il faut être régulier dans les heures où l'on donne à manger. Lorsque à midi, le temps est trop court (par exemple pendant la moisson) pour laisser au cheval le repos nécessaire, on lui donne un peu de grain de plus avec de la paille hachée et moins de foin, et au soir on lui donne une portion de foin de plus.

M. Pabst se prononce, et avec raison, contre l'usage d'un grand nombre de valets, de distribuer aux chevaux, le soir, une grande quantité de foin. Cela les excite à manger pendant une grande partie de la nuit, au lieu de reposer. Le même auteur recommande aussi de ne point donner le grain en même temps que le vert ; il veut, au contraire, qu'on donne le grain à midi avec le foin mêlé à un peu de trèfle, et la plus grande portion de celui-ci le soir seulement, parce que le grain, absorbé dans une grande masse de vert, n'est qu'imparfaitement digéré.

§ CLXXXIII.

ABREUVOIR.

On doit abreuver les chevaux à chaque repas avec de l'eau propre et fraîche et toujours après un peu de repos. Le mieux est de les faire boire après qu'ils ont consommé la moitié de leur ration.

Lorsqu'on donne des fourrages verts et des racines, il vaut mieux les abreuver quelque temps après leur repas. Il y a aussi, d'après M. de Thaër, des inconvénients à faire boire les chevaux immédiatement après qu'ils ont mangé du grain. En conséquence, le plus sûr est de les faire boire un peu après. Quant à l'eau elle-même, la meilleure est celle des rivières ou toute autre eau de fontaine douce et exempte d'immondices, et qui ne soit pas très-froide. Une eau très-froide fait d'autant plus de tort aux chevaux, qu'ils sont plus échauffés ; c'est pour cela qu'on peut bien leur donner de l'eau en route, mais toujours modérément, et immédiatement avant de les remettre en marche. Lorsqu'on se trouve en route, il est toujours prudent de mêler à l'eau un peu de farine de grains ou de tourteaux de colza.

§ CLXXXIV.

LE SEL.

Les agronomes ne sont point d'accord sur la question de savoir s'il convient de donner du sel aux chevaux. On pense généralement qu'ils en ont moins besoin que les autres races d'animaux domestiques, mais c'est une erreur; le sel est aussi profitable aux chevaux qu'aux bêtes à cornes, surtout lorsqu'on donne des pommes de terre crues et autres aliments de digestion difficile.

On veut également qu'on ne donne du sel que tous les huit jours et dans la quantité d'une demi-livre par mois, mais comme il n'y a pas d'expériences directes qui le défendent, nous conseillons de donner du sel tous les jours dans la quantité d'un quart d'once par jour.

§ CLXXXV.

LA LITIÈRE.

Les soins de propreté sont essentiels pour la santé du cheval. Le cheval doit être proprement et sèchement couché ; c'est pour cela que la litière doit être sèche et abondante. Pendant les jours de travail où les chevaux d'attelage se couchent rarement, on peut amasser la litière sèche, sous la crèche ; mais pendant les jours de repos, quand les chevaux restent toute la journée à l'écurie, il faut qu'on y laisse la litière afin qu'ils puissent se coucher, lorsqu'ils y sont disposés, et qu'ils ne fatiguent pas trop leurs pieds et leurs jambes étant debout sur le pavé.

On a besoin de 4 à 5 livres de paille de litière par jour pour un cheval.

§ CLXXXVI.

DES SOINS QU'EXIGE LE CHEVAL.

Le cheval exige beaucoup de soins pour l'entretien de sa propreté, qui ne peuvent pas être négligés sans faire du tort à sa santé. La poussière, la sueur et les débris de l'épiderme qui se sépare continuellement de la peau, forment une croûte qui empêche la transpiration, et par là produisent des maladies.

Quelques auteurs veulent qu'on se donne pour les chevaux de labour les soins minutieux qu'on prend pour les chevaux de luxe, mais cela n'est pas toujours possible, et je suis entièrement de l'avis de M. Thaër, qui pense qu'il suffit qu'on ait soin que les valets les étrillent et les brossent tous les matins, et le soir leur lavent les jarrets, les genoux et les pieds, lorsqu'ils se sont salis. Souvent des valets paresseux lavent les chevaux et rendent par là le poil uni et brillant; mais qu'on ne s'y trompe pas, cette belle apparence cache souvent beaucoup de saleté attachée à la peau, on la découvre bientôt en passant le doigt avec force à contre-poil.

Le bain est très-utile dans la bonne saison, et pourvu qu'on prenne soin que le cheval ne soit pas échauffé ni l'eau trop froide. Il y en a qui mettent des couvertures à leurs chevaux de labour; c'est, selon moi, une mesure inutile et qui ne fait que les affaiblir; seulement lorsqu'ils reviennent échauffés du travail, et que l'écurie est très-fraîche, il est bon de leur jeter des couvertures.

§ CLXXXVII.

DU MOUVEMENT.

Le mouvement qu'on donne au cheval doit se régler d'après ses forces et sa constitution. Plus on le ménage à cet égard, plus longtemps il sera en état de nous rendre des services et moins il sera attaqué des maladies qui abrègent sa vie. Jamais il ne faut faire traîner par un cheval des charges qui excèdent ses forces, ni le faire marcher ainsi chargé d'un pas très-rapide, ni même le faire courir; la nourriture la plus abondante ne saurait remédier aux effets fâcheux qui en résulteraient.

§ CLXXXVIII.

SOINS POUR LES PIEDS DES CHEVAUX.

Les maladies extérieures du cheval les plus fréquentes sont celles du pied. C'est pour cette raison qu'il faut apporter beaucoup d'attention et de soins dans ce traitement du pied, y compris le fer dont on garnit le sabot.

On ne peut se passer de faire ferrer les chevaux dans des pays à chemins durs et pierreux. Seulement dans les contrées sablonneuses où les chemins sont doux et unis, l'on se passe du maréchal, ou bien l'on ne fait mettre des fers qu'aux pieds de devant, ce qui n'expose à aucun inconvénient, vu que les chevaux de ces contrées ont d'ordinaire le sabot solide et bien constitué.

Le fer doit joindre au sabot d'une manière parfaite, après que celui-ci a été paré convenablement. Il faut surtout prendre garde aux enclouures qui ont lieu lorsque, en marchant, le cheval se plante un clou dans le pied, ou que le maréchal a fait prendre au clou une mauvaise direction; lorsque cela a lieu, il faut tout de suite arracher le clou et remédier au mal. (M. de Thaër, *loc. cit.*, pag. 702.)

Très-souvent les fers sont faits trop grossièrement, ou on n'a pas eu assez d'égards à la conformation du sabot, ce qui nonseulement occasionne des douleurs au cheval, mais le met bientôt hors de service. On ne doit jamais laisser aux pieds des chevaux des fers rompus, usés ou endommagés; il faut aussi les arracher aussitôt que le sabot du cheval déborde; c'est pourquoi ordinairement les chevaux doivent être envoyés à la forge toutes les semaines et même plus souvent lorsqu'ils marchent sur un pavé très-dur.

Deux choses surtout contribuent à gâter les pieds des chevaux, le pavement trop dur des écuries, et la méthode de nos maréchaux d'appliquer les fers tout rouges au sabot. Par l'application des fers rouges au sabot paré, le pied, souvent saignant encore, s'échauffe, les humeurs se portent vers cette partie si sensible, et une série de maladies se déclare. Il faudrait donc apprendre aux jeunes vétérinaires et aux maréchaux à fabriquer les fers plus artistement, c'est-à-dire d'après la simple inspection du pied, et ne leur plus permettre d'y appliquer les fers tout rouges.

§ CLXXXIX.

DES ÉCURIES.

L'état des écuries a aussi beaucoup d'influence sur la santé du cheval. Les points principaux qu'il faut prendre en considération à cet égard sont :

1° Qu'elle soit assez éclairée et bien aérée. La hauteur de douze pieds au moins; les fenêtres et soupiraux distribués de manière à empêcher les courants d'air.

2° Il faut aussi qu'elle soit assez spacieuse. On compte pour un cheval de longueur moyenne un espace de neuf pieds de longueur et de six de largeur; et lorsque les chevaux sont placés en deux rangs, l'espace qui les sépare doit également avoir une largeur de six pieds.

3° Les loges doivent être pavées sinon en dalles, du moins en bois debout; le pavé doit être légèrement incliné en arrière où doit se trouver une gouttière pour l'écoulement des urines.

4° Les portes doivent être larges et hautes, afin que les chevaux qui sont toujours pressés d'entrer ne se blessent pas, et ne puissent arracher ou déchirer le harnais.

Les loges, dit M. de Thaër, doivent être construites de façon à ne pas ôter aux chevaux l'habitude de se coucher, ce qui, en raison du peu de sommeil qu'ils ont, leur est toujours très-avantageux : l'on trouve des chevaux qui ne se couchent pas du tout, et c'est surtout en demeurant dans des loges étroites qu'ils contractent l'habitude de rester toujours debout.

De mauvaises écuries occasionnent aux chevaux des maux d'yeux, des maladies de poumons, attaquent les pieds, engendrent la morve, etc.

§ CXC.

UTILISATION DU CHEVAL.

Nous avons parlé plus haut de l'utilisation du cheval pour les travaux agricoles ; nous avons aussi parlé des qualités qu'un bon cheval de labour doit avoir pour répondre au but qu'on se propose. Les chevaux massifs et de grande taille conviennent le mieux dans les terres fortes et les mauvais chemins ; dans les terres légères il est plus avantageux de se servir d'une race plus légère ; mais tout dépend des habitudes, et il y a des circonstances où il est préférable de tenir dans les terrains légers, un fort cheval que plusieurs petits.

Les juments restent ordinairement plus longtemps propres pour le service que les hongres, mais elles sont quelquefois un peu plus difficile à traiter. Dans certaines contrées on préfère les entiers aux hongres de la même race, pour les travaux agricoles, parce qu'ils sont plus forts et durent plus longtemps.

Il me semble qu'on châtre souvent les chevaux de labour sans nécessité ; dans les grandes races du pays, qui sont assez douces et dociles, cette mesure est au moins superflue.

Rien n'est plus propre à gâter un jeune cheval que de l'employer trop jeune et trop brusquement au travail ; il doit au contraire s'y accoutumer peu à peu. Un jeune cheval bien nourri et convenablement traité dans sa jeunesse peut être attelé lorsqu'il a deux ans et demi révolus, cependant très-modérément et sans exiger des journées de travail entières ; à l'âge de trois ans, il faut peu à peu l'accoutumer à travailler plus longtemps, et c'est à cinq ans seulement qu'on peut en exiger un travail complet. Par ce moyen, on augmente ses forces et on ne lui fait aucun mal, pourvu qu'on ne le fasse marcher que tout doucement et pas à pas. Il est rare, dit M. de Thaër, qu'un cheval se détériore, quoiqu'à un travail pénible, si on ne le fait marcher que lentement ; c'est le plus souvent en le faisant courir avec excès qu'on l'échauffe et qu'on le gâte.

Il y a des éleveurs qui ont le principe de ne faire travailler les chevaux que lorsqu'ils ont atteint l'âge de cinq ans révolus ; mais vouloir agir d'après ce principe serait gâter totalement ces bêtes.

Nous terminons ce chapitre par un conseil que donne M. de Thaër aux cultivateurs qui entretiennent des chevaux : comme le cheval, dit ce savant, est un animal coûteux et qui peut facilement être gâté, on ne doit confier un attelage à un charretier que lorsqu'on est très-sûr qu'il le conduira avec prudence. Lorsqu'on est réduit à employer des conducteurs de qui l'on n'est pas assuré, il ne faut jamais les perdre de vue, et surtout ne pas les mettre en voyage sans qu'ils soient sous une surveillance active.

Le directeur d'un établissement rustique doit avoir l'œil sur les harnais des chevaux ; il doit veiller à ce qu'ils aillent bien au corps de ces bêtes, à ce que toute détérioration y soit promptement réparée, et à ce qu'ils soient engraissés et nettoyés aussi souvent que la nécessité l'exige.

CHAPITRE VI.

§ CXCI.

DISTILLATION.

On désigne ainsi une industrie qui s'occupe de la production d'un liquide spiritueux, appelé *eau-de-vie* ou vulgairement *genièvre*, dont la partie constituante la plus esssentielle est l'alcool.

Tous les liquides qui ont éprouvé la fermentation spiritueuse peuvent fournir de l'alcool par la distillation.

L'alcool pur est un liquide transparent, très-liquide, enivrant, inflammable, d'une pesanteur spécifique moindre que celle de l'eau, son odeur est agréable et son goût plus ou moins âcre et brûlant, suivant que la quantité d'eau qu'il contient est plus ou moins grande.

L'alcool qu'on obtient par la distillation des pommes de terre et des grains renferme toujours une certaine quantité d'une huile particulière qui lui communique une odeur et un goût particulier.

Par la distillation on obtient de l'alcool à différents degrés de pureté et de force :

1° L'alcool absolu qui renferme 90 pour cent d'alcool ;

2° L'alcool rectifié, qui doit renfermer 50 à 52 pour cent d'alcool ;

3° L'eau-de-vie, qui contient 50 à 52 pour cent d'alcool, ce qui est égal à 18 degrés Cartier.

§ CXCII.

EMPLOI DE L'ALCOOL.

L'alcool est employé non-seulement comme boisson, mais il l'est aussi en médecine, en pharmacie, dans les arts et métiers, pour préparer les teintures ou solutions alcooliques, le vinaigre, les éthers ; de même pour dissoudre les résines pour les vernis, les huiles aromatiques, le camphre ; on s'en sert pour conserver les préparations anatomiques, etc., etc.

§ CXCIII.

L'alcool ne se trouve pas libre dans la nature, c'est pour cela qu'on cherche à l'obtenir par des procédés artificiels, c'est-à-dire par la fermentation et la distillation de certaines substances végétales et animales.

Trois objets sont donc nécessaires pour obtenir de l'alcool : une matière, la fermentation et la distillation.

Pour monter une distillerie les conditions suivantes sont indispensables :

1° Le choix judicieux de la matière première dont on veut obtenir de l'alcool ;

2° Une bonne eau ;

3° Un appareil distillatoire convenablement construit ;

4° Une bonne trempe ;

5° Une fermentation régulière ;

6° Une distillation bien réglée.

A ces conditions principales on pourrait encore ajouter la propreté des ustensiles, sans laquelle on ne peut jamais obtenir un résultat satisfaisant.

§ CXCIV.

DES MATÉRIAUX PROPRES A LA DISTILLATION, DE LEUR CHOIX ET DE LEUR COMPOSITION.

Le sucre est la seule substance qui, par sa décomposition, donne de l'alcool.

Mais comme le sucre ne se trouve jamais en assez grande abondance dans les matières brutes dont nous avons coutume de distiller l'alcool (1), nous les soumettons à certaines opérations préparatoires, qui ont pour objet de transformer préalablement en sucre l'amidon que ces matières contiennent.

Les matières brutes que l'on emploie le plus souvent pour en obtenir de l'alcool sont les grains, les pommes de terre, diverses espèces de fruits, le marc de raisins, la lie de vin, les résidus des sucreries.

Parmi les fruits, les plus importants sont : les pommes, les poires, les prunes, les cerises et les baies de genièvre, pour en faire d'excellentes variétés d'eau-de-vie : la plupart sont même employés en grand. Tous les fruits contiennent déjà naturellement les éléments nécessaires à la fermentation, sans que l'on ait besoin d'y ajouter un ferment quelconque (2).

Il n'en est pas de même à l'égard des grains et des pommes de terre, où la formation du sucre, et par conséquent la fermentation alcoolique doit être provoquée par la détrempe et par l'addition d'un ferment, quoiqu'il soit très-probable que les autres éléments, qui, outre l'amidon, sont contenus dans les grains et les pommes de terre, exerceraient une grande influence sur le produit en alcool.

Les grains et les pommes de terre se composent, outre le

____

(1) Excepté le suc de la canne à sucre, celui des raisins et de la betterave.

(2) Quelques espèces de raisins, comme entre autres le Frankenthal ne donnent pas d'alcool. C'est aux chimistes à en rechercher la cause.

ligneux, qui en forme l'enveloppe et la partie fibreuse, d'amidon, de matière blanche ou albumineuse, d'une matière gommeuse et mucilagineuse et de sucre mucilagineux.

L'orge germée, dont nous aurons plus bas l'occasion de nous occuper plus en détail, contient encore une substance remarquable, qui a été appellé *diastase*, et qui possède la propriété de transformer l'amidon ou la fécule en sucre de raisin, qui joue par conséquent un rôle important dans la fermentation alcoolique.

L'amidon ou la fécule fait la partie principale des pommes de terre et des grains : c'est cette partie qui est transformée d'abord en sucre de raisin et puis en alcool.

La matière albumineuse, appelée aussi *gluten*, est moins abondante dans les grains et dans les pommes de terre; ce gluten n'est point transformé en sucre; mais sa présence paraît être indispensable à la formation de l'alcool.

La matière gommeuse se trouve aussi en petite proportion dans les grains; il en est de même du sucre mucilagineux, qui ressemble, quant à son goût, sa couleur et sa consistance, à la mélasse ou sirop ordinaire des sucreries. Ces deux substances sont également nécessaires à la fermentation des grains et des pommes de terre.

Il résulte de cet aperçu, que les espèces de pommes de terre et de grains qui sont les plus riches en amidon, donnent aussi la plus grande quantité d'alcool.

§ CXCV.

DES GRAINS CONSIDÉRÉS COMME MATIÈRE PREMIÈRE DE DISTILLATION.

Parmi les grains que nous employons dans les distilleries, c'est le seigle que l'on choisit de préférence; on peut aussi employer le froment, l'orge maltée et l'avoine.

Le froment donne l'alcool le plus pur, l'alcool de meilleure qualité, viennent ensuite l'avoine, l'orge maltée et enfin le seigle.

Quant à la quantité, c'est encore le froment qui donne le plus grand produit (toutes conditions égales), puis le seigle, l'orge et enfin l'avoine. Le froment, à cause de son prix élevé, n'est guère employé dans les distilleries.

Le grain destiné à la distillation doit avoir les qualités suivantes :

1° Il faut qu'il soit exempt de poussière et de graines étrangères ;

2° Que le grain soit parfaitement mûr, gros, lisse, sec et pesant. Plus le grain est pesant, plus grand est son produit en alcool ;

3° Le seigle ne doit pas être mêlé avec de l'ergot.

L'hectolitre de froment doit peser au moins   156 livres.
>   de seigle   >   147   >
>   d'orge   >   125   >
>   d'avoine   >   94   >

Avant d'employer le grain à la distillation, il est d'un grand avantage pour le distillateur, de s'assurer d'avance de la quantité de fécule (amidon) qui y est contenue. Car, comme je l'ai déjà dit, le grain le plus riche en fécule donne aussi le plus grand produit en alcool. La quantité de fécule varie souvent d'une manière étonnante ; au point que telle espèce de grain en contient jusqu'à soixante pour cent, tandis que telle autre n'en contient que vingt.

On procède de la manière suivante :

Une livre du grain qu'on veut examiner est placée dans un vase de terre, on y verse de l'eau en quantité suffisante afin que le grain en soit entièrement couvert. Après vingt-quatre heures de détrempe, et lorsque le grain est devenu assez mou pour être facilement écrasé entre les doigts, on décante l'eau, et on écrase le grain au moyen d'un pilon de bois. Cela fait, on renferme la pâte dans un sac de toile, que l'on place et pétrit dans un autre vase rempli d'eau pure, jusqu'à ce que l'eau qui s'en exprime soit devenue claire et ne contienne plus de parties farineuses. Le liquide trouble est passé à travers un tamis de crin et abandonné au repos. Au bout de quelque temps quand la fécule s'est déposée au fond du vase, on décante l'eau qui surnage, et on lave le dépôt à différentes reprises avec de l'eau fraîche. On sèche ensuite la fécule et on la pèse ; son poids indique exactement la quantité contenue dans le grain.

On emploie le grain soit à son état naturel, soit malté ; mais le plus souvent on prend un mélange de grain naturel et de malté dans la proportion de trois à un, c'est-à-dire sur trois parties de grain naturel, on prend une partie de malt.

L'orge est l'espèce de grain qui se malte le plus facilement, c'est aussi le malt d'orge qu'on ajoute le plus souvent au seigle. L'expérience a du reste démontré que non-seulement il n'est pas nécessaire de malter le seigle, mais qu'il est même désavantageux de le faire.

§ CXCVI.

SUITE DU PRÉCÉDENT.

Le grain qu'on veut malter doit être de première qualité. Les grains doivent être égaux, parfaitement mûrs, du même âge et ne pas avoir germé sur le champ. Parmi les diverses espèces d'orge, celle à deux rangs est la plus propre à être convertie en malt, parce qu'elle contient la plus grande quantité de diastase. De cette orge il faut choisir celle dont le grain est plutôt pointu qu'arrondi au bout, plutôt allongé que rond et d'une couleur jaune pâle. Il faut aussi éviter d'employer une orge qui ait été battue trop tôt ou immédiatement après la récolte, sans avoir subi sa fermentation dans la grange.

Pour s'assurer si l'orge possède encore sa faculté germinative, on en met une petite portion dans un verre d'eau ; si l'orge est encore bonne et susceptible de germer, il se montrera à son sommet une petite boule d'air, ce qui n'aura pas lieu dans une mauvaise orge.

§ CXCVII.

PRÉPARATION DU MALT.

Le maltage du grain est l'opération la plus importante dans la distillation.

Le convertissement de l'orge en malt est une véritable germination pendant laquelle la fécule du grain est transformée en sucre de raisin, et que l'on interrompt dans le moment où la plumule ou jeune feuille commence à poindre.

Avant d'être convertie en malt, l'orge doit être soumise à une série d'opérations que nous allons décrire successivement.

1° *La trempe ou le mouillage.* Dans une cuve à faux fond, remplie de grains au tiers ou au quart, on fait arriver de l'eau en assez grande quantité pour faire flotter les mauvais grains (grains manqués), qu'on enlève au moyen d'une écumoire ou d'un tamis de crin. Au bout d'une heure on fait écouler l'eau qu'on remplace par de l'eau fraîche. Les grains manqués qui se séparent de nouveau sont enlevés comme les premiers.

On renouvelle l'eau deux fois par jour en été, et une fois seulement en hiver. L'eau, dans cette opération, dissout plusieurs produits, qui forment en partie une peau qui recouvre la surface de l'eau ; il faut l'enlever avant de faire écouler l'eau, sans cela elle s'attacherait et salirait le grain. La durée de la trempe est variable ; elle peut aller de vingt à soixante heures. On juge que le grain est suffisamment imbibé, lorsqu'il est bien renflé, qu'en le pressant sous le doigt il s'écrase facilement.

Les malteurs comptent que la durée de la trempe est en moyenne pour l'avoine et l'orge de trente-six à quarante-huit heures ; pour le froment et le seigle de vingt-quatre heures. Une trempe qui dure trop longtemps produit un malt de mauvaise qualité.

Si , en l'écrasant , il sort du grain un liquide comme du lait , c'est un signe que la trempe a duré trop longtemps et que la germination ne sera pas parfaite.

2° *La mise en tas et germination du grain.* Le grain retiré de la cuve est mis en couche. En été, la hauteur moyenne à donner à ces couches sera de neuf pouces ; en hiver, elle sera d'un pied.

La meilleure place pour la germination du grain c'est une bonne cave , car le changement de la température y est le moins sensible. Le local ne doit pas être accessible aux rayons du soleil ni à l'air échauffé , afin d'empêcher la végétation du grain.

Dans la plupart des ateliers cette opération se fait dans des celliers, ou mieux dans des caves préparées exprès pour servir de *germoirs.* Le sol de ces germoirs est pavé avec des carreaux de pierre ou avec des briques dures.

Avant de mettre en tas les grains trempés , on les fait parfaitement égoutter , et on attend jusqu'à ce que l'humidité surabondante se soit essuyée.

Pendant les premiers jours , on retournera la masse une fois par jour; mais lorsque le tas devient plus sec, que le grain se gonfle et qu'il gagne une teinte rougeâtre , on remue deux fois par jour.

Dans l'espace de vingt-quatre à trente-six heures la masse s'échauffe , le grain commence à suer , et une pelle qu'on place sur le tas devient humide à la surface. Les grains montrent à l'un de leurs bouts une petite élévation blanche : c'est le germe de la radicule qui est prêt à sortir. Les émanations qui s'exhalent du tas pendant ce moment, ont une odeur agréable semblable à celle des pommes. Pour empêcher que le tas ne s'échauffe trop, et que la germination n'avance trop rapidement, il faut retourner le tas et en diminuer l'épaisseur.

Huit à dix heures plus tard la couche aura recommencé à suer et les radicules se seront allongées.

Il faut alors retourner de nouveau. Cette opération doit en général se régler d'après la chaleur du tas , sa sueur, et les progrès que fait la germination.

En retournant le tas il faut avoir soin que le dessus devienne exactement le dessous, et que la hauteur de la couche diminue à proportion que la germination avance.

Il faut surtout éviter de laisser longtemps la couche en sueur sans la retourner ; car le tas s'échaufferait alors trop fortement, les grains se congloméreraient et formeraient une masse semblable à une perruque.

En général, il faut admettre que, si l'on désire obtenir un malt de première qualité, la chaleur de la couche ne peut jamais être au-dessus de 12 à 16 degrés de Réaumur.

C'est pour cela que les Anglais, qui se connaissent mieux que personne en préparation de malt, prolongent cette opération pendant vingt jours, tandis qu'ailleurs on l'achève souvent en huit jours.

§ CXCVIII.

SUITE DU PRÉCÉDENT.

On continue de retourner le grain de quatre à cinq fois, jusqu'à ce que le germe (les radicules) ait atteint la longueur du grain même.

Il est ici à remarquer que l'on voit souvent du grain germé dont le germe a le double et même le triple de la longueur du grain. Cela est une preuve que la couche a été trop élevée, et par conséquent la chaleur intérieure trop forte, ou bien qu'on a trop longtemps attendu avant de la retourner. Quelle qu'en soit la cause, c'est toujours un grand inconvénient, qui diminue la qualité du malt. Quant à nous, que le malt soit destiné à la distillation ou à la fabrication de la bière, nous conseillons de ne jamais précipiter la germination, car tout dépend, dans ces deux genres de fabrication, de la qualité du malt : avec un mauvais malt on ne fera jamais de bonne bière, jamais on n'obtiendra un grand produit en alcool.

Lorsque la germination est parvenue au point que nous venons d'indiquer, on l'interrompt en étendant le malt et en le faisant sécher.

Il arrive quelquefois que le grain mis en couche tarde à s'échauffer et à germer. Cela dépend souvent de l'âge du grain, ou bien aussi de l'état de l'atmosphère : on concentrera la chaleur en recouvrant le grain d'une couverture de toile ou de laine.

Ordinairement on laisse germer le grain destiné à la brasserie, un ou deux jours plus longtemps que celui qui est destiné pour la distillerie; mais j'en ignore les raisons.

On reconnaît que le grain est suffisamment germé lorsque les radicules ont une fois et demie la longueur du grain, que celles-ci commencent à s'entrelacer, et que le grain a pris une couleur pâle, blanc jaunâtre; comme aussi lorsque tous les grains ont germé et que le contenu sort facilement de son enveloppe quand on opère une légère pression sur le grain.

§ CXCIX.

DESSICCATION DU MALT.

On étend promptement le grain germé sur un grenier bien aéré, pourvu de soupiraux qui permettent à l'air de circuler librement mais par lesquels les rayons du soleil ne puissent pénétrer. Le malt est placé en couches de deux pouces d'épaisseur, et retourné au commencement toutes les deux heures, jusqu'à ce que les radicules se soient totalement desséchées. Si le temps est sec et chaud, le malt peut acquérir au grenier le degré de siccité convenable pour être livré au moulin. Mais si au contraire la température est humide et froide, il faut qu'on achève la dessiccation à la touraille, car le malt séché à l'air ne se conserve pas longtemps sans se détériorer.

Dans la touraille la dessiccation est produite par le courant rapide d'air chaud qui y a lieu. Cette partie essentielle d'une distillerie ou d'une brasserie se compose d'un fourneau construit en briques ; l'air chaud s'élevant de ce foyer, rencontre à la partie supérieure une plate-forme formée de plaques de fer criblées de trous, ou d'une toile métallique, et passe à travers leurs ouvertures. Sur cette plate-forme sont étendus les grains, que dessèchent en passant les gaz chauds. Il va sans dire que la touraille doit être construite de manière que la fumée et les autres produits de la combustion ne puissent pas passer avec l'air chaud à travers les trous des plaques en fer, et sans détériorer le malt.

Autrefois on soumettait l'orge germée dans la touraille à une température assez élevée pour la griller. Cependant, on conçoit que par la forte chaleur à laquelle on exposait le malt, une partie de sa matière sucrée était détruite et transformée en caramel, ce qui n'est plus de véritable sucre, et qui par conséquent ne peut donner la même quantité d'alcool. Or, puisque le but principal de la dessiccation de l'orge germée à la touraille, est seulement de la priver de l'humidité superflue qu'elle a retenue de sa première dessiccation au grenier, il ne faut l'exposer qu'à la chaleur justement nécessaire pour en chasser cette humidité, et cela s'obtient parfaitement en n'élevant la température de la touraille que de vingt-six à trente-six degrés de Réaumur. Par cette méthode, on obtient un malt de bonne qualité, qui n'a rien perdu de ses parties sucrées, et qui est très-propre à la distillation.

On place l'orge germée sur la touraille en couches minces de trois pouces d'épaisseur à peu près, on la remue au commencement toutes les heures, puis, quand elle est devenue à peu près sèche, on la retourne deux ou trois fois par jour. On reconnaît que le malt a atteint sa parfaite dessiccation si les germes sont devenus friables et se laissent facilement séparer.

L'orge, après qu'elle a subi ces diverses opérations, reçoit les noms de *malt* ou *drèche*.

§ CC.

CONDITIONS D'UN BON MALT ET DE SA CONSERVATION.

Un malt qui a été préparé d'après les principes que je viens d'indiquer doit présenter les caractères suivants :

Les grains doivent être ronds, pleins, parfaitement secs, et avoir la couleur naturelle de ceux qui ont servi à le préparer;

Il doit avoir un goût doux et une odeur particulière, un peu aromatique; projeté dans un vase rempli d'eau il doit surnager;

Il doit être facile à casser entre les dents, et non se rompre comme du verre; sur la cassure il doit montrer une farine douce et blanche.

Un mauvais malt est celui qui est dur, corné sur la cassure et point plein; il faut encore regarder comme tel celui dont les extrémités sont noires; un malt de cette espèce a été grillé ou mis dans un état trop humide dans la touraille, il a ordinairement un goût empyreumatique et amarescent. Lorsque les grains coulent à fond, c'est un signe qu'ils n'ont pas germé; si, au contraire, ils plongent par un de leurs bouts, c'est qu'ils n'ont pas germé assez.

Lorsque le malt est parfaitement desséché, que les radicules sont devenues friables et faciles à détacher du corps du grain, on enlève celles-ci, ou en trépignant sur les grains et en les remuant à la pelle, ou en les faisant passer à travers une tarare à toile métallique.

Un malt dont on n'aurait pas parfaitement enlevé les radicules ne devrait jamais être employé dans les distilleries ni dans les brasseries, parce qu'il communique à la matière en fermentation une tendance à s'aigrir. Mais l'expérience nous a aussi appris qu'on obtient un plus grand produit en alcool en employant du vieux malt que du récent : c'est pour cette raison que la manière de conserver le malt mérite qu'on y donne quelque attention. La meilleure place pour conserver le malt c'est un grenier bien aéré dans lequel on puisse établir un courant d'air ; là on le met en un tas que l'on retourne tous les huit jours.

§ CCI.

EMPLOI DU MALT VERT.

On entend sous ce nom un malt que l'on emploie immédiatement après la germination et sans l'avoir préalablement fait dessécher. Avant d'employer le malt on l'écrase entre deux cylindres en fer. Trois parties de malt vert remplacent deux parties de malt desséché. Il va du reste sans dire, que le malt vert ne peut pas être écrasé quelques jours avant qu'on l'emploie, car il entrerait en chaleur et se gâterait.

S'il est vrai que le vieux malt donne par la distillation un produit en alcool supérieur à celui du malt récent, l'emploi du malt vert ne peut pas promettre de grands avantages, joint à cela l'impossibilité d'en séparer les radicules, qui, comme je l'ai déjà dit, disposent la matière à se gâter pendant la fermentation.

Le seul avantage qui puisse résulter de l'emploi du malt vert, c'est qu'on épargne les frais de la dessiccation.

§ CCII.

DES POMMES DE TERRE.

Dans un grand nombre de pays, les pommes de terre constituent la principale matière première que l'on emploie dans les distilleries. En effet, l'analyse chimique ayant démontré que ces tubercules se composent des mêmes éléments que les grains, l'expérience a constaté ensuite qu'on peut en obtenir proportionnellement la même quantité d'alcool.

Le point essentiel dans la distillation avec des pommes de terre , est celui de choisir les tubercules les plus riches en fécule.

On juge ordinairement que les pommes de terre qui ont été récoltées sur les terres légères, sablonneuses, ou composées d'un argile léger sont les meilleures ; et que celles, au contraire , qui sont le produit d'un terrain fort et humide , ou qui ont été plus ou moins dérangées dans leur végétation par de longues pluies ou par des sécheresses, sont moins riches en fécule.

En général les pommes de terre qui ont une peau rude, qui crèvent pendant qu'on les cuit, et qui se brisent facilement en morceaux par une légère pression , doivent être considérées comme très-farineuses. Il en est de même des pommes de terre dont la chair est compacte, ferme et peu aqueuse sur la tranche, celles-là donneront un plus grand produit en alcool que celles dont la chair est poreuse et très-aqueuse.

On peut admettre avec sûreté que dans cent livres de pommes de terre farineuses , sont contenus trente pour cent de matières solides y compris la peau et la substance fibreuse, et soixante et dix pour cent d'eau , et que ces trente pour cent de matières solides contiennent quatorze à seize pour cent d'amidon à peu près.

Pour s'assurer de la quantité d'amidon contenue dans la sorte de pommes de terre qu'on a choisie , on en râpe une certaine quantité ; la masse est ensuite renfermée dans un sac de toile et traitée de la même manière que nous l'avons indiquée à l'égard des grains.

Pour savoir d'avance sur quelle quantité d'alcool on peut compter en distillant une telle espèce de grains ou de pommes de terre , il faut d'abord s'assurer de la quantité d'amidon ou de fécule qui y est contenue , et puis faire son calcul de la manière suivante : pour produire un litre d'eau-de-vie à 18 degrés Cartier, ou 46 centesim., il faut deux livres d'amidon à peu près.

Si maintenant un demi-hectolitre de pommes de terre à 100 livres, contient 14 à 16 livres d'amidon environ, on en obtiendrait 8 à 9 litres d'eau-de-vie environ (de 18 degrés Cartier).

100 livres de froment donnent à peu près 64 livres de fécule; ou 54 litres pesant 85 livres, donnent 54 livres de fécule; en conséquence, 2 hectolitres, 9 litres de pommes de terre donneront la même quantité d'eau-de-vie que 54 litres de froment.

Deux parties de bonnes pommes de terre donnent autant d'eau-de-vie qu'une partie de seigle.

Quant à la grosseur des pommes de terre qu'il faut préférer pour la distillation, cela dépend de la sorte, mais en général il faut préférer les moyennes, car les grosses sont ordinairement aqueuses et pauvres en fécules, les petites ne sont pas parvenues à leur perfection (1).

Les pommes de terre subissent pendant leur séjour dans les caves ou les fosses, un changement chimique dans leurs éléments, qui consiste, non-seulement dans la perte d'une partie de leur eau végétale, mais principalement dans l'altération de l'amidon, ce qui fait qu'à mesure que cette altération fait des progrès le produit en alcool doit diminuer. Cette altération de la fécule a du reste lieu dans toutes les pommes de terre, lorsque leur temps de la végétation arrive. Ceux qui font donc de grandes provisions de pommes de terre, soit pour la distillation, soit pour la fabrication de la fécule, doivent arranger leurs affaires de manière à ce que leurs provisions soient fabriquées vers la fin de mars au plus tard, ou bien chercher un moyen d'empêcher leurs pommes de terre de pousser des jets, ce que l'on obtient le plus facilement en les conservant dans des fosses très-profondes et sèches.

(1) D'après les procédés que M. Hassenstein a communiqués dans la feuille hebdomadaire de Stuttgardt 1841, n° 41, on peut extraire des pommes de terre, au lieu de 14 à 16 livres de fécule, 26 livres.

§ CCIII.

Les pommes de terre sont aussi altérées par l'action du froid, et en raison de son intensité. Dans une température de huit à dix degrés au-dessous du point de congélation, les pommes de terre gèlent totalement, et ne sont plus bonnes à rien, mais si des pommes de terre sont exposées à deux ou trois degrés de froid seulement, de manière cependant qu'elles se trouvent alternativement dans une température tantôt de quelques degrés au-dessus, tantôt en dessous du point de congélation comme cela arrive fréquemment à l'égard des pommes de terre mal couvertes, alors leur intérieur s'altère et elles contractent un goût sucré, comme chacun l'a déjà observé. Ce goût sucré provient de la transformation de la fécule en sucre.

De pareilles pommes de terre donnent de l'alcool lorsqu'on les fait cuire avant qu'elles soient dégelées, mais elles en donnent toujours moins que les pommes de terre non gelées.

Pendant la germination des pommes de terre, au printemps, il se forme dans les jets qu'elles poussent alors une substance que les chimistes appellent *solanine*, qui est d'une nature vénéneuse, et peut occasionner des accidents dangereux chez les bêtes qui sont nourries avec les résidus de ces pommes de terre. Si donc l'on se trouve dans le cas de se servir de pommes de terre germées, il faut soigneusement en arracher les jets avant de les faire cuire.

D'autres donnent le conseil de faire étendre sur un plancher les pommes de terre germées, afin qu'elles se fanent en partie; on arrache alors les jets, et on met tremper les pommes de terre pendant douze à seize heures dans de l'eau froide, après quoi on les cuit après y avoir ajouté un peu de sel.

§ CCIV.

DE L'EAU.

Après la matière première, c'est l'eau qui réclame l'attention du distillateur aussi bien que du brasseur, car la qualité de l'eau a une très-grande influence, non-seulement sur la fabrication du malt mais aussi sur les autres opérations qui succèdent à celle-ci.

L'eau doit être pure, limpide, sans odeur et sans goût et exempte de matières terreuses ; telles sont les qualités de l'eau de pluie, de l'eau des étangs, des rivières, des fleuves et des lacs, qui ne tirent pas leur origine des monts calcaires.

Toute eau chargée de matière extractive, d'acides, de sels, d'alcali, doit être rejettée pour l'usage de la distillerie. Il en est de même des eaux qui proviennent des lieux marécageux et ferrugineux, et de celles dans lesquelles on a roui du lin et du chanvre ou qui se trouvent dans le voisinage des égouts, des abattoirs, des tanneries et des étangs qui ne sont pas alimentés par l'eau d'une source vive.

Les eaux qu'on appelle *dures*, sont les moins nuisibles, quoique elles présentent l'inconvénient d'empêcher l'extraction de la matière sucrée. Pour améliorer une eau dure il y a un moyen simple et peu coûteux, qui consiste à ajouter un peu de chaux vive dans la quantité d'un à deux gros par hectolitre d'eau. Les eaux dures contiennent une certaine quantité de carbonate de chaux dissoute dans un excès d'acide carbonique ; en ajoutant à l'eau une petite quantité de chaux vive, celle-ci s'empare aussitôt de l'acide carbonique, et il se forme du carbonate de chaux qui tombe à fond avec celui qui auparavant était dissous dans l'eau. Une petite addition de potasse contribue aussi beaucoup à séparer de l'eau les parties calcaires et à la rendre plus douce. Une demi-once de potasse est suffisante sur un hectolitre d'eau dure.

§ CCV.

DU LOCAL ET DES USTENSILES NÉCESSAIRES DANS UNE DISTILLERIE.

Le sol, dans une distillerie convenablement construite, doit être dallé en carreaux de pierre ou en briques durcs, afin que la propreté y puisse être maintenue ; il faut que les cuves-matière, c'est-à-dire celles dans lesquelles a lieu la fermentation de la matière, soient séparées de l'appareil distillatoire ; les cuves-matière doivent être placées dans un lieu qui soit à l'abri des variations trop brusques de la température atmosphérique. Ce lieu doit être blanchi au moins une ou deux fois par an , car des parois couvertes d'une couche épaisse de chaux purifient l'air et absorbent les vapeurs acides qui s'y trouvent répandues. Le local doit en outre être spacieux, assez élevé et voûté.

La cuve dans laquelle on cuit les pommes de terre doit être placée hors de la distillerie, à cause de la masse de vapeurs qui s'en échappent et qui remplissent le local. Les cuves à fermentation, qui servent non-seulement à y faire la trempe mais aussi à la fermentation, doivent être solides et propres à l'usage auquel elles sont destinées.

Leur forme et leur capacité sont déterminées par l'étendue de la distillerie : dans les petites elles peuvent être rondes, dans les grandes on leur donne une forme ovale.

Dans les grandes distilleries la capacité de ces cuves est de quinze cents à trois mille litres. Dans des cuves de trop peu de capacité la fermentation n'est jamais régulière. Des cuves de moins de trois cents à trois cent cinquante litres ne devraient pour cette raison jamais être employées.

Quant à la hauteur des cuves-matière, elle ne peut pas être au-dessous de trois pieds ; dans des cuves plus hautes il est trop difficile de bien brasser la matière. Au reste, la hauteur de la cuve n'a aucune influence sur la quantité du produit.

§ CCVI.

SUITE DU PRÉCÉDENT.

Dans les grandes distilleries on a aussi des vaisseaux particuliers appelés *bacs réfrigératoires* destinés au refroidissement de la matière. Ces bacs ont une forme carrée, sont très-larges, peu profonds et doublés en zinc ou en cuivre. On les place de manière à ce qu'ils soient exposés au courant de l'air, mais à l'abri du soleil ; car on a fait l'observation que rien n'est plus nuisible à la fermentation que l'action directe du soleil.

A côté du bac réfrigératoire se trouvent d'autres cuves nommées *cuves-guilloires*, dans lesquelles on fait la trempe ; il est utile de pouvoir les mettre à volonté en communication avec la chaudière à vapeur, afin d'être à même de se procurer la température nécessaire dans la cuve.

§ CCVII.

DES APPAREILS DISTILLATOIRES.

On désigne ainsi l'ensemble de diverses pièces servant à séparer les produits volatiles qui se sont formés pendant la fermentation de ceux qui ne le sont pas, ou ne le sont pas dans les mêmes circonstances. Les bornes de cet ouvrage ne comporteraient pas l'historique de la distillation ni la description de tous les appareils qu'on a inventés jusqu'à présent. Je m'occuperai donc immédiatement de la citation des appareils qui remplissent le mieux leur but et avec le plus d'économie possible.

Les appareils les plus anciens se composaient d'une espèce de chaudron en cuivre, appelé *vessie*, dans lequel on faisait arriver la matière à distiller ; d'un chapiteau, dans lequel se condensaient les vapeurs spiritueuses qui s'élevaient dans la vessie ; et d'un réfrigérant, espèce de tonneau dans lequel se trouvait un serpentin en métal, entouré d'eau froide ; c'est dans ce serpentin que se condensent complétement les vapeurs et qu'elles reprennent l'état liquide, forme sous laquelle elles s'écoulent , par le bout sortant au-dessus du fond du réfrigérant.

Les appareils distillatoires ont été changés , modifiés , améliorés , perfectionnés , dans presque tous les pays du monde civilisé , et tous ces changements avaient pour objet de produire un alcool fort , de bonne qualité , avec le moins de frais et de pertes possibles.

Dans un appareil qui répond à toutes les exigences qu'on pourrait y faire , on utilise la chaleur constituante des vapeurs aqueuses et alcooliques , tout en évitant l'emploi de l'eau comme agent de condensation ; c'est, comme s'exprime M. Payen , une triple économie de combustible , de main-d'œuvre et d'eau , comparativement avec les dépenses des anciens alambics.

Il y a des appareils qui conviennent mieux pour la distillation en grand et où les lois ordonnent une série de travail continu. Il y en a d'autres qui conviennent mieux aux petits distillateurs, qui , pour diverses causes , sont obligés d'interrompre leur travail.

Dans la classe des premiers nous mettons d'abord l'appareil de M. Sellier-Blumenthal , modifié par M. Derosne , mécanicien à Meulembeék-lez-Bruxelles. Cet appareil remplit tout ce qu'on peut désirer d'un appareil parfait.

L'appareil de M. Pistorius a joui et jouit encore d'une très-grande réputation en Prusse et dans plusieurs États de l'Allemagne. Mais celui de M. Schwarz , d'Alsfeld , réunit tous les avantages qu'un bon appareil peut offrir, avantages dont un des plus utiles est celui de pouvoir s'en procurer de toutes les dimensions possibles.

L'appareil de M. Schwarz se compose d'une chaudière à vapeur ; d'un alambic ; d'un échauffeur ; d'un rectificateur et d'un réfrigérant.

Les prix varient selon la dimension de l'appareil et suivant qu'on veut distiller à la vapeur ou sans vapeur : un appareil qui distille dix hectolitres en douze à quatorze heures revient à dix-sept cents francs, et un de deux cents hectolitres à quinze mille six cent quatorze francs.

Un appareil sans vapeur coûte de sept cent trente-neuf à deux mille soixante-sept francs.

§ CCVIII.

NETTOIEMENT DES CUVES ET AUTRES PARTIES DE L'APPAREIL DISTILLATOIRE.

Une des principales conditions pour assurer le succès d'une distillerie c'est la propreté, qui non-seulement est de rigueur dans la marche régulière de la fermentation, mais aussi contribue beaucoup à en augmenter le produit. Toutes les parties de l'appareil doivent être soigneusement nettoyées après qu'on s'en est servi.

Les cuves-matières et guilloires surtout ne doivent offrir aucun vestige des macérations précédentes ; il faut donc après les avoir vidées les curer d'abord avec un balai et de l'eau bouillante, et puis frotter l'intérieur avec une lessive composée de cendres de bois et de chaux, ou à défaut de cendres, avec de la chaux seule. Cette lessive absorbe les moindres atomes d'acide qui pénètrent dans les pores du bois ; après le curage avec la lessive, on nettoie de nouveau avec de l'eau et du sable.

On recommande aussi, pour nettoyer les cuves, de se servir de l'acide sulfurique étendu d'eau, mais l'on comprend difficilement par quel moyen cet acide peut détruire l'acide acétique, qui se trouve dans les pores du bois.

D'autres brûlent du soufre dans les cuves, comme on le fait à l'égard des barriques à vin ; mais ce moyen est plus propre à détruire l'odeur moisie que l'acide acétique. L'acide sulfureux qui se forme pendant la combustion du soufre présente en outre l'inconvénient de nuire à la fermentation , s'il en reste dans le bois ou si les vapeurs se répandent dans le local.

D'autres enfin brûlent les cuves avec de la paille. De tous ces moyens , la chaux est le seul efficace et recommandable. On peut aussi l'employer pour nettoyer le serpentin , la vessie et les autres pièces de la distillerie.

§ CCIX.

DISTILLATION.

a. *La trempe.*

Le but de la trempe est d'opérer la dissolution dans l'eau, de la matière sucrée et soluble du grain germé.

On conçoit que plus cette dissolution a été complète , plus la fermentation le sera aussi, et plus grand sera le produit en alcool. Pour ces raisons, il faut employer tous les moyens les plus propres à favoriser la dissolution.

Le principal de ces moyens c'est la division ; c'est pour cela que les pommes de terre sont écrasées , et le grain concassé afin que l'eau puisse mieux agir.

La chaleur est aussi un moyen puissant pour hâter la dissolution et pour augmenter l'action dissolvante de l'eau. L'eau chaude pénètre plus facilement les corps, et se charge d'une plus grande quantité de matière soluble que l'eau froide.

Le mouvement ou le brassage de la trempe enfin est nécessaire pour mettre mieux en contact l'eau avec les parties solubles.

§ CCX.

PROPORTIONS ENTRE LA MATIÈRE SÈCHE ET L'EAU.

La proportion dans laquelle l'eau doit se trouver avec la matière sèche dépend de diverses circonstances, ainsi que de la construction de l'appareil même. Lorsque celui-ci est combiné avec une chaudière à vapeur, on y peut distiller une matière très-épaisse, qui brûlerait dans un alambic à feu ouvert et ne donnerait qu'un faible produit. D'autres considèrent moins la quantité d'alcool qu'ils pourraient obtenir, qu'un résidu concentré et substantiel dont ils ont besoin pour l'engraissement de leurs bêtes.

Cependant, comme tous les extrêmes sont nuisibles et conduisent infailliblement à des pertes, il vaut mieux garder un juste milieu. Une trempe faite dans les proportions d'à peu près cinq à un, ou de quatre à cinq parties d'eau sur une partie de substance sèche, paraît la meilleure, surtout lorsqu'on distille à la vapeur. Les pommes de terre exigent encore moins d'eau, attendu qu'elles en contiennent déjà naturellement une grande quantité, et que par suite de l'addition du malt d'orge, qui a toujours lieu, elles deviennent encore plus liquides.

§ CCXI.

LA TEMPÉRATURE DE L'EAU.

Nous avons dit plus haut que l'eau à une température élevée extrait mieux les matières solubles et sucrées que l'eau froide ; mais il n'est pas indifférent de savoir à quelle température on emploie l'eau pour faire la trempe ; il faut donc qu'elle ait tout juste la température la plus favorable à la transformation de la fécule en sucre et à la fermentation. La moindre négligence à cet égard ferait manquer le succès de la fermentation. La température de l'eau qu'on emploie pour opérer la trempe doit être de quelques degrés plus élevée en hiver qu'en été ; elle peut en général varier dans ces deux saisons entre le quarantième et le cinquantième degré de Réaumur, mais il faut se garder d'employer une eau qui soit trop froide ou trop chaude, car dans le premier cas la formation du sucre ne pourrait avoir lieu qu'imparfaitement ; dans le second, la température trop élevée de l'eau détruirait l'action de la diastase ou de l'orge germée.

§ CCXII.

MANIÈRE D'OPÉRER LA TREMPE.

Il y a deux manières d'opérer la trempe, l'une qui consiste à employer beaucoup d'eau, l'autre à en employer moins ; de là la trempe liquide et la trempe épaisse. En opérant la trempe, il ne faut pas oublier que la faculté dissolvante de l'eau est bornée, et que, dans la préparation de la trempe, l'eau doit s'y trouver proportionnellement à la quantité de la substance sèche; sans cela, une partie du sucre ne serait pas dissoute. Plus on a employé d'eau, plus on peut être sûr que toute la matière sucrée a été dissoute, et plus régulière sera la fermentation. Une trempe liquide fermente plus facilement qu'une trempe épaisse.

Dans les trempes épaisses la fermentation est lente et incomplète, parce que les parties farineuses ne se pénètrent qu'imparfaitement d'eau et ne se dissolvent pas entièrement.

Les trempes trop épaisses présentent encore un autre inconvénient bien grave, c'est que la fermentation y est lente et irrégulière, et que les parties alcooliques qui se sont déjà formées d'abord se transforment en acide avant que le reste du sucre soit changé en alcool. Joint à cela qu'une trempe épaisse se laisse plus difficilement refroidir qu'une trempe liquide, ce qui est pourtant très-essentiel.

Les trempes épaisses exigent une plus grande quantité de ferment, et du ferment plus fort.

En général, il faut observer que lorsque les circonstances exigent qu'on travaille avec une trempe épaisse, il faut que le local soit aussi frais que possible.

§ CCXIII.

SUITE DU PRÉCÉDENT.

Trempe avec des pommes de terre.

Il a été dit que les pommes de terre se composent de beaucoup d'eau, de fécule, d'un peu de substance gommeuse, de fibre végétale, mais qu'elles ne contiennent pas de gluten. Cependant, comme la transformation de la fécule ne peut s'opérer que sous l'influence du gluten, on comprend que les pommes de terre ne peuvent pas entrer en fermentation alcoolique sans l'addition d'une certaine quantité d'une autre substance qui contient du gluten ou de la diastase ; de sorte que quand même on voudrait forcer la fermentation au moyen d'une addition de ferment, la trempe se pourrirait plutôt que d'entrer en fermentation vineuse.

C'est pour cela qu'on ajoute à la trempe de pommes de terre une certaine quantité de grain malté ; il faut donner la préférence au malt d'orge qui est le plus facile à préparer, et, à ce qu'il me semble, plus actif que les autres espèces de malt.

Il n'y a pas à craindre qu'on y mette trop de malt, car la dépense est couverte par une plus grande quantité d'alcool ; mais la plupart des distillateurs ajoutent le malt d'orge dans la proportion de cinq à vingt-cinq litres de malt sur un hectolitre de pommes de terre.

Quelques distillateurs ajoutent encore à leur trempe , sur cinq litres de malt , une livre de seigle égrugé ou de farine de froment , et cette addition est singulièrement favorable à la production de l'alcool.

Jamais il ne faut chercher à économiser sur la quantité de malt , car si celle-ci n'est pas suffisante , toute la fécule n'est pas transformée en sucre , et une grande perte en est la conséquence.

§ CCXIV.

PRÉPARATION DES POMMES DE TERRE.

Les pommes de terre, avant de les cuire, doivent être d'abord lavées, surtout celles qui ont été récoltées dans un terrain argileux. Cette opération s'exécute le mieux dans un cylindre composé de barres de fer et qui tourne sur son axe dans un bac rempli d'eau. La cuisson demande certaines précautions, sur lesquelles il importe d'insister. Lorsque le tonneau qui doit toujours se trouver hors du local a été rempli de pommes de terre, il faut y faire arriver les vapeurs avec toute la force dont la chaudière est susceptible; il faut que le tuyau conducteur plonge jusqu'à la moitié de la profondeur du tonneau, et qu'il y soit introduit par son fond supérieur. Les pommes de terre qui sont cuites trop lentement ne donnent jamais un aussi grand produit que celles qui l'ont été avec les précautions que je viens d'indiquer.

On reconnaît que la cuisson a réussi lorsque les pommes de terre sont farineuses et se laissent facilement réduire en morceaux par une légère pression entre les doigts. Les pommes de terre qui n'ont pas ces qualités après la cuisson ne donneront qu'un faible produit.

Les tubercules cuits doivent immédiatement être écrasés entre deux cylindres en bois ou en pierre. Ces cylindres ne peuvent pas être trop rapprochés, car alors l'opération se ferait trop lentement, et les pommes de terre se refroidiraient; ce qu'il faut surtout éviter, attendu qu'une pâte refroidie est plus difficile à être trempée et d'ailleurs ne se dissout qu'imparfaitement.

C'est pour cela qu'il est indispensable que le moulin à écraser soit aussi près que possible de la cuve-matière.

§ CCXV.

SUITE DU PRÉCÉDENT.

Afin que la trempe se fasse régulièrement, il faut considérer la quantité d'eau qui est nécessaire sur une quantité donnée de pommes de terre.

On compte que les proportions les plus convenables sont comme de sept ou huit à un ; c'est-à-dire pour tremper sept à huit hectolitres de pommes de terre, il faut un hectolitre d'eau. D'autres prennent sur trois parties de pommes de terre une partie d'eau. Ici la différence est grande, ce qui prouve que la quantité de l'eau doit être modifiée d'après celle du malt et la qualité des pommes de terre.

Pendant qu'on est occupé à faire cuire les pommes de terre, on prépare la trempe du malt d'orge. Nous avons dit plus haut que celui-ci ne devait être que concassé seulement ; cependant le malt que l'on ajoute aux pommes de terre peut être plus finement moulu que s'il était destiné à la fabrication de la bière. On place le malt dans un coin de la cuve-matière, et on y fait arriver de l'eau chaude de quarante à cinquante degrés de Réaumur ; le grain concassé est soulevé par elle ; il flotte, et on le force à se mélanger avec l'eau, à se diviser et à s'y dissoudre en partie, au moyen de *fourquets*. La trempe de malt aura à la fin de l'opération une température de quarante degrés.

D'autres distillateurs, au lieu de préparer la trempe de malt à part, ajoutent ce malt par petites portions aux pommes de terre à mesure qu'on les fait passer entre les cylindres. Cette pratique me paraît préférable à la première.

A mesure que les pommes de terre écrasées tombent dans le panier placé en dessous des cylindres, un ouvrier les projette dans la cuve-matière où d'autres ouvriers, au moyen de fourquets, les mêlent avec la trempe de malt. Il est essentiel que la température des pommes de terre se maintienne de cinquante à cinquante-deux degrés de Réaumur. Cette température qui s'est montrée comme la plus favorable à la formation du sucre, on ne doit cependant pas chercher de l'atteindre en y faisant arriver de l'eau chaude ou froide ; ce sont les pommes de terre elles-mêmes qui doivent avoir cette température, et c'est pour cette raison que j'ai conseillé de les faire écraser le plus promptement possible. Après que les pommes de terre ont été écrasées et qu'elles ont été exactement mélangées dans la cuve-matière, on laisse la masse qui doit former une pâte homogène semi-liquide mucilagineuse pendant une heure en repos, temps suffisant pour que la *saccharification* ait lieu ; ce que l'on reconnaît aisément au goût sucré que la masse contracte peu à peu.

Au bout d'un quart d'heure on remue encore une fois, pendant quelques minutes, la masse, qui devient de plus en plus liquide.

Observation.

Avec une trempe, qui après le brassage avait moins de quarante-neuf à cinquante degrés et plus de cinquante-trois, on n'a jamais eu de profit, mais toujours de la perte.

§ CCXVI.

Au bout d'une heure, espace pendant lequel tout l'amidon des pommes de terre se sera transformé en sucre, on procède au refroidissement de la trempe. A cet effet, on fait arriver la trempe au moyen d'une pompe dans le bac réfrigératoire, la cuve est rincée avec de l'eau froide, qu'on ajoute à la masse dans le bac-refroidissoir.

Lorsque la température de la masse s'est abaissée du onzième au quinzième degré, ou en été du douzième au quatorzième, on fait arriver celle-ci dans la cuve-guilloire, en la faisant passer à travers un tamis de toile métallique, afin d'y pouvoir retenir et diviser les pelotes qui pourraient se trouver dans la masse.

La trempe de pommes de terre, qui entre plus promptement en fermentation qu'une trempe de grains, doit pour cette raison avoir quelques degrés de chaleur de moins, avant qu'on y ajoute la levûre.

Il a été démontré, par de nombreuses expériences, que lorsqu'on distille avec trois cuves-guilloires, une température de la trempe de dix-neuf à vingt et un degrés, au moment où l'on y ajoute la levûre, est la plus convenable et donne le meilleur résultat (1), et que lorsqu'on a quatre cuves, la meilleure température est de seize à dix-huit degrés.

La température à laquelle la fermentation se fait, doit être maintenue à huit ou dix degrés de Réaumur.

Dans beaucoup de distilleries on ne fait pas usage du bac-refroidissoir. Mais il en résulte aussi très-souvent que lorsque la trempe est trop chaude, il faut y ajouter trop d'eau froide, ou, ce qui est pis encore, on est obligé d'y ajouter la levûre lorsqu'elle est trop chaude encore, d'où résulte une fermentation sauvage ou tumultueuse et une prompte acidification de la masse.

Afin de donner à la trempe qui est très-épaisse la consistance et la température convenables pour recevoir la levûre, on y fait arriver de l'eau froide.

Plusieurs auteurs ont établi sur ce sujet des calculs et des tableaux indiquant quelle température l'eau doit avoir pour refroidir une trempe d'une température donnée. Mais comme il n'est pas toujours au pouvoir du distillateur de se procurer de l'eau d'une température telle qu'elle conviendrait pour refroidir sa trempe, le moyen le plus sûr et en même temps le plus simple, c'est de s'assurer d'abord de la température de la trempe, d'y faire ensuite arriver de l'eau froide qu'on mêle bien avec la trempe, d'examiner de nouveau la température ; si elle se trouve

____

(1) Supposé qu'on distille une cuve par jour.

encore trop élevée, on y ajoute encore de l'eau froide et ainsi de suite, jusqu'à ce que la trempe ait la température voulue de seize, dix-sept ou dix-huit degrés.

§ CCXVII.

DISTILLATION DE GRAIN.

Ce qui se présente d'abord à notre examen, c'est de savoir : 1° s'il est plus avantageux d'employer l'espèce de grain qu'on veut distiller seule ou dans le mélange avec d'autres grains ; 2° si la totalité du grain doit être germée, ou s'il convient mieux d'employer un mélange de grain germé et de grain non germé.

Voici ce que l'expérience a décidé en réponse à ces questions.

1° Il vaut mieux employer deux ou plusieurs espèces de grains non maltés, qu'une espèce seule ;

2° La même espèce de grain ne peut être employée à moins qu'une partie n'en ait été convertie en malt ;

3° La qualité du produit devient d'autant meilleure que la quantité de grain germé est plus grande ;

4° Mais la quantité du produit n'est pas augmentée si la totalité du grain est transformée en malt.

L'expérience a encore constaté comme avantageux les mélanges suivants :

1° Parties égales de froment, de seigle et d'orge germée ;

2° Parties égales de seigle et d'orge germée ;

3° Deux tiers de seigle et un tiers d'orge germée ;

4° Deux tiers de seigle et un tiers de froment germé ;

5° Deux quarts de froment, un quart de seigle, et un quart d'orge germée ;

6° Un huitième de froment et de seigle et un septième d'orge germée ;

7° Un quart de froment et trois quarts d'orge ;

8° Deux tiers de froment et un tiers d'orge germée. (*Art de distiller,* par Hermstadt.)

Nous disions plus haut que les grains doivent être concassés avant qu'on puisse les distiller. Cette opération se fait ordinairement au moulin. Dans les grandes distilleries on commence depuis quelque temps à se servir d'une machine à cylindres, au moyen de laquelle les grains sont écrasés. L'emploi de cette machine présente le grand avantage que les grains sont réduits d'une manière beaucoup plus égale, ce qui en rend l'extraction plus parfaite et plus facile. Lorsqu'on n'emploie pas tout de suite le malt concassé ou écrasé, il faut l'étendre sur le plancher d'un grenier bien aéré, le faire retourner tous les deux jours, et ne point le laisser entassé dans des sacs, dans lesquels il s'échaufferait et se gâterait en bien peu de temps.

§ CCXVIII.

MANIÈRE DE FAIRE LA TREMPE AVEC DES GRAINS.

Dans la trempe des grains il faut, pour travailler avec succès, observer rigoureusement la température et la quantité de l'eau qu'on y emploie.

Une trop grande quantité d'eau augmente inutilement les dépenses de la fabrication ; trop peu d'eau empêche la dissolution parfaite de la matière sucrée ; et comme les grains sont rarement de la même qualité, il faut qu'on établisse ses calculs non d'après le volume ou la mesure, mais d'après le poids.

Il est inutile de faire la trempe plus liquide en été qu'en hiver, afin de ne pas en retarder le refroidissement. D'après Adolar (*Art de distiller*, page 91), on fait le mélange dans la proportion de huit livres d'eau sur une livre de grain en hiver (le litre à deux livres) ; en été on augmente la quantité d'eau d'une livre, et pendant un froid rigoureux on la diminue d'une ou de deux livres. On ne pourrait dépasser ces limites impunément.

Voici quelques exemples de mélanges où la proportion de

l'eau au grain est variée suivant la saison, et l'espace que chacun de ces mélanges occupe dans la cuve-matière.

a) *Mélange d'une partie de grain et de neuf parties d'eau.*

Froment 75 liv., eau 675 liv. occupent un espace de $365 \frac{5}{8}$ lit.

Seigle   70 »   » 630 »   » $341 \frac{1}{4}$ »

Orge   65 »   » 585 »   » $317 \frac{3}{4}$ »

b) *D'une partie de grain et de huit parties d'eau :*

Froment 75 liv., eau 600   » $328 \frac{1}{8}$ »

Seigle   70 »   » 560   » $306 \frac{1}{4}$ »

Orge   65 »   » 520   » $293 \frac{1}{4}$ »

c) *D'une partie de grain et de sept parties d'eau :*

Froment 75 liv., eau 525   » $290 \frac{5}{8}$ »

Seigle   70 »   » 490   » $271 \frac{1}{2}$ »

Orge   65 »   » 455   . » $252 \frac{1}{4}$ »

d) *D'une partie de grain et de six parties d'eau :*

Froment 75 liv., eau 450   » $253 \frac{1}{8}$ »

Seigle   70 »   » 420   » $236 \frac{1}{2}$ »

Orge   65 »   » 390   » $219 \frac{3}{4}$ »

§ CCXIX.

TEMPÉRATURE DE L'EAU.

La température de l'eau exerce la plus grande influence sur la marche de la fermentation ; il faut ici considérer les changements que subissent les divers éléments du grain par l'influence des diverses températures, afin d'employer celle qui est la plus convenable.

Les matières gommeuses , saccharo-mucilagineuses , la fécule, le gluten et la diastase, sont les principales parties du grain qu'il faut considérer.

Les deux premières sont solubles à toutes les températures de l'eau ; le gluten ne se dissout qu'à l'eau froide , l'eau bouillante détruit son action ; la diastase cesse d'agir lorsque la température de l'eau dépasse soixante et dix degrés ; la fécule enfin n'est soluble qu'à l'eau chaude. Toutes ces substances exigent donc une température bien différente pour être mises en action, et on ne parviendrait point à son but si l'on employait une eau trop froide ou trop chaude.

C'est pour cela que l'eau dont on se sert pour opérer la trempe doit avoir une température moyenne de soixante-quatre degrés de Réaumur en hiver, de soixante en automne et au printemps, et de cinquante-huit en été.

§ CCXX.

DISTRIBUTION DE L'EAU POUR EFFECTUER LA TREMPE ET POUR SON REFROIDISSEMENT.

Lorsque l'on connaît la quantité d'eau dont on a besoin pour la distillation et la température qu'elle doit avoir, il faut en faire le partage en deux parties, l'une destinée pour faire la trempe , l'autre servant à son refroidissement.

On a établi en règle générale qu'il faut trente-huit pour cent de la totalité d'eau pour tremper le grain, et soixante-deux pour le refroidissement de la trempe. De cette manière, on obtient un résultat toujours égal.

D'après ces principes , 100 livres de grain exigent :

1° Par un froid rigoureux, 228 livres = 114 litres d'eau chaude de 64° Réaumur, et 372 livres = 186 litres d'eau froide pour refroidir.

2° Par un froid ordinaire, 266 livres = 133 litres d'eau chaude de 64° Réaumur, et 434 livres = 217 litres d'eau froide.

3° Par une température moyenne, 304 livres = 152 litres d'eau chaude à 60° Réaumur, et 496 livres = 248 litres d'eau froide.

4° Pendant les mois d'été, 342 livres = 171 litres d'eau chaude à 58° Réaumur, et 558 litres = 279 livres d'eau froide.

§ CCXXI.

PROCÉDÉ POUR FAIRE LA TREMPE.

La trempe du grain se divise en deux périodes : la trempe proprement dite et le refroidissement.

On fait arriver dans la cuve la quantité d'eau nécessaire de 60 à 64 degrés Réaumur, on y jette par petites portions le grain en remuant continuellement. Cette opération doit se faire avec la plus scrupuleuse exactitude, afin qu'il ne reste aucune partie du grain qui ne soit exactement divisée, dissoute et mélangée avec l'eau.

La trempe qui a maintenant une température de 50 à 40° Réaumur, doit rester pendant une demi-heure en repos. La demi-heure révolue, on brasse de nouveau le mélange pendant une heure à raison d'une fois tous les quarts d'heure. Pendant ce travail la saccharification s'achève, ce que l'on reconnaît au goût doux du mélange et à sa consistance qui devient plus liquide.

Pour préparer la trempe à la fermentation alcoolique, on abaisse sa température en y faisant arriver de l'eau froide dans la quantité que nous avons indiquée ci-dessus, et en la refroidissant dans le bac-refroidissoir.

Il est ici à observer que la trempe, pendant qu'elle se trouve dans le refroidissoir, doit être constamment remuée, afin qu'elle se refroidisse d'une manière égale. Lorsqu'elle s'est enfin refroidie à 40 ou 34 degrés, on la fait arriver dans la cuve guilloire, et on ajoute la quantité d'eau froide nécessaire pour lui donner la température convenable pour recevoir la levûre.

Pour être propre à recevoir la levûre, la trempe doit avoir 18 à 20 degrés ni plus ni moins.

Plusieurs distillateurs expérimentés ont, dans le but de procéder avec sûreté et d'épargner des calculs prolixes, imaginé des tableaux dont on pourrait se servir avec grande utilité. Nous reproduisons ici, pour la commodité du lecteur, un de ces tableaux, qui a été calculé par M. Pistorius, distillateur, à Berlin.

Si l'eau froide a :	La trempe doit avoir :
14 degrés Réaumur.	29,5 degrés Réaumur.
13 »	30,3 »
12 »	31,7 »
11 »	32,9 »
10 »	34,1 »
9 »	35,3 »
8 »	36,5 »
7 »	37,7 »
6 »	38,9 »
5 »	40,1 »
4 »	41,3 »
3 »	42,5 »
2 »	43,7 »
1 »	44,9 »

Lorsqu'on ajoute de l'eau froide à la trempe pour en abaisser la température, il faut remuer le mélange continuellement, afin que la température en soit toujours aussi égale que possible.

§ CCXXII.

DE LA FERMENTATION.

La trempe ou le mélange qu'on vient de préparer d'après la méthode indiquée ci-dessus ne contient pas encore de l'alcool fait, mais bien les éléments dont il peut se former par la fermentation.

La fermentation est un procédé chimique, par suite duquel

les éléments d'un corps se séparent et se groupent de nouveau, de manière à former de nouvelles combinaisons. C'est ainsi que, lorsque la fermentation de la trempe sucrée est bien conduite, les éléments de son sucre se séparent, quelques-uns s'en détachent, et d'autres se réunissent dans des proportions où ils constituent de l'alcool, en même temps que quelques parties des éléments de l'atmosphère entrent dans les nouvelles combinaisons.

La fermentation alcoolique exige la présence d'une substance azotée, sans quoi la trempe se gâterait. La substance qui se prête le mieux à cet effet est le ferment et la levûre. Toutes les opérations préparatoires dont nous avons parlé jusqu'à présent se concentrent dans la fermentation vineuse; toutes les précautions que nous avons recommandées à cet effet ont pour but d'en assurer la réussite. La fermentation vineuse ou alcoolique doit être réglée avec soin, et être interrompue au moment où la fermentation acéteuse va commencer, après que la température de la trempe a été abaissée jusqu'à 18-20 degrés, ou jusqu'à 15-17° degrés. Si c'est une trempe de pommes de terre, on y ajoute le ferment (levûre), et c'est ordinairement la levûre de la bière qu'on prend pour cela.

Une bonne levûre doit avoir une odeur rafraîchissante et agréable ; elle ne doit être ni trop vieille ni trop aigre. Dans plusieurs pays on fabrique et l'on vend une levûre sèche, qui ne se distingue de la levûre liquide qu'en ce qu'elle a été séparée de son eau surabondante. On distingue aussi la levûre qui surnage sur la bière en fermentation, qui est le double plus forte que celle qu'on recueille au fond de la cuve, qui est plus épaisse et mêlée avec des corps étrangers (*lie baissière*).

Quant à la quantité de levûre qu'il faut ajouter à la trempe, on compte sur cent livres de grains un litre de bonne levûre supérieure, et sur cent livres de pommes de terre la moitié de cette quantité.

Lorsque la levûre est déjà vieille, on en prend davantage, et seulement le quart lorsqu'elle est sèche.

§ CCXXIII.

MANIÈRE D'ÉPROUVER LA LEVÛRE.

Une bonne levûre doit avoir les qualités indiquées au paragraphe précédent. Elle doit en outre surnager comme une substance grasse lorsqu'on en laisse tomber une goutte sur un verre d'eau chaude; si elle coule au fond, c'est un signe qu'elle est gâtée. Lorsqu'après avoir décanté le liquide qui surnage, il sort de la levûre de petites bulles d'air, accompagnées d'un léger bruit, cela indique qu'elle n'est plus bonne.

Lorsqu'un mélange composé d'un demi-litre de levûre, d'une demi-cuillerée de rhum, d'un huitième d'once de sucre, et d'une cuillerée de farine de froment entre promptement en fermentation, la levûre est bonne; dans le cas contraire, elle est gâtée.

Lorsqu'on place une bonne levûre dans un lieu frais, en renouvelant tous les six à huit jours l'eau avec laquelle elle est couverte, on peut la conserver au delà de quatre semaines.

Relativement à la levure sèche, on exige qu'elle soit jaune pâle ou légèrement brunâtre, mais point noirâtre; qu'elle ait la consistance du fromage, se laissant casser en morceaux sans se réduire en grumeaux. Lorsqu'on en délaye une petite quantité dans de l'eau tiède, et si ensuite on ajoute à ce mélange de l'eau bouillante, elle doit promptement se porter à la surface et surnager; si elle coule à fond elle est gâtée.

Pour procéder à la mise à la levûre, on prend d'abord un huitième à peu près de la totalité de la trempe qu'on remplit dans un petit tonneau (tonneau à ferment); ensuite on divise au moyen d'un petit balai la levûre, le plus complétement possible, en y ajoutant par petites portions la trempe refroidie jusqu'à vingt-cinq degrés, on couvre le tonneau et on abandonne le mélange au repos.

Au bout d'une à deux heures le mélange entrera en fermentation, si la levûre est bonne, sinon, on peut exciter la fermentation en ajoutant un peu de farine de malt, ou un peu de potasse ou de soude.

Pendant que le mélange fermente, le reste de la trempe parviendra peu à peu à la température voulue de seize à dix-neuf degrés ; c'est le moment qu'il faut saisir pour y ajouter tout d'un coup le contenu du tonneau à ferment, en remuant continuellement pendant un quart d'heure, puis on laisse la masse en repos en attendant la fermentation.

§ CCXXIV.

PHÉNOMÈNES DE LA FERMENTATION ALCOOLIQUE.

Nous avons déjà vu que le grain ou les pommes de terre mêlées avec une certaine quantité de grain malté, et puis trempées avec de l'eau chaude, subissent une altération remarquable, c'est-à-dire que la fécule ou l'amidon qui y est contenu est transformé en sucre, et que cette transformation a lieu par suite de l'action de la diastase sur la fécule (1). Après l'action de la diastase, la trempe contient une quantité de sucre proportionnée à celle de la fécule qui était contenue dans les grains ou les pommes de terre. C'est ce sucre qu'on a pour objet de convertir en alcool par la fermentation.

Après l'addition de la levûre, on remarque dans la trempe plusieurs changements successifs, dont les premiers sont différents selon l'âge de la trempe.

Immédiatement après la mise à la levûre, la trempe a un goût sucré ; la superficie en est claire et limpide, les enveloppes du grain et des pommes de terre coulent à fond, et, au bout de

---

(1) Une partie de diastase suffit, d'après Liebig, pour convertir deux cents parties de fécule en sucre, pourvu que la température ne dépasse pas de soixante et dix degrés.

deux heures, quelquefois plus tard, l'action du ferment commence. A cette période de la fermentation, on voit se soulever de petites bulles d'air, qui, arrivées à la superficie, crèvent avec un léger bruit, et laissent après elles une écume qui forme un anneau blanc autour des parois de la cuve.

A mesure que les bulles d'air augmentent et, que leur ascension devient plus rapide, elles soulèvent et entraînent les parties insolubles de la trempe à la surface, qui cependant retombent aussitôt, pour remonter un instant après. Ce jeu continue et devient plus actif; l'écume augmente à mesure que l'action de la levûre sur le sucre devient plus forte.

A mesure que la fermentation avance, les pellicules des pommes de terre et des grains sont aussi soulevées et entraînées à la surface; mais, comme le dégagement du gaz est devenu très-abondant et ne discontinue pas, elles se maintiennent à la surface et y forment une croûte qui augmente d'épaisseur à mesure que la fermentation avance.

Au bout de douze à dix-huit heures, la trempe monte, son volume augmente, et on entend un bruit sifflant, qui est occasionné par le dégagement du gaz acide carbonique. La couverture (croûte), qui s'est formée à la surface devenue très-épaisse et consistante, s'oppose à l'évasion du gaz, qui, cependant, se fraye un chemin aux endroits les plus faibles de la croûte, entraîne une écume de la nature du ferment qui recouvre la masse en divers endroits.

Peu à peu la température de la trempe s'élève, celle-ci exhale une odeur vineuse, rafraîchissante, mais piquante en même temps. L'apparition de l'écume continue jusqu'à ce que la surface de la trempe en soit totalement couverte.

Pendant cette période qui dure de dix à quinze heures environ, la fermentation atteint son point de culmination, le mouvement qui se manifeste dans la masse de la trempe ainsi que le dégagement de l'acide carbonique sont les plus forts, le goût en ressemble à celui de la bière mousseuse. Quelque temps après, c'est-à-dire au bout de trente-six à quarante heures après la mise à la levûre, les phénomènes que je viens de décrire diminuent dans la même proportion qu'ils ont commencé. La trempe, qui, pendant tout ce temps, a travaillé, devient peu à peu tranquille, l'odeur piquante se perd insensiblement, la croûte commence à s'affaisser, les parties grossières coulent à fond ; mais on remarque encore quelques bulles d'air qui s'élèvent dans la masse ; preuve que la fermentation n'est pas encore tout à fait achevée.

Ces mouvements partiels cessent enfin aussi ; la température de la masse s'abaisse et se met au niveau de celle de l'air ambiant, et un repos général se répand sur la masse tant agitée quelques heures auparavant. La couche supérieure de la masse paraît encore plus claire, plus limpide, qu'elle ne l'était au commencement de la fermentation ; la trempe a maintenant une odeur acidule et vineuse et un goût agréable, fortifiant et acidulé. La fermentation est finie, et la trempe est bonne à être soumise à la distillation.

Lorsque l'on prépare des trempes de deux jours, il faut que le local soit plus chaud, et la fermentation aura une marche plus rapide.

Observations.

Dans la distillation des pommes de terre, ou lorsqu'on emploie beaucoup d'orge non germée, la croûte qui se forme pendant la fermentation est souvent très-épaisse et tenace, de manière que souvent elle n'est point rompue par le gaz acide carbonique, et qu'après la fermentation elle forme souvent une voûte au-dessus de la masse ; néanmoins, le liquide qui se trouve en dessous est clair et donne un produit satisfaisant.

D'après toutes les observations et expériences qu'on a faites sur la fermentation, il résulte que le produit en alcool a été des plus favorables, lorsque, pendant la fermentation, la tempéra-

ture s'est élevée de douze à quatorze degrés, et lorsqu'en mettant cette même levûre à seize degrés, on est parvenu à voir
monter la température pendant la fermentation à vingt-huit ou
trente degrés.

Plus la température reste au-dessus de ces degrés, moins on
obtient d'alcool.

§ CCXXV.

CONSÉQUENCES D'UNE MAUVAISE MISE A LA LEVÔRE.

Lorsque en opérant la trempe on aurait employé trop d'eau
chaude, ou lorsqu'on aurait donné trop de ferment, ou un ferment trop fort, toutes les apparitions de la fermentation seront
exaltées ; la masse déborde souvent et ressemble à un liquide en
ébullition, les parties solides sont entraînées dans la profondeur
aussi promptement qu'elles se sont élevées à la surface. Ordinairement au bout de vingt-quatre heures et plus tôt encore,
tous les signes de la fermentation vineuse ont disparu ; la fermentation acéteuse avance rapidement surtout lorsqu'il fait
chaud ; la trempe a une teinte blanchâtre et se tire en filaments,
souvent aussi elle se couvre de moisissures.

Une pareille fermentation est appellée *sauvage*. On cherche à
remédier à ce mal en ôtant le couvercle et par une addition
d'eau froide. Mais c'est un moyen très-imparfait d'atteindre à
son but.

Lorsque au contraire au bout de cinq heures, l'anneau écumeux
blanc ne se montre pas encore, ni aucun autre signe de fermentation, c'est un indice certain que la mise à la levûre a été effectuée
à une température trop basse, ou que le ferment a été de mauvaise qualité, ou trop faible relativement à la nature de la trempe.

La fermentation ne s'accomplit dans tous ces cas que très-
imparfaitement ; les parties solides de la masse ne s'élèvent pas
à la surface ; il ne se forme qu'une croûte très-mince ; il ne se

dégage que fort peu de gaz ; on n'entend point ce bruit caractéristique qui accompagne le dégagement de l'acide carbonique ;
la masse contracte bientôt un goût acide.

Une fermentation trop lente n'est pas moins irrégulière que
la précédente ; elle ne donne qu'un faible produit en alcool ; et
la masse, lorsqu'on distille à feu ouvert, déborde et brûle facilement. Pour remédier autant que possible aux inconvénients
d'une fermentation trop lente , on échauffe le local à dix-huit ou
vingt degrés ; on ajoute une portion d'eau chaude, ou une nouvelle quantité de levûre, si la mauvaise qualité du ferment était
la cause de la mauvaise fermentation.

§ CCXXVI.

Au commencement de la fermentation, pendant les douze premières heures il faut tenir soigneusement couvertes les cuves-
matières ; les mêmes précautions sont nécessaires , lorsque par
un temps froid, les cuves sont exposées au vent ; car rien ne
dérange plus la fermentation qu'un courant d'air. Mais il faut
ôter le couvercle lorsque la fermentation est en plein train, car
sans cela le gaz acide carbonique ne pouvant pas librement
s'échapper, la masse déborderait. On remet ensuite le couvercle, lorsque la plus grande force de la fermentation est pas-
sée ; de cette manière la surface de la matière, reste couverte
d'une couche de gaz acide carbonique, qui la préserve de l'action
de l'air atmosphérique.

L'on sait aussi que par un temps orageux la matière contracte
une grande disposition à s'altérer et à s'aigrir. Il faut donc,
dans ce cas, fermer portes et fenêtres et couvrir les cuves, mais
les rouvrir aussitôt que l'orage est passé.

§ CCXXVII.

PROLONGEMENT DE LA FERMENTATION.

C'est une chose généralement connue, qu'à la fin de la fermentation, une partie de la matière sucrée y reste encore inaltérée, c'est-à-dire qu'elle n'a pas été convertie en alcool, ce qui est toujours une grande perte. Pour parer à cet inconvénient, on a imaginé un moyen qui est exécutable dans les petites aussi bien que dans les grandes distilleries.

Ce moyen consiste à ajouter à la matière une quantité proportionnée d'eau (1) de quarante à cinquante degrés Réaumur, au moment où la fermentation a atteint son plus haut degré et où elle commence à décliner; de bien remuer et mélanger la masse pendant quelques minutes et de remettre le couvercle.

Cette addition d'eau chaude et ce nouveau brassage ont pour but de mettre en contact les molécules sucrées qui restaient inaltérées avec le ferment, et de mêler plus exactement la matière qui, pendant une fermentation régulière, a une forte tendance de se séparer en plusieurs couches. La preuve que cette hypothèse est exacte, c'est qu'après ce nouveau brassage, la matière recommence à fermenter avec force, et qu'alors la fermentation dure plus longtemps qu'elle ne l'aurait fait sans cette nouvelle opération.

Le mélange réitéré de la matière, au lieu de déranger la fermentation, comme on l'a cru jusqu'à présent, la favorise singulièrement; car c'est dans la partie épaisse de la matière, qui se dépose toujours au fond, à cause de sa pesanteur, que se trouve enveloppée une grande partie de molécules sucrées, qui échappent pour cette cause à la décomposition.

Lorsque donc la matière est de nouveau remuée, toutes les

____

(1) Sur cent litres huit à dix litres.

parties indécomposées sont de nouveau mises en contact les unes avec les autres, la fermentation recommence et on obtient un plus grand produit en alcool, parce que aucune des parties sucrées n'échappe à la décomposition. (Adolar, *Art de distiller*, page 115.)

Plusieurs distillateurs ont essayé d'ajouter à différentes reprises et par petites portions la levûre à la matière, croyant, par là, exciter chaque fois une nouvelle fermentation. Mais l'expérience a prouvé que cette méthode est mauvaise, et qu'une certaine quantité de matière exige non-seulement une quantité de ferment assez forte pour pouvoir la mettre en fermentation, mais qu'elle l'exige à la fois, sans quoi la fermentation sera trop faible.

Quelques distillateurs ajoutent à la matière du sel, et cette pratique s'est montrée avantageuse, car non-seulement il la préserve de l'acidification, mais il rend les résidus plus profitables aux bestiaux.

On compte quatre onces de sel sur un hectolitre de pommes de terre ou de grain. On le fait dissoudre dans un peu d'eau et on l'ajoute à la matière au moment où l'on y fait arriver l'eau froide pour la refroidir.

§ CCXXVIII.

DISTILLATION DE LA MATIÈRE FERMENTÉE.

Aussitôt que la fermentation a cessé, on procède à la distillation de la matière fermentée, c'est-à-dire on en sépare, par le moyen du feu ou de la vapeur, les parties alcooliques.

Les appareils d'ancienne construction ne donnaient par la première distillation qu'un produit très-faible, c'est-à-dire un alcool mêlé avec une grande partie d'eau, de sorte qu'il fallait le cohober encore une et même deux fois.

D'autres appareils, et surtout les appareils à vapeur livrent un alcool plus pur, et mêlé avec beaucoup moins de parties aqueuses ; ce que l'on obtient par une construction particulière de l'appareil, au moyen de laquelle, les vapeurs aqueuses, qui sont moins volatiles que les vapeurs alcooliques, se condensent plus tôt et retombent dans l'espace de l'appareil, tandis que les dernières continuent leur chemin, et ne se condensent que lorsqu'elles sont forcées de couler dans le récipient.

Les appareils à la vapeur ont des avantages incontestables sur les appareils ordinaires : ils fournissent un produit plus pur, et à telle force qu'on le désire, tandis que les autres demandent plus d'attention et fournissent un produit faible qu'on est toujours obligé de cohober ou rectifier, pour l'avoir plus fort.

Lorsqu'on se sert d'un appareil ordinaire, il faut pour que le travail ne soit pas interrompu, qu'on ait au moins quatre à cinq cuves-matières, qu'on distille sans interrompre, et puis on rectifie le produit de ces quatre ou cinq premières distillations.

Il est ici à remarquer que ces appareils doivent avoir une cuve dite *chauffe-matière*, que l'on remplit de matière en même temps que l'alambic ; cela fait, on allume un feu vif. A mesure que la matière dans l'alambic s'échauffe, on la remue avec un fourquet, pour faciliter l'évasion de l'acide carbonique et pour empêcher qu'elle ne brûle au fond ; avant que la matière entre en ébullition on met le chapiteau sur l'alambic, et on ferme soigneusement toutes les jointures avec un mastic fait avec de la farine de seigle ou de fenu grec et de l'eau. On reconnaît que la distillation va commencer lorsque le chapiteau est devenu chaud au point qu'on ne peut plus y mettre la main sans se brûler.

Dans ce moment, et cela est important, il faut amortir un peu le feu, afin d'empêcher la matière de monter dans le chapiteau.

§ CCXXIX.

Afin que la distillation marche régulièrement et qu'on n'éprouve aucune perte, il faut régler le feu de manière à ce que l'alcool s'écoule du réfrigérant toujours égal et froid ; que l'eau dans le réfrigérant soit renouvelée chaque fois qu'elle est devenue chaude ; car, sans cette précaution, une partie des vapeurs alcooliques se volatiliserait sans se condenser par l'ouverture du serpentin. Mais il faut aussi que le feu soit assez fort pour que la matière reste constamment en ébullition, sans quoi une partie de l'alcool retomberait dans l'alambic.

La distillation doit être continuée jusqu'à ce que le goût et l'aréomètre indiquent l'absence totale de parties alcooliques dans le distillat. Quelques distillateurs ont l'habitude de recueillir séparément la dernière portion de la distillation, qu'ils ajoutent à la distillation suivante.

Le produit de la première distillation est, comme nous l'avons déjà dit, trop faible pour pouvoir être vendu. Il faut donc, pour le rendre plus fort et pour lui ôter en même temps une partie de sa mauvaise odeur, le rectifier. Cette rectification se fait dans un alambic destiné à cette opération, et demande beaucoup de précautions à l'égard du règlement du feu. Celui-ci doit être modéré autant que possible, sans cela l'eau-de-vie sortirait encore chaude du serpentin et se troublerait après le refroidissement ; c'est pour cela qu'il faut aussi que le réfrigérant soit constamment rempli d'eau froide.

Comme les premières parties qui sortent sont toujours plus fortes que les dernières, on recueille celles-ci séparément ; car sans cette précaution le produit serait trop faible.

Une trempe épaisse ne peut pas être bien distillée dans un alambic simple, il faut pour cela se servir d'un appareil à vapeur.

Il est inutile de donner une explication sur la manière de se servir des appareils de ce genre, attendu que tous ont une construction particulière, qui exige aussi une autre manière de distiller.

§ CCXXX.

FERMENTS ARTIFICIELS.

Pour terminer cet article et pour ne pas avoir besoin d'entrer dans des répétitions, dans l'article suivant où nous traiterons de l'art de brasser la bière, nous dirons ici quelques mots sur la préparation des ferments artificiels, d'après les préceptes des meilleurs chimistes, en nous bornant de rapporter seulement ceux qui ont l'approbation de l'expérience.

a) Ferment de Hambourg. On trempe cinq livres de malt d'orge concassé avec vingt litres et demi d'eau de soixante degrés Réaumur, de manière que cette trempe ayant été exactement mêlée, s'élève à une température de cinquante à cinquante-deux degrés. Au bout d'une heure, on sépare le liquide du sédiment au moyen d'un tamis de crin. On laisse refroidir la trempe jusqu'à vingt degrés, puis on y ajoute six livres de pâte de farine aigre **(1)** et trois litres et demi de bonne levûre de bière ; on mêle le tout bien ensemble et on le place dans un lieu chaud. Le mélange ne tardera pas à entrer en fermentation, c'est alors qu'on y ajoute encore douze livres de farine d'orge germée et bien tamisée.

Au bout de quarante-huit heures, le ferment est achevé et peut être employé dans toutes les occasions pour lesquelles on a besoin de levûre.

Il est encore à remarquer que le vase dans lequel on prépare les ferments artificiels doivent être amples afin, d'empêcher que la masse ne déborde.

b) Ferment de Fiedler. Seize livres d'orge germée et séchée à

(1) On prépare cette pâte en pétrissant une portion de farine de seigle dont on sépare le son avec de l'eau et une cuillerée à soupe de vinaigre, et en la mettant dans un lieu chaud. Au bout de quelques jours elle sera assez aigre pour être employée

l'air et dix litres et demi d'eau chaude de soixante degrés sont mêlés ensemble dans un petit tonneau.

Dans un autre vase de grès ou de terre cuite on fait une infusion de deux onces de bon houblon et de trois litres et demi d'eau bouillante. Au bout d'une demi-heure on passe cette infusion à travers un tamis de crin et on l'ajoute au premier mélange; puis on y mêle encore une livre de bonne levûre.

La fermentation se manifestera bientôt; celle-ci finie, on décante le liquide et on conserve la levûre.

Cette levûre artificielle a été particulièrement recommandée pour l'usage des distilleries.

c) *Ferment de Dorn.* Dix litres et demi de la première trempe dans laquelle la sacharification est achevée, sont versés dans un petit tonneau. On remue continuellement la trempe pour la refroidir promptement, jusqu'à trente-cinq degrés en été et vingt-huit en hiver, puis on y ajoute treize litres et demi de la même trempe, mais pris dans une cuve de la veille qui se trouve déjà en pleine fermentation, on mêle le tout bien ensemble. Au bout de dix à quinze minutes, la masse sera en pleine fermentation et pourra être employée dans cet état.

Lorsqu'on prend de la matière dans la cuve de la veille, il ne faut pas puiser dans la masse liquide en dessous, mais il faut prendre de la couche supérieure écumeuse, qui contient plus de ferment.

Observation.

La levûre, préparée d'après les deux premières recettes, peut dans tous les cas servir pour de nouvelles préparations, au lieu de levûre naturelle.

§ CCXXXI.

PRINCIPES D'APRÈS LESQUELS ON DÉTERMINE LA FORCE DES LIQUIDES ALCOOLIQUES
ET DE L'EAU-DE-VIE.

L'instrument le plus sûr dont on puisse se servir pour estimer la force ou la densité relative de l'eau-de-vie, c'est l'aréomètre ou alcoomètre. L'emploi de cet instrument se base sur l'observation, qu'un corps flottant déplace un volume liquide dont le poids est égal au sien. Il y en a de plusieurs sortes, dont nous mentionnerons seulement ceux qui sont usités en Belgique.

L'aréomètre de Cartier est gradué à la température de 10° Réaumur (12° 5 centigrades) et marque 10° pour l'eau de rivière. Depuis 1833, on emploie un nouvel aréomètre inventé par Gay-Lussac, et approuvé par l'Académie des sciences ; on le nomme *alcoomètre centésimal* ou de *Gay-Lussac*. Il est établi à la température de 15 degrés du thermomètre centigrade (12° Réaumur ou 59° Fahrenheit). Son échelle est divisée en 100 degrés dont chacun représente un centième d'alcool ; le degré 0 correspond à l'eau pure, et le degré 100 à l'alcool absolu. Lorsqu'on plonge l'alcoomètre dans de l'eau-de-vie ou de l'esprit, il s'y enfonce plus ou moins, selon la force du liquide, dont le niveau doit correspondre à l'un des degrés de l'échelle centésimale. Si le degré indiqué se trouve être 52, on reconnaît que la force du spiritueux est de 52 centièmes, c'est-à-dire qu'il contient 52 parties d'alcool et 48 d'eau.

L'alcoomètre centésimal ayant été, comme je viens de le dire, gradué à 15° du thermomètre centigrade ou 12° de Réaumur (en Allemagne les aréomètres sont gradués à 12 $^1/_2$° Réaumur), si la température est supérieure ou inférieure au moment de l'opération, la densité du liquide se trouvera diminuée ou augmentée, et, par conséquent, les degrés indiqués par l'instrument sont supérieurs ou inférieurs à ceux qu'il présenterait à la température légale de 15° centigrades, qui est la base adoptée pour la perception des droits et pour régler les transactions commerciales. C'est ce dont il est essentiel de tenir compte, et comme on n'a pas toujours le moyen d'amener à la température légale le liquide spiritueux soumis à l'expérience, on a établi des tables qui rapportent à cette température les degrés trouvés à d'autres températures. Ainsi, si l'alcoomètre marque 65 à la température de 12° centigrades, le degré légal sera de 66 à la température de 15° ; s'il marque 47 à 20°, le degré légal n'est que de 45.

On trouve chez la plupart des libraires la table publiée par M. Gay-Lussac, représentant les degrés ou le nombre de litres d'alcool à la température de 15° centigrades, que contiennent 100 litres d'un spiritueux, pour chaque indication de l'alcoomètre, aux diverses températures de 0 à 30°.

Le distillateur ne peut pas se passer de ce tableau.

§ CCXXXII.

FABRICATION DE LA BIÈRE.

On entend par bière une boisson formée avec un liquide sucré, dans lequel on a opéré une fermentation plus ou moins complète, après y avoir mis du houblon en décoction ou en infusion.

La matière sucrée qui sert de base à la bière peut être tirée de bien de végétaux différents, mais chacune donnant un goût différent à la bière, on ne peut les substituer les unes aux autres à volonté, comme on le fait dans la distillation de l'eau-de-vie, où peu importe la substance qui a fourni l'alcool, pourvu qu'il soit d'une force suffisante et exempt de corps étrangers. Les grains germés, et l'orge surtout, étant la matière ordinairement employée, on ne peut se servir d'autres que comme additions à la première et dans le but de fabriquer des bières de diverses qualités. Il est sans contredit beaucoup plus difficile de produire

une bonne bière, une bière ayant toujours la même force et le
même goût, qu'un alcool qui ait les mêmes qualités ; cela tient
à une infinité de circonstances dont la plupart souvent échappent
à notre observation. Chaque localité par exemple, a sa bière
particulière, qu'il est difficile d'imiter à peu de distance de là,
sans qu'on en sache les causes ; souvent les bières diffèrent d'une
manière frappante chez les brasseurs de la même ville, nonobstant qu'ils emploient les mêmes procédés, qu'ils se servent de
la même eau, des mêmes grains, du même houblon, etc., etc.
Tout cela prouve suffisamment, que les précautions et les atten-
tions ne peuvent pas être trop multipliées dans l'établissement
d'une brasserie.

Ce qui intéresse d'abord, c'est la situation et l'organisation du
local ou de la brasserie.

La brasserie doit être située dans un lieu sec ou qui du moins
ne soit pas marécageux, libre et point entouré de bâtiments qui
interceptent la circulation de l'air. Le bâtiment lui-même doit
former un carré oblong. Ayant sa façade principale du côté nord-
est, afin d'éviter le soleil du midi, qui nuit toujours plus ou moins
à la fabrication des liquides fermentés. Si cependant les circonstances ne permettaient pas de donner au bâtiment cette disposition, il faut au moins chercher à l'abriter autant que possible du
soleil du midi.

Il faut qu'on procure aux vapeurs aqueuses qui s'élèvent des
chaudières et des bacs réfrigérants les moyens de s'échapper du
bâtiment le plus promptement possible, soit parce que ces vapeurs lorsqu'elles séjournent trop longtemps dans l'enceinte du
bâtiment le détériorent ; soit parce qu'elles empêchent ou retardent ou moins le refroidissement de la bière.

Les auteurs sont à ce qu'il semble, trop difficiles à l'égard de
l'eau. En général l'eau des fleuves et des rivières est la meilleure
pour la fabrication de la bière ; l'eau de puits, pourvu qu'elle ne
contienne pas trop de sels calcaires est bonne aussi ; mais jamais
on ne devrait se servir d'un eau s'écoulant des fonds marécageux

et ferrugineux. Les immondices, qui se trouvent quelquefois dans l'eau des rivières qui traversent les villes, ne sont pas nuisibles à la fabrication d'une bonne bière, comme on le voit dans les grandes villes, et on rencontre assez souvent des bières qui ont été faites avec une eau bien plus propre et plus pure, et qui cependant leur sont inférieures sous tous les rapports.

§ CCXXXIII.

Quoique la fabrication de la bière ait une infinité de rapports avec la distillation de l'eau-de-vie, elle en diffère sous bien d'autres. En conséquence, et pour ne pas nous répéter, nous ne nous arrêterons pas à la description des opérations que la fabrication de la bière a de commun avec la distillation et qui ont déjà été décrites au long dans le paragraphe précédent, et nous nous bornerons à passer sommairement en revue les opérations que nécessite la fabrication de la bière, en tant que nous n'en ayons pas encore parlé.

La fabrication du malt ou de la drèche pour la bière se fait exactement d'après les mêmes principes que nous avons indiqués à l'article *Distillation* il faut aussi les mêmes précautions dans le choix du grain. Seulement il importe de faire observer qu'une bière qu'on a fabriquée avec du malt préparé au printemps et en automne a toujours de meilleures qualités et se conserve plus longtemps que celle pour laquelle on a employé du malt d'été ou d'hiver. Cela tient à ce que l'air de printemps et d'automne est plus favorable à la régulière germination du grain, que celui de l'hiver et de l'été où il germe tantôt trop lentement tantôt trop vite.

On distingue, comme je l'ai déjà dit, deux espèces de malt : le malt séché à l'air et le malt séché à la touraille. La première espèce est recherchée pour la fabrication des bières blanches et vineuses (1), et c'est pour cette raison qu'il faut éviter dans sa

(1) J'entends par bières blanches, celles dont la couleur approche de celle du vin blanc, et

préparation toute application de chaleur autre que celle de l'atmosphère. C'est en été qu'on prépare le malt d'air. Après la germination, on étend le grain en couches très-minces sur un grenier bien aéré, en sorte qu'au bout de quatre à cinq jours il puisse être sec. Il est ici à observer, que lorsqu'on manque d'un espace assez étendu, ou si le temps n'est pas assez favorable pour donner au malt d'air le dernier degré de dessiccation, il vaut mieux l'exposer à une légère chaleur de la touraille, que de vouloir le conserver dans un état de dessiccation imparfaite, où il se gâterait infailliblement, et donnerait une bière fade et de mauvaise qualité.

On distingue trois sortes de malt desséché à la touraille, savoir : le malt blond, couleur de succin ou ambre jaune, et le brun ; chaque sorte donne une bière différente de l'autre. Mais, en général, nous le répétons, le malt dont la matière sucrée a le moins souffert par l'action de la chaleur, donnera la meilleure bière, et cette bière sera aussi celle qui se conservera le mieux.

§ CCXXXIV.

LE HOUBLON.

L'un des ingrédients les plus indispensables à la fabrication de la bière c'est le houblon.

La bière, même la mieux préparée, conserve après la fermentation un goût doucereux et désagréable, affaiblit les organes de la digestion, et ne se conserverait pas longtemps, si, pour obvier à ces inconvénients, on n'ajoutait pas à la jeune bière, avant la fermentation, un extrait de houblon.

Le houblon contient des principes aromatiques, amers et nauséabonds qu'on peut en extraire au moyen de l'eau chaude ; et comme ces matières sont beaucoup moins sujettes à s'altérer

qui du reste sont claires et limpides. La bière de Louvain et autres semblables sont des breuvages, et ne peuvent pas être placées au rang d'une véritable bière.

que la décoction du malt, elles communiquent au liquide leur incorruptibilité, pourvu qu'il y en ait une quantité convenable.

La bière houblonnée possède encore d'autres qualités : par son amertume elle fortifie les intestins ; ses qualités aromatiques en font un léger stimulant, et ces deux qualités ensemble préservent la bière de l'altération. Le principe nauséabond dont j'ai parlé tout à l'heure s'échappe par l'action de la chaleur de l'eau bouillante.

Il arrive quelquefois, que par suite d'une saison défavorable, d'éventualités commerciales, etc., le prix du houblon hausse considérablement ou même qu'il devient difficile de s'en procurer en quantité suffisante ; c'est alors qu'on se trouve dans le cas de devoir substituer au houblon, du moins en partie, une autre substance amère. Mais il faut que ces surrogats ne possèdent aucune propriété nuisible à la santé, ni qu'ils communiquent à la bière aucun goût étranger ; ceux qu'on peut employer sans danger sont : le bois amer ou quassia ; le trèfle d'eau ; le chardon béni ; la petite centaurée et la racine giroflée. Mais aucun de ces surrogats n'est capable de remplacer totalement le houblon, parce que les propriétés aromatiques de celui-ci leur manque. On ne peut donc les considérer comme addition utile au houblon.

Il y a dans le commerce plusieurs sortes de houblon, du fin et du fort. Celui-ci est plus amer et a une odeur forte mais moins agréable ; il convient mieux pour les bières fortes qu'on veut conserver longtemps ; l'autre est moins amer, et son odeur est plus agréable ; il convient plus pour les bières qui se consomment jeunes.

§ CCXXXV.

Les opérations ultérieures que doit encore subir l'orge germée, sont les suivantes :

1° Mouture du grain ;

2° Brassage, démêlage, trempe ;

3° Cuisson de la solution d'orge avec du houblon ;

4° Repos et refroidissement du liquide obtenu ;

5° Fermentation à l'aide de la levûre ;

6° Guillage, des bières fortes.

Outres ces opérations générales, les diverses espèces de bières exigent des modifications dans ces travaux. A l'égard de la force, on a des bières fortes et des bières légères ; les premières se conservent plus longtemps ; puis, on les distingue en bières blanches et en bières brunes, celles-ci plus ou moins foncées.

Les bières brunes sont fabriquées soit de malt d'orge seul, ou avec addition d'une partie de malt de froment, lequel malt est toujours plus ou moins séché à la touraille. Toutes les bières brunes, fortes ou légères, reçoivent une addition de houblon, dont on augmente la quantité à mesure que la bière doit avoir plus de durée. C'est pour cela que ces bières varient tant dans leurs propriétés ; cependant la couleur d'une bière, préparée d'après de bons principes, doit toujours tirer sur le rouge plutôt que sur le brun foncé. Les meilleures bières blanches sont fabriquées avec du *malt de froment séché à l'air*, quoique quelques-uns y ajoutent aussi du malt d'orge également séché à l'air ; ordinairement, ces bières blanches reçoivent peu ou point de houblon, parce qu'on les veut doucereuses.

Lorsqu'on brasse d'après de bons principes, on peut le faire en toute saison, le temps des canicules excepté ; cependant le brassage réussit toujours mieux lorsqu'on le fait par une température modérée, surtout en mars ; c'est pourquoi les bières de mars sont toujours celles qui sont les plus propres à être conservées. La force et la faiblesse d'une bière, toutes choses au reste égales, dépendent de la qualité et de la quantité du malt qu'on a employé. Car lorsque le malt est mauvais, ou lorsqu'on ne procède pas bien, on n'obtient jamais une bonne bière, la quantité de malt fût-elle même très-forte.

Les proportions de l'eau et du malt ne peuvent pas bien être fixées, attendu que cela varie non-seulement d'après l'espèce de bière qu'on veut obtenir, mais plus encore d'après les habitudes locales et de chaque pays. Or il est important d'en fixer la quantité non d'après la mesure, mais d'après le poids.

Avant de faire moudre le grain, il faut en séparer soigneusement les germes et la poussière adhérente; car ces germes ne contiennent aucune des matières susceptibles de fermenter, outre qu'ils communiquent à la bière un mauvais goût et une forte disposition à s'altérer.

On donne aux meules un écartement tel que le grain soit, non pas réduit en farine, mais seulement concassé, parce que dans l'opération suivante, celle de la trempe, cette farine se tasserait au fond des vases et s'opposerait à la filtration de l'eau. On laisse aussi au grain le temps d'absorber l'humidité de l'air, et au besoin on l'arrose légèrement pour que dans la mouture il ne se produise pas trop de folle farine, qui se tasse et s'oppose ainsi à la filtration de l'eau.

Le malt desséché à l'air a besoin de six à huit heures en été, et de huit à seize heures en hiver, et le malt de touraille quelques heures de plus pour absorber l'humidité nécessaire; le malt de la dernière espèce a aussi besoin d'une plus grande quantité d'eau que celui qui n'est séché qu'à l'air.

Il faut se tenir sur ses gardes dans l'arrosement du malt, afin de ne pas l'humecter trop. Du vieux malt absorbe plus d'eau que du nouveau; celui-ci étant trop mouillé se réduirait en pâte entre les meules, et donnerait une bière trouble, qu'il serait difficile de clarifier.

Dans quelques brasseries on écrase le malt entre deux cylindres, comme nous l'avons déjà dit; et en Angleterre on se sert à cet effet d'une espèce de moulin, qui présente quelque analogie avec nos moulins à café. Ces instruments présentent beaucoup d'économie, outre qu'on a le bonheur d'échapper ainsi aux mains avides des meuniers.

Le malt, tel qu'il vient du moulin, ne peut guère rester entassé dans les sacs qu'au delà de huit à dix heures, et dans le cas où il se serait échauffé entre les meules, il faudrait l'étendre aussitôt sur le grenier pour l'y laisser se refroidir, ou mieux encore le jeter aussitôt dans la cuve-matière.

Un malt trop fin ne donne jamais une bière claire, saine et d'un goût agréable, elle a encore le défaut de se gâter en peu de temps.

§ CCXXXVI.

2° *Le brassage.*

Cette seconde opération consiste à opérer la dissolution dans l'eau de la matière soluble et sucrée du malt. Elle se pratique dans la cuve-matière, qui a un faux fond percé de trous, et distant de cinq à six pouces du fond inférieur. On fait arriver dans la cuve l'eau bouillante dans la proportion de douze litres sur cinquante-quatre litres de bon malt, on la laisse se refroidir à trente ou trente-six degrés Réaumur, selon que la température est chaude ou froide ; cette première opération s'appelle *macération*. On remplit de nouveau la chaudière d'eau froide, et l'on fait entrer cette eau en ébullition. Lorsque l'eau dans la cuve-matière s'est refroidie jusqu'au degré indiqué, on y met le malt, et on le force à se mélanger avec l'eau, à s'y diviser au moyen de fourquets, le plus complétement qu'il est possible et de manière à former une pâte liquide et homogène. On couvre la cuve de son couvercle et on abandonne la pâte au repos pendant une demi-heure, pendant laquelle la farine s'imbibe totalement d'eau. La demi-heure revolue, on fait arriver de l'eau bouillante, et l'on délaye en brassant constamment avec des fourquets. On laisse ensuite le mélange reposer pendant deux ou trois heures dans la cuve, que l'on tient couverte, afin que la température de cinquante-cinq à soixante degrés n'y baisse pas sensiblement.

L'expérience indique que ce temps de repos ne peut guère

durer au delà de deux heures, surtout par un temps orageux ; car il y aurait alors du danger que la trempe ne vînt à s'aigrir. Mais s'il fait froid, le repos de la trempe peut durer un peu plus longtemps. On reconnaît que le malt a été de bonne qualité, et qu'en outre on a bien opéré lorsque le liquide est devenu parfaitement clair au bout du temps indiqué.

On soutire la solution par un tuyau qui aboutit entre les deux fonds, et on la reçoit dans une autre cuve placée en dessous de la première, d'où une pompe l'aspire pour l'élever dans une chaudière où se fera l'opération subséquente. Mais comme les premières parties du liquide sont troubles, on les remet dans la cuve-matière.

Observations.

Il est nécessaire de faire observer ici qu'il serait nuisible au succès de l'opération de faire arriver d'abord une trop grande quantité d'eau, parce que alors la deuxième portion d'eau qu'on fait arriver pour achever la trempe serait trop refroidie pour pouvoir dissoudre toute la quantité de la matière sucrée ; en outre, la trempe, qui n'aurait pas été faite au degré nécessaire, ne deviendrait claire qu'au moment où elle aurait déjà contracté un commencement d'acidité.

Pour la même raison, il ne faut pas faire la première macération avec de l'eau froide.

D'un autre côté, il ne faut pas non plus opérer la macération avec de l'eau bouillante, car avec celle-ci la farine se formerait en pelotes, qui ne se laisseraient diviser que fort difficilement : ce mal arrive surtout lorsqu'on ne fait point arriver l'eau la première dans la cuve.

La solution ainsi extraite (première trempe), on verse sur le malt de la cuve-matière de l'eau bouillante ou presque bouillante ; on brasse, et au bout d'une heure on la soutire, pour l'introduire ensuite dans la chaudière, où elle se mélange à la première. Enfin, on verse une troisième eau sur le malt pour achever son épuisement, pendant que l'on soumet les deux premières trempes réunies à l'opération suivante, qui est celle de la cuisson.

Le troisième extrait est employé pour faire une bière faible. Mais cette troisième trempe est en général considérée comme peu avantageuse, surtout dans les grandes brasseries, où l'on fait plusieurs brassins consécutifs.

3° *Cuisson de la solution d'orge.* — Pendant l'extraction du malt, ce n'est pas seulement la matière sucrée qui se dissout, mais c'est aussi une quantité considérable de gluten qui entre dans la solution.

Quoique la plus grande partie du gluten se sépare de la solution par la fermentation, il en reste cependant toujours quelques parties qui rendent la bière trouble et en occasionnent l'altération. Avant donc de mettre le moût (solution de malt) à la levûre, il faut chercher à en séparer le gluten, et cela se fait par la cuisson. Le gluten a la propriété de se coaguler par la chaleur, et lorsque la cuisson a duré une demi-heure, les particules du gluten commencent déjà à se réunir en flocons qui nagent dans le liquide; peu à peu ces flocons se réunissent et forment des pelotes.

Quelques brasseurs ont l'habitude, pour mieux clarifier la solution d'y mettre quelques pieds de veau; d'autres se servent de colle de poisson ou de lait, mais les deux derniers moyens coûteraient trop cher.

Le temps que l'on veut que la bière se conserve, ou la force qu'on veut lui donner, règle la durée de la cuisson, soit pour en séparer plus complétement le gluten, soit pour la faire arriver à un plus haut degré de concentration, par l'évaporation des vapeurs aqueuses.

Une bière qui ne doit se conserver que pendant huit jours, sera déjà assez cuite lorsque, dans une petite épreuve prise dans la chaudière, le gluten se dépose au fond au bout d'une minute; mais si la bière doit se conserver plus longtemps, et obtenir plus de force, la cuisson doit être continuée jusqu'à ce que le gluten y forme des pelotes qui se laissent facilement enlever au moyen d'une écumoire.

Mais la bière blanche ne peut point être cuite aussi longtemps que la bière brune, parce qu'elle perdrait par là beaucoup de son odeur et de son goût particuliers qui la distinguent de celle-ci; on sait d'ailleurs aussi que, plus la cuisson est continuée, plus la décoction perd de sa douceur et de sa couleur primitive. La bière blanche ne peut cuire que juste le temps nécessaire; une demi-heure de plus en rendrait déjà la couleur trop foncée.

Le moyen le plus sûr pour reconnaître le moment où il faut interrompre la cuisson, et pour avoir une bière toujours égale, c'est d'éprouver le moût de temps en temps avec le pèse-bière; à cet effet, on laisse d'abord se refroidir le moût à quatorze degrés Réaumur.

Quelques brasseurs cuisent la première et la deuxième trempe chacune séparément. Lorsque cela a lieu, on fait arriver la première au bac-refroidissoir aussitôt après qu'elle est parvenue à la concentration voulue, et en la passant au travers d'un panier ou d'un châssis métallique pour en séparer l'albumine (gluten) coagulée.

§ CCXXXVII.

PRÉPARATION DE L'EXTRAIT DE HOUBLON.

L'addition du houblon, qui a pour objet de donner à la bière un goût agréable, et la propriété de se conserver, est aussi une opération qui demande des considérations.

Beaucoup de brasseurs font cuire le houblon avec le moût; on conçoit qu'alors les parties aromatiques du houblon doivent se volatiliser totalement, pour peu que la cuisson se prolonge au delà d'une demi-heure. Cette méthode ne convient donc que pour les bières faibles et qui se consomment jeunes. D'autres mettent le houblon dans un grand panier, qui est placé dans le bac-refroi-dissoir ; le moût arrive de la chaudière encore tout chaud sur le houblon, en extrait les parties solubles, et se répand dans le bac. D'autres encore en font un extrait, en versant de l'eau chaude sur le houblon qui se trouve dans un chaudron qu'on peut cou-vrir avec un couvercle. Au bout d'une heure on décante l'ex-trait, et on verse une seconde fois de l'eau chaude sur le même houblon. Puis on réunit les deux extraits et on les mêle au moût. J'ai vu des brasseurs expérimentés qui ajoutaient à l'extraction du houblon un peu de potasse, dans la proportion d'une demi-once sur une livre de houblon. Cette addition de la potasse pré-sente l'avantage de rendre l'extraction du houblon plus complète et *préserve la bière de l'altération* à laquelle elle est tant sujette, pendant les temps orageux. Il faut cependant faire remarquer que la potasse dissout aussi une grande partie de la matière rési-neuse du houblon, ce qui communique à la bière la propriété d'occasionner des congestions, c'est pour cela que je conseille d'extraire le houblon deux fois à l'eau chaude seule, et d'ajouter la potasse au moût avant qu'on y mette la levûre.

Quant à la quantité de houblon qu'il faut donner à la bière, elle dépend de la qualité de celle-ci et aussi de celle du houblon même. Les bières fortes reçoivent plus de houblon que les légères ; les bières brunes plus que les blanches ; les bières que l'on veut conserver longtemps en reçoivent plus que celles qui doivent être consommées jeunes. En moyenne, on compte pour une bière brune ordinaire douze onces de bon houblon par hectolitre d'orge non maltée. Une bière trop houblonnée occa-sionne chez l'homme de la chaleur, de l'anxiété, des congestions, des maux de tête, etc.; une bière trop peu houblonnée a un goût désagréable, occasionne des flatuosités et des engorgements de l'estomac.

§ CCXXXVIII.

4° Repos et refroidissement du moût. Le refroidissement du moût doit être opéré le plus promptement possible ; si ce point est négligé, surtout par un temps orageux, on peut être sûr que le brassin ne réussira pas bien. Le moût qui se refroidit trop lentement s'altère ; il s'y établit une espèce de fermentation qui s'annonce d'abord par un changement de la couleur noirâtre en jaune ou rouge de brique, en même temps que le moût se trouble. Car, pour être bon, le moût doit montrer à sa surface une couleur noirâtre foncée, c'est l'indice le plus sûr que jusque-là on a bien opéré et que toutes les parties étrangères ont été séparées du moût. Si au contraire le moût a une couleur rougeâtre ou rouge de brique, cela prouve que la macération a été trop liquide et que trop de parties farineuses ont été dissoutes.

Afin de pouvoir refroidir le moût très-promptement, il faut que les refroidissoirs soient très-larges et peu hauts. On les fait aussi larges que l'espace du local le permet, en leur donnant seulement une hauteur de quatre à cinq pouces.

On y fait couler le moût à une hauteur de un à deux pouces seulement en été, et en hiver à quatre. Dans les grandes brasseries on place plusieurs de ces bacs les uns au-dessous les autres, de manière cependant que l'inférieur se trouve de quelques pieds au-dessus du sol, et que la circulation de l'air entre les bacs soit tout à fait libre.

Le refroidissement ne peut pas durer au delà de six à neuf heures pendant les mois tempérés de l'année, et pas au delà de douze heures pendant les mois chauds. C'est pour cette raison qu'il faut s'arranger de manière à ce que la cuisson soit finie vers neuf heures du soir, afin que le moût puisse mieux se refroidir pendant les heures fraîches de la nuit et du matin.

Dans les grandes brasseries d'Angleterre on se sert de bacs de cuivre qu'on place dans une eau coulante. On obtient par ce moyen le refroidissement de cent tonneaux de bière en deux heures. Ces bacs, qui n'exigent presque aucune réparation, ne coûtent pas beaucoup plus cher que les grands vaisseaux de bois qui se détériorent en peu de temps ; ils présentent en outre le grand avantage que la bière s'y refroidit très-promptement, et que par conséquent on n'est exposé à aucun inconvénient.

§ CCXXXIX.

5° *Fermentation du moût.* — La température à laquelle il faut faire descendre le moût varie suivant celle de l'air. Le thermomètre qu'on a plongé dans le moût doit en moyenne montrer quatorze degrés Réaumur. Au sortir du bac à refroidissement, le moût est conduit dans une grande cuve dite *cuve-guilloire*, placée ordinairement en dessous de l'appareil à refroidissement ; toujours elle doit être placée dans un lieu qui soit à l'abri des variations trop brusques de la température atmosphérique.

Lorsqu'il fait froid, la température du moût ne doit jamais être abaissée au niveau de celle de l'atmosphère, parce qu'alors la fermentation serait trop lente, ce qui est aussi nuisible que si elle était trop forte.

Rien n'est plus capable de compromettre la réussite d'un brassin, que lorsque l'atmosphère est chargée d'électricité. Le plus prompt refroidissement du moût est le seul moyen connu pour prévenir son altération (1).

(1) Je cite ici un fait qui pourrait bien être utile aux chimistes dans leurs recherches sur les causes de l'influence de l'électricité sur les liquides en fermentation. Un jour, c'était au mois de mars, je me trouvais à onze heures du soir chez un brasseur, qui venait justement d'achever un brassin de bière blanche de mars, faite avec du froment. Il tonnait fort et l'air était sillonné d'éclairs. Lorsque le brasseur entra dans la place où je me trouvais, il avait l'air consterné. «Eh bien! lui dis-je, qu'y a-t-il donc? » Il me répondit que son brassin était perdu. Effectivement la bière était devenue trouble, avait gagné la consistance d'un blanc d'œuf, et contracté un goût aigre. Il me demanda alors ce qu'il y avait à faire. Je lui conseillai de faire dissoudre une demi-livre de potasse et d'ajouter cette solution à la bière et de bien mélanger la masse. J'avais donné ce conseil au hasard et sans trop pouvoir me rendre compte à moi-même du motif qui me l'inspirait. Cependant la potasse avait produit ce bon effet, que le lendemain la bière était rétablie. Peut-être cette substance, en neutralisant l'acide qui s'était déjà formé, avait-elle arrêté le progrès de la fermentation acide !

Nous disions tout à l'heure que la température moyenne où il faut introduire la levûre dans le moût est le quatorzième degré de Réaumur. Cette règle cependant n'est pas générale et doit subir des modifications suivant les circonstances.

Lorsque, par exemple, la température du local se trouve au point de congélation, celle du moût ne peut se trouver au-dessous de quatorze degrés; dans un grand froid, il doit avoir au moins vingt; et dans les jours chauds de l'été sa température ne peut s'élever au-dessus de douze degrés. Le moût des bières fortes doit toujours avoir deux à trois degrés de moins que les bières ordinaires.

Si malgré toutes les précautions la température du moût ne s'était pas abaissée à douze degrés, il faudrait pourtant y introduire la levûre, mais en diminuant la quantité et en laissant la cuve découverte.

La mise à la levûre doit se faire de la même manière qu'il a été indiqué à l'occasion de la distillation; seulement nous ajouterons encore, qu'il faut, lorsque le brassin est considérable, partager le moût en deux cuves, car de trop grandes parties s'échauffent trop considérablement; c'est pour cela qu'on préfère dans les grandes brasseries introduire le liquide dans de grands tonneaux, parce qu'en effet la fermentation s'y fait avec beaucoup plus de régularité.

Certaines bières fermentent sans qu'on y ajoute de la levûre. Quelques auteurs attribuent cela à la grande quantité de gaz acide carbonique que quelques espèces d'eau contiennent. Mais cette manière de voir est erronée, car l'acide carbonique ne contribue en rien à la fermentation; la cause paraît plutôt consister dans une certaine quantité d'albumine végétale et de gluten qui n'ont pas été parfaitement séparés par la cuisson et qui excitent dans ces bières la fermentation. On voit aussi que les bières qui fermentent spontanément sont toujours des bières fortes, jamais des bières faibles.

La quantité de levûre qu'il faut introduire dans la bière dé-

pend de la température de l'air, de celle du moût et de la force
de celui-ci. Si la température de l'air est basse, comme par exem
ple en hiver, il en faut plus qu'en été. En admettant qu'il faudrait douze livres de levûre pour un liquide pour lequel on
aurait employé cinquante kilo. de malt, l'air ayant une température d'un degré au-dessous de zéro, il en faudrait pour un
liquide de la même force, et à une température de l'air de :

1	degré au-dessus de	0	11	livres;
6	»	»	0	10	»
10	»	»	0	9	»
12	»	»	0	8	»
15	»	»	0	7	»
19	»	»	0	6	»

Mais ces proportions varient aussi suivant la qualité de la
levûre et de la bière. C'est pour cela qu'il est bon de se procurer
une levûre ayant toujours la même force.

Nous ne dirons rien des phénomènes qui accompagnent la
fermentation de la bière, puisqu'ils sont absolument identiques
avec ceux de la fermentation de la trempe dans les distilleries.
Mais, dans la fermentation de la bière aussi bien que dans celle
de la matière des distilleries toute la matière sucrée n'est point
convertie en alcool, et la bière a déjà longtemps fini de fermenter qu'elle s'améliore encore dans les tonneaux : c'est l'arrière-
fermentation, pendant laquelle les dernières parties du sucre
sont lentement converties en alcool. C'est la raison pour laquelle
les jeunes bières, fussent-elles même très-fortes, ont toujours un goût doux, tandis que les vieilles bières sont plus
vineuses.

On se rappelle que nous avons conseillé d'interrompre la fermentation de la matière, pour en obtenir, par la distillation, un
plus grand produit en alcool. Vouloir appliquer cette pratique à
la bière serait non-seulement superflu mais même nuisible ; su-

perflu, parce que la bière a le temps d'achever sa fermentation dans les tonneaux ; nuisible, parce que elle en deviendrait âcre.

§ CCXL.

SUITE DU PRÉCÉDENT.

Le sucre indécomposé , aussi longtemps qu'il y en a dans la bière, en arrête l'acidification totale, mais ne l'en préserve pas tout à fait lorsqu'il y a encore les moindres traces de levûre. Lorsque l'acidification a une fois commencé, il est difficile de l'arrêter ; on cherche bien à obvier à cet inconvénient par une addition de sucre ou de sirop, mais ces remèdes deviennent inutiles à la longue.

Après la transformation du moût en bière, on enlève soigneusement la levûre qui surnage, et on fait arriver la bière dans les tonneaux afin qu'elle y achève sa fermentation. D'autres brasseurs font couler la bière dans les tonneaux dès qu'ils s'aperçoivent que l'écume ou crème commence à se former ; cette méthode est très-bonne, et je l'ai souvent vue pratiquer ; mais les bières très-fortes ne peuvent point être traitées ainsi, il faut plutôt attendre que l'écume ou la levûre supérieure soit tombée. Il en est autrement des bières ordinaires ; à l'égard de celles-ci ce serait une faute que d'attendre avant de les remplir dans les tonneaux, jusqu'à ce que l'écume ait atteint une couleur foncée et qu'elle ait déjà commencé à se séparer des parois de la cuve. La bière non-seulement subirait une grande perte en alcool, mais la levûre se mêlerait à la bière de manière à ne plus pouvoir s'en séparer complétement, elle resterait trouble et se gâterait.

La fermentation la plus simple et en même temps la plus complète, c'est celle qui se fait dans les tonneaux. A cet effet, on introduit la levûre comme il a été dit, et puis on remplit la bière dans des tonneaux. Il s'y établit alors une double fermentation : l'une supérieure, l'autre inférieure. Pendant la première, les tonneaux jettent par les bondes une écume qu'on reçoit dans des baquets placés au-dessous ; cette écume s'appelle *levûre ou ferment supérieur ;* il est le meilleur. Quand la mousse ne se produit plus on remplit les tonneaux avec de la bière claire. Pendant ce temps la moitié inférieure fermente aussi, mais la levûre qui se forme se dépose au fond du tonneau. Elle est plus compacte et contient en outre toutes les impuretés et matières étrangères qui étaient contenues dans la bière.

Pendant que la bière fermente dans les tonneaux, il faut avoir soin de les tenir pleins jusqu'aux bondes, car sans cela la levure ne pouvant pas être jetée, coulerait à fond ou se mêlerait à la bière.

Pour remplir chaque fois les tonneaux on se sert de la même bière ; à cet effet, on en met une partie dans un tonneau à part ; et cette bière, destinée à remplir les tonneaux, doit continuer à fermenter comme l'autre, sans quoi elle en retarderait la fermentation. Jamais il ne faut employer, pour remplir les tonneaux, la bière qui en est jetée avec la levûre, car elle gâterait celle des tonneaux.

Aussitôt que les tonneaux ne jettent plus de levûre, on peut considérer la fermentation comme finie. Alors il faut soigneusement fermer les bondes pour mettre la bière hors de tout contact avec l'air extérieur. Les parties de levûre qui se trouvent encore mêlées avec la bière se déposent peu à peu au fond, et au bout de vingt-quatre à quarante-huit heures la bière sera devenue potable.

§ CCXLI.

CONSERVATION DE LA BIÈRE.

La levûre qui se trouve dans le tonneau contribue à la conservation de la bière aussi longtemps que celle-ci contient encore des matières fermentables. Mais la fermentation latente une fois

achevée, elles ne font que hâter son altération. C'est pour cela
que la bière fermentée doit être tirée sur un autre tonneau
propre.

La bière que l'on veut conserver en bouteilles doit aussi avoir
achevé sa fermentation, car, sans cela, elle commencerait de nouveau à fermenter dans les bouteilles, et en ferait éclater un grand
nombre. De très-jeunes bières, qui ne sont pas encore parfaitement claires, ne doivent jamais être mises en bouteilles.

Quelques personnes ont l'habitude de mettre dans chaque
bouteille de bière un peu de sucre, quelques grains de froment,
ou un grain de raisin sec. Ces substances excitent dans la bouteille une faible fermentation, il s'en dégage de l'acide carbonique qui fait mousser la bière, mais l'empêche aussi de se gâter.
De cette manière on donne souvent à une bière faible une apparence de force.

Les bières fortes doivent être traitées comme les jeunes vins.
Après la première fermentation , on les laisse reposer pendant
quatre, six ou huit jours, puis on les soutire sur un tonneau
propre ; on réitère cette opération, au bout de quatorze jours
ou quatre semaines, si la bière n'était pas encore assez claire.

§ CCXLII.

COLLAGE DE LA BIÈRE.

Souvent une bière ne veut pas s'éclaircir en déposant, ou le
brasseur n'a pas le temps d'attendre qu'elle soit devenue claire,
et alors pour la clarifier, il est nécessaire de la coller. La matière ordinairement employée à cet usage est la colle de poisson.
Dans les brasseries on bat la colle au marteau, on sépare les mem-
branes à la main, on les laisse tremper dans l'eau ou dans de la
bière froide ; la matière se gonfle, on la malaxe à la main, en y
ajoutant encore un peu de bière, et l'on obtient enfin un liquide
sirupeux que l'on passe à travers un linge ou un tamis en crin ;

on y ajoute un vingtième d'eau-de-vie, si l'on veut la conserver plus longtemps, et on la garde en bouteilles dans la cave. Quand on veut s'en servir, on en prend une demie jusqu'à une et demie partie sur cent cinquante de bière, on la mélange avec un volume égal de bière, et on la mêle au liquide à clarifier en agitant celui-ci pendant un quart d'heure avec un bâton ; après quelques jours de repos on soutire.

Une bonne bière, et qui a été brassée d'après des principes rationnels, doit être claire et transparente ; elle doit avoir un goût vineux, amarescent et agréable ; l'odeur en doit aussi être agréable et rafraîchissante ; pendant qu'on la verse dans un vase elle doit produire une mousse blanche, peu épaisse et non jaunâtre. Une bière qui ne mousse pas a perdu son gaz acide carbonique ; elle sera bientôt gâtée si déjà elle ne l'est pas.

§ CCXLIII.

MALADIES DE LA BIÈRE ET MOYENS D'Y REMÉDIER.

La bière devient trouble par l'emploi de mauvais grain, par des mauvais procédés dans la préparation du malt, de la macération, de la trempe et de la cuisson, enfin par une mauvaise fermentation par suite de laquelle la bière a fermenté trop peu ou trop longtemps. Dans tous ces cas, la bière tient en suspension ou solution, du gluten, de l'albumine végétale et de la fécule non décomposée. Nous avons indiqué la manière de clarifier ces bières troubles, et c'est à mon avis le moyen le plus simple.

Mais souvent une bière est trouble parce qu'elle est trop faible ; il faut alors chercher à y établir une nouvelle fermentation. A cet effet, on met dans un tonneau une livre de houblon et quatre livres de sucre ou huit livres de mélasse, on verse dessus dix litres de bière bouillante ; après le refroidissement, on ajoute ce mélange à quatre cent cinquante litres de bière trouble. Après la fermentation, on soutire la bière sur un autre tonneau.

Une bière aigrie est difficile à rétablir, principalement parce que les substances qu'on emploie pour neutraliser l'acide forment avec celui-ci des sels solubles qui communiquent à la bière un goût étranger et la rendent purgative. Ordinairement on ajoute à une bière aigrie de la potasse ou de la craie, plus ou moins, suivant la quantité de la bière et son état d'aigreur. Pour rendre à ces bières leur fraîcheur, il faut y déterminer encore une légère fermentation par le moyen ci-dessus indiqué.

Quelquefois la bière devient fade, perd son goût et s'altère. Cela provient de la perte de son alcool et de son acide carbonique. La cause de cette maladie est une fermentation sauvage ; une mauvaise cave, surtout lorsque le soleil et l'air y peuvent entrer librement.

Le meilleur moyen de rétablir une bière devenue fade, c'est d'y établir une nouvelle fermentation, en y ajoutant du sucre ou du sirop, de l'infusion de houblon, et, s'il est nécessaire, un peu de ferment.

Souvent, la bière contracte un goût étranger, ou arrière-goût désagréable, qui fait qu'elle répugne à beaucoup de personnes. Cet inconvénient provient du mauvais malt, de la malpropreté des ustensiles, de certaines drogues qu'on ajoute à la bière, d'une mauvaise mélasse. Pour y remédier, on ajoute un peu de chaux ou de potasse avec quelques litres d'infusion de houblon, en cherchant à éviter les causes de l'inconvénient

Dans quelques localités on exige une bière d'une couleur plus foncée qu'elle ne l'est naturellement ; le brasseur ou le débitant ajoute alors du jus de réglisse ou une quantité de chaux à la bière pour lui donner une couleur plus foncée ; d'autres torréfient le malt et en obtiennent un extrait presque noir. Le jus de réglisse pourtant rend la bière trouble et la dispose à s'altérer ; la grande quantité de chaux la rend malsaine et en change le goût ; et par la torrification du malt, on détruit une grande partie de la matière sucrée, ce qui nuit beaucoup à la qualité de la bière.

Pour donner à la bière une couleur plus foncée , le mieux est
de préparer du caramel avec de la mélasse et d'en employer autant qu'il est nécessaire.

§ CCXLIV.

FABRICATION DU VINAIGRE.

L'on entend par vinaigre le produit qu'on obtient par l'acidification d'une liqueur fermentée. Le vinaigre ordinaire contient,
outre une grande quantité d'eau, un acide particulier, appelé
acide acétique, du tartre , du sucre , quelques autres acides en
petite quantité, des sels organiques, et enfin , lorsque le vinaigre
a été obtenu de jus de raisin ou de fruits, un principe aromatique. L'acide acétique ne se produit pas librement dans la nature,
ou du moins pas en grande quantité. Il faut donc que l'homme
se le prépare artificiellement.

Il y a trois manières de préparer du vinaigre : 1° par la fermentation acide ; 2° par la distillation sèche, et 3° par l'oxydation
de l'alcool étendu d'eau, en le mettant en contact avec l'air
atmosphérique.

La dernière méthode de fabriquer du vinaigre est la plus
facile, la plus prompte, et dans certaines circonstances la plus
avantageuse.

On distingue dans le commerce plusieurs espèces de vinaigre,
dont les plus ordinaires sont :

Le vinaigre de vin ,

Le vinaigre de fruits ,

Le vinaigre de bière ,

Le vinaigre de bois,

Et les vinaigres artificiels.

§ CCXLV.

PROCÉDÉS ORDINAIRES POUR FABRIQUER LE VINAIGRE.

La plupart de ces vinaigres se préparent à peu près d'après les mêmes procédés, c'est-à-dire une liqueur alcoolique fermentiscible est mise en contact avec l'air et dans une température convenable, jusqu'à ce que l'acidification se soit accomplie.

Cependant on sait dans tous les pays que la fabrication du vinaigre ne réussit pas toujours également bien, c'est pour cela que nous allons indiquer les conditions nécessaires pour obtenir toujours un bon vinaigre.

Le vinaigre de vin. — Le procédé le plus généralement adopté en France est le suivant :

Dans un tonneau de la capacité de quatre cents litres, qui est percé à la partie supérieure d'un trou de deux pouces de diamètre, qu'on ne ferme jamais, on verse cent litres de vinaigre bouillant, et on les abandonne à eux-mêmes pendant huit jours ; alors on y mêle dix litres de vin soutiré au clair ; huit jours après, on en ajoute autant ; et suivant que la fermentation est plus ou moins active, on verse à pareilles distances des quantités égales, ou plus grandes ou plus petites, jusqu'à ce que le vaisseau soit plein. On laisse séjourner ce vinaigre dans le tonneau pendant quinze jours, et on ne le vide qu'à moitié ; puis on procède, comme ci-dessus, à la fabrication d'une nouvelle quantité d'acide.

On juge de la marche de la fermentation en plongeant dans la liqueur un bâton qu'on retire aussitôt ; quand le sommet mouillé du bâton sort chargé d'écume, c'est un signe que le liquide travaille avec activité, et qu'il faut ajouter une plus grande quantité de vin ; dans le cas contraire, on diminue la dose du vin, ou bien on prolonge les intervalles.

Le vin destiné à être changé en vinaigre est tenu dans des

tonneaux dont le fond est garni de copeaux de hêtre sur lesquels la lie fine se dépose et se fixe.

Le vinaigre de fruits se fait avec du jus de pommes, de poires, de groseilles, etc. Les procédés sont absolument les mêmes que ci-dessus, et le vinaigre qu'on obtient possède les mêmes qualités, sauf le parfum particulier, qui diffère de celui du vinaigre de vin véritable.

Le vinaigre de bière, de moût et de miel, se prépare en soumettant à la fermentation acétique de la bière, du moût de bière, ou une dissolution de miel dans de l'eau. Toutes ces espèces de vinaigre ont la couleur et le goût des liqueurs dont ils ont été fabriqués. Le vinaigre de miel, surtout, conserve très-longtemps le goût propre à cette substance, et c'est ce qui fait que son emploi est très-restreint.

Le vinaigre de bois est obtenu par la distillation du bois sec dans des alambics de fer : mais comme cette méthode, pour réussir, ne peut s'exécuter qu'en grand, et que, par conséquent, elle exige un grand établissement, elle ne peut pas faire l'objet de l'industrie agricole.

Les vinaigres artificiels, tels qu'on peut se les procurer en petit ont tous pour ingrédient principal, de l'alcool ou une matière sucrée, que l'on mêle ou qu'on fait dissoudre dans de l'eau en exposant pendant quelques semaines ce mélange à une température convenable.

On a diverses compositions pour faire ces vinaigres, dont quelques-unes donnent un vinaigre imitant le vinaigre de vin. En voici quelques-unes : on met dans un cuvier cinquante livres de raisins secs de Malaga, sur lesquels on verse cinquante litres d'eau bouillante ; après quelques heures, quand les raisins se sont gonflés, on les écrase dans un mortier de bois ou de pierre, pour les réduire en une pulpe homogène, puis on y ajoute encore cinquante litres d'eau bouillante ; on sépare le liquide en le passant à travers un tamis, on met le résidu dans un sac de toile, qu'on presse fortement pour en exprimer le reste ; on passe la liqueur une seconde fois à travers un morceau de flanelle , en la faisant couler dans un tonneau de deux cents litres de capacité ; on y ajoute encore quatre-vingts litres d'eau de trente degrés , et trois ou quatre litres de levûre.

Ce mélange exposé à une température de dix-huit à vingt degrés passe bientôt à la fermentation vineuse. Celle-ci finie, on bouche la bonde du tonneau. Après dix ou douze jours de repos, on soutire la liqueur au clair , et on la trait comme le vin.

Le vinaigre de sucre peut être préparé de la même manière ou à peu près.

Dans un tonneau de deux cents litres de capacité, on verse cent cinquante-huit litres d'eau bouillante et on y fait dissoudre six livres de tartre brut , en secouant fortement le tonneau ; puis on y ajoute dix livres de cassonade ; après que la dissolution est faite , et que la température du mélange s'est abaissée jusqu'à vingt-cinq degrés , on y ajoute quatre livres de levûre. La fermentation sera finie au bout de trois à quatre jours ; alors après quelques jours de repos , on soutire au clair , on ajoute encore douze à seize litres de bon vinaigre et douze litres de genièvre de grains , et on expose le mélange à une température de dix-huit à vingt degrés. La fermentation acéteuse sera finie en huit ou douze semaines.

Le vinaigre que l'on obtient par cette méthode a la force et la couleur du vinaigre de vin , et se conserve très-bien , mais le bouquet lui manque, ce qu'on pourrait cependant lui communiquer en suspendant dans un tonneau de deux cents litres de vinaigre une ou deux feuilles de sclarée (*salvia sclarea*) coupées lorsque la plante est en fleur. On doit retirer ces feuilles au bout de deux jours , ou aussitôt qu'elles seront devenues noires.

§ CCXLVI.

SUITE DU PRÉCÉDENT.

Vinaigre de mélasse ou de sirop commun. — On prépare ce vinaigre de la manière suivante :

On fait dissoudre seize livres de sirop, une livre de tartre pulvérisé dans quarante litres d'eau bouillante. Après que ce mélange s'est refroidi jusqu'à vingt-cinq degrés, on y ajoute quatre litres de vinaigre, un litre de levûre et un litre de genièvre ; puis on expose le mélange à une température convenable.

Vinaigre d'eau-de-vie de genièvre. — Le genièvre étendu seul n'entre pas en fermentation acéteuse, il faut, pour cet objet, l'étendre d'eau et y ajouter des matières sucrées mucilagineuses. Voici donc comment il faut procéder pour obtenir un vinaigre de genièvre. On mêle douze litres d'eau de rivière dans lesquels on fait dissoudre au feu une once d'amidon avec un litre de genièvre, on ajoute à ce mélange un peu de levûre, et on l'expose à une température convenable.

D'après Liebig, on peut se procurer un vinaigre fort et agréable en exposant pendant quelques semaines le mélange suivant dans un endroit chaud : cent parties d'eau, treize parties d'eau-de-vie de genièvre, quatre parties de miel et une partie de tartre cru ; ou bien cent parties d'eau, douze parties d'eau-de-vie, trois parties de cassonade, une partie de tartre cru et une demi-partie de levûre.

§ CCXLVII.

OBSERVATIONS GÉNÉRALES SUR L'ACÉTIFICATION.

Aucune liqueur ne peut être transformée en vinaigre à moins qu'elle ne contienne de l'alcool ou de la matière sucrée ; de là résulte que le vinaigre sera d'autant plus fort que la quantité de ces deux substances sera plus grande. C'est pour cela qu'un vin mauvais ou très-faible, ainsi qu'une petite bière, ou du jus de fruits qui ont mûri pendant une mauvaise année ne donneront jamais du bon vinaigre; au contraire, ces liqueurs se détériorent souvent avant que leur transformation en vinaigre ait eu lieu. Il faut donc, avant de les soumettre à l'acétification, y faire une addition convenable d'eau-de-vie, ou plutôt de sucre ou de mélasse.

La transformation d'une liqueur alcoolique ou sucrée en vinaigre a lieu aux dépens de l'oxygène de l'air, c'est-à-dire que les matières mucilagineuses, la lie, etc., qui se trouvent dans ces liqueurs, attirent l'oxygène de l'air et le transmettent à l'alcool qui se change en vinaigre, ce dont on peut aisément se convaincre en comparant l'analyse chimique de ces deux substances.

L'alcool se compose de :			Le vinaigre ou l'acide acétique de :		
12,896	parties d'hydrogène		6,35	parties d'hydrogène	
52,650	—	de carbone	46,83	—	de carbone
34,454	—	d'oxygène	46,82	—	d'oxygène
100,000			100,000		

L'acide acétique contient donc onze pour cent d'oxygène à peu près plus que l'alcool.

Pour transformer en vinaigre du vin, du moût de bière ou un des mélanges dont nous venons de parler, il faut, pour bien réussir, observer les conditions nécessaires à l'acétification, savoir : le temps nécessaire, la température convenable de dix-huit à vingt degrés et l'accès de l'air.

Mais comme la fabrication du vinaigre, d'après la méthode ordinaire, dure quelquefois très-longtemps, ce qui nuit toujours plus ou moins à la qualité du vinaigre, MM. Wagemann et Schutzenbach ont imaginé un procédé plus expéditif, qui actuellement est presque généralement en usage en Allemagne et dans plusieurs autres pays.

§ CCXLVIII.

MÉTHODE EXPÉDITIVE DE FABRIQUER DU VINAIGRE EN GRAND.

Cette méthode, dont nous allons donner la description, se base sur l'observation de la propriété des copeaux, des grains et de toute autre matière analogue, humectée, d'attirer l'oxygène de l'air et de transmettre celui-ci à l'alcool étendu, lorsque ces matières en sont humectées.

Voici en quoi elle consiste :

On se procure trois ou quatre tonneaux de bois de chêne, de six à huit pieds de hauteur et de trois à quatre de largeur.

Ces tonneaux sont percés d'un trou au-dessus du fond, dans lequel est adapté, au moyen d'un bouchon de liége, un tuyau de verre ayant la forme d'une S.

Un pied au-dessus de ce trou, on en perce huit autres autour du tonneau, en sorte que si le tonneau est composé de huit douves, il y ait dans chacune un trou.

Dans la partie supérieure du tonneau, six à huit pouces en dessous de son bord, on adapte un faux fond, percé partout de petits trous, et ayant au milieu quatre trous plus grands et disposés en carré à cinq pouces l'un de l'autre; on bouche les fentes qui se trouvent entre le bord du faux fond et les parois du tonneau avec des étoupes, afin que rien ne puisse passer qu'à travers les trous du faux fond.

A peu près un pied au-dessous du faux fond on perce encore un trou qui descend obliquement; ce trou est destiné à y introduire un thermomètre. Avant de placer le faux fond, on bourre de copeaux de hêtre secs le tonneau, et on bouche les petits trous du faux fond avec des épis de seigle, de petits morceaux de bois ou des bouts de ficelle, terminés en nœuds. On préfère cependant se servir d'épis de seigle pour boucher les trous, parce qu'ils ne se gonflent pas comme le font les morceaux de bois, qui alors ne laissent plus rien passer.

Un autre fond, ou couvercle un peu plus large que le bord du tonneau, est destiné à fermer celui-ci en haut. Il a un trou au milieu dans lequel se trouve un entonnoir, au moyen duquel on fait arriver la liqueur dans l'espace qui se trouve entre le faux fond et le couvercle.

Dans les quatre trous du faux fond on adapte des tuyaux de verre. Ils doivent être considérés comme de petites cheminées destinées à donner passage aux gaz qui se dégagent de l'intérieur du tonneau.

§ CCXLIX

SUITE.

Les tonneaux ainsi préparés, on les aigrit, ce qui se fait de la manière suivante :

On fait bouillir du vinaigre fort dans un chaudron étamé, ou même de cuivre, pourvu que le vinaigre ne s'y refroidisse pas ; de ce vinaigre bouillant on verse dix litres dans l'entonnoir, ou par le trou du couvercle, et quelques minutes après un litre d'eau-de-vie ; et on continue de verser du vinaigre bouillant et de l'eau-de-vie, jusqu'à ce que le vinaigre commence à s'écouler par le tuyau placé dans le trou inférieur au-dessus du fond, et jusqu'à ce que quinze litres se soient écoulés.

Il faut ici observer que ces versements de vinaigre ne peuvent se répéter que d'heure en heure, parce que, en versant trop vite, le liquide passerait trop rapidement, et on manquerait son but.

Après que quinze litres de vinaigre sont écoulés par le tuyau en verre, on les verse de nouveau sur le faux fond, en réitérant cette opération jusqu'à ce que le thermomètre, qu'on a introduit dans le trou du milieu, montre trente degrés Réaumur.

Pour faire ces dernières opérations on n'a pas besoin de

réchauffer le vinaigre, comme on l'a fait au commencement.

Il se passe ordinairement quatre à six jours pendant que l'acidification du tonneau a lieu, et on peut employer cent à deux cents litres de vinaigre fait, que l'on passe successivement, avant que la température à l'intérieur du tonneau se soit élevée à trente degrés.

Aussitôt que cette température s'est établie dans le tonneau, la fabrication peut prendre son commencement. A cet effet, on se procure un mélange d'une partie d'eau-de-vie de vingt degrés et de dix à douze parties d'eau et de un huitième de bière ; on verse ce mélange sur le faux fond, goutte à goutte, c'est-à-dire qu'on emplit de ce mélange un petit tonneau qu'on place sur le grand, puis l'on ouvre le robinet de manière que le mélange en s'écoulant ne forme qu'un mince filet.

Quelques-uns, au lieu de bière, emploient des raisins secs, qu'on écrase et qu'on fait macérer dans l'eau-de-vie dont on se sert pour faire le mélange ; on emploie vingt livres de raisins secs sur cent litres d'eau-de-vie.

Le mélange, dont on prépare une grande quantité à la fois, doit se trouver dans le local même, afin qu'il puisse déjà y prendre une température à peu près égale à celle qui règne dans l'intérieur du tonneau.

§ CCL.

SUITE DES PRÉCÉDENTS.

Lorsqu'on n'a qu'un seul tonneau, ce qui cependant n'est jamais avantageux, et lorsque la liqueur a traversé le tonneau, on la verse de nouveau sur les copeaux et ainsi jusqu'à quatre fois. Mais lorsqu'on en a plusieurs, comme nous le disions plus haut, on verse la liqueur, aussitôt qu'elle a traversé le premier tonneau, sur le second, ensuite sur le troisième et enfin sur le quatrième, après quoi tout l'alcool qu'elle contenait est transformé en acide acétique.

Lorsqu'on travaille avec plusieurs tonneaux, il ne faut pas toujours commencer par le premier, il convient au contraire d'alterner et de verser le mélange brut, après quelque temps sur le second, puis sur le troisième, et enfin sur le quatrième tonneau.

Quelques fabricants expérimentés conseillent de laisser reposer les tonneaux pendant trois heures par jour, supposé qu'on travaille de cinq heures du matin jusqu'à dix heures du soir, c'est-à-dire toutes les trois heures un quart, une heure.

§ CCLI.

LE LOCAL.

Le local dans lequel on place les tonneaux doit être échauffé à vingt-cinq degrés Réaumur, afin de soutenir la température des tonneaux. Cependant cette température n'est pas toujours de rigueur, surtout lorsque les tonneaux travaillent bien.

Le local doit en outre être assez haut, afin qu'on puisse y placer commodément les tonneaux qui doivent avoir une hauteur de six pieds, et qu'il y ait encore assez d'espace pour pouvoir placer au-dessus une petite barrique contenant le mélange brut.

Enfin, il est indispensable que l'air puisse librement circuler dans la vinaigrerie, car si l'air qui circule dans le tonneau et dans le local n'est pas suffisant, la transformation de l'alcool en acide acétique n'est pas complète, on perd une portion d'alcool qui s'échappe avec l'air désoxygéné.

Il importe ici de faire remarquer expressément que si l'air n'est pas suffisant, *l'acidification restera toujours incomplète.*

On s'expose surtout à cet inconvénient lorsqu'on travaille en grand et que le local est proportionnellement petit. Dans ce cas, il faut y établir un ventilateur qu'on puisse ouvrir et fermer à volonté. Cette précaution est surtout nécessaire en hiver, lorsqu'on fait du feu, car le feu absorbe aussi une grande quantité d'oxygène, et si alors l'air ne peut pas se renouveler constamment, l'acidification s'arrête et les copeaux se moisissent dans les tonneaux. Mais il ne suffit pas d'un seul ventilateur par où l'air désoxygéné s'échappe, il faut encore une autre ouverture par où l'air frais puisse entrer dans le local.

CCLII.

QUALITÉS D'UN BON VINAIGRE.

Le bon vinaigre est clair, limpide, parfaitement liquide, et ne file pas ; il doit avoir une odeur agréable, acidulée, spiritueuse et rafraîchissante ; un goût acide et pur, qui ne brûle pas sur la langue. Frotté entre les mains, il ne doit pas répandre une odeur d'eau-de-vie ou une odeur étrangère ; il doit saturer trente à trente-deux grains de carbonate de potasse par once ; il renferme dans ce cas cinq pour cent d'acide acétique.

On se sert aussi de l'acétimètre pour découvrir la force du vinaigre, mais cette épreuve ne donne jamais un résultat certain, attendu les diverses espèces de vinaigres que l'on rencontre dans le commerce.

Aussi la plupart des fabricants n'emploient-ils aucun de ces moyens pour découvrir la force de leur vinaigre ; ils se laissent guider uniquement par le goût, moyen très-simple et qui ne les trompe presque jamais.

§ CCLIII.

INCONVÉNIENTS QUI SE PRÉSENTENT QUELQUEFOIS DANS LES VINAIGRERIES.

Il arrive souvent, surtout au commencement, que la température dans l'intérieur des tonneaux s'élève trop. C'est un inconvénient qu'il faut chercher à prévenir ou à y remédier lorsqu'il se présente ; car si les tonneaux deviennent trop chauds, une grande portion d'alcool se volatilise sans se transformer en vinaigre. On y remédie en suspendant un jour le travail , et en laissant traverser le tonneau par un liquide moins alcoolique, ou plus faible. D'un autre côté, les copeaux doivent avoir une température de trente degrés, sans quoi la décomposition de l'alcool ne serait pas possible. Si donc la température à l'intérieur du tonneau ne voulait pas s'élever , il faudrait y faire passer un liquide plus fort et échauffer le local.

Plusieurs fabricants voulant éviter la peine de faire passer quatre fois le mélange, ont imaginé d'y ajouter une plus grande quantité d'eau-de-vie, espérant par là obtenir un vinaigre plus fort et dans un plus court espace de temps ; mais c'est une erreur de procéder ainsi ; car en faisant le mélange trop fort , les copeaux s'échauffent trop et une grande perte en alcool en est la conséquence. En général , nous conseillons de faire le mélange plutôt trop faible que trop fort , dût-on même verser une ou deux fois de plus.

Quelques personnes tassent très-fortement les copeaux dans le tonneau, d'autres ne les tassent pas assez. Dans le dernier cas, il y a trop de vide entre les copeaux, et dans l'autre les copeaux étant trop tassés ne peuvent pas agir. Souvent aussi les trous de circulation sont trop larges ou trop étroits. Dans le premier cas , il entre trop d'air dans le tonneau , et cet excès d'air occasionne un refroidissement des copeaux ; et, lorsqu'ils sont trop petits, il y entre trop peu d'air , et la décomposition de l'alcool a lieu trop lentement. Lorsque le tonneau a six pieds de hauteur, le diamètre des trous doit avoir trois quarts d'un pouce. Des tonneaux hauts sont préférables à des tonneaux bas , parce que l'espace que le mélange doit traverser dans les premiers est plus long.

Quelques auteurs recommandent d'ajouter au mélange, du sucre, du sirop, de la levûre, etc., etc.; mais ces additions sont nuisibles, car ces matières, qui doivent d'abord passer à l'état d'alcool avant de pouvoir se transformer en vinaigre , déposent pendant ce premier changement, non-seulement de la levûre, mais aussi une grande quantité de mucilage sur les copeaux, ce qui en détruit en peu de temps l'action.

§ CCLIV.

MOYENS D'EMPÊCHER LA DÉCOMPOSITION DU VINAIGRE.

Le vinaigre, et surtout celui qui contient des matières étrangères, est sujet à se décomposer, et cette décomposition, lorsqu'on n'y met pas obstacle, continue jusqu'à ce que tout l'acide acétique ait disparu.

1° Souvent le vinaigre se gâte et perd son acidité. Si le mal n'est pas trop avancé, on mêle de l'eau-de-vie dans la proportion de trois litres sur cent. Mais si le vinaigre a déjà perdu la presque totalité de son acide, on y ajoute un peu de matières fermentescibles, comme par exemple un peu de levûre, du sucre, des raisins secs, de la mélasse, etc., etc.

2° Le vinaigre étant devenu trouble, peut être clarifié avec de la colle de poisson ou avec du lait; et après on le soutire au clair.

3° Souvent le vinaigre contient une multitude de petits vers, appelés *anguilles de vinaigre*. Ces animaux se multiplient prodigieusement et déterminent à la fin l'altération du vinaigre. On propose de chauffer le vinaigre pour les tuer, mais ce moyen n'est pas praticable en grand. Je m'en suis débarrassé en mêlant au vinaigre quelques litres de lait et d'alcool fort que j'ai ensuite filtré à travers un feutre. Lorsque les tonneaux en sont infectés, on verse par-dessus les copeaux de l'eau bouillante, ce qui suffit pour les tuer; ce moyen est aussi applicable lorsque les copeaux sont couverts de mucilage.

CHAPITRE VII.

PRINCIPES DE LA CULTURE DES ARBRES FRUITIERS.

§ CCLV.

DU SOL DESTINÉ AUX ARBRES FRUITIERS ET DE SA PRÉPARATION.

Il est bien rare de rencontrer un terrain destiné à la culture des arbres fruitiers qui ait toutes les qualités désirables. Le plus souvent on doit se contenter de lui procurer l'abri nécessaire, lorsque son exposition est mauvaise, et d'en améliorer le sol lorsque celui-ci est d'une nature défavorable.

Une terre profonde, marneuse et pas trop légère, serait sans doute la meilleure qu'on pût désirer. Mais comme il est rare d'en trouver de semblable, nous apprendrons au lecteur les moyens de donner la préparation nécessaire à toutes les espèces de terrains.

Les terrains les moins propres à la culture des arbres fruitiers sont les terres humides et marécageuses, les terres pierreuses et superficielles, et les terres sablonneuses, c'est-à-dire celles qui se composent totalement de sable.

Si la terre est trop humide, on fera des saignées qui croisent le terrain, pour conduire l'eau depuis les racines des arbres à la tranchée ou le fossé principal, car, sans cette opération préalable, toute tentative d'y cultiver des arbres serait inutile.

Quand le terrain est pierreux, il faut d'abord examiner la nature des pierres et la profondeur de la couche. Lorsque la couche de terre n'a que peu de profondeur, et qu'elle se trouve sur le roc, il n'est pas possible d'y planter des arbres. Si les pierres sont d'une nature siliceuse, comme par exemple les cailloux, il sera nécessaire de creuser un trou de cinq à six pieds de profondeur sur douze de largeur, et de remplir le creux avec de la bonne terre; plus ce creux est large et profond, mieux cela vaut, car la couronne de l'arbre prend de l'extension dans la même proportion que les racines pénètrent et s'étendent dans le sol.

Lorsque les racines arrivent sur un sous-sol pierreux, elles sont forcées de s'y arrêter, et, ne pouvant plus se prolonger, elles dépérissent peu à peu, et l'arbre dépérit également, à moins que les racines ne puissent s'étendre horizontalement.

Si les pierres sont calcaires, ou autrement composées, on pourrait se contenter d'ôter les plus grosses et d'en laisser les petites, car en engraissant de temps en temps la terre, elles se décomposeront et favoriseront la végétation de l'arbre.

Quand la terre est une forte glaise, il est nécessaire de placer dans le fond du creux, des éclats de briques, couverts avec du plâtras ou des débris des fours à chaux, qui empêcheront l'eau de s'accumuler près des racines. Il faudrait en outre faire dans les terrains de cette espèce des fossés très-profonds, et mêler la terre, dans laquelle on plante les arbres avec de la marne, du plâtras, du sable, etc., etc., d'après les principes que nous avons établis dans le premier volume de cet ouvrage.

Si le terrain où l'on doit planter les arbres est nouveau, ou bien s'il est ancien et infecté de vieilles racines d'arbres, il sera nécessaire d'ôter la vieille terre, au moins à trois ou quatre pieds, et de la remplacer avec de la terre fraîche. Cette terre fraîche, on peut l'amener d'ailleurs, ou la prendre dans la profondeur.

On atteint ce but en traçant une profonde rigole au moyen de deux charrues qu'on fait passer l'une à la suite de l'autre, que l'on remplit ensuite avec de la terre prise dans la rigole suivante. Cette opération, qu'on appelle *rigoler,* s'exécute encore mieux et plus exactement à la bêche.

§ CCLVI.

SUITE.

Si un terrain se compose de diverses espèces de terres, ou s'il est inégal, de manière qu'une partie soit sèche tandis que l'autre est fraîche, il faut planter chaque espèce d'arbres à la place qui convient le mieux à sa nature.

Le pommier, quoiqu'il réussisse dans presque toutes les espèces de terrains, même dans les plus médiocres, donne cependant la rente la plus sûre et la plus élevée lorsqu'il se trouve dans une bonne terre; en conséquence, on lui donnera la meilleure place.

Le poirier est encore moins exigeant, mais il faut que le terrain soit profond et sec dans la profondeur; le poirier supporte aussi une exposition plus libre et plus de soleil que le pommier.

Les cerisiers sont dans le même cas. Les pruniers aiment une terre plus légère, douce et fraîche. On leur donne ordinairement la place du jardin la moins exposée.

On voit par là qu'il ne serait pas avantageux de planter à la meilleure place du jardin ou du verger, un arbre qui prospérerait aussi bien dans un terrain moins bon; ou de planter dans un terrain médiocre un arbre qui exige une bonne terre pour prospérer.

La qualité de la terre et son exposition exercent une grande influence sur la bonté du fruit. Il faut donc que le jardin soit situé de manière à ce que l'air y puisse circuler librement. Trop d'arbres dans un jardin interceptent l'air et la lumière les uns aux autres, ce qui empêche le bois de mûrir parfaitement. Or un bois mou ou qui n'est pas parvenu à sa maturité, ne peut jamais produire de bons fruits.

§ CCLVII.

DE LA MANIÈRE DE PLANTER ET DE SOIGNER LES ARBRES FRUITIERS EN GÉNÉRAL.

La plantation est l'objet qu'il faut avoir principalement en vue dans la culture des arbres fruitiers ; c'est de là que dépend la prospérité ou la mort précoce de l'arbre.

La plantation des arbres se fait de la manière suivante :

Lorsque le terrain est bien labouré ou bêché aussi profondément que possible , on fait un trou de la profondeur et largeur proportionnées à la grandeur de l'arbre. Au fond de ce trou on place de la chair pourrie, du compost calcaire, des os pulvérisés ou tout autre engrais analogue, que l'on recouvre avec un peu de terre de la meilleure espèce ; ensuite on y enfonce le soutien destiné à y attacher l'arbre. Le trou ainsi préparé, on choisit dans la pépinière, aussitôt que les feuilles commencent à tomber, un arbre qui ait une tige forte, droite et simple , en ménageant les racines autant que possible , mais en ayant soin de retrancher toutes les parties endommagées. Plus il reste de terre aux racines, mieux cela vaut , et moins l'arbre souffrira de la transplantation.

Cependant, lorsqu'on plante des arbres qui viennent de loin et qui, par conséquent , se trouvent depuis longtemps hors de terre, il faut, pour ne pas avoir à craindre qu'une partie des racines ne soit desséchée, les plonger pendant deux ou trois jours dans l'eau, et ensuite, avant de les planter, retrancher jusqu'au vif les parties desséchées. Ce point est de la plus haute importance et beaucoup d'arbres ont été perdus parce qu'on avait négligé cette précaution.

La racine étant arrangée, on taille la couronne. Chacune de ses branches doit être raccourcie à deux ou trois yeux (bourgeons), ou même à un seul œil, si la racine est faible. La raison en est que l'arbre qui reçoit la presque totalité de sa nourriture

par les racines, ne pourrait pas nourrir un grand nombre de
branches, surtout les longues, lorsque les racines sont trop faibles ; ces dernières sont en outre destinées à fixer l'arbre dans
le sol et à supporter la tige et la couronne, ce qui ne serait guère
possible s'il n'y avait pas un certain équilibre entre la force
des racines et les parties qui se trouvent au-dessus du sol. Outre
ces considérations, il y en a encore une autre qui n'est pas la
moins importante : l'arbre qu'on arrache de la terre souffre toujours plus ou moins des suites de cette opération, il devient pour
ainsi dire malade ; si, dans cet état, on lui laisse trop de branches
proportionnellement aux racines, l'arbre qui doit produire de
nouvelles racines et nourrir à la fois un grand nombre de branches, s'affaiblira et ne poussera que de faibles branches ; et, comme
les branches, à leur tour, sont destinées à la production des racines, ces dernières seront d'autant plus faibles, que la dispropor-
tion entre les branches et les racines de l'arbre qu'on plante sera
plus grande.

Les mêmes règles doivent surtout être observées à l'égard
des grands arbres qui ont déjà porté des fruits : lorsqu'on les
transplante il faut leur couper toutes les grosses branches sans
égard à la force de leurs racines (1).

On plante l'arbre dans la place qui lui est destinée, en ayant
soin de le tenir ni plus haut ni plus bas qu'il l'était auparavant,
car l'un et l'autre est préjudiciable à l'arbre. Quand les arbres
sont plantés et recouverts d'un peu de terre bien pulvérisée, il
faut arroser les racines et laisser ouvert le trou pendant quelques jours, afin que la terre puisse mieux s'adapter aux racines
et qu'il n'y reste pas des intervalles vides. Les racines doivent
être distribuées de la manière la plus égale et de façon qu'aucune ne s'enfonce perpendiculairement dans la terre, car ce
sont les racines horizontales qui absorbent les meilleurs sucs. Le

____

(1) Quelques pomologues conseillent de laisser ces jeunes arbres nouvellement plantés,
sans les tailler, jusqu'au printemps. Mais alors il faudrait le faire avant le commencement
de la végétation.

surlendemain on marche doucement sur le terrain, et on achève de remplir le trou.

Quelques personnes ont l'habitude de placer du gazon au pied des arbres ou sur les racines, et cela dans le but de protéger celles-ci contre l'action de la gelée et de la sécheresse. Mais cette pratique est vicieuse ; car les racines ont besoin d'air, et tout ce qui en empêche l'action nuit à la végétation.

Quand les arbres sont plantés, on les attache à leur soutien afin de les protéger contre les vents et de leur donner un direction verticale.

§ CCLVIII.

DE LA DISTANCE QU'IL CONVIENT DE DONNER AUX ARBRES.

Avant de planter les arbres dans le verger, il faut marquer la place qui leur est destinée, afin de donner à chaque espèce la distance convenable ; car rien n'est plus préjudiciable aux intérêts du propriétaire que de planter les arbres trop près les uns des autres.

Mais comme tous les arbres n'atteignent pas le même volume, il faut aussi donner aux plus grands une plus grande distance.

Les noyers et les châtaigniers sont ceux qui deviennent les plus forts, c'est pour cela qu'on ne les plante jamais au milieu du verger ou parmi les autres arbres ; mais comme ils sont très propres à garantir ceux-ci des grands vents, on doit les planter sur les bords du verger, du côté du nord et du nord-est, un peu plus près qu'à l'ordinaire pour ce but, à quinze pas ou quarante-cinq pieds.

Les pommiers, poiriers et cerisiers forment aussi des couronnes très-étendues, on leur donne une distance de douze pas ou trente-six pieds, et dans un très-bon terrain quelques pieds de plus.

Les pruniers et les merisiers exigent le moins d'espace. On

les plante à une distance de huit pas ou de vingt-quatre pieds.

Nous avons dit plus haut quels soins il faut apporter au choix des arbres qu'on veut planter au verger. Les meilleurs, c'est-à-dire ceux qui réussissent le mieux, sont les sauvageons venus de pépins de grosses et fortes pommes ou poires, et que l'on greffe ensuite ; ceux que l'on se procure de rejetons des mêmes espèces mis en terre sont très-mauvais, car les racines des arbres venus ainsi poussent ordinairement de nouveaux rejetons autour du tronc et y forment des tiges nouvelles , ce qui empêche les racines de porter leur force et leur substance à la tige mère , et nuit ainsi à la croissance de l'arbre.

Dans la plantation des arbres il faut observer un certain ordre, parce que la régularité plaît aux yeux.

Si, par exemple, on avait à planter quatre pommiers et poiriers, il faudrait les placer de manière à ce que chacun soit distant de l'autre de trente-six pieds ; au milieu on plante un prunier ou un merisier, de cette manière chaque arbre occupe encore un espace de vingt-quatre pieds ; comme la figure ci-dessous le montre :

O   O

o

O   O

Lorsqu'on aurait à planter neuf pommiers ou poiriers , on les disposerait en quinconce, avec quatre pruniers ou merisiers de la manière suivante :

O   O   O

o   o

O   O   O

o   o

O   O   O

Une pareille disposition présente un coup d'œil agréable de quelque côté qu'on puisse être placé.

CCLIX.

CHOIX DES ESPÈCES.

Quand on choisit les arbres, on doit avoir soin de s'en procurer un assortiment convenable pour avoir de bons fruits toute l'année. Avant tout il faut ne pas oublier qu'un mauvais arbre occupe le même espace de terrain et demande les mêmes soins qu'un bon, mais que son fruit est bien loin d'avoir la même valeur ; il ne faut donc choisir que les meilleures espèces, et s'adresser pour cela, à moins qu'on n'élève soi-même ses arbres, à un pépiniériste qui jouisse d'une bonne réputation ; mais jamais il ne faut acheter les arbres dans les ventes publiques ou de ceux qui les exposent en vente aux marchés ; car, outre qu'on ne sait presque jamais ce qu'on a, il y a toujours à parier que ces arbres proviennent de rejetons. Une petite quantité d'espèces d'été suffira, et dans ce nombre se trouvent aussi les cerisiers ; il en faut un peu plus des espèces d'automne ; et beaucoup plus de celles d'hiver, car c'est de ces dernières qu'on retire le plus grand bénéfice.

§ CCLX.

FUMAGE DU VERGER.

Les arbres fruitiers ne produisent pas également bien toutes les années. Il semble, au contraire, que le plus souvent ils veuillent se reposer lorsque l'année précédente ils ont produit abondamment. Cela tient probablement à ce que pendant qu'un arbre est très-chargé de fruits, la séve nourricière est attirée vers ceux-ci, et que les bourgeons à fleurs, qui doivent fleurir l'année suivante, n'en reçoivent pas assez pour pouvoir se développer au degré convenable. Ce qui paraît confirmer cette opinion, c'est que les arbres qui, d'après leur nature, ne se surchargent jamais de fruits, en portent tous les ans à peu près la même quantité, tandis que ceux qui en produisent de temps à autre en surabondance veulent aussi un an ou deux pour se reposer. Pour avoir des fruits tous les ans, les pomologues ont conseillé de fumer une fois le verger tous les deux ou trois ans. Mais l'expérience nous a appris qu'outre la fumure ordinaire qu'on donne au verger pour faire croître l'herbe, il est très-utile de fumer les arbres en particulier tous les ans. A cet effet, on peut se servir des urines fermentées avec un peu de chaux, ou d'un mélange de cendres de bois, de tourteaux, de bouse de vache, délayés dans de l'urine ou de l'eau savonnée, etc., etc.

On prépare ces mélanges à la fin de l'hiver et pendant qu'ils fermentent; on fait bêcher la terre au pied de chaque arbre, sur une largeur de deux pieds, en ayant soin en même temps que cet espace soit toujours libre de gazon et de toute espèce de plantes, afin que l'air et le soleil puissent pénétrer jusqu'aux racines; cela fait, on met un ou deux sceaux du mélange dont je viens de parler près de la racine de l'arbre.

Les cultivateurs n'ignorent pas qu'un pareil engraissement fait infiniment de bien aux arbres et les fait fructifier plus abondamment. Mais beaucoup de fermiers redoutent peut-être autant les soins qu'il faut donner aux arbres sous le rapport de la fumure que les dépenses que cette opération occasionne; cependant s'ils connaissaient les grands avantages qui en résultent, il est très-probable qu'ils se résigneraient très-volontiers à supporter ces dépenses.

Les arbres qu'on plante dans un verger doivent être assez hauts pour que le bétail ne puisse pas atteindre les branches les plus basses. On doit en outre empêcher qu'ils ne puissent être écorcés ou endommagés par le frottement du bétail, surtout quand les arbres sont encore jeunes, ce que l'on peut faire au moyen de triangles de bois, ou en les environnant d'épines. J'ai aussi trouvé qu'on peut facilement tenir le bétail éloigné des jeunes arbres en mettant, au moyen d'une brosse, un peu d'huile empyreumatique de corne de cerf, qu'on peut se procurer chez le droguiste, aux épines qui entourent l'arbre, et notamment vers les parties supérieures en dessous de la couronne.

§ CCLXI.

TRAITEMENT DES ARBRES DU VERGER.

Ordinairement on ne taille point les arbres plantés dans les vergers, ce qui en général n'est pas absolument nécessaire, aussi longtemps qu'ils sont encore jeunes ; mais, dans les vieux arbres, les fruits perdent peu à peu de leurs bonnes qualités, deviennent plus petits et insipides, les branches dépérissent, et même souvent une partie du tronc. Avant de se décider à abattre un pareil arbre, on peut encore essayer de le rajeunir et de lui rendre pour longtemps son ancienne fertilité. C'est aux pomologues anglais que nous devons l'invention de cette méthode, que nous rapportons d'après les indications que nous en ont laissées MM. Huight, Forsyth et autres.

Quand on taille de vieux pommiers dépéris, il est nécessaire de couper sur les branches fourchues, aussi près que possible, du côté supérieur de la bifurcation. On coupe en biais, pour le garantir de l'humidité, et on arrondit en même temps les bords. On commence par les branches inférieures, en coupant juste au-dessus de la bifurcation la plus basse ; et en allant en montant on coupe le reste des branches, jusqu'à ce qu'on ait fini de couper toute la tête. Si quelques-unes des branches sont attaquées de chancre toute la partie infectée doit être enlevée. Quand l'arbre est tout préparé, on applique immédiatement l'onguent, dont nous communiquerons plus bas la composition, en commençant au sommet de l'arbre ; de cette manière, on ne frotte point pendant l'opération l'onguent déjà placé, et cet enduit empêchera le soleil et l'air de nuire à l'écorce intérieure qui est nue. Un arbre ainsi préparé, dans le cours de trois ou quatre ans, produira davantage et du fruit aussi beau qu'il en a donné au commencement de sa plantation. M. Forsyth donne le conseil de n'étêter d'abord dans les grands vergers et jardins, que quelques arbres, et de couper quelques branches des autres qui sont dans un état de dépérissement et attaqués de chancre, et qui ne rapportent pas de fruit. On les préparera ainsi à pousser du nouveau bois, et à fournir à l'arbre beaucoup plus tôt de branches à fruit.

Cette opération doit se faire dans les mois de mai, juin et juillet, et même aussi tard qu'août, ce qui épargnera une saison.

M. Forsyth recommande aussi d'étêter les pommiers qui sont très-chancreux et qui ont les têtes mal formées, on s'épargnera par là beaucoup de peine, et les arbres payeront amplement les frais.

Dans le mois de mai de la première année, après que les arbres ont été ainsi coupés, il sera nécessaire de les visiter et d'enlever avec l'index et le pouce toutes les jeunes pousses superflues : on laissera seulement celles qui sont nécessaires pour garnir l'arbre. Ces pousses, qu'on accourcit de trois à six yeux, suivant la force et la grosseur de la branche coupée, rapporteront pendant trois à quatre années ; on les coupera alors à deux yeux pour qu'elles produisent du nouveau bois.

L'onguent dont on se sert pour appliquer sur les branches coupées ou pour priver les blessures du contact de l'atmosphère et arrêter toute extravasion de la séve, se compose de bouse de vache, de plâtras, de cendres de bois, de sable, d'urine et d'eau de savon, que l'on étend avec un pinceau à différentes reprises, et sur lequel on jette ensuite de la poudre composée de cendres de bois et d'os brûlés, et qui hâte beaucoup la dessiccation de la composition.

§ CCLXII.

DES MALADIES DES ARBRES FRUITIERS.

Les plantes et les arbres, comme nous l'avons dit au chapitre *Maladies des plantes cultivées*, sont sujets à une foule de maladies et d'accidents, qu'il importe au cultivateur de connaître, afin de pouvoir les prévenir ou guérir selon que le cas l'exige.

Le fermier ne doit pas se contenter de savoir greffer, planter et tailler un arbre, il faut encore connaître les moyens de le conserver dans un état de vigueur et de santé. La plupart des maladies des arbres sont occasionnées par la mauvaise qualité du terrain ; d'autres sont provoquées par une mauvaise exposition, d'autres enfin sont inhérentes à l'espèce et même à l'individu.

Nous avons déjà parlé de l'influence d'un mauvais sol sur la santé des plantes, en indiquant en même temps le moyen d'en prévenir les funestes effets. Mais un emplacement et une exposition mal choisis peuvent souvent faire avorter totalement tout essai d'élever des arbres fruitiers. Le plus mauvais emplacement est celui qu'on choisit dans un vallon ou bas-fond avec une exposition au nord ; là, les arbres ne rendront jamais un bénéfice proportionné aux frais de leur culture. Dans le même cas se trouvera celui qui plantera des arbres dans un climat trop rude ou exposé à tous les vents violents. Dans l'un et l'autre cas, il aura des arbres rabougris, couverts de mousse et ne produisant que de très-mauvais fruits. Comme il est plus aisé de maintenir les arbres en bonne santé que de les guérir lorsqu'ils sont attaqués de maladies, il faut surveiller attentivement les arbres du jardin et du verger et leur donner les soins convenables aux premiers indices de maladies.

a) Un arbre dont l'accroissement n'avance pas et qui au contraire montre une écorce rude, raboteuse et couverte de mousse, se trouve décidément dans un terrain qui ne lui convient pas ; et comme ce sont ordinairement les racines qui souffrent, soit parce que le terrain est trop humide, trop sec ou trop compacte, il faut ôter l'arbre et amender la terre d'après les préceptes que nous avons donnés dans le premier volume. Souvent on voit que les arbres souffrent lorsque le temps est fort sec. Si cette sécheresse se prolonge, les feuilles se couvrent de poussière, se dessèchent par suite de l'abondante transpiration, comme on le voit presque toujours après un été très-sec. Quoique les fortes sécheresses ne fassent directement aucun tort considérable à l'arbre, elles affaiblissent néanmoins les fonctions des feuilles ; or, comme les boutons à fleurs ne peuvent pas se développer si les feuilles souffrent en quelque sorte, il est évident que les arbres fruitiers, après un été fort sec, ne seront pas en état de produire beaucoup. Il faut donc, pour éviter cet inconvénient, arroser les arbres le soir, non-seulement à leur racine, mais aussi asperger les feuilles au moyen d'une pompe ; ceux qui ne voudraient pas se donner cette peine, pourraient au moins arroser ceux des arbres dont ils font le plus de cas.

§ CCLXIII.

b) Il faut surtout éviter de faire de grandes blessures aux vieux arbres.

Lorsqu'on retranche de petites branches à un arbre, la blessure se guérit bientôt, et se couvre peu à peu d'une nouvelle espèce d'écorce. Mais si l'on ampute une grosse branche, la blessure est toujours grave, d'autant plus que l'arbre appartient à une des anciennes mais précieuses espèces, comme par exemple la calville, le beurré gris, la cresanne, la doyenne, etc., etc. Ces blessures, à moins que l'arbre ne soit très-jeune et vigoureux, ne se guérissent pas d'elles-mêmes ; le chancre s'y établit peu à peu, l'arbre dépérit et meurt même à la fleur de son âge. Si donc, par une raison quelconque, on s'est déterminé à couper une ou plusieurs grosses branches, il faut y appliquer immédiatement la composition dont nous avons parlé ci-dessus, et ne rien négliger dans l'exécution de cette opération. Et qu'on songe toujours combien de temps il faut attendre pour qu'un arbre soit en plein rapport.

c) Souvent on voit des personnes planter leurs arbres plus profondément qu'ils ne se trouvaient auparavant, croyant par là leur faire du bien et favoriser la production de nouvelles racines. Mais rien n'est plus erroné ; car l'expérience a prouvé que non-seulement il ne se forme pas de nouvelles racines, mais les anciennes meurent, et le dépérissement de l'arbre en est la suite.

D'autres croient favoriser la croissance de leurs arbres en accumulant autour du pied du tronc du fumier, des immondices, des composts et autres engrais semblables. Mais tout cela n'aboutit qu'à produire l'opposé de ce qu'on se propose ; les arbres, au lieu de pousser vigoureusement, ne font que de faibles pousses et dépérissent sensiblement.

Toute accumulation de terre ou de fumier sur les racines, par laquelle on les place plus profondément dans le sol qu'elles ne se trouvaient naturellement, nuit à l'arbre et l'empêche de porter des fruits.

§ CCLXIV.

DE L'INFERTILITÉ DES ARBRES.

On appelle infertile ou stérile un arbre qui ne porte pas de fruits. La stérilité peut avoir sa cause dans une trop grande abondance de séve ou dans trop peu de séve.

Dans le dernier cas se trouvent les arbres qui croissent dans un terrain trop maigre, et quoiqu'ils fleurissent presque annuellement les fleurs tombent peu de temps après l'épanouissement, ou les fruits, s'il en reste, restent petits et n'atteignent pas leur grosseur naturelle. Pour remédier à cet inconvénient, on ôte la terre autour de l'arbre jusqu'à ce que les racines soient placées à nu ; on les recouvre ensuite d'un peu de très-bonne terre, on met là-dessus du fumier ou du bon compost, et on finit par une couche de terre. D'autres creusent un large bassin autour de chaque arbre et lui donnent un bon arrosement avec un mélange d'urine, de sang et de bouse de vache. Dans cette opération il faut éviter autant que possible d'endommager les racines, ce qui peut facilement arriver si celui qui l'exécute n'est pas très-intelligent.

L'infertilité provient aussi lorsque les arbres sont trop rapprochés ; non-seulement ils reçoivent alors trop peu de nourriture, mais ils ne jouissent pas assez de l'influence de l'air et surtout du soleil qui doit mûrir les boutons à fleurs. C'est pour cela qu'on n'obtient pas, ou du moins presque pas de fruits dans ces jardins situés entre les bâtiments des villes, quoique le plus souvent le terrain y soit très-bon. Les branches y filent pour chercher la lumière, elles s'étiolent, leur bois ne mûrit pas bien et l'infertilité en est la conséquence.

Il faut donc, pour ne pas s'exposer au désagrément de ne pas avoir de fruits, planter les arbres plutôt trop loin que trop près les uns des autres, et si les arbres se trouvent déjà en place en déplanter ou même en sacrifier quelques-uns. J'ai déjà parlé de l'infertilité qui résulte lorsque l'arbre a été surchargé l'année précédente, et j'ai conseillé, pour y remédier, d'engraisser l'arbre ; si, contre toute attente, ce remède ne suffisait pas, il faudrait élaguer quelques branches intérieures ou bien les racourcir toutes aux extrémités. Mais je ne recommande le premier moyen que dans le cas où il y aurait trop de bois dans la couronne.

Quelquefois un arbre est tellement fertile qu'il finit par s'épuiser en partie ou totalement. Cette fécondité extraordinaire doit être attribuée à un état maladif ; car le plus souvent ces arbres ont proportionnellement moins de feuilles que de fleurs, et fleurissent aussi plus tard que les autres arbres. Cette grande fertilité est ordinairement le précurseur de la mort de l'arbre; en effet, en examinant bien, on trouve que quelques branches se sont déjà désséchées, ou qu'il y a un défaut à l'intérieur du tronc ou d'une des principales branches. On a rarement vu qu'un pareil arbre se soit jamais rétabli, lui eût-on coupé une grande partie de ses branches; c'est que le mal réside dans une désorganisation des tissus.

Si nous recherchons les causes de cette maladie, nous trouvons qu'elle est souvent inhérente à l'individu malade, mais le plus souvent elle a été occasionnée par un engraissement mal entendu avec de l'urine pure et non fermentée. Il est vrai que ce moyen excite d'abord les forces vitales de l'arbre au plus haut degré, mais il les fait dépérir ensuite plus vite encore. C'est pour cela qu'on voit les arbres qui sont plantés près des fosses à fumier produire prodigieusement pendant les premières années, et dès lors périr promptement.

Rien n'est donc plus nuisible aux jeunes arbres que l'arrosement avec des urines fraîches et avec les vidanges des latrines, avant de les avoir mélangées avec de la chaux, des cendres ou autres substances, et avant de les avoir laissées fermenter pendant quelque temps.

§ CCLXV.

SUITE DU PRÉCÉDENT.

L'improductivité d'un arbre est aussi quelquefois occasionnée lorsqu'il a été greffé avec une branche prise d'un arbre infertile. Ici il n'y a rien à faire que de greffer l'arbre de nouveau, avec la précaution toutefois de ne point greffer toutes les branches à la fois, afin que les greffes ne soient pas étouffées, comme on dit, dans la séve.

Souvent on entend les propriétaires se plaindre de ce que leurs arbres ne produisent pas, quoique la plupart du temps ils ne doivent s'en prendre qu'à leur impatience ou à ce qu'ils ne connaissent pas assez la nature de leurs arbres. Plusieurs espèces de poiriers et pommiers ne portent que fort tard, mais ils récompensent par une grande fertilité la patience dont nous avons fait preuve en attendant leurs fruits. Dans quelques cas, l'arbre fait attendre après ses fruits quand il a été greffé avec un *gourmand*; mais il ne restera pas toujours improductif pour cela ; au contraire, il deviendra plus vigoureux et plus productif que tout autre, seulement il faut attendre quelques années de plus.

L'improductivité d'un arbre provient enfin d'une trop grande vigueur ou d'une trop forte végétation. La séve y est trop abondante, trop aqueuse, pour que les bourgeons à fleurs puissent s'y former. On propose plusieurs moyens pour tempérer cette trop grande vigueur.

Le premier consiste dans la scarification ; c'est-à-dire on fait à l'écorce de petites incisions transversales d'un pouce de longueur ; ces incisions doivent se trouver sur toute l'étendue du tronc. Cette opération doit se faire dès la chute des feuilles jusqu'au printemps.

L'autre moyen consiste dans des incisions circulaires dont on fait plusieurs à la distance de la largeur d'une main l'une de l'autre. Ces incisions ne peuvent pas descendre jusqu'au bois, mais s'arrêter au *liber* ou à la couche intérieure de l'écorce. Ces incisions circulaires faites, on en pratique une autre verticale qui descend d'une incision circulaire jusqu'à l'autre ; cela fait, on enlève la partie de l'écorce qui a été séparée par les deux incisions circulaires, en ayant soin de laisser la couche intérieure verte qui recouvre immédiatement le bois. Si une seule opération ne suffit pas, on peut la réitérer l'année suivante. Quelques jardiniers et même souvent des propriétaires éclairés emploient, pour ôter la trop grande vigueur à un arbre, un remède violent contre lequel nous devons prévenir nos lecteurs, comme étant funeste à la santé de l'arbre et comme irrationnel ; ils ôtent la terre de dessus le pied de l'arbre et en coupent, souvent au moyen d'une bêche ou d'une hache émoussée, quelques-unes de ses grosses racines. On ne peut pas nier l'efficacité de ce moyen, mais il détruit aussi pour toujours la santé de l'arbre.

§ CCLXVI.

Tout remède violent dans le traitement des arbres doit être évité autant que possible, c'est pour cela que nous recommandons de ne pas même opérer la scarification avant d'avoir essayé d'abord des moyens plus doux. Nous disions tout à l'heure que dans les arbres dont la végétation est trop vigoureuse, les séves sont trop peu concentrées, et que, pour cette raison, ils produisent des branches très-allongées, fortes et garnies de feuilles très-amples, mais point de fruits. Il s'agit donc de présenter à ces arbres une nourriture plus substantielle et plus concentrée ; une pareille nourriture consiste dans les composts calcaires ou marneux qu'on met à la partie des racines après avoir ôté une partie de la terre. J'ai vu des poiriers, qui ne produisaient que du bois, donner des fruits abondants après qu'on avait amendé la terre avec ces composts calcaires.

§ CCLXVII.

CHUTE DES FLEURS ET DES FRUITS.

La chute des fleurs et des fruits a les mêmes causes que l'infertilité. L'arbre peut avoir trop de séve ou trop peu.

Lorsque le temps est très-sec et qu'il continue à l'être, les fleurs et les jeunes fruits ne reçoivent pas assez de nourriture et tombent, surtout lorsque l'arbre se trouve dans un terrain sec et maigre, ou trop près d'un bâtiment ou d'une haie vive. Dans ce cas il n'y a pas de meilleur moyen que d'arroser l'arbre et surtout d'asperger les feuilles et les fleurs au moyen d'une pompe. Lorsque les fleurs tombent parce que l'arbre a trop de séve, ou plutôt trop une séve aqueuse, il faut employer la scarification ou les composts calcaires.

§ CCLXVIII.

ACCIDENTS OCCASIONNÉS PAR LA GELÉE.

Les hivers rigoureux occasionnent souvent des dégâts considérables dans les vergers. Les vieux arbres sont ordinairement détruits à leur sommet ; les jeunes, au contraire, souffrent plus aux racines. A l'égard des premiers il n'y a rien à faire, mais on protége les jeunes arbres en amoncelant autour de leurs racines des feuilles desséchées, du fumier pailleux ou des écorces des tanneries ; on peut aussi employer du bon fumier, qui donne aux arbres des forces à résister au froid, pourvu qu'il n'y ait rien à craindre des souris qui font souvent plus de tort aux arbres que la gelée.

Lorsqu'un arbre a été attaqué de la gelée, on peut en prévenir les suites fâcheuses en enlevant au printemps avec précaution toute l'écorce extérieure du haut en bas, en sorte qu'il n'en reste que la partie verte intérieure ; puis on enduit toute la partie écorcée avec la composition dont nous avons parlé.

On coupe les parties endommagées par la gelée et même une partie du vieux bois. De cette manière, l'arbre poussera de nouveau et se rétablira en peu de temps. Il est bon de donner à ces arbres un arrosement avec du sang délayé dans de l'eau, ou avec une fumure et des composts.

Souvent on remarque que chez les jeunes arbres l'écorce éclate du haut jusqu'en bas. Cela arrive lorsque l'arbre est trop rempli de séve et que les feuilles ne suffisent pas pour évacuer la surabondance d'humidité. Cet inconvénient peut être prévenu en faisant dans l'écorce une ou deux incisions longitudinales, mais sans entamer le bois.

§ CCLXIX.

TAILLE DES ARBRES FRUITIERS.

Toutes les peines du monde seraient cependant infructueuses si l'on ne donnait pas un soin particulier à la taille des arbres ; c'est de là que dépend la prospérité des arbres fruitiers. Si un arbre n'est pas taillé avec soin dès le commencement, jamais il ne se développera bien, malgré la bonté du terrain et les soins qu'on pourrait lui consacrer.

Dès qu'un arbre en plein vent a été enlevé de la pépinière et planté dans le verger, on doit raccourcir ses branches à deux ou trois yeux. Ce raccourcissement est absolument nécessaire pendant la deuxième et la troisième année. A la seconde année on accourcit à trois ou quatre yeux les branches de l'année précédente ; en même temps on enlève toutes les branches latérales et celles qui pourraient nuire à la régularité de la couronne.

Lorsque pendant les deux ou trois premières années l'arbre produit du bois à fruits, il faut le lui enlever également, car il ne pourrait que nuire à son développement. A la troisième année on traite l'arbre comme à la seconde, avec la différence qu'on laisse aux branches qui ont poussé à la deuxième année six à sept bourgeons au lieu de trois à quatre. A la quatrième année, on laisse dix ou douze bourgeons aux branches principales, qui n'en avaient gardé que six ou sept l'année précédente, tandis qu'on raccourcit les trois branches inférieures à un et toutes les autres à deux ou trois bourgeons. Enfin à la cinquième année, on raccourcit les branches principales à seize ou dix-huit bourgeons. L'arbre sera alors assez avancé pour être abandonné à lui-même, et il n'y a plus rien à y faire que de retrancher les branches qui se froissent ou qui se croisent.

§ CCLXX.

CULTURE ET UTILISATION DU SOL DU VERGER.

Quiconque n'a pas le courage d'attendre une longue suite d'années, ou qui ne se sent pas disposé à planter pour ses arrière-neveux ou pour autrui, ne plantera pas d'arbres, parce qu'il n'a en vue que le produit direct. Cependant celui qui s'entend à cette culture saura tirer du sol de son verger, en attendant le plein rapport des arbres, autant de bénéfice que si ceux-ci n'y étaient pas. Comme on ne peut pas s'attendre qu'il soit possible de convaincre tout le monde par des raisonnements, nous préférons rapporter ici la doctrine que M. Van Aelbroeck, un des praticiens les plus expérimentés de la Belgique, professe dans son ouvrage classique sur la culture dans les Flandres. Après avoir recommandé de faire la plus grande attention à se procurer des plants sains et beaux, quels que soient les arbres qu'on veuille planter, il continue :

« J'ai cultivé pendant cinq ans le sol de mon verger, et il m'a donné plusieurs espèces de récoltes. Le labour et les autres travaux agricoles ne peuvent que faire du bien aux jeunes arbres fruitiers, quand on cultive exclusivement des racines qui ne resserrent pas trop le terrain et qui ne poussent pas des tiges trop élevées. Telle est la culture des pommes de terre, des navets, des carottes ; mais il ne faut songer ni aux céréales, comme le froment, l'avoine, l'orge, ni au colza ou aux féveroles, parce que ces plantes couvrent trop le sol pendant les meilleurs mois de l'année (du 15 mai au 15 juillet), et qu'elles empêchent ainsi l'air et le soleil d'apporter leurs bienfaits aux racines des arbres.

« Après mes cinq années de culture, je fis semer sur le terrain divers herbages, pour servir de pâture au gros bétail ; mais les arbres étant encore trop jeunes pour les exposer au danger d'avoir leurs tiges endommagées par les vaches, qui seraient venues se frotter contre l'écorce, je laissai croître l'herbe pour la faucher et en faire du foin ; ce qui me valut un bénéfice double, après défalcation de la valeur de deux cent cinquante cuves de cendres hollandaises répandues sur le terrain, de deux années l'une ; l'autre année, je me contentai de répandre de l'urine de vache pour une partie du verger, et un mélange de tourteaux de navette delayés dans de l'eau pour l'autre partie, et cela se trouva suffisant. Mais comme cette herbe à faucher était haute et très-serrée, et qu'ainsi la terre autour des arbres serait restée dans un état de refroidissement pendant les meilleurs mois de l'année, mai et juin, je fis au pied de chaque arbre, sur une largeur de deux pieds, bêcher les mottes de gazon, et j'eus soin que cet espace fût toujours libre d'herbe ; c'est à ces précautions que je dois un beau verger qui me donne autant d'agrément que de profit. »

M. Van Aelbroeck s'attache ensuite à démontrer que les bénéfices d'une telle plantation récupèrent largement des peines et de l'argent qu'elle a coûté.

Quoique l'on n'ait épargné ni travail ni dépenses pour établir un beau verger, ces peines et ces dépenses sont déjà dès à présent richement compensées, et le résultat doit encore devenir meilleur un peu plus tard. L'herbe qui pousse dans le verger a produit jusqu'à présent, chaque année, un quart de plus que le revenu ordinaire d'un champ de la même étendue et de la même qualité, affermé comme terre labourable ; restent en sus au propriétaire, la récolte des arbres fruitiers, la valeur du bois et l'agrément que donnent à sa maison de campagne les fleurs et les fruits d'un pareil verger.

M. Van Aelbroeck évalue le produit de chaque arbre à un sac de pommes à raison de cinq francs le sac, mais nous pouvons assurer que le bénéfice sera plus grand si l'on cultive d'après les principes que nous venons d'établir dans ce chapitre, et si l'on a soin de choisir les meilleures espèces de fruits.

CHAPITRE VIII.

Des poids et mesures usités en Belgique et des rapports réciproques qu'ils ont avec ceux des pays voisins, d'après les auteurs les plus estimés, et surtout d'après Doursther (*Dictionnaire universel des poids et mesures.*)

Acre, en allemand *acker*, en flamand et en hollandais *akker*, en anglais *acre*. Mesure agraire.

Arcs.

Angleterre. L'acre, mesure légale, a 43,560 pieds carrés ou. . 40,4671
Amérique, États-Unis, même mesure.
Leipzig. *Acker.* 61,3586

Aime, en allemand *ohm*, *ahm*, en hollandais *aam*, en flamand *aem*. Sorte de futaille pour liquides.

Litres.

Aix-la-Chapelle. L'aime = 130 kannes ou pots. 138,58
Amsterdam. L'aime vin de Rhin. 152,34
— ou. 155,20
— L'aime d'huile de lin, de chanvre, navette. . . . 142,82
— ou. 145,50
Anvers. L'aime d'huile fine, de vin, d'eau-de-vie et de liquides = 50 stoopen = 100 pots. 137,40
Berlin. L'aime, mesure légale = 120 quarts. 137,40
Bruxelles. L'aime de vin, huile, etc., 96 pots à vin = 192 pintes wallonnes, 384 demi-pintes ou aperkens. 130,02
Cologne. L'aime de vin = 28 viertel = 112 pots. 148,94
Lokeren. L'aime d'huile = 60 lots ou pots. 140
— ou dans le commerce. 139
— et son poids à 129 kilog. huile de lin
— 130 » » de chanvre.
— 125 » » de colza.
Louvain. L'aime d'huile est semblable à celle de Bruxelles, et on la compte dans le commerce. 131
Malines. L'aime d'huile est égale à celle de Bruxelles.

Are. Unité des mesures agraires de superficie en France et en Belgique. L'are, qui fait la centième partie de l'hectare, est égale à un carré de 10 mètres de côté, et se divise en 100 centiares ou mètres carrés = 900 pieds carrés usuels.

Arpent. En allemand et en hollandais *morgen*.

Ares.

Aix-la-Chapelle. Le morgen ou arpent, ancienne mesure=140 per-
ches carrées = 38,400 pieds carrés.   30,5326
Alost. L'arpent, tiers du bonnier = 133 1/3 perches carrées. . .   40,9812
Berlin. Le morgen ou arpent = 180 perches carrées.   25,5322
France. L'arpent = 100 perches carrées de 20 pieds de côté. . .   51,0720
Gand. L'arpent tiers du bonnier ancien= 266 2/3 verges carrées.   39,6130
    —   tiers du bonnier nouveau = 300 verges carrées. . . .   44,3646
Santvliet près d'Anvers. L'arpent, tiers du bonnier = 300 verges
    carrées 53,333 1/3 pieds carrés d'Anvers.   43,8689
Weerdt près Malines. L'arpent, tiers du bonnier nouveau =
    300 verges carrées=38,400 pieds carrés..   44,3646
Wurtemberg. Le morgen nouveau = 384 perches carrées =
    38,400 pieds carrés.   31,5174
Boisseau. En allemand *scheffel*, en hollandais *schepel*, en anglais
    bushel. Mesure de capacité pour matières sèches, et mesure
    agraire.

Litres.

Amsterdam. Le schepel ou boisseau, mesure légale des Pays-Bas,
    10me partie du mudde ou rasière = 10 kops ou litrons = 100 matjes
    ou mesurettes (= 1 décalitre).   10
Berlin. Scheffel, 12me partie du malter, se divise en 4 viertel =
    16 metzen   54,96
Diest. Le boisseau ou halster, 8me du muid = mole-vat = 4 viertel
    ou quartiers.   29,24
France. Boisseau, 8me d'hectolitre.   12,50
Grammont. Boisseau.   13,79
Londres. Bushel impérial, 8me partie du quarter et se divise en
    4 pecks = 8 gallons = 16 pottles = 32 quarts=64 pintes. . .   36,35
Louvain. Boisseau ou halster pour le blé, le seigle, le méteil,
    8me partie du muid = 2 mole-vat = 4 viertel ou quartiers . .   50
    —   Le boisseau d'avoine.   55
Wurtemberg. Le scheffel = 8 simri = 32 vierling = 64 achtel =
    128 maesslein = 256 ecklein = 1024 viertelein.   177,23
Bonnier. En hollandais et en flamand *bunder*. Mesure agraire ou
    de superficie usitée en Belgique et en Hollande.

Ares.

Alost. Le bonnier = 3 arpents = 4 journaux = 400 perches car-
    rées = 160,000 pieds carrés.   122,9437
Le bonnier dit *leenmaete*, ou mesure féodale = 4 journaux =
    320 perches carrées = 128,000 pieds carrés.   98,3550
Le bonnier de 4 journaux ou 360 perches carrées=144,000 pieds
    carrés   110,6494

Ares.

Anvers. Le bonnier = 4 journaux = 400 verges carrées = 160,000
pieds carrés 131,6068
A Santvliet, près d'Anvers, on divise le bonnier en 3 arpents =
9 verges carrées = 160,000 pieds carrés d'Anvers.
Ath. Le bonnier = 4 journels = 400 verges carrées = 152,100
pieds carrés du Hainaut. 130,9331
Audenarde. Le bonnier = 4 journaux = 400 verges carrées. . 130,0312
Binche. Le bonnier = 3 journels = 12 quarterons = 400 verges
carrées = 96,100 pieds carrés du Hainaut. 82,7263
Bornhem, près Malines. Le bonnier ancien = 4 journaux = 800
verges carrées = 156,800 pieds carrés de Gand. 118,8389
— Le bonnier nouveau = 3 arpents = 900 verges carrées =
176,400 pieds carrés. 133,6937
Bruges. Le bonnier = 4 journels = 400 verges carrées = 160,000
pieds carrés. 120,4726
Bruxelles. Le bonnier de 4 journaux ou 400 verges carrées de
16 1/3 pieds de côté = 106,711 1/9 pieds carrés. 81,1411
— Le bonnier de 4 journaux, ou 400 verges carrées de
17 1/2 pieds de côté = 120,177 7/9 pieds carrés. 91,3809
— Le bonnier de 4 journaux, ou 400 verges carrées de
18 1/3 pieds de côté = 134,444 4/9 pieds carrés. 102,2290
— Le bonnier de 4 journaux, ou 400 verges carrées de
19 1/3 pieds de côté = 149,511 1/9 pieds carrés. 113,6854
Seulement en usage au village de Goyck.
— Le bonnier de 4 journaux, ou 400 verges carrées de
20 1/3 pieds de côté = 165,377 7/9 pieds carrés. 125,5701
— Il y a en outre le bonnier de 4 journaux, ou 400 ver-
ges carrées de 20 pieds de côté = 160,000. 121,6609
Charleroy. Le bonnier = 3 journels = 12 quarterons = 400
verges carrées = 108,900 pieds carrés de Liége. 92,7255
Chimay. Le bonnier = 3 journels = 500 verges carrées . . . 125,6558
— Le bonnier de bois = 400 verges carrées. 87,1908
Courtray. Le bonnier = 4 journaux = 16 cents de terre = 1,600
perches carrées = 160,000 pieds carrés. 141,8003
Gand. Le bonnier ancien = arpents = 4 journaux = 800 ver-
ges carrées = 156,800 pieds carrés. 118,8389
— Le bonnier nouveau = 3 arpents = 4 journaux = 900
verges carrées = 176,400 pieds carrés. 133,6937
Halle. Le bonnier = 4 journaux = 20 grandes verges = 400 pe-
tites verges carrées = 160,000 pieds du Hainaut. 137,7357
Liége. Le bonnier = 4 journaux = 20 grandes verges = 400 petites verges carrées = 102,400 pieds de Saint-Lambert. . . 87,1908
— Le bonnier pour les bois = 4 journaux = 20 grandes

Arcs.

verges = 400 verges carrées = 111,111 1/9 pieds carrés. .   94,6080

Louvain. Le bonnier = 4 journaux ou 400 verges carrées de
20 pieds de côté = 160,000 pieds carrés   150,4164

— Le bonnier de 4 journaux, ou 400 verges carrées de
19 1/3 pieds de côté = 152,100 pieds carrés.   123,9771

Louvain. Le bonnier de 4 journaux, ou 400 verges carrées de
18 pieds de côté = 156,900 pieds carrés.   111,5875

— Le bonnier de 4 journaux, ou 400 verges carrées de
17 1/2 pieds de côté = 122,500 pieds carrés.   99,8501

— Le bonnier de 4 journaux, ou 400 verges carrées de
16 1/2 pieds de côté = 108,900 pieds carrés.   88,7647

Malines. Le bonnier = 4 journaux = 400 verges carrées =
160,000 pieds carrés   323,6544

Mons. Le bonnier = 3 journels = 12 quarterons = 432 verges
carrées = 147,055 pieds 88 pouces carrés du Hainaut . . .   126,5892

Namur. Le bonnier de 4 journaux, ou 400 verges carrées =
108,900 pieds carrés dits de Saint-Lambert.   94,6161

Pays-Bas. Le bonnier des Pays-Bas usité en Hollande, est égal à
l'hectare et se divise en 100 perches carrées = 10,000 aunes
carrées   180,0000

Tournay. Le bonnier = 4 journaux. = 16 cents de terre = 400
grandes verges carrées = 1600 petites verges carrées =
102,400 pieds carrés de Saint-Lambert.   87,1908

Charge. Nom d'une sorte de poids ou de mesure.

Kilog.

Anvers. La charge était de 400 livres.   188,07

Bruxelles. La charge de houille est de 144 livres.   67,34

— La charge de fumier est de 1,200 livres..   60,000

Décagramme. Poids usité en France et en Belgique.
Le décagramme est la 100e partie du kilogramme et se divise en
10 grammes = 100 décigrammes. = 1,000 centigrammes.

Décalitre. Mesure de capacité. La 10e partie de l'hectolitre se
divise en 2 demi-décalitres = 5 doubles litres = 10 litres
= 20 demi-litres = 50 doubles-décilitres = 100 décilitres
= 1,000 centilitres.

Décamètre. Mesure de longueur. Le décamètre 100e partie du
kilomètre se divise en 10 mètres=100 décimètres=1,000 centimètres = 10,000 millimètres.

Décilitre. 10e partie du litre.

Décimètre. 10e partie du mètre.

Litres.

Gallon. Mesure de capacité, usitée en Angleterre se divise en 2 pottles   4,5435
= 4 quarts = 8 pintes.

Gramme. Unité de poids en France et en Belgique.

Le gramme est la 1000ᵉ partie du kilogramme, et se divise en
10 décigrammes = 100 centigrammes = 1.000 milligrammes.

Halster. Ancienne mesure de capacité pour matières sèches usitée
en Belgique.

Litres.

Bruxelles. Le halster ou demi-rasière pour tous grains, excepté
l'avoine = 2 quartiers = 8 picotins 24,38
— Le halster avoine 25,75
Gand. Le halster est la moitié du sac ou la 12ᵉ partie du muid. 52,82
Louvain. Le halster ou boisseau de blé 30,00
— Le halster ou boisseau d'avoine. 55,00

Hectare. Mesure agraire ou de superficie usitée en Belgique et en
France. L'hectare est le carré de l'hectomètre ou la 100ᵉ partie
du kilomètre carré, et se divise en 100 ares = 1,000 centiares
ou mètres carrés, cette mesure a remplacé en Belgique le bonnier, en France l'arpent.

Hectogramme. Poids usité en Belgique et en France.

L'hectogramme est la 10ᵉ partie du kilogramme et se divise en 10 décagrammes = 100 grammes = 1,000 décigrammes = 10,000 centigrammes.

L'hectogramme = 3 onces 1 gros 43 grains poids usuel.

Hectolitre. Mesure de capacité usitée en Belgique et en France, tant
pour matières sèches que pour liquides.

L'hectolitre se divise en 10 décalitres. = 100 litres. = 1,000 décilitres. = 10,000 centilitres.

Voici l'évaluation approximative du poids moyen de l'hectolitre de
grains, graines, etc., etc.

Froment	. . 76	kilog.
Seigle	. . 69	»
Orge	. . 63	»
Avoine	. . 44	»
Sarrasin	. . 68	»
Maïs	. . 60	»
Pois, fèves.		
Lentilles	. . 80	»
Graine de lin.	64	»
— chanvre.	52	»
— colza.	. 66	»

Kanne. En français pot, cannette. Mesure de capacité.

Litres.

Aix-la-Chapelle. La kanne ou pot à vin la 130ᵉ partie de l'aime. . 1,000
— Kanne à bière, 104ᵉ de l'aime 1,155
— Kanne à eau-de-vie 1,071
Bruxelles. La kanne à bière et à lait est de la même capacité que la
kanne à bière d'Aix-la-Chapelle.

Kilogramme. Poids usité en Belgique et en France.

Le kilogramme est égal au poids d'un litre ou décimètre cube d'eau
  distillée, et se divise en 10 hectogrammes = 100 décagrammes
  = 1,000 grammes=10,000 décigrammes = 100,000 centigrammes
  = 10,00000 milligrammes.

Le kilogramme vaut 32 onces ou 2 livres poids usuel ou métrique
100 kilogrammes équivalent 212,69 livres de commerce d'Anvers.

»   »   »   215,83   »   de Bruxelles.

»   »   »   250,50   »   de Gand.

Litre. Unité de mesure de capacité en Belgique et en France.

Le litre contient exactement un décimètre cube, ou un kilogramme
  d'eau distillée représente la 100ᵉ partie de l'hectolitre.

Livre. En flamand *pond*, en allemand *pfund*.

	Grammes.
Aix-la-Chapelle = 16 onces = 32 loth	467
Anvers. Ancienne livre	470,2
Ath	469,0
Binche. La livre de Mons	465,55
Bruxelles. La livre de commerce = 4 quarterons = 16 onces =	
64 satins. 128 gros.	467,7
Courtray. La livre de commerce (100 kilogrammes = 232, etc.)	451,0
Louvain. Livre de 16 onces	469,25
Mons. La livre poids de mercier = 16 onces = 512 trente-deuxièmes.	465,55

Malter, en hollandais *malder*. Mesure de capacité pour matières
  sèches, employée en Allemagne et en Suisse.

	Hectol.
Aix-la-Chapelle. Le malter, grains de toute espèce	1,4827
Berlin. Le malter légal. 6ᵉ du last = 12 scheffel	6,5954

Mesure. En allemand *maas*, en flamand *mael*, *gemet*. Ce nom sert
  à désigner certaines mesures de capacité.

1. *Mesure* de capacité pour matières sèches.

	Litres.
Bruxelles. La mesure de charbon de bois 6 pieds cubes	125,8
— La mesure à cendres, dite *val*.	50,89
— La mesure à chaux, dite *kalkval*.	28,44
Louvain. La *mesure* à chaux	199,48
» à cendres	50,89

2. *Mesure* de capacité pour liquides.

	décilit.
Louvain. La mesure à lait *contient* 26 *onces* mesure à vin de Bruxelles.	5,5

Mètre. Unité fondamentale du système décimal des poids et mesures.

Le mètre fait la dixième partie du décamètre et se divise en 10 décimètres = 100 centimètres = 1,000 millimètres.

Muid. Mesure de capacité pour matières sèches et pour liquides.

Hectol.

Bruxelles. Le muid de blé = 6 rasières = 12 halster = 24 quartiers = 96 picotins = 120 molstervat = 432 pots wallons ou pintes à vin. 2,9255

Gand. Le muid = 6 sacs = 12 halster 6,3386

Liége. Le muid = 8 setiers = 32 quartes = 128 pagnoux = 312 mesurettes. 2,4570

Louvain. Le muid ou mud de froment, seigle et méteil = 8 boisseaux ou halster = 16 molevat = 32 quartiers 2,4000

Mons. Le muid grains = 6 rasières = 12 vasseaux. 3,2040

Namur. Le muid grains = 8 setiers = 32 quartes = 128 picotins . 2,4192

Perche. Mesure d'arpentage et de superficie.

La perche ou verge de Bruxelles est de 16 1/3 pieds (16 pieds et le talon, et la verge carrée de 2 6 7/9 pieds carrés.)

Nous avons donné à l'article *Bonnier* la mesure de la perche des principales villes du royaume.

Picotin. Mesure dont on se sert principalement pour mesurer la ration d'avoine qu'on donne aux chevaux.

Litres.

Bruxelles. Le picotin de froment, 16e de la rasière = 4 1/2 pots wallons (pintes à vin.). 3,047

— Le picotin d'avoine, 16e de la rasière = 4 3/4 pots wallons. . 3,217

Pied. En flamand *voet*, en allemand *fuss*.

Millimèt.

Aix-la-Chapelle. Le pied = 12 pouces = 144 lignes. Pied légal de Prusse. 313,85

Alost. 277,2

Angleterre 304,8

Anvers. Le pied = 11 pouces = 121 lignes 286,8

Audenarde. Pied de maçonnerie, steenvoet. 297,7

     »   charpente, houtvoet 292,0

     »   agraire 283,1

Bruxelles. Le pied de 11 pouces ou 88 lignes. 275,75

Flandre. Pied linéaire ou agraire de Gand 275,5

     » Pied de construction 297,77

Hainaut. Le pied = 10 pouces = 100 lignes = 1000 points . . . 295,43

Hasselt. Le pied de Saint-Lambert = 10 pouces = 100 lignes. . 291,8

Liége. Le pied de Saint-Hubert, pour la mesure des charpentes et maçonneries = 10 pouces = 100 lignes = 1000 points. . . . 294,7

— Le pied de Saint-Lambert est pour la mesure des terres.

Mons a le pied du Hainaut.

Millimètr.

Namur. Le pied de Saint-Lambert=10 pouces=100 lignes=1000
   points. 294,76
Paris. Le pied usuel ou métrique est égal au tiers du mètre et se
   divise en 12 pouces = 144 lignes. 333,33
Termonde 276
Pinte. Mesure de capacité tant pour liquides que pour matières
   sèches.

Litres.

Anvers. La pinte ou demi-pot huile fine, vin = 2 cepers. . . . 0,68700
   —   —   huile ordinaire. 0,69444
Ath. La pinte ou demi-pot pour bière et vin 1,05827
   —   —   —   pour huile à brûler. 1,12450
Bruxelles. La pinte à vin (pot wallon) 1/2 du pot. 0,67720
   —   La pinte à bière ou demi-pot = 2 demi-pintes. . . 0,63811
Liége. La pinte, 1/2 du pot = 2 chopines. 0,63983
Tournay. La pinte ou demi-pot à bière. 1,20310
Pot. Mesure de capacité tant pour liquides que pour matières
   sèches, appelée en flamand *pot* (pluriel *potten*).

Litres.

Anvers. Pot de bière, 120e de la tonne = 1 1/2 litre. 1,5555
Ath. Le pot de 2 pintes, pour bière et vin. 2,1165
   —   —   —   pour huile à brûler. 2,2490
Bruxelles. Le pot à vin, 1/2 du gelte. 1,5544
   —   Le pot à bière 1,3002
Liége. Le pot = 2 pintes = 4 chopines = 16 mesurettes. . . . 1,2797
Louvain. Le pot à vin 64 onces. 1,8059
   —   Le pot à bière 1,5141
Namur. Le pot = 2 pintes = 4 chopines. 1,4190
Tournay. Le pot à bière = 2 pintes. 2,8654
Quarter. Mesure anglaise pour matières sèches. Mesure légale de
   toute l'Angleterre et de l'Amérique (États-Unis), 10e partie du
   last, contient 640 avoir du poids d'eau distillée, et se divise en
   2 cooms = 4 strikes = 8 bushels — 32 pecks = 64 gallons =
   128 pottles = 256 quarts = 512 pints = 281,896,76 litres.
Rasière. Ancienne mesure de capacité pour matières sèches usitée
   en Belgique et dans la Flandre française.

Litres.

Bruxelles. La rasière pour toute espèce de grains, excepté l'avoine
   = 2 halsters = 4 viertel ou quartiers = 8 demi-quartiers =
   16 picotins = 18 geltes ou lots = 20 molstervat ou boisseaux à
   moudre = 72 pots wallons. 48,76
—La rasière d'avoine contient un lot de plus et se divise en 16 picotins ou seizièmes = 19 geltes ou lots - 76 pots wallons ou pintes
   à vin 24,38

Litres.

Mons. La rasière pour tous les grains, 6ᵉ du muid = 2 vasseaux = 4 quartiers = 16 pintes. 53,40

Tournay. La rasière de 8 hotteaux ou 96 bassinets pour froment, seigle, méteil 116,14

Sac. Mesure de capacité pour grains et autres matières sèches.

Anvers. Le sac de froment = 2 viertel = 8 meukes 154

On le compte ordinairement au poids de 260 litres d'Anvers ou 122 1/4 kilog.

Bruxelles. Le sac = 5 rasières = 90 lots ou geltes. 243,79

Courtray. Le sac = 6 vat ou travats 126,42

— Le sac de pommes de terre 100 kilog.

Setier. En flamand *sister*, en allemand *sester*, mesure de capacité et agraire.

Dinant. Le setier. 31,70

Liége. Le setier, 8ᵉ du muid = 4 quartes = 16 pagnoux = 64 mesurettes 50,71

Namur. Le setier pour tous les grains, 8ᵉ du muid = 4 quartes = 16 picotins 50,24

Paris. Le setier de grains en général, 12ᵉ du muid = 2 mines = 4 minots = 12 boisseaux = 48 quarts = 192 litrons. 156,10

Wavre. Le setier nouvelle mesure. 29,42

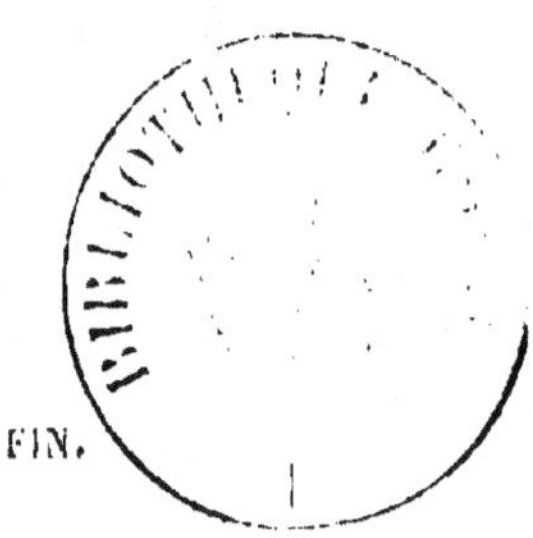

FIN.

TABLE DES MATIÈRES.

CHAPITRE PREMIER.

INSTRUMENTS AGRICOLES.

CHAPITRE VI.

INDUSTRIES AGRICOLES , CHIMIQUES.

CHAPITRE VII.

PRINCIPES DE LA CULTURE DES ARBRES FRUITIERS.

CHAPITRE VIII.

FIN DE LA TABLE.